AF588367

Empfehlungen für den Entwurf und die Berechnung von Erdkörpern mit Bewehrungen aus Geokunststoffen – EBGEO

Empfehlungen für den Entwurf und die Berechnung von Erdkörpern mit Bewehrungen aus Geokunststoffen – EBGEO

2. Auflage

Herausgegeben von der
Deutschen Gesellschaft für Geotechnik e.V. (DGGT)

Arbeitskreis 5.2 „Berechnung und Dimensionierung von Erdkörpern mit Bewehrungseinlagen aus Geokunststoffen" der Deutschen Gesellschaft für Geotechnik e. V. (DGGT)
Obmann: AOR Dipl.-Ing. Gerhard Bräu
Technische Universität München
Zentrum Geotechnik
Lehrstuhl und Prüfamt für Grundbau, Bodenmechanik,
Felsmechanik und Tunnelbau
Baumbachstraße 7
81245 München
g.braeu@bv.tum.de

Titelfotos:
l. o.: Geotextilummantelte Sandsäulen beim Projekt Mühlenberger Loch, Hamburg (Foto: Huesker Synthetic GmbH); r. o.: Mit Geogittern bewehrte Steilböschung für Schwerlasttransporte in Aalen (Foto: Tensar International GmbH); l. u.: Sanierung eines Rutschhanges mit Geogittern im Zuge der B115 bei Altenmarkt in Österreich (Foto: TenCate Geosynthetics Deutschland GmbH); r. u.: Geogitter als Tragschichtbewehrung bei der Überbauung einer ehemaligen Tagebaukippe im Zuge der A38 bei Leipzig (Foto: Naue GmbH & Co. KG)

Bibliografische Information der Deutschen Nationalbibliothek
Die Deutsche Nationalbibliothek verzeichnet diese Publikation in der Deutschen Nationalbibliografie; detaillierte bibliografische Daten sind im Internet über http://dnb.d-nb.de abrufbar.

ISBN: 978-3-433-02950-3

Verlag für Architektur und technische Wissenschaften GmbH & Co. KG, Rotherstraße 21, 10245 Berlin, Germany

Umschlaggestaltung: Design pur, Berlin
Satz: Manuela Treindl, Laaber
Druck und Bindung: CPI Group (UK) Ltd, Croydon CR0 4YY

C9783433029503_271125

Bevollmächtigter Vertreter des Herstellers gemäß EU-Produktsicherheitsverordnung ist die Wiley-VCH GmbH, Boschstr. 12, 69469 Weinheim, Deutschland, E-Mail: Product_Safety@wiley.com.

Deutsche Gesellschaft für Geotechnik e. V.

Arbeitskreis 5.2
Berechnung und Dimensionierung von Erdkörpern mit Bewehrungseinlagen aus Geokunststoffen

Obmann: Dipl.-Ing. Bräu, München
stellv. Obmann: Dipl.-Ing. Herold, Weimar

Mitarbeiter des Arbeitskreises:

Dr.-Ing. Alexiew, Gescher
Dr.-Ing. Bauer, Olching
Dipl.-Ing. Blume, Overath
Dipl.-Geol. Blume, Bergisch-Gladbach
Dipl.-Ing. Dollowski, Bonn
Prof. Dr.-Ing. Göbel, Dresden
Dipl.-Ing. Hubal, München (ausgeschieden)
Dipl.-Ing. Jas, AM Oostvoorne (ausgeschieden)
Prof. Dr.-Ing. Kempfert, Kassel
Prof. Dr.-Ing. Klapperich, Freiberg
Dr.-Ing. Köhler, Erfurt
Dr.-Ing. Magnus, Leipzig
Dipl.-Ing. Mannsbart, Linz (ausgeschieden)
Prof. Dr.-Ing. Meyer, Clausthal-Zellerfeld
Prof. Dr.-Ing. Müller-Rochholz, Münster
Dipl.-Ing. Murray, Dietzenbach
Dipl.-Ing. Naciri, Bonn
Prof. Dr.-Ing. Nimmesgern, Würzburg
Dipl.-Ing. Pachomow, Cottbus
Prof. Dipl.-Ing. Paul, Lindau
Dr.-Ing. Raithel, Würzburg
Dr.-Ing. Retzlaff, Steinfurt
Dr.-Ing. Reuter, Minden
Prof. Dr.-Ing. Riße, Rostock (ausgeschieden)
Dipl.-Ing. Scheu, Lübbecke (ausgeschieden)
Dipl.-Ing. Schön, Erlangen
Dr.-Ing. Schwerdt, Köthen
Dr.-Ing. Trunk, Offenbach
Dipl.-Ing. Vogel, München
Dipl.-Ing. Vollmert, Espelkamp
Dr. Wilmers, Wetzlar
Prof. Dr.-Ing. Ziegler, Aachen

Empfehlungen für den Entwurf und die Berechnung von Erdkörpern mit Bewehrungen aus Geokunststoffen (EBGEO). 2. Auflage. Deutsche Gesellschaft für Geotechnik e. V.

ISBN: 978-3-433-02950-3

Mitarbeiter bei besonderen Fragestellungen:

Prof. Dipl.-Ing. Ast, Stuttgart
Dr.-Ing. Aydogmus, Innsbruck
Dipl.-Ing. Heinemann, Hannover
Dr.-Ing. Heitz, Kassel
Dr.-Ing. Lepique, Essen
Dipl.-Ing. Lüking, Kassel
Dipl.-Ing. Maihold, Freiberg
Dipl.-Ing. Müller-Kirchenbauer, Hannover
Dr.-Ing. Sobolewski, Gescher
Dr.-Ing. Stoewahse, Braunschweig
Dipl.-Ing. Wallis, Hamburg
Dr.-Ing. Wehr, Offenbach
Dipl.-Ing. Wittemöller, Hille

Inhaltsverzeichnis

Empfehlungen für den Entwurf und die Berechnung von Erdkörpern mit Bewehrungen aus Geokunststoffen (EBGEO). 2. Auflage. Deutsche Gesellschaft für Geotechnik e. V.

ISBN: 978-3-433-02950-3

Vorwort

Mit Ausgabe 1997 der EBGEO wurden der Fachwelt Empfehlungen für die Bemessung von Bewehrungen aus Geokunststoffen in Erdkörpern an die Hand gegeben, die sich bereits weitgehend des damals noch im Aufbau befindlichen Teilsicherheitskonzeptes der Normung in der Geotechnik bedienten. Durch die zwischenzeitlich veröffentlichte und bauaufsichtlich eingeführte DIN 1054, Ausgabe 2005 und die zugehörigen europäischen Regelungen wurde eine Überarbeitung der EBGEO erforderlich. Des Weiteren ergab sich durch grundlegende Produktentwicklungen und neue Anwendungsgebiete die Notwendigkeit einer Vereinheitlichung von Bemessungsansätzen, die in mühevoller Arbeit durch die Mitarbeiter und Gäste des Arbeitskreises AK 5.2 „Berechnung und Dimensionierung von Erdkörpern mit Bewehrungseinlagen aus Geokunststoffen" der Deutschen Gesellschaft für Geotechnik e. V. (DGGT) in unzähligen Sitzungen in kleiner und großer Runde umgesetzt wurde. Allen Mitstreitern sei an dieser Stelle herzlichst gedankt!

Neben der grundlegenden Überarbeitung der bestehenden Kapitel, bei der baupraktische Erfahrungen genauso eingeflossen sind wie aktuelle nationale und internationale Forschungsergebnisse, konnten im Besonderen die Kapitel

- Bewehrte Erdkörper auf punkt- oder linienförmigen Traggliedern,
- Gründungssysteme mit geokunststoffummantelten Säulen,
- Überbrückung von Erdeinbrüchen,
- Dynamische Einwirkungen auf geokunststoffbewehrte Systeme

neu aufgenommen werden.

Mit den Empfehlungen wurden in der Phase der Erarbeitung bereits bei einer Reihe von Bauobjekten positive Erfahrungen gesammelt und die Anwendbarkeit – auch international – bestätigt.

Der Arbeitskreis sieht auch diese Ausgabe der EBGEO als „Zwischenstufe", da auch weiterhin in vielen Fällen nur eine Bemessung mit Berücksichtigung der Einzelkomponenten, aber noch keine Bemessung des eigentlichen Verbundbaustoffes „Boden/Geokunststoff" möglich ist. Diese Betrachtung stellt aber das eigentliche Ziel dar, das mit weitergehenden Forschungen und messtechnischen Betreuungen ausgeführter Baumaßnahmen auch weiterhin verfolgt werden soll.

Die EBGEO sieht sich in der Tradition vergleichbarer Empfehlungen der DGGT wie EAB oder EA-Pfähle, die sich als Regeln der Technik etabliert haben. Der Anwender wird bezüglich der Verbindlichkeit der vorliegenden Empfehlungen auf die Benutzerhinweise (siehe Seite XXI, entnommen EAB (2006), 4. Auflage, Verlag Ernst & Sohn), verwiesen.

Empfehlungen für den Entwurf und die Berechnung von Erdkörpern mit Bewehrungen aus Geokunststoffen (EBGEO). 2. Auflage. Deutsche Gesellschaft für Geotechnik e. V.

ISBN: 978-3-433-02950-3

Der Arbeitskreis AK 5.2 „Berechnung und Dimensionierung von Erdkörpern mit Bewehrungseinlagen aus Geokunststoffen“ der Deutschen Gesellschaft für Geotechnik e. V. (DGGT) bittet für die Weiterentwicklung der vorliegenden Empfehlungen um Hinweise und Zuschriften an den Obmann des AK 5.2 (Adresse siehe Seite IV).

München, 2010 *G. Bräu*

Benutzerhinweise

1. Die Empfehlungen des Arbeitskreises „Berechnung und Dimensionierung von Erdkörpern mit Bewehrungseinlagen aus Geokunststoffen" sind Regeln der Technik. Sie sind als Ergebnis ehrenamtlicher technisch-wissenschaftlicher Gemeinschaftsarbeit aufgrund ihres Zustandekommens nach hierfür geltenden Grundsätzen fachgerecht und haben sich als „Allgemein anerkannte Regeln der Technik" bewährt.

2. Die Empfehlungen des Arbeitskreises „Berechnung und Dimensionierung von Erdkörpern mit Bewehrungseinlagen aus Geokunststoffen" stehen jedermann zur Anwendung frei. Sie bilden einen Maßstab für einwandfreies technisches Verhalten; dieser Maßstab ist auch im Rahmen der Rechtsordnung von Bedeutung. Eine Anwendungspflicht kann sich aus Rechts- oder Verwaltungsvorschriften, Verträgen oder aus sonstigen Rechtsgrundlagen ergeben.

3. Die Empfehlungen des Arbeitskreises „Berechnung und Dimensionierung von Erdkörpern mit Bewehrungseinlagen aus Geokunststoffen" sind in aller Regel eine wichtige Erkenntnisquelle für fachgerechtes Verhalten im Normalfall. Sie können nicht alle möglichen Sonderfälle erfassen, in denen weitergehende oder einschränkende Maßnahmen geboten sein können. Es ist auch zu berücksichtigen, dass sie nur den zum Zeitpunkt der jeweiligen Ausgabe herrschenden Stand der Technik wiedergeben können.

4. Abweichungen von den vorgeschlagenen Berechnungsansätzen können im Einzelfall zweckmäßig sein, sofern sie durch entsprechende Nachweise, Messungen oder Erfahrungen begründet werden.

5. Durch das Anwenden der Empfehlungen des Arbeitskreises „Berechnung und Dimensionierung von Erdkörpern mit Bewehrungseinlagen aus Geokunststoffen" entzieht sich niemand der Verantwortung für eigenes Handeln. Jeder handelt insoweit auf eigene Gefahr.

Empfehlungen für den Entwurf und die Berechnung von Erdkörpern mit Bewehrungen aus Geokunststoffen (EBGEO). 2. Auflage. Deutsche Gesellschaft für Geotechnik e. V.

ISBN: 978-3-433-02950-3

1 Einleitung und Anwendungsgrundlagen der Empfehlungen

Anmerkung: Nachfolgende Absätze sind teilweise aus EAB (2006) bzw. EA-Pfähle (2007) entnommen bzw. in Anlehnung daran formuliert.

1.1 Nationale und internationale Vorschriften

In Deutschland werden Berechnung und Bemessung sowie die Festlegung des Sicherheitsniveaus von bewehrten Schüttkörpern in DIN 1054 und den mitgeltenden Normen geregelt. Die vorliegenden Empfehlungen beruhen auf der Fassung von DIN 1054:2005-01 „Baugrund – Sicherheitsnachweise im Erd- und Grundbau" mit den Nachweisen nach dem Teilsicherheitskonzept. Zusätzlich liegt die Europäische Bemessungsnorm DIN EN 1997-1 (EC 7-1) „Eurocode 7: Entwurf, Berechnung und Bemessung in der Geotechnik" vor, die ebenfalls bewehrte Konstruktionen behandelt. Zur formalen und bauaufsichtlichen Anwendung dieser beiden Normen gibt Kapitel 1.2 Auskunft.

Für die einzelnen Bewehrungssysteme existiert folgende Herstellungsnorm:

- DIN EN 14475: „Ausführung von besonderen geotechnischen Arbeiten (Spezialtiefbau) – Bewehrte Schüttkörper".

Für die Qualitätssicherung existieren folgende Normen und Regelwerke:

- DIN EN 13251: „Geotextilien und geotextilverwandte Produkte – Geforderte Eigenschaften für die Anwendung in Erd und Grundbau sowie in Stützbauwerken",
- DIN EN 13249: „Geotextilien und geotextilverwandte Produkte – Geforderte Eigenschaften für die Anwendung beim Bau von Straßen und sonstigen Verkehrsflächen",
- Merkblatt über die Anwendung von Geokunststoffen im Erdbau des Straßenbaus, M-Geok E 05, FGSV 535, Forschungsgesellschaft für Straßen- und Verkehrswesen,
- Technische Lieferbedingungen für Geokunststoffe im Erdbau des Straßenbaus, TL Geok E-StB 05, FGSV 549, Forschungsgesellschaft für Straßen- und Verkehrswesen,
- Leitfaden für die Bestimmung der Langzeit-Festigkeit von Geokunststoffen zur Bodenbewehrung, Englische Fassung ISO/TR 20432.

Soweit in diesen Empfehlungen nichts anderes angegeben wird, sind die einschlägigen technischen Regelwerke (z. B. Normen, Richtlinien, Merkblätter und Empfehlungen) in ihrer jeweils letzten gültigen Fassung zu berücksichtigen. Sie werden in den entsprechenden Kapiteln genannt.

Empfehlungen für den Entwurf und die Berechnung von Erdkörpern mit Bewehrungen aus Geokunststoffen (EBGEO). 2. Auflage. Deutsche Gesellschaft für Geotechnik e. V.

ISBN: 978-3-433-02950-3

Eine Zusammenstellung findet sich in: http://www.gb.bv.tum.de/fachsektion/index.htm.

Normenbezüge erfolgen im Weiteren ohne Angabe des Ausgabedatums. Wird unmittelbar auf einen bestimmten Absatz Bezug genommen, wird die zugehörige Ausgabe angegeben.

Weiterführende Literaturangaben sind jeweils den entsprechenden Kapiteln zugeordnet.

1.2 Nachweisformen und Grenzzustände nach dem Teilsicherheitskonzept

1.2.1 Neue Normengeneration und Übergangsregelungen

Laut Beschluss der Europäischen Kommission ist vorgesehen, die maßgeblichen nationalen Bemessungs- und Ausführungsnormen im Bauwesen durch Europäische Normen zu ersetzen. Dazu liegen zwischenzeitlich zahlreiche Europäische Bemessungs- und Ausführungsnormen für den Spezialtiefbau vor.

Die für die Herstellung von bewehrten Schüttkörpern maßgebliche Europäische Ausführungsnorm ist in Kapitel 1.1 aufgeführt.

Die Berechnung und Bemessung von bewehrten Schüttkörpern wird für Europa in EN 1997-1: „Entwurf, Bemessung und Berechnung in der Geotechnik" (Eurocode EC 7-1) behandelt. Die deutsche Fassung ist als DIN EN 1997-1:2005-10 veröffentlicht, womit eine Frist begann, innerhalb der aufgrund europäischer Vereinbarungen ein Nationaler Anhang zum Eurocode EC 7-1 zu erstellen ist. Der Nationale Anhang (NA DIN EN 1997-1) wird nationale Festlegungen zu den im Eurocode EC 7-1 dafür vorgesehenen Abschnitten enthalten. Gleichzeitig begann eine Frist, bis zu deren Ablauf der Eurocode EC 7-1 in Verbindung mit dem Nationalen Anhang bauaufsichtlich eingeführt werden soll und alle widersprechenden nationalen Regelungen außer Kraft gesetzt werden sollen. Eine bis 2010 zu erarbeitende Ergänzungsnorm DIN 1054:neu darf dann nur noch widerspruchsfreie Ergänzungen zum Eurocode EC 7-1 in Verbindung mit dem Nationalen Anhang enthalten. Der Nationale Anhang und die Ergänzungsnorm DIN 1054:neu wurden inzwischen im NA 005-05-01-01 erarbeitet und sollen 2010 als Gelbdruck erscheinen. Um die drei parallel geltenden Normen handhabbar zu machen, werden sie in einem Normenhandbuch zu DIN EN 1997-1:2005 und DIN 1054:2009 „Entwurf, Berechnung und Bemessung in der Geotechnik" gemeinsam veröffentlicht. Dabei sind die Regelungen des Nationalen Anhangs und der Ergänzungsnorm bei besonderer Kennzeichnung in den Text des EC 7-1 eingefügt.

Als Übergangslösung bis zur Einführung der Eurocodes dient eine nationale Normengeneration nach dem Teilsicherheitskonzept für alle Gebiete des konstruktiven Ingenieurbaus.

Für mit Geokunststoffen bewehrte Konstruktionen sind insbesondere folgende Regelwerke maßgebend:

- DIN 1055: „Einwirkungen auf Tragwerke", in Verbindung mit DIN Fachbericht 101,
- DIN 1054:2005-01: „Sicherheitsnachweise im Erd- und Grundbau".

1.2.2 Beanspruchungen und Widerstände

Grundlage für Standsicherheitsberechnungen sind die charakteristischen Werte für Einwirkungen und Widerstände. Der charakteristische Wert, gekennzeichnet durch den Index „k", ist ein Wert, von dem angenommen wird, dass er mit einer vorgegebenen Wahrscheinlichkeit im Bezugszeitraum, unter Berücksichtigung der Nutzungsdauer des Bauwerkes oder der entsprechenden Bemessungssituation, nicht über- oder unterschritten wird. In der Regel werden charakteristische Werte aufgrund von Versuchen, Messungen, Rechnungen und/oder Erfahrungen festgelegt.

Die charakteristischen Werte der Beanspruchungen werden mit Teilsicherheitsbeiwerten multipliziert, die charakteristischen Werte der Widerstände durch Teilsicherheitsbeiwerte dividiert. Die so erhaltenen Größen werden als Bemessungswerte der Beanspruchungen bzw. der Widerstände bezeichnet und durch den Index „d" gekennzeichnet. Beim Nachweis der Standsicherheit werden unterschiedliche Grenzzustände unterschieden.

1.2.3 Grenzzustände

Im Sinne des Teilsicherheitskonzeptes werden folgende Grenzzustände unterschieden:

- Der Grenzzustand der Tragfähigkeit ist ein Zustand des Tragwerkes, dessen Überschreitung unmittelbar zu einem rechnerischen Einsturz oder einer anderen Form des Versagens führt. Er wird in DIN 1054 als Grenzzustand GZ 1 bezeichnet. Dabei werden beim Grenzzustand GZ 1 drei Fälle unterschieden.
- Der Grenzzustand der Gebrauchstauglichkeit ist ein Zustand des Tragwerkes, bei dessen Überschreitung die für die Nutzung festgelegten Bedingungen nicht mehr erfüllt sind. Er wird in DIN 1054 als Grenzzustand GZ 2 bezeichnet.

Der Grenzzustand GZ 1A beschreibt den Verlust der Lagesicherheit. Dazu gehören:

- der Nachweis der Sicherheit gegen Kippen,
- der Nachweis der Sicherheit gegen Aufschwimmen oder Abheben,
- der Nachweis der Sicherheit gegen hydraulischen Grundbruch.

Beim Grenzzustand GZ 1A gibt es nur günstige und ungünstige Einwirkungen, aber keine Widerstände.

Maßgebend ist die Grenzzustandsbedingung

$$F_d = F_k \cdot \gamma_{dst} \leq G_k \cdot \gamma_{stb} = G_d , \qquad \text{Gl. (1.1)}$$

d. h., die destabilisierenden Einwirkungen F_k, multipliziert mit dem Teilsicherheitsbeiwert $\gamma_{dst} > 1{,}0$, dürfen höchstens so groß werden wie die stabilisierende Einwirkung G_k, multipliziert mit dem Teilsicherheitsbeiwert $\gamma_{stb} < 1{,}0$.

Der Grenzzustand GZ 1B beschreibt das Versagen von Bauwerken und Bauteilen bzw. das Versagen des Baugrundes. Dazu gehören:

- der Nachweis der Tragfähigkeit von Bauwerken und von Bauteilen, die durch den Baugrund belastet bzw. durch den Baugrund gestützt werden,
- der Nachweis, dass die Tragfähigkeit des Baugrundes, z. B. in Form von Erdwiderstand oder Grundbruchwiderstand, nicht überschritten wird.

Dabei wird der Nachweis, dass die Tragfähigkeit des Baugrundes nicht überschritten wird, genauso geführt wie bei jedem anderen Baumaterial. Maßgebend ist immer die Grenzzustandsbedingung:

$$E_d = E_k \cdot \gamma_F \leq R_d , \qquad \text{Gl. (1.2)}$$

$$R_d = \frac{R_k}{\gamma_R} , \qquad \text{Gl. (1.3)}$$

d. h., die charakteristische Einwirkung bzw. Beanspruchung E_k, multipliziert mit dem Teilsicherheitsbeiwert γ_F, darf höchstens so groß werden wie der charakteristische Widerstand R_k, dividiert durch den Teilsicherheitsbeiwert γ_R. Kennzeichnend für den Grenzzustand GZ 1B ist, dass die Beanspruchungen und Widerstände zunächst mit charakteristischen Größen ermittelt werden. Die Teilsicherheitsbeiwerte kommen erst bei Anwendung der Grenzzustandsgleichung ins Spiel.

Der Grenzzustand GZ 1C ist eine Besonderheit des Erd- und Grundbaus. Er beschreibt den Verlust der Gesamtstandsicherheit. Dazu gehören:

- der Nachweis der Standsicherheit gegen Böschungsbruch,
- der Nachweis der Sicherheit gegen Geländebruch.

Maßgebend ist die Grenzzustandsbedingung

$$E_d \leq R_d , \qquad \text{Gl. (1.4)}$$

d. h., der Bemessungswert E_d der Beanspruchungen darf höchstens so groß werden wie der Bemessungswert R_d des Widerstandes. Hierbei werden die geotechnischen Einwirkungen und Widerstände mit den Bemessungswerten

$$\tan \varphi'_d = \frac{\tan \varphi'_k}{\gamma_\varphi} \quad \text{und} \quad c'_d = \frac{c'_k}{\gamma_c} \qquad \text{Gl. (1.5)}$$

bzw.

$$\tan \varphi_{u,d} = \frac{\tan \varphi_{u,k}}{\gamma_{\varphi u}} \quad \text{und} \quad c_{u,d} = \frac{c_{u,k}}{\gamma_{cu}} \qquad \text{Gl. (1.6)}$$

der Scherfestigkeiten ermittelt, d. h., die in die Berechnung einzusetzenden Werte für die Reibung tan φ und die Kohäsion c werden von vornherein mit den Teilsicherheitsbeiwerten γ_{φ}, $\gamma_{\varphi u}$, γ_c und γ_{cu} abgemindert. Eine analoge Vorgehensweise gilt für den Kontaktreibungswinkel und die Adhäsion.

Der Grenzzustand GZ 2 beschreibt den Zustand des Bauwerkes oder Bauteiles, bei dem die für die Nutzung festgelegten Bedingungen nicht mehr erfüllt sind, ohne dass seine Tragfähigkeit verloren geht. Er liegt dem Nachweis der Gebrauchstauglichkeit zugrunde, d. h., dass die zu erwartenden Verschiebungen und Verformungen mit dem Zweck des Bauwerkes vereinbar sind. Die Berechnung erfolgt mit charakteristischen Werten, wobei alle Teilsicherheitsbeiwerte in der Regel 1,0 sind.

1.2.4 Anwendung der EBGEO im Zusammenhang mit DIN EN 1997-1

Die vorliegende Fassung der EBGEO beruht auf den Festlegungen von DIN 1054. Diese wiederum entstand in enger Abstimmung mit DIN EN 1997-1, Eurocode EC 7-1. DIN 1054 ist nicht in allen Einzelheiten identisch mit Eurocode EC 7-1. Beim Übergang auf den Eurocode EC 7-1/NA EC 7-1 (siehe 1.2.1) wird DIN 1054:2005-01 durch die Ergänzungsnorm DIN 1054:neu ersetzt. Die damit verbundenen Folgen für die Anwendung der vorliegenden Fassung der Empfehlung werden nachfolgend, soweit in der Vorschau möglich, dargestellt.

Rechtsverbindliche Regelungen im Hinblick auf die Gültigkeit der einzelnen Regelwerke werden von den jeweils zuständigen Aufsichtsbehörden festgelegt. Als Aufsichtsbehörden zuständig sind:

- die Bauaufsichtsbehörden der Bundesländer für Baumaßnahmen, die der jeweiligen Landesbauordnung unterliegen. Die obersten Bauaufsichtsbehörden der Bundesländer veröffentlichen in regelmäßigen Abständen die für das jeweilige Bundesland gültige Liste der Technischen Baubestimmungen.
- die für Wasserstraßen, Bundesstraßen und Straßenbrücken zuständigen Referate des Bundesverkehrsministeriums sowie das für den Schienenverkehr zuständige Eisenbahn-Bundesamt.

Im Hinblick auf die Nachweise der Sicherheit im Grenzzustand GZ 1B nach Kapitel 1.2.3 bietet der Eurocode EC 7-1 drei Möglichkeiten an. DIN 1054 stützt sich dabei auf das Nachweisverfahren 2 nach Eurocode EC 7-1 in der Form, dass die Teilsicherheitsbeiwerte sowohl auf die Beanspruchungen als auch auf die Widerstände angewendet werden. Zur Unterscheidung zu der ebenfalls zugelassenen Variante, bei der die Teilsicherheitsbeiwerte nicht auf die Beanspruchungen, sondern auf die Einwirkungen angewendet werden, wird dieses Verfahren im Kommentar zu Eurocode EC 7-1 als Nachweisverfahren 2* bezeichnet.

Der Nationale Anhang ist das Bindeglied zwischen dem Eurocode EC 7-1 und dem nationalen Normenwerk. In diesem Nationalen Anhang wird angegeben, welches der zur Auswahl gestellten Nachweisverfahren und welche Teilsicherheitsbeiwerte im nationalen Bereich maßgebend sind. Nicht zulässig sind Anmerkungen, Erklärungen oder Ergänzungen zum Eurocode EC 7-1. Es darf aber angegeben werden, welche nationalen Regelwerke ergänzend anzuwenden sind. Die ergänzenden nationalen Regelungen dürfen dem Eurocode EC 7-1 allerdings nicht widersprechen. Darüber hinaus darf der Nationale Anhang keine Angaben wiederholen, die bereits in Eurocode EC 7-1 enthalten sind.

An erster Stelle der ergänzenden nationalen Regelungen wird eine überarbeitete DIN 1054 stehen, die unter der Arbeitsbezeichnung „DIN 1054:neu" als Anwendungsregel zum Eurocode EC 7-1 erarbeitet wird.

Soweit sich darin enthaltene Ergänzungen, Verbesserungen und Änderungen auf die Regelungen der EBGEO auswirken, sind sie zu beachten, sofern die jeweilige geokunststoffbewehrte Konstruktion auf der Grundlage des Eurocode EC 7-1 erarbeitet wird. Sie dürfen aber sinngemäß auch übernommen werden, wenn der Entwurf DIN 1054 zur Grundlage hat.

Eurocode EC 7-1 definiert in der maßgebenden Fassung anstelle der Grenzzustände GZ 1A, GZ 1B und GZ 1C nach DIN 1054 folgende Grenzzustände:

- EQU: Gleichgewichtsverlust des als starren Körpers angesehenen Tragwerkes oder des Baugrundes. Die Bezeichnung ist abgeleitet von „equilibrium" (Gleichgewicht).
- STR: inneres Versagen oder sehr große Verformungen des Tragwerkes oder seiner Bauteile, wobei die Festigkeit der Baustoffe für den Widerstand entscheidend ist. Die Bezeichnung ist abgeleitet von „structure failure".
- GEO: Versagen oder sehr große Verformung des Tragwerkes oder des Baugrundes, wobei die Festigkeit des Bodens oder des Gesteins für den Widerstand entscheidend ist. Die Bezeichnung ist abgeleitet von „geotechnic failure".
- UPL: Gleichgewichtsverlust des Bauwerkes oder Baugrundes infolge von Auftrieb oder Wasserdruck. Die Bezeichnung ist abgeleitet von „uplift".
- HYD: Hydraulischer Grundbruch, innere Erosion oder „Piping" im Boden, verursacht durch Strömungsgradienten. Die Bezeichnung ist abgeleitet von „hydraulic failure".

Für die Übertragung der Grenzzustände GZ 1B und GZ 1C aus DIN 1054 in die Terminologie des Eurocodes EC 7-1 muss der Grenzzustand GEO aufgeteilt werden in GEO-2 und GEO-3:

- GEO-2: Versagen oder sehr große Verformung des Baugrundes im Zusammenhang mit der Ermittlung der Schnittgrößen und der Abmessungen, d. h. bei der Inanspruchnahme der Scherfestigkeit beim Erdwiderstand oder beim Grundbruchwiderstand. Der Grenzzustand GEO-2 beinhaltet das Nachweisverfahren 2* nach Eurocode EC 7-1.

- GEO-3: Versagen oder sehr große Verformung des Baugrundes im Zusammenhang mit dem Nachweis der Gesamtstandsicherheit, d. h. bei der Inanspruchnahme der Scherfestigkeit beim Nachweis der Sicherheit gegen Böschungsbruch und Geländebruch sowie in der Regel beim Nachweis der Standsicherheit von konstruktiven Böschungssicherungen, auch unter Berücksichtigung konstruktiver Elemente. Der Grenzzustand GEO-3 beinhaltet das Nachweisverfahren 3 nach Eurocode EC 7-1.

Die bisherigen Grenzzustände werden wie folgt ersetzt:

- Dem bisherigen Grenzzustand GZ 1A nach DIN 1054 entsprechen ohne Einschränkung die Grenzzustände EQU, UPL und HYD nach Eurocode EC 7-1.
- Dem bisherigen Grenzzustand GZ 1B nach DIN 1054 entspricht ohne Einschränkung der Grenzzustand STR nach Eurocode EC 7-1. Hinzu kommt der Grenzzustand GEO-2 nach Eurocode EC 7-1 im Zusammenhang mit der Bemessung der Abmessungen der Gründungselemente.
- Dem bisherigen Grenzzustand GZ 1C nach DIN 1054 entspricht der Grenzzustand GEO-3 nach Eurocode EC 7-1 im Zusammenhang mit dem Nachweis der Gesamtstandsicherheit.

Die Nachweise der Standsicherheit von konstruktiven Böschungssicherungen sind in jedem Fall dem Grenzzustand GEO zuzuordnen. Dabei können sie, je nach konstruktiver Ausbildung und Funktion (siehe DIN 1054), nach den Angaben des bisherigen Grenzzustandes GZ 1B bzw. des Grenzzustandes GEO-2 oder nach den Angaben des bisherigen Grenzzustandes GZ 1C bzw. des Grenzzustandes GEO-3 behandelt werden. Die Materialbemessung der Geokunststoffe ist nach STR durchzuführen.

1.3 Beispiele für bewehrte Erdkörper

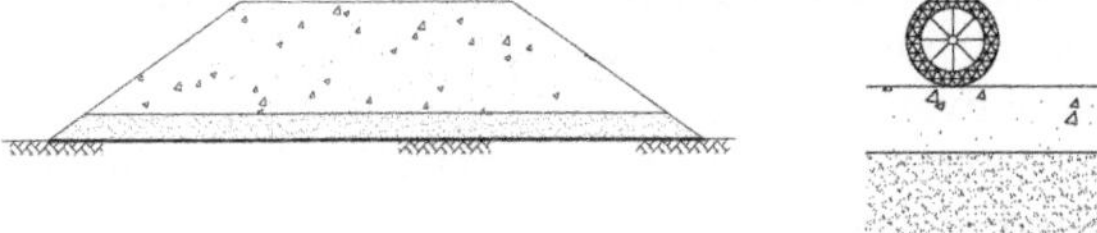

Dämme auf wenig tragfähigem Untergrund

Verkehrswege

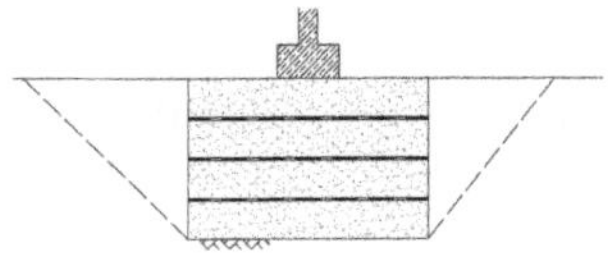

Bewehrte Gründungspolster

Stützkonstruktionen

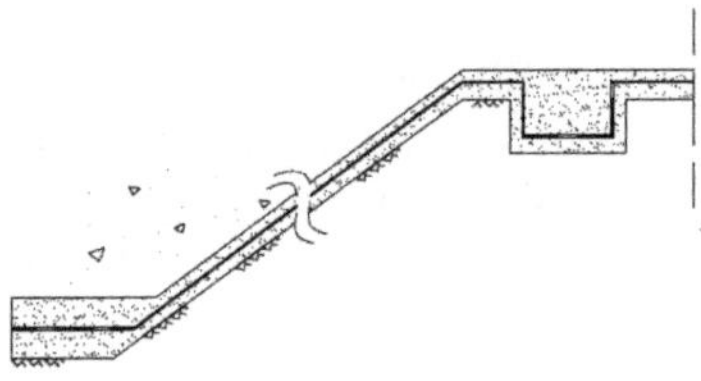

Deponiebau

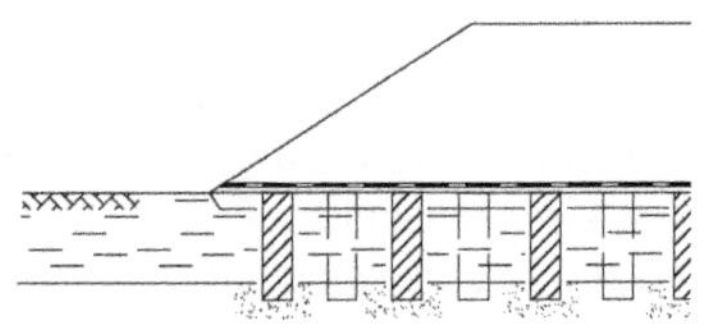

Bewehrte Erdkörper auf punkt- oder linienförmigen Traggliedern

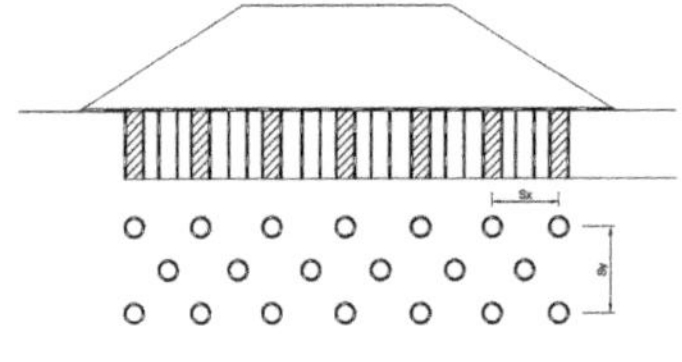

Geokunststoffummantelte Säulen

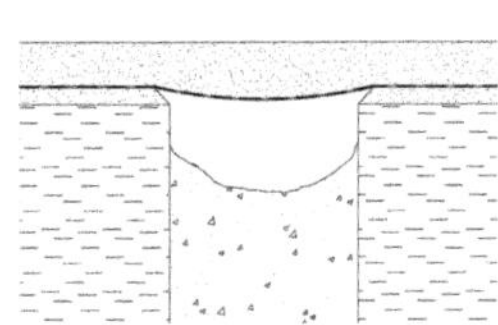

Überbrückung von Erdeinbrüchen

Bild 1.1 Beispiele für bewehrte Erdkörper

1.4 Allgemeine Begriffe

Bewehrte Schüttkörper bzw. bewehrte Erdkörper sind ingenieurmäßig hergestellte Erdbauwerke, deren Tragfähigkeit durch die Einlage von Geokunststoffen erhöht wird.

Bewehrungen in Erdkörpern im Sinne dieser Empfehlung sind gerichtete, lagenweise eingebaute Geokunststoffe, die vollflächig oder gitterförmig sein können. Bei isotropen Geokunststoffen sind Dehnsteifigkeit, Grenzdehnung und Zugfestigkeit in beiden Richtungen (Produktions- und Querrichtung) gleich, bei anisotropen Geokunststoffen unterschiedlich.

Füllboden ist der Boden innerhalb des bewehrten Erdkörpers.

Frontausbildung ist die Verblendung der Ansichtsfläche eines bewehrten Erdkörpers, die das Schüttmaterial zwischen den Bewehrungslagen zurückhält und gegen Erosion schützt.

Hinterfüllbereich ist der außerhalb des bewehrten Erdkörpers liegende Teil des Bodens bis zur Oberkante dieses Körpers.

Überschüttbereich ist der oberhalb des bewehrten Erdkörpers liegende Teil eines Bodens.

2 Anforderungen an die Baustoffe

2.1 Boden

2.1.1 Erkundung des Baugrundes

Vor Erstellung eines bewehrten Erdkörpers sind die geotechnischen Untersuchungen des Baugrundes nach DIN 4020 wie für vergleichbare konventionelle Konstruktionen durchzuführen.

2.1.2 Füllboden

2.1.2.1 Bodenmechanische Anforderungen

Die bodenmechanischen Anforderungen an die Füllböden richten sich nach den Forderungen, die an das Bauwerk zu stellen sind, wobei insbesondere die Tragfähigkeit, das Verformungsverhalten, die Frostgefährdung und das Entwässerungsverhalten sowie die Einwirkungen von Bedeutung sind. Wenn auftretendes oder zusickerndes Wasser nicht durch andere Maßnahmen gefasst wird, muss der Füllboden ausreichend wasserdurchlässig, filterstabil und verwitterungsbeständig sein.

Die Anforderungen an den Füllboden werden unterschieden für Bauwerke, die vorwiegend ruhend und solche, die vorwiegend nicht ruhend beansprucht werden (siehe DIN 1054, 6.1.4 bzw. Kapitel 12).

2.1.2.1.1 Vorwiegend ruhend beanspruchte Bauwerke

Für vorwiegend ruhend beanspruchte Bauwerke sind in der Regel nur die erforderlichen bodenmechanischen Nachweise hinsichtlich des Reibungswinkels des Bodens und einer möglichen Kohäsion sowie der Verdichtbarkeit erforderlich. Je nach Anwendung und Bodenart (insbesondere bei gemischt- und feinkörnigen Böden) kann auch eine Prüfung des Wasserdurchlässigkeitsbeiwertes erforderlich sein. Ergänzend hierzu sind Untersuchungen der Verbundwirkung mit den Bewehrungen (siehe auch Kapitel 2.2.4.11) zu erbringen.

Bei vorwiegend ruhender Beanspruchung sind nachfolgend genannte Bodenarten nach der Bodenklassifikation entsprechend DIN 18196 grundsätzlich verwendbar, soweit die anwendungsspezifische Eignung nachgewiesen werden kann bzw. die Bodeneigenschaften anwendungsspezifisch berücksichtigt werden:

- grobkörnige Bodenarten der Gruppen SW, SI, SE, GW, GI und GE,
- gemischtkörnige Bodenarten der Gruppen SU, ST, GU, GT, SU*, GT*, GU*, ST*,
- feinkörnige Bodenarten UL, UM, TL, TM,
- Größtkorn ≤ 2/3 der Schüttlagenstärke (ZTV E-StB).

Empfehlungen für den Entwurf und die Berechnung von Erdkörpern mit Bewehrungen aus Geokunststoffen (EBGEO). 2. Auflage. Deutsche Gesellschaft für Geotechnik e. V.

ISBN: 978-3-433-02950-3

Für andere Böden und Baustoffe, z. B. industrielle Nebenprodukte und Recycling-Baustoffe, ist die Eignung gesondert nachzuweisen.

Die Füllböden müssen ausreichend verdichtbar sein. Für die Verdichtung gelten die Anforderungen der ZTV E-StB, soweit nicht in den jeweiligen Abschnitten höhere bzw. davon abweichende Anforderungen definiert sind.

Anmerkung: Davon können Sonderlösungen, wie z. B. bewehrte Lärmschutzwälle, ausgenommen werden oder Dämme in Sandwichbauweise, bei denen wasserableitende Geokunststoffe die Konsolidierung wassergesättigter Füllböden beschleunigen und deren Scherfestigkeit erhöhen. Dafür sind gesonderte Nachweise zu führen.

2.1.2.1.2 Nicht vorwiegend ruhend beanspruchte Bauwerke

Bei nicht vorwiegend ruhend beanspruchten Bauwerken können nach DIN 1054, 6.1.4 die dynamischen Einwirkungen durch Ansatz quasi-statischer Einwirkungen berücksichtigt werden. Sind diese Voraussetzungen gegeben, gelten auch für die Böden die Anforderungen aus Kapitel 2.1.2.1.1.

Für Fälle, bei denen die dynamischen Einwirkungen explizit berücksichtigt werden müssen, sind die Anforderungen an die Baustoffe in Kapitel 12 aufgeführt.

2.1.2.2 Bodenchemische Anforderungen

Füllböden müssen von gleichmäßiger Qualität und frei von schädlichen Bestandteilen sein. Sie dürfen die Bewehrungen, die Frontausbildung von Stützbauwerken und die erforderlichen Verbindungsmittel nicht angreifen oder schädigen. Chemikalien im Boden können die mögliche Nutzungsdauer polymerer Bewehrungen einschränken (siehe auch Kapitel 2.2.4.8). Die bodenchemischen Eigenschaften dürfen nicht, auch nicht zeitweise, z. B. durch Grundwasserschwankungen oder Einleiten schädlicher Stoffe verändert werden (siehe auch Kapitel 2.1.3), es sei denn, der ungünstigste Zustand wird bei der Bemessung berücksichtigt.

Die in Kapitel 2.1.2.1 genannten Füllböden können für Dauerbauwerke ohne weitergehende Nachweise gemäß Kapitel 2.2.4.8 verwendet werden, wenn für den pH-Wert des Bodens gilt: $4 < \text{pH-Wert} < 9$. Der pH-Wert von Füllboden und Grundwasser ist dabei nach DIN 19684 zu bestimmen.

Sollen Böden mit abweichenden pH-Werten oder andere Böden (z. B. industrielle Nebenprodukte, Recycling-Baustoffe) verwendet werden oder ist mit dem Auftreten aggressiver Grundwässer oder Gase zu rechnen, so müssen zusätzlich geeignete Untersuchungen über die Verträglichkeit von Füllboden und Bewehrung durchgeführt werden (siehe auch Kapitel 2.2.4.8).

2.1.2.3 Ausführung

Für die Ausführung der Erdarbeiten gelten die Regelungen der ZTV E-StB und der Ausführungsnorm für bewehrte Bodenkörper DIN EN 14475 sowie die Hinweise in den Kapiteln vorliegender Empfehlungen.

2.1.3 Hinterfüll- und Überschüttboden

Für Hinterfüll- und Überschüttböden gelten die Anforderungen gemäß ZTV E-StB.

Die in Kapitel 2.1.2.2 beschriebenen bodenchemischen Anforderungen gelten auch für die Hinterfüll- und Überschüttböden, wenn der bewehrte Erdkörper nicht zuverlässig konstruktiv vom Hinterfüll- und Überschüttbereich (z. B. Dichtung, Trennschicht, Entwässerung) getrennt wird.

2.2 Geokunststoffe

2.2.1 Allgemeines

Geokunststoffe sind europäisch harmonisierte Bauprodukte, deren Konformität mit dem CE-Kennzeichen dokumentiert wird. Sie unterliegen in Deutschland dem Bauproduktengesetz (BauPG).

Die Bezeichnungen für Geokunststoffe sind in DIN EN ISO 10318 geregelt. Sie lassen sich nach ihrer Struktur wie folgt unterteilen:

- Geotextilien (GTX), z. B. Gewebe, Vliesstoffe und Maschenwaren,
- geotextilverwandte Produkte (GTP),
- Geogitter (GGR, gestreckte, gewebte, geraschelte, gelegte),
- Geoverbundstoffe (GCO).

Anmerkung: In DIN 1054 wird irrtümlicherweise der Begriff „Geotextilien" als Oberbegriff im gleichen Sinne wie hier der Begriff „Geokunststoffe" oder teilweise „Produkte" verwendet.
Es wird hier zur Vereinfachung statt der vollständigen Formulierungen „Bewehrungsgeokunststoffe", „Bewehrungsprodukte", „Geokunststoffe mit bewehrender Funktion" etc. nur der Begriff „Geokunststoff" bzw. „Produkt" verwendet.

2.2.2 Rohstoffe

Für den Anwendungsbereich dieser Empfehlungen werden u. a. folgende Polymere als Ausgangsmaterialien für Geokunststoffe (in alphabetischer Ordnung) angesehen:

- Aramide (AR),
- Polyamide (PA),
- Polyester (Polyethylenterephtalat) (PET),
- Polyolefine
  · Polyethylen (PE, PEHD),
  · Polypropylen (PP),
- Polyvinylalkohol (PVA).

Weitere Bezeichnungen, Abkürzungen und Symbole sind in DIN EN ISO 10318, DIN 60001 und DIN ISO 2076 enthalten.

2.2.3 Produkteigenschaften und Anforderungen

Rohstoffe, Herstellungsart und Struktur haben auf die Eigenschaften der Geokunststoffe einen maßgebenden Einfluss (siehe auch [1]).

Die Geokunststoffe sind für Bewehrungsaufgaben so auszuwählen, dass die ihnen zugewiesenen Kräfte bei Beachtung der zulässigen Verformungen des Gesamtsystems für die geplante Nutzungsdauer aufgenommen werden können.

Die nachfolgenden Anforderungen und entsprechenden Eigenschaften sind daher zu beachten:

- Aufnahme von Zugkräften unter Beachtung der Verformungen, siehe Kapitel 2.2.4.4 und 2.2.4.5,
- Übertragung von Kräften zwischen Bewehrungen und Böden (Verbundwirkung, Verankerung), siehe Kapitel 2.2.4.11,
- Beständigkeit gegen mechanische Beschädigung bei Transport und Einbau (Robustheit), siehe Kapitel 2.2.4.6,
- eine ausreichende Durchlässigkeit zur Verhinderung des Aufstaus von Wasser,
- chemische und mikrobiologische Beständigkeit, siehe Kapitel 2.2.4.7 und 2.2.4.9,
- Witterungsbeständigkeit (UV-Beständigkeit), siehe Kapitel 2.2.4.9.3.

Der charakteristische Wert der Kurzzeitfestigkeit der Geokunststoffe ($R_{B,k0}$) muss als 5 %-Mindestquantil nachgewiesen sein, siehe Kapitel 2.2.4.

Der erforderliche Materialwiderstand der Geokunststoffe richtet sich nach der vorgesehenen Nutzungsdauer des Bauwerkes bzw. nach der Beanspruchungsdauer für den Fall, dass die Geokunststoffe nur vorübergehend, z. B. bei Bauzuständen oder bei nur kurzzeitig genutzten Konstruktionen (siehe Kapitel 11), beansprucht werden.

Die langfristige chemische und mikrobiologische Beständigkeit der Geokunststoffe in der Umgebung des Bodens muss nachgewiesen werden, um eine eventuelle Veränderung der mechanischen Eigenschaften des Geokunststoffes bei der Bemessung berücksichtigen zu können, siehe Kapitel 2.2.4.7. Weitere Anforderungen und Hinweise sind in [1] und [2] enthalten.

Kunststoffe sind ohne spezielle Maßnahmen bzw. Modifikationen nicht dauerhaft UV-stabil. Für die Einbauphase und für Geokunststoffe, die während der Nutzung einer Bewitterung ausgesetzt sind (z. B. nicht geschützte Bewehrung bei der Frontausbildung, Umschlag) ist die UV-Beständigkeit für die Nutzungsdauer nachzuweisen (siehe Kapitel 2.2.4.9.3).

Anmerkung: Untersuchungen zur chemischen Beständigkeit [14] und baupraktische Erfahrungen von mehr als 30 Jahren zeigen, dass die derzeit für Bewehrungszwecke eingesetzten Geokunststoffe im Boden eine hohe Beständigkeit aufweisen.

2.2.4 Prüfungen und Abminderungsfaktoren

2.2.4.1 Allgemeines

Die in Kapitel 2.2.3 genannten Produkteigenschaften sind durch Prüfungen nachzuweisen.

Anmerkung: Überwiegend werden die Produkteigenschaften bisher nur mit sogenannten „Indexversuchen" ohne Bodenkontakt ermittelt, da Versuche mit Bodenkontakt („Performance tests"), die die wirklichen Verhältnisse besser abbilden, im Allgemeinen sehr aufwendig sind.

Aus den charakteristischen Werten X_k werden durch Berücksichtigung von Abminderungsfaktoren und einem Teilsicherheitsbeiwert Bemessungswerte X_d ermittelt (siehe Kapitel 3.3).

Anmerkung: Die charakteristischen Werte berücksichtigen die Streuungen bei der Herstellung. Abminderungsfaktoren berücksichtigen bekannte Einflüsse auf das Produktverhalten. Der Teilsicherheitsbeiwert deckt die dadurch nicht erfassten Einflüsse ab (siehe DIN 1054).

Die Prüfungen sind in den entsprechenden Normen sowie in anderen Merkblättern und Empfehlungen (siehe Kapitel 2.3) beschrieben. Es wird daher nachfolgend nur kurz auf die wesentlichen Prüfungen und besonderen Randbedingungen eingegangen.

Zur Überprüfung der ermittelten Kennwerte und angesetzten Abminderungsfaktoren können bei Daueranwendungen, in denen das Produkt entscheidend für die Sicherheit der bewehrten Konstruktion ist, Proben so in das Geokunststoff/Bodensystem eingelegt werden, dass sie im Rahmen von Überprüfungen in größeren zeitlichen Abständen entnommen werden können (siehe auch [1]). Die Proben sollten den gleichen Bedingungen ausgesetzt sein wie die Bewehrung, also möglichst auch unter entsprechender Zugbeanspruchung stehen. Als Bezugswert für die Feststellung von Veränderungen ist nicht nur eine lieferfrische Probe, sondern auch eine Probe, die der Einbaubeanspruchung unterzogen worden ist, heranzuziehen (Kapitel 2.2.4.6).

2.2.4.2 Produktidentifikation (DIN EN ISO 10320)

Die Geokunststoffe sind eindeutig entsprechend DIN EN ISO 10320 und DIN EN 13249 ff. (CE-Kennzeichnung) zu kennzeichnen. Jedes Produkt ist mit dem Namen des Produktherstellers und mit der Produkttypenbezeichnung zu versehen.

2.2.4.3 Masse pro Flächeneinheit (DIN EN ISO 9864)

Die Masse pro Flächeneinheit hat einen Einfluss auf die Eigenschaften des Geokunststoffes. Zahlenangaben haben jedoch für die Bewehrungswirkung keine unmittelbare Aussagekraft.

2.2.4.4 Kurzzeit-Kraft-Dehnungs-Verhalten

2.2.4.4.1 Zugfestigkeit und Dehnung (DIN EN ISO 10319)

Es werden das Zug-Dehnungs-Verhalten und die Höchstzugkraft (Kurzzeitfestigkeit) im Zugversuch an 200 mm breiten Proben ermittelt.

Die aus diesen Versuchen ermittelten Prüfkräfte bei 2 %, 3 %, 5 % und ggf. bei 10 % Dehnung sind als Mittelwerte und nicht als 5 %-Quantilwerte anzugeben. Bei Polymeren mit geringerer Bruchdehnung (z. B. AR, PVA) sind Prüfkräfte bei drei typischen Dehnungen zu bestimmen.

Anmerkung: Mittelwerte der Prüfkräfte können z. B. für Berechnungen nach Grenzzustand der Gebrauchstauglichkeit GZ 2 verwendet werden.

Eine repräsentative Kraft-Dehnungs-Linie muss geliefert werden.

Die Bewehrungswirkung von Vliesstoffen wird durch Zugversuche mit Bodenkontakt geprüft [7].

In Bild 2.1 sind Bereiche dargestellt, die verschiedene Kurzzeit-Zugkraft-Dehnungs-Linien für eine Auswahl von Geokunststoffprodukten repräsentieren, die die Breite der am Markt üblichen Produkte nicht abdecken kann. Die Kurzzeitzugkräfte wurden aus Prüfungen nach DIN EN ISO 10319 (an Luft) ermittelt und sind in normierter Weise dargestellt, d. h., die jeweilige Kurzzeitfestigkeit wird zu 100 % („Belastungsgrad“, siehe auch Kapitel 2.2.4.5.1) gesetzt. Eine Zuordnung zu Bemessungsfestigkeiten ist hierdurch nicht möglich und kann nur durch direkte Produktinformationen mit den zugehörigen Abminderungsfaktoren ermittelt werden.

Tabelle 2.1 Typische Kurzzeitfestigkeiten von Geokunststoffen

Roh-stoff	**Produktart**	**typische Kurzzeitfestigkeiten [kN/m]**			**typische Bruchdehnungen [%]**	
		von	**bis**	**max.**	**von**	**bis**
AR	gewebte und geraschelte Geogitter	40	1.200	2.200	2	4
	Gewebe	100	1.400	2.400	2	4
PE	gewebte und geraschelte Geogitter	20	150	300	15	20
	extrudierte Geogitter	40	150	200	10	15
	Gewebe	30	200	400	15	20
PET	gewebte und geraschelte Geogitter	20	800	1.200	8	15
	gelegte Geogitter	20	400	500	6	10
	Gewebe	100	1.000	1.600	8	15
PP	gewebte und geraschelte Geogitter	20	200	500	8	15
	gelegte Geogitter	20	200	400	8	15
	extrudierte Geogitter	20	50		8	20
	Gewebe	20	200	600	8	20
PVA	gewebte und geraschelte Geogitter	30	1.000	1.600	4	5
	Gewebe	30	900	1.800	4	5

Anmerkung: Die in vorstehender Tabelle angegebenen Werte dienen nur einer ersten Orientierung. Produkte können z. T. mit deutlich davon abweichenden Werten hergestellt werden. Verbundstoffe aus Kombinationen der genannten Produkte mit z. B. Vliesstoffen besitzen ähnliche Bewehrungseigenschaften.

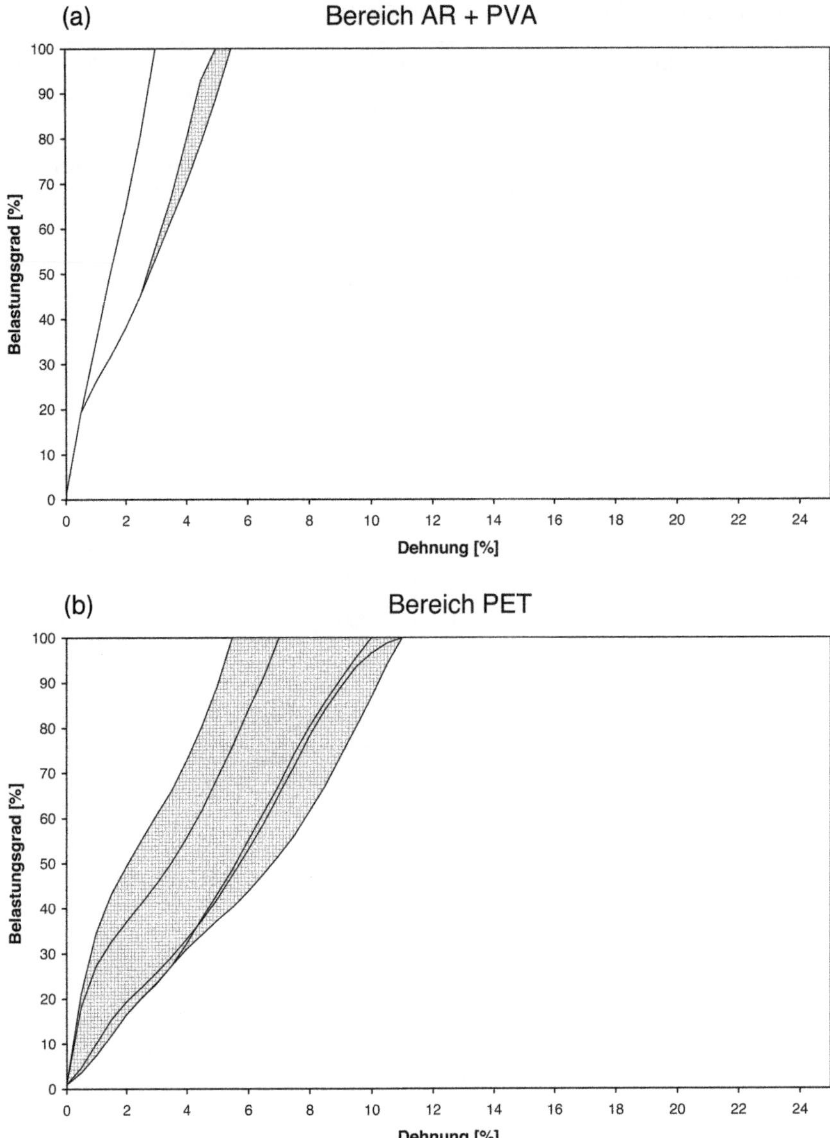

Bild 2.1 Typische Kraft-Dehnungs-Bereiche von Geokunststoffen [6]

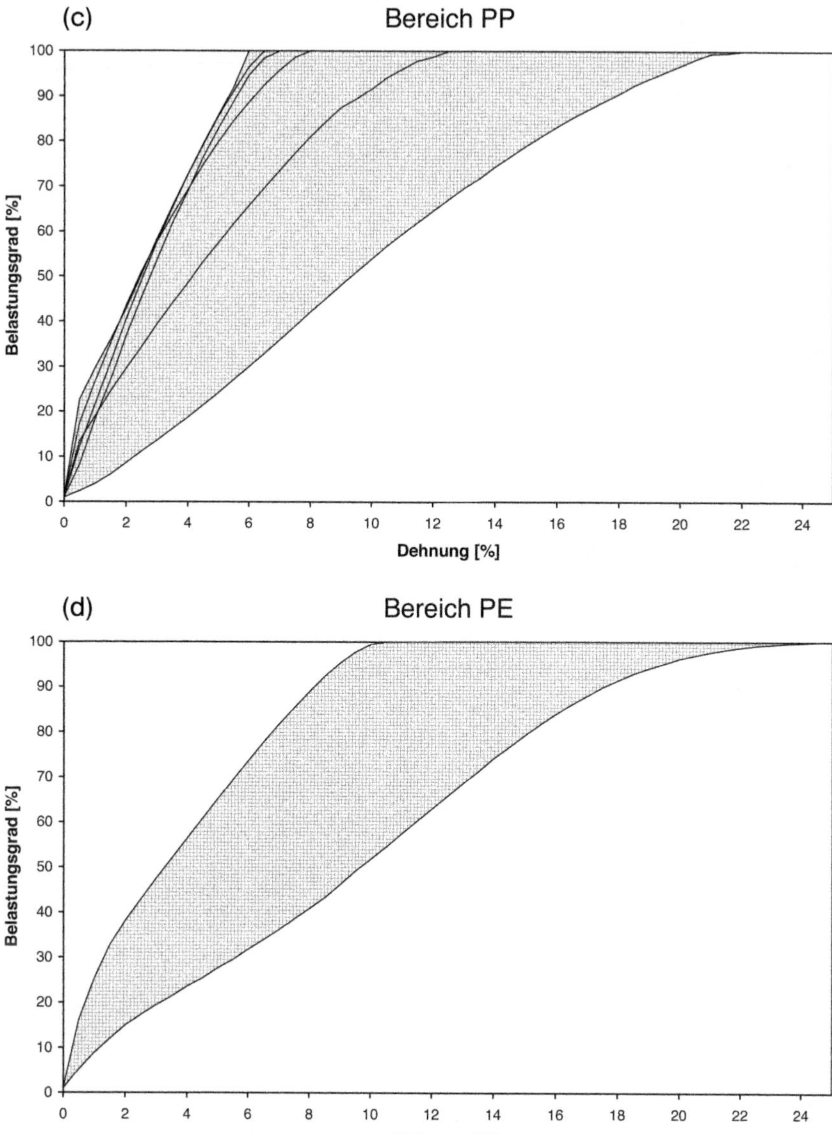

Bild 2.1 (Fortsetzung)

2.2.4.4.2 Dehnsteifigkeit

Die Dehnsteifigkeit einer Geokunststoffbewehrung kann als Maß für das Zugkraft-Dehnungs-Verhalten einer Bewehrung näherungsweise als Sekantenmodul J angegeben werden. Die Kurzzeit-Dehnsteifigkeit wird auf Basis des Prüfverfahrens nach DIN EN ISO 10319 und der repräsentativen Kurzzeit-Kraft-Dehnungs-Linie ermittelt.

Es gilt:

$$J_{a-b,k0} = \frac{F_b - F_a}{\varepsilon_b - \varepsilon_a} \qquad \text{Gl. (2.1)}$$

mit:

$J_{a-b,k0}$ charakteristische Kurzzeit-Dehnsteifigkeit für den Bereich von ε_a bis ε_b [kN/m],
F Kraft bei einer vorgegebenen Dehnung ε [kN/m],
ε vorgegebene Dehnung [–].

Zur Ermittlung von Langzeit-Dehnsteifigkeiten $J_{a-b,k,t}$ werden analog zum obigen Vorgehen Isochronenkurven herangezogen (Kapitel 2.2.4.5.4).

Anmerkung: Die Langzeit-Dehnsteifigkeiten sind wegen des Kriechens (siehe Kapitel 2.2.4.5) geringer als die Kurzzeit-Dehnsteifigkeiten.

Es kann die Dehnsteifigkeit J_k vereinfachend durch den Koordinatenursprung ($\varepsilon_a = 0$) und bei einer gewählten maximal zulässigen Bezugsdehnung ε_b ermittelt

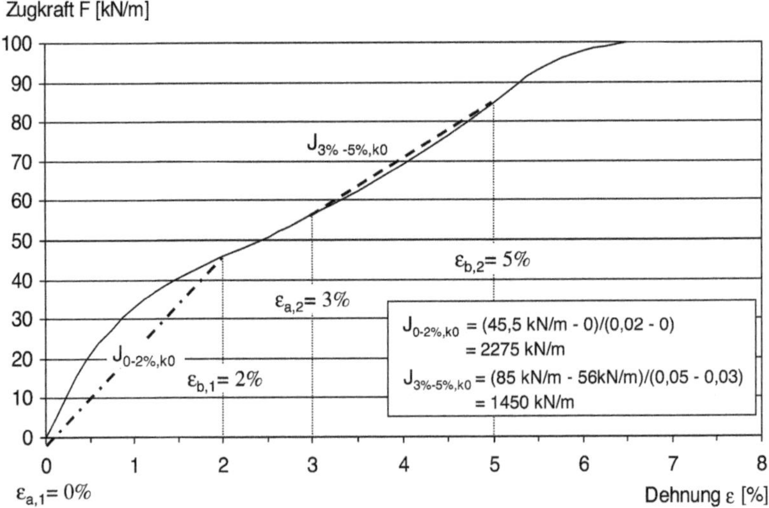

Bild 2.2 Beispielhafte Auswertung von Kurzzeit-Dehnsteifigkeiten J_k für zwei Dehnungsbereiche anhand einer Kurzzeit-Zugkraft-Dehnungs-Linie

werden. Bei Bedarf kann $J_{a-b,k}$ für einen spezifizierten Dehnungsbereich bestimmt werden (Bild 2.2).

Anmerkung: Für FE-Berechnungen kann die Verwendung des Tangentenmoduls sinnvoller sein.

2.2.4.4.3 Einaxiale und biaxiale Bewehrungen

Für Böschungen, Stützkonstruktionen und Dämme ist im Regelfall die Bildung ebener Modelle zur Nachweisführung üblich. Die Bewehrung wird dabei hauptsächlich einaxial in Hauptzugkraftrichtung beansprucht.

Insbesondere bei den Anwendungsfällen nach Kapitel 6, 9, 10, und 11 treten in Teilbereichen biaxiale Spannungszustände auf. Hierfür werden die Kennwerte der Zugfestigkeit nach Kapitel 2.2.4.4.1 verwendet.

Anmerkung: Inwieweit der Ansatz der hierfür gesondert zu ermittelnden Materialkennwerte für diesen Zustand erforderlich ist, ist noch Gegenstand der Forschung.

2.2.4.4.4 Gebrauchszustand/Dehnungsverhalten

Zur Begrenzung der Verformungen bewehrter Erdbauwerke ist das Spannungs-Dehnungs-Verhalten des Verbundstoffes (Geokunststoff/Füllboden) oder vereinfachend der Einzelkomponenten Füllboden und Geokunststoffbewehrung einzuschätzen und in der Nachweisführung zu beachten.

Die Dehnung der Bewehrung im Gebrauchszustand kann für den zu erwartenden Belastungsgrad über Isochronen nach Kapitel 2.2.4.5.3 ermittelt werden.

Anmerkung: Hinweise zu zulässigen bzw. zu erwartenden Bauwerksverformungen und daraus ableitbaren Anforderungen an Geokunststoffe finden sich in den jeweiligen Anwendungskapiteln dieser Empfehlungen und in [15].

2.2.4.5 Langzeit-Kraft-Dehnungs-Verhalten (Zeitstandfestigkeit, Kriechen)

2.2.4.5.1 Allgemeines

Geokunststoffe bestehen aus polymeren Rohstoffen (Kapitel 2.2.2), welche ein elasto-plastisches Verhalten aufweisen. Unter Belastung finden nicht nur elastische (Kurzzeit-) Verformungen, sondern auch viskose, zeitabhängige Kriechvorgänge statt.

Diese haben bautechnisch relevante Folgen:

- reduzierte Belastbarkeit und/oder
- größere Dehnung der Bewehrung im Vergleich zum Kurzzeitverhalten (Kapitel 2.2.4.4).

Die Reduzierung der Belastbarkeit kann zum Bruch (Zeitstandbruch) und die Dehnungszunahme (Kriechdehnung) zu unakzeptablen Verformungen des Bauwerkes führen. Bei den Bemessungen dieser Empfehlungen wird der Zeitstandbruch durch die Verwendung eines Abminderungsfaktors A_1 berücksichtigt (Kapitel 2.2.4.5.2) und die Kriechdehnung durch die Verwendung von Isochronen (Kapitel 2.2.4.5.4).

Der Zeitstandbruch ist bei Nachweisen des Grenzzustandes der Tragfähigkeit GZ 1 (DIN 1054) relevant und die Kriechdehnung bei Nachweisen des Grenzzustandes der Gebrauchstauglichkeit GZ 2 (DIN 1054).

Das Kriechen und die Zeitstandfestigkeit von Geokunststoffen sind nach DIN EN ISO 13431 zu prüfen (siehe auch TL Geok E-StB). Das Ergebnis der Untersuchung sind Kriech- und Zeitstandbruchkurven.

Kriechvorgänge sind abhängig:

- vom Polymer, von der Art des Polymers, vom Rohstoff,
- von seiner Verarbeitung,
- von der Höhe der Zugbeanspruchung,
- von der Belastungsdauer und
- von der Temperatur.

Anmerkung: *Vorstehende Einflüsse sind in den entsprechenden Abminderungsfaktoren/Bemessungsansätzen der EBGEO berücksichtigt. Der Einfluss anderer Faktoren, wie z. B. Bodenbettung, mehraxiale Spannungszustände, Belastungsgeschwindigkeit und -geschichte usw., ist Gegenstand der Forschung. Die Übertragung solcher Versuchsergebnisse auf die jeweilige baupraktische Anwendung muss speziell betrachtet werden.*

Kriechkurven („Dehnungen über der Zeit aufgetragen“) werden für verschiedene Belastungsgrade bei Raumtemperatur und an Luft ermittelt. Der Belastungsgrad β wird wie folgt definiert:

$$\beta = \frac{\text{Zugkraft } F}{\text{Kurzzeitzugfestigkeit } R_{B,k0}} \qquad \text{Gl. (2.2)}$$

Anmerkung: *Die Zugkraft F ergibt sich als Ergebnis aus durchgeführten Langzeitversuchen (Kapitel 2.2.4.5.2).*

Aus den Kriechkurven werden für die praktische Anwendung Isochronenkurven erstellt (siehe Kapitel 2.2.4.5.4).

Zeitstandbruchkurven („Belastungsgrad über der Zeit bis zum Bruch aufgetragen“) werden für verschiedene Belastungsgrade bei Raumtemperatur und an Luft ermittelt.

Die im Versuch verwendeten Belastungsgrade sind auf die Beanspruchungsgrade im Bauwerk (DIN 1054) zu übertragen.

2.2.4.5.2 Versuchstechnische Bestimmung des Abminderungsfaktors A_1 aus Zeitstandversuchen

Die Zeitstandfestigkeit von Geokunststoffen wird nach DIN EN ISO 13431 geprüft. Das Ergebnis der Untersuchung sind Zeitstandbruchkurven (Auftragung: Belastungsgrad über Zeit bis Bruch, siehe Bild 2.3). Aus diesen können die für eine bestimmte Dauer aufnehmbaren Zugkräfte und daraus ein Abminderungsfaktor A_1 ermittelt werden.

Anmerkung: Weitergehende Hinweise zur Bestimmung der Langzeitbeständigkeit finden sich auch in ISO/TR 20432 [11].

Wie Bild 2.3 zeigt, wird für Geokunststoffproben unter verschiedenen Belastungsgraden β die Zeit bis zum Bruch gemessen. Nach DIN EN ISO 13431 sind Belastungszeiten von mindestens einem Jahr (10^4 h) vorgesehen. Aus diesen Untersuchungsergebnissen kann produkt- und materialabhängig auf die in DIN EN 13249 ff. angegebenen Zeiträume für Dauerbauwerke (bis ≥ 100 Jahre) extrapoliert werden. Die Vorgehensweise ist in [1], [2] bzw. [10] aufgezeigt.

Anmerkung: Es sind auch folgende Vorgehensweisen möglich:

1) Versuche mit kurzer Dauer und erhöhten Temperaturen (Time/Temperature-Shift-Methode, gestufte Isothermen Methode SIM, [12]). Die Versuche sind durch einen mindestens 1.000 Stunden dauernden Standardversuch nach DIN EN ISO 13431 zu bestätigen.

2) Untersuchung an Proben aus einem mindestens 20 Jahre alten Bauwerk.

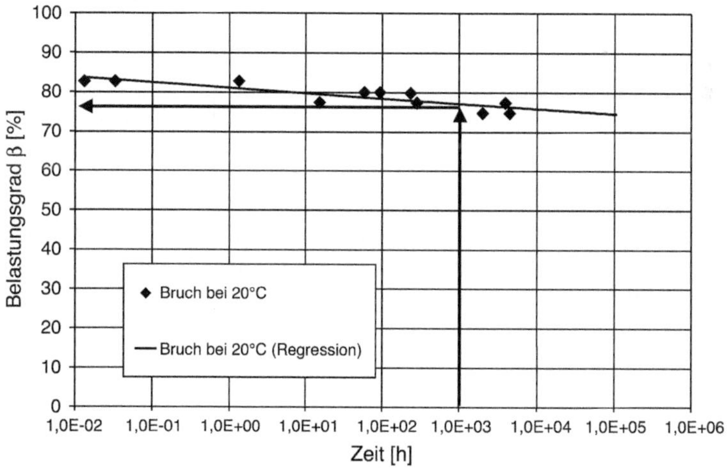

Bild 2.3 Ablesen des zulässigen Belastungsgrades β zur Ermittlung des Abminderungsfaktors A_1 aus Zeitstandbruchergebnissen ([6], [11], [13])

Der Abminderungsfaktor A_1, der in den Nachweisen des Grenzzustandes der Tragfähigkeit GZ 1 (siehe Kapitel 1.2.3) verwendet wird, wird aus Zeitstandbruchergebnissen nach DIN EN ISO 13431 mit einer Regressionsgeraden ermittelt. Für die geplante Nutzungsdauer ergibt sich der zulässige Belastungsgrad β aus dem Schnitt mit der Regressionsgeraden. Der Abminderungsfaktor A_1 ist der Reziprokwert des zulässigen Belastungsgrades.

Anmerkung: *Im Beispiel von Bild 2.3 ergibt sich für eine Nutzungsdauer von 6 Wochen (1.000 h) der Wert von $\beta = 0{,}77$. Der A_1-Wert ergibt sich zu $A_1 = 1/\beta = 1/0{,}77 = 1{,}30$.*

2.2.4.5.3 Abminderungsfaktor A_1 für Zeitstandverhalten

Produktspezifische Werte für A_1 sind durch Versuche nach Kapitel 2.2.4.5.2 zu bestimmen. Liegen keine produktspezifischen Untersuchungsergebnisse vor, so sind in Abhängigkeit des verwendeten Rohstoffes die Abminderungsfaktoren A_1 nach Tabelle 2.2 zu verwenden:

Tabelle 2.2 Abminderungsfaktor A_1

Material	Kürzel	übliche Werte für A_1 aus produktspezifischen Nachweisen		Mindestwert A_1 bei fehlendem Nachweis
		von	bis	
Aramid	AR	1,5	2,0	3,5
Polyamid	PA	1,5	2,0	3,5
Polyethylen	PE	2,0	3,5	6,0
Polyester	PET	1,5	2,5	3,5
Polypropylen	PP	2,5	4,0	6,0
Polyvinylalkohol	PVA	1,5	2,5	3,5

Anmerkung: *Gegenüber der früheren Ausgabe dieser Empfehlungen wurden die A_1-Werte bei fehlendem Nachweis in vorstehender Tabelle erhöht, da aufgrund der großen Vielfalt von Produkten und Herstellweisen die Werte nicht als „auf der sicheren Seite" liegend bestätigt werden konnten (weitere Hinweise in [5]).*

2.2.4.5.4 Berücksichtigung des Langzeitdehnverhaltens durch Auswertung von Isochronenkurven

Für Berechnungen des Grenzzustandes der Gebrauchstauglichkeit GZ 2 (siehe Kapitel 3) kann zur Berücksichtigung des Langzeitdehnverhaltens von Geokunststoffbewehrungen die Auswertung über Isochronenkurven verwendet werden. Hierbei besteht die Möglichkeit der Begrenzung auf einen definierten Verformungszustand.

Die Verwendung der Werte aus den Isochronenkurven für die Absicherung gegen Bruchzustände (Grenzzustände der Tragfähigkeit GZ 1) ist nicht zulässig (Ausnahme siehe Kapitel 9 und 11).

Zur Ermittlung von Isochronenkurven werden zunächst Kriechversuche bei verschiedenen Laststufen durchgeführt. Aus den so erhaltenen Kurven (Bild 2.4, links) werden für jeweils eine bestimmte Zeit die Wertepaare von Dehnung und Laststufe ermittelt und aufgetragen (Bild 2.4, rechts). Üblicherweise wird für diese Darstellung in der Ordinate die Darstellung als „Belastungsgrad“ (siehe Kapitel 2.2.4.5.1) gewählt.

Anmerkung: *Isochronenkurven, wie sie in Bild 2.5 dargestellt sind, können folgendermaßen interpretiert werden:*
Für eine sehr kurze Nutzungsdauer (hier: ca. 1 Minute) ist bei einem Belastungsgrad von 100 % (entspricht der Kurzzeitfestigkeit) mit einer Bruchdehnung von ca. 10 % zu rechnen. Dies entspricht etwa der Dehnung beim Bruch im Kurzzeitzugversuch.
Bei einer vorgegebenen/zulässigen Dehnung, die sich u. a. aus der Abschätzung des Gebrauchszustandes ergeben kann, von z. B. hier 6 %, kann für eine Nutzungsdauer von ca. 120 Jahren ein Belastungsgrad von ca. 51 % angesetzt werden.

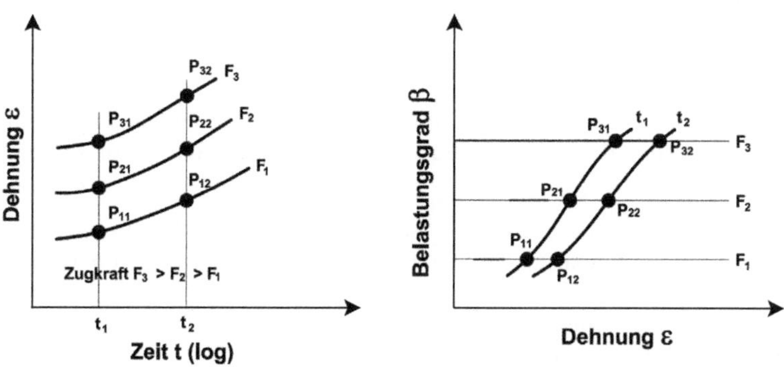

Bild 2.4 Ermittlung von Isochronenkurven (rechts) aus Kriechkurven (links)

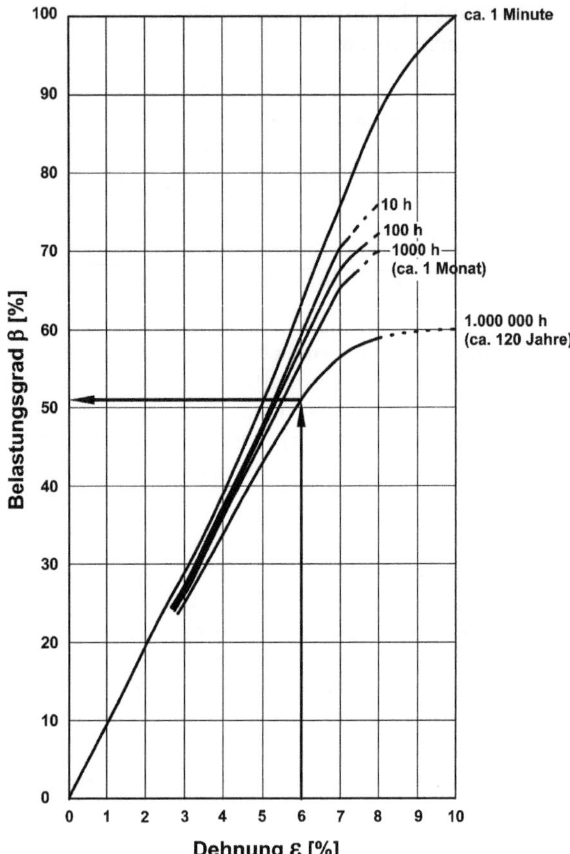

Bild 2.5 Prinzipieller Verlauf von Isochronenkurven und Ablesebeispiel (siehe Anmerkung)

Bild 2.6 und Bild 2.7 zeigen exemplarische Isochronenkurven für einzelne Produkte. Im Zuge der Bemessung sind die produktspezifischen Kurven zu verwenden.

Bei Verwendung dieser Auswertung von Isochronenkurven für Nachweise des Grenzzustandes der Gebrauchstauglichkeit GZ 2 ist der Abminderungsfaktor A_1 berücksichtigt und braucht nicht mehr zusätzlich angesetzt zu werden. Die übrigen Abminderungsfaktoren A_2 bis A_5 bleiben von dieser Auswertung unberührt und sind wie sonst üblich anzusetzen.

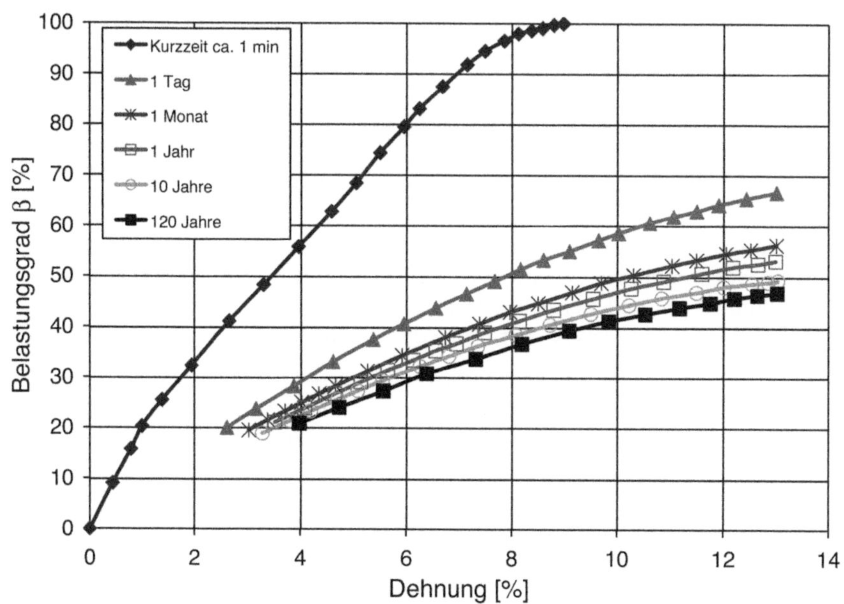

Bild 2.6 Exemplarische Isochronenkurven für ein gestrecktes Geogitter aus PEHD

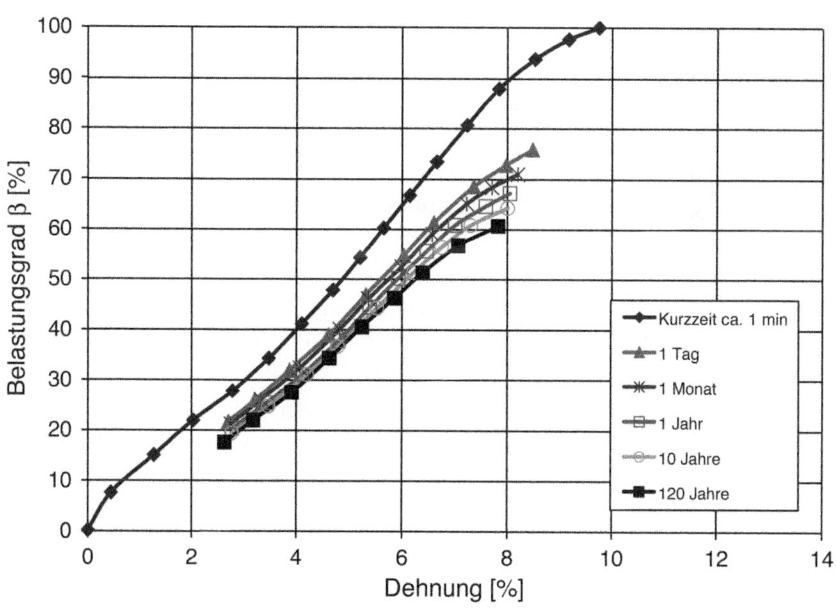

Bild 2.7 Exemplarische Isochronenkurven für ein Produkt aus PET

2.2.4.6 Beständigkeit gegen mechanische Beschädigungen beim Einbau

2.2.4.6.1 Allgemeines

Die zu erwartende mechanische Beschädigung der Geokunststoffbewehrung beim Einbau wird durch einen Abminderungsfaktor aufgrund von Einbaubeschädigungsversuchen berücksichtigt. *Die Geotextilrobustheitsklassen nach TL-Geok E-StB sind hierfür nicht anzuwenden.*

Es wird empfohlen, zu Beginn einer Baumaßnahme unter den tatsächlichen Baustellenbedingungen (Geokunststoff, Unterlage, Schüttmaterial, Lagendicke, Verdichtungsgerät und Verdichtungsübergänge) einen Einbauversuch durchzuführen und nach dem Ausbau der Probe die Veränderungen festzustellen [16].

Anmerkung: Das Ergebnis dient auch als Referenzwert für die Beurteilung von Proben, die in mehrjährigen Intervallen entnommen werden, um eventuelle Veränderungen durch chemische Angriffe bzw. die Restfestigkeit zu bestimmen (Kapitel 2.2.4.7).

Soweit Abminderungsfaktoren unter unmittelbar vergleichbaren Baustellenbedingungen aus früheren Maßnahmen vorliegen, können diese verwendet werden.

2.2.4.6.2 Abminderungsfaktor A_2 für Beschädigung der Geokunststoffe beim Transport, beim Einbau und bei der Verdichtung

Bei Verwendung von feinkörnigen Böden ist für Dauerbauwerke ein **A_2-Wert von mindestens 1,5** zu verwenden.

Bei Verwendung von gemischt- und grobkörnigen Böden mit rundem Korn ist für Dauerbauwerke ein **A_2-Wert von mindestens 2,0** zu verwenden.

Bei gebrochenem bzw. scharfkantigem Korn, bei Steinschüttungen oder auch Recycling-Baustoffen (RC-Baustoffe) sind in jedem Fall Baustellenversuche durchzuführen, wenn nicht durch konstruktive Maßnahmen, z. B. durch Schutzschichten aus fein- und grobkörnigem Boden mit rundem Korn oder aus geotextilen Schutzlagen, mechanische Beschädigungen minimiert werden können.

Anmerkung: Ggf. können durch Verwendung von Schutzlagen die Verbundeigenschaften Füllboden/Geokunststoff beeinflusst werden. Dies ist bei der Bemessung zu berücksichtigen.

Geringere A_2-Werte sind durch geeignete Feld- oder Baustellenversuche produktspezifisch nachzuweisen. Diese Versuche sind auch erforderlich, wenn besondere Bedingungen beim Einbau von Geokunststoffen zu erwarten sind (siehe z. B. Kapitel 1).

2.2.4.6.3 Baustellenversuche

Beim Baustellenversuch ([1], [2], [16]) werden die Einbaubedingungen möglichst den Randbedingungen des tatsächlichen Einbaus angepasst. Hierbei ist zu unterscheiden zwischen dem Einbau von ebenen Geokunststofflagen und besonderen Einbauten (z. B. ummantelte Säulen).

Im Folgenden werden Versuchsdurchführungen für die Bestimmung des Abminderungsbeiwertes A_2 aufgezeigt. Die Randbedingungen sind auf die Übertragbarkeit der jeweiligen Baumaßnahme zu überprüfen und entsprechend anzupassen.

- Einbauversuch für ebene Geokunststofflagen
  Einige Quadratmeter des Produktes werden als Rückstellprobe abgetrennt und aufbewahrt. Danach wird das zu prüfende Produkt auf einer definierten Fläche ausgelegt und nach Überschütten und Verdichtung der Überschüttung freigelegt und ausgebaut, wobei darauf zu achten ist, dass beim Ausbau keine zusätzlichen Beschädigungen auftreten.
  Bei Bewehrungen für Böschungen und Stützkonstruktionen besteht die Unterlage aus einer verdichteten Lage des Schüttmaterials oder der vorgesehenen Unterlage, bei Trennschichten und bei in der Dammsohle auszulegenden Bewehrungen aus feinkörnigem Boden von weicher Konsistenz bzw. dem anstehenden Boden.
  Für die Überschüttung wird entweder das vorgesehene Schüttmaterial oder ein gebrochener Naturstein der Körnung 0/45 mm für Schottertragschichten nach ZTV SoB-StB verwendet. Die Schicht wird auf einer tragfähigen, verdichteten Unterlage 25 cm dick oder in der auf der Baustelle vorgesehenen Einbaudicke aufgetragen. Bei weichem Untergrund ist die Schüttlagendicke so zu wählen, dass ein Überfahren mit dem Verdichtungsgerät möglich ist. Die Verdichtung erfolgt mit einer Vibrationswalze bzw. einem Walzenzug mit ca. 10 t bis 12 t Gesamtgewicht unter Vibration bei großer Amplitude (ca. 1,5 bis 2,0 mm) oder dem für die Baustelle vorgesehenen Verdichtungsgerät bis zum Erreichen des erforderlichen Verdichtungsgrades (soweit keine anderen Anforderungen bestehen, gilt: D_{pr} = 100 % der einfachen Proctordichte).
- Einbauversuch für geokunststoffummantelte Säulen
  Beim Einsatz von geokunststoffummantelten Säulen ist die vorbeschriebene Standardvorgehensweise zur Festlegung des A_2-Wertes im Baustellenversuch nicht anwendbar. Hier sind entsprechende Proben aus der Geokunststoffummantelung an mindestens drei unter vergleichbaren Bedingungen hergestellten Probesäulen zu entnehmen.

Der zu untersuchende Bereich des Produktes ist vor dem Einbau festzulegen und nach der Entnahme vollständig zu prüfen. Die Mindestgröße einer Probe beträgt 1 m · 1 m. Die Entnahme muss unmittelbar nach dem Baustellenversuch erfolgen. Die Entnahme bzw. der Ausbau sollen so sorgfältig erfolgen, dass keine zusätzlichen Beschädigungen verursacht werden.

Beschrieben werden das Schadensbild, die Anzahl der Löcher je m^2, evtl. nach Lochgrößen klassiert, die Form und Art des Schadens.

Es werden an den Rückstellproben und an den ausgebauten Proben die Zugfestigkeit und Dehnung nach Kapitel 2.2.4.4.1 bestimmt. Der Abminderungsfaktor A_2

ist der Quotient aus den Mittelwerten der Rückstellproben und den ausgebauten Proben.

Anmerkung: *Ist aufgrund der Beschädigung ein Zugversuch an einer Teilprobe nicht mehr möglich, so ist diese Teilprobe mit der Zugfestigkeit „Null" bei der Auswertung zu berücksichtigen.*

Analog dazu wird auch der Quotient der Bruchdehnungen bestimmt, der jedoch keinen Abminderungsfaktor darstellt. Die Verwendung von Herstellerangaben statt der Prüfung an Rückstellproben ist nicht zulässig. Die Rückstellproben dürfen keine Vorschädigung (z. B. durch Transport o. Ä.) aufweisen.

Anmerkung: *Die beschriebene Vorgehensweise erfasst nur den Kurzzeiteffekt der Beschädigung. Forschungsarbeiten [9] zeigen bei den dort geprüften Produkten jedoch keine zusätzlichen Effekte für das Zeitstandverhalten.*

2.2.4.6.4 Laborversuch (DIN EN ISO 10722)

Der Indexversuch DIN EN ISO 10772 liefert keine für eine Bemessung brauchbaren Werte A_2.

Anmerkung: *Das Nachstellen der Baustellenbeanspruchung durch diesen Laborversuch ist nicht realitätsgetreu und kann den Baustellenversuch nicht vollwertig ersetzen. Eine modifizierte Durchführung mit dem echten Baustellenmaterial bis zu einer begrenzten Korngröße liefert jedoch nützliche Richtwerte.*

2.2.4.7 Verbindungen und Anschlüsse

2.2.4.7.1 Allgemeines

Für die Prüfung der Zugfestigkeit und Dehnung von Nähten und anderen Fügetechniken gilt DIN EN ISO 10321.

2.2.4.7.2 Abminderungsfaktor A_3 für Fugen, Verbindungen, Nähte und Anschlüsse an andere Bauteile

A_3 ist gleich 1,0, wenn weder Fugen noch Verbindungen oder Nähte in Kraftrichtung vorliegen und kein Anschluss zu bemessen ist.

2.2.4.7.3 Versuchstechnische Bestimmung des Abminderungsfaktors A_3

Für Verbindungen (Steckstäbe, Nähte, Klebeverbindungen usw.) von Geokunststoffen miteinander sind die entsprechenden Nachweise der Zugkraftübertragung zu führen. Zu diesem Zwecke werden Versuche nach DIN EN ISO 10321 durchgeführt. Aus diesen Versuchsergebnissen kann im Vergleich mit dem charakteristischen Wert der Kurzzeitfestigkeit des Geokunststoffes der Faktor A_3 ermittelt werden.

Eine eventuell von der Produktdehnung abweichende Dehnung in der Verbindung ist bei der Bemessung zu berücksichtigen.

Bei Anschlüssen von Geokunststoffen an andere Bauteile/Elemente sind Sonderuntersuchungen in Anlehnung an DIN EN ISO 10321 durchzuführen.

Anmerkung: Anschlüsse von Vorsatzelementen aus Beton können nach ASTM D 6638 untersucht werden.

2.2.4.8 Chemische Beständigkeit

2.2.4.8.1 Abminderungsfaktor A_4 für chemische Umgebungseinflüsse

Für Gebrauchsdauern bis 5 Jahre bzw. bis 25 Jahre gelten nach DIN EN 13249 ff. Anhang B die Angaben des Herstellers zur Anwendbarkeit des Geokunststoffes. In DIN EN 13249 ff. ist die Angabe eines Abminderungsfaktors A_4 nicht vorgesehen. Für den Einsatz als Bewehrung im Sinne der EBGEO muss die begründete Angabe eines Abminderungsfaktors A_4 durch den Hersteller erfolgen.

Für eine Gebrauchsdauer über 25 Jahre bis 100 Jahre (Dauerbauwerke) ist der Abminderungsfaktor A_4 ohne weitere Nachweise in Abhängigkeit des Polymers nach Tabelle 2.3 anzusetzen (siehe auch [1]). Geringere Werte oder Werte bei Anwendungen außerhalb des pH-Bereiches $4 \leq pH \leq 9$ müssen durch zusätzliche produktspezifische Untersuchungen ermittelt oder durch Nachweis entsprechender langjähriger Erfahrungen und Messungen belegt werden.

Tabelle 2.3 Abminderungsfaktor A_4 (ohne Nachweis, $4 \leq pH \leq 9$)

Material	**Kurzbezeichnung**	**A_4**
Aramid	AR	3,3
Polyamid	PA	3,3
Polyester	PET	2,0
Polyethylen	PE	3,3
Polypropylen	PP	3,3
Polyvinylalkohol	PVA	2,0

Unabhängig von der Gebrauchsdauer gilt, dass Produkte aus Polyester und Aramid wegen der Alkaliempfindlichkeit für längere als bauzeitige Anwendungen nicht im Kontakt zu mit Zement oder mit Kalken verbesserten oder verfestigten Böden oder im direkten Kontakt zu Zementbeton (auch Betonbruch) eingesetzt werden dürfen, es sei denn, dass die Eignung durch zusätzliche produktspezifische Untersuchungen ermittelt oder durch Nachweis entsprechender langjähriger Erfahrungen und Messungen belegt wird.

2.2.4.8.2 Versuchstechnische Bestimmung der chemischen Beständigkeit

Bezüglich der chemischen Beständigkeit ist in [2], aufbauend auf DIN EN 13249 ff., festgelegt, auf welcher Grundlage vom Hersteller die Beständigkeit der Bewehrungsprodukte für die Gebrauchsdauer bis 5 Jahre bzw. bis 25 Jahre bestimmt wird und anzugeben ist. Darüber hinaus ist für eine Gebrauchsdauer bis 100 Jahre eine Vorgehensweise für die Feststellung der Beständigkeit und die Ableitung der Restfestigkeit bzw. eines entsprechenden Abminderungsfaktors angegeben.

Der Leitfaden zur Beurteilung der Beständigkeit von Geokunststoffen [11], DIN Fachbericht 86 [10] und aktuelle Entwicklungen sind zu berücksichtigen.

2.2.4.9 Weitere Umwelteinflüsse

2.2.4.9.1 Mikrobiologische Beständigkeit

Für die Beständigkeit gegen mikrobiologische Angriffe gilt DIN EN 12225 „Einlagerung in Humusboden".

Erfahrungsgemäß ist bei den üblichen Polymeren keine Beeinträchtigung aus mikrobiologischen Angriffen zu erwarten.

2.2.4.9.2 Biologische Beständigkeit und Vandalismus

Geokunststoffbewehrte Konstruktionen können durch biologische Angriffe (z. B. Nagetiere) oder durch Vandalismus beschädigt werden.

Erfahrungsgemäß stellt dies kein Problem dar, sollte jedoch im Einzelfall überprüft und ggf. durch konstruktive Maßnahmen (z. B. Verkleidung bei Böschungen in Umschlagmethode, Wühlmausgitter) berücksichtigt werden.

2.2.4.9.3 Witterungsbeständigkeit (UV-Beständigkeit)

Sofern eine sofortige Überschüttung der Produkte nicht möglich ist, ist deren Witterungsbeständigkeit zu beachten.

Zur Abschätzung der Witterungsbeständigkeit nach DIN EN 13249 ff. wird zunächst in einer Laborprüfung nach DIN EN 12224 die Restfestigkeit nach einer definierten Bewitterung bestimmt. Entsprechend dieser Restfestigkeit erfolgt die Einstufung in Klassen, woraus sich dann die höchstzulässige Freiliegedauer bis zum Schutz durch eine Überdeckung ergibt (Tabelle 2.4).

Im CE-Begleitdokument wird die höchstzulässige Freiliegedauer für Bewehrungsprodukte angegeben („Überdecken nach xx Tagen/xx Wochen/xx Monaten").

Durch Bewitterung wird nicht nur die Festigkeit der Produkte, sondern auch ihre Beständigkeit gegen chemische Angriffe beeinträchtigt. Die Zeit bis zum Schutz (Überschüttung, Verkleidung) sollte daher in jedem Falle kurz sein.

Tabelle 2.4 Einteilung der Witterungsbeständigkeit und höchstzulässige Freiliegedauer (nach DIN EN 13249, Anhang B.1 normativ, Tabelle B.1)

	Bewehrung		
Restfestigkeit nach DIN EN 12224	> 80 %	60 % bis 80 %	< 60 %
höchstzulässige Freiliegedauer	1 Monat	2 Wochen	1 Tag

Die in Tabelle 2.4 angegebene Freiliegedauer sollte deswegen möglichst nicht ausgenutzt werden.

Anmerkung: Weitere Hinweise finden sich u. a. in der Literatur [10], [14].

2.2.4.10 Beanspruchungen aus vorwiegend nicht ruhenden Einwirkungen

2.2.4.10.1 Abminderungsfaktor A_5 für vorwiegend nicht ruhende Einwirkungen

Bei den meisten Anwendungen nach diesen Empfehlungen werden Geokunststoffe vorwiegend ruhend beansprucht. Der Abminderungsfaktor A_5 kann daher in der Regel gleich 1,0 angesetzt werden.

In Kapitel 12 werden verschiedene Beanspruchungsfälle aufgezeigt, die ggf. eine Berücksichtigung vorwiegend nicht ruhender (dynamischer/zyklischer) Einwirkungen auf die Festigkeit der Bewehrung erfordern. Dort werden Hinweise gegeben, wie ein entsprechender Abminderungsfaktor ermittelt werden kann.

Anmerkung: Anwendungen, bei denen gesonderte Betrachtungen erforderlich werden können, sind z. B. Bewehrungen unmittelbar unter Maschinenfundamenten, bei Eisenbahnstrecken im näheren Bereich unter dem Gleis, oberste Bewehrungslage im Übergang Brückenwiderlager/Erdbauwerk, bewehrte Bauwerke außerhalb der Erdbebenzone 0.

2.2.4.10.2 Versuchstechnische Bestimmung von A_5 für vorwiegend nicht ruhende Einwirkungen

Für Beanspruchungsfälle, bei denen der Einfluss dynamischer Einwirkungen auf die Bemessungsfestigkeit des Geokunststoffes zu ermitteln ist, wird in Kapitel 12 die Vorgehensweise zur versuchstechnischen Ermittlung von A_5 angegeben.

Anmerkung: Darüber hinaus enthält Kapitel 12 Angaben zur versuchstechnischen Ermittlung von Beschädigungen der Bewehrung und Auswirkungen auf das Verbundverhalten Geokunststoff/Füllboden durch vorwiegend nicht ruhende Einwirkungen.

2.2.4.11 Reibungs- bzw. Verbundverhalten

2.2.4.11.1 Allgemeines

Das Bewehren von Böden setzt die Übertragbarkeit von Kräften (Spannungen) im Boden auf den Geokunststoff und umgekehrt voraus. Dazu muss die Verbundwirkung zwischen Bewehrung und Boden ausreichend sein.

Die Verbundwirkung wird vereinfachend durch den Reibungsbeiwert $f_{sg,k}$ erfasst, der wie folgt definiert wird:

$$f_{sg,k} = \lambda \cdot \tan \phi_k \qquad \text{Gl. (2.3)}$$

mit:

λ Verbundbeiwert für Reibung $\lambda = \frac{\tan \delta}{\tan \varphi}$,
$\tan \delta$ Reibungsbeiwert Geokunststoff/Boden (Messergebnis),
$\tan \varphi$ Reibungsbeiwert Boden (Messergebnis),
$\tan \varphi_k$ charakteristischer Reibungsbeiwert Boden.

Soweit für die Verbundwirkung die Kohäsion angesetzt werden soll, kann deren Verbundwirkung durch den Scherbeiwert $f_{scg,k}$ erfasst werden, der wie folgt definiert wird:

$$f_{scg,k} = \lambda_c \cdot c_k \qquad \text{Gl. (2.4)}$$

mit:

λ_c Verbundbeiwert für Kohäsion $\lambda_c = \frac{a}{c}$,
a Adhäsion Geokunststoff/Boden (Messergebnis),
c Kohäsion Boden (Messergebnis),
c_k charakteristische Kohäsion Boden.

Insbesondere bei Ansatz von Adhäsionsanteilen muss die dauerhafte Wirkung über die gesamte Nutzungsdauer gewährleistet sein (siehe auch [8], [17]).

Anmerkung: Zur Bestimmung der Verbundbeiwerte sind die Scherbeiwerte „Geokunststoff/Boden" und „nur Boden" nach Möglichkeit in gleichen Versuchskästen (z. B. Kasten mit 300 mm · 300 mm, siehe Kapitel 2.2.4.11.2) zu bestimmen. Bei der Bildung des Verhältniswertes sind die tatsächlich gemessenen Werte, nicht die charakteristischen Kennwerte, zugrunde zu legen.

Die Verbundbeiwerte sind generell in zwei Fällen wichtig:

- bei Nachweisen gegen Abgleiten/Abscheren in einer Kontaktfläche Geokunststoff/Boden (ggf. Geokunststoff/Geokunststoff) und
- bei Nachweisen gegen Herausziehen der Bewehrung.

Die Situationen sind exemplarisch für eine übersteile bewehrte Böschung als Details „A" und „B" in Bild 2.8 dargestellt.

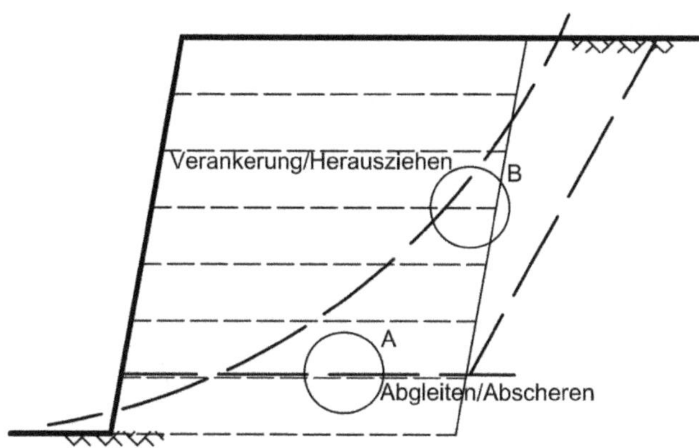

Bild 2.8 Bedeutung des Verbundverhaltens für zwei typische Situationen (Abgleiten/Abscheren „A" und Verankerung/Herausziehen „B") am Beispiel einer übersteilen Böschung

Die Verbundbeiwerte können sich für beide Situationen unterscheiden. Dementsprechend werden separate Scher- und Herausziehversuche mit Geokunststoffen und Böden durchgeführt.

2.2.4.11.2 Versuchstechnische Ermittlung der Verbundbeiwerte

Für den Versagensmechanismus, wie in Bild 2.8, Detail A dargestellt, werden direkte Scherversuche in Scherkästen (Mindestabmessungen 300 mm · 300 mm) mit den vorgesehenen Geokunststoffen und dem zur Verwendung kommenden Füllboden in Anlehnung an DIN EN ISO 12957-1 durchgeführt. Bei der Ermittlung der Reibungsbeiwerte wird die gesamte Kontaktfläche von Geokunststoff (einschließlich eventueller Öffnungen, z. B. bei Geogittern) und Boden zugrunde gelegt. Das Versuchsergebnis ist der Reibungsbeiwert im Modus „Abscheren".

Für den Versagensmechanismus, wie in Bild 2.8, Detail B dargestellt, werden Herausziehversuche in Herausziehkästen mit den vorgesehenen Geokunststoffen und dem zur Verwendung kommenden Füllboden nach DIN 60009 bzw. DIN EN 13738 durchgeführt. Während bei den Untersuchungen nach DIN EN 13738 nach den in 2.2.4.11.1 genannten Verbundbeiwerten für Reibung und Kohäsion unterschieden wird, orientiert DIN 60009 auf das Verhältnis der unter verschiedenen Normalspannungen gemessenen Verhältniswerte der Scherspannung.

Die Abmessungen der Kästen (Scher- und Herausziehversuch) müssen sich am Größtkorn des Bodens und der Geometrie der Geokunststoffe orientieren.

Anmerkung: *Die Abmessungen der Kästen müssen eine Lastabtragung bei Geogittern über mindestens drei hinter- und nebeneinander liegende Elemente ermöglichen.*

Für Vorbemessungen können die Reibungsbeiwerte für Abscheren und Herausziehen gleich gewählt werden.

Soweit keine Untersuchungsergebnisse vorliegen, können für Vorbemessungen folgende minimale Reibungsbeiwerte verwendet werden:

- Geokunststoff/Füllboden: $f_{sg,k} = 0{,}50 \tan \varphi'_k$,
  $f_{cg,k} = 0{,}50\, c'_k$ bzw. c_u,
- Geokunststoff/Geokunststoff: $f_{gg,k} = 0{,}20$.

Anmerkung: Nach den bisherigen Erfahrungen liegt der Reibungsbeiwert Geokunststoff/Füllboden zwischen 0,5 tan φ'_k und 1,0 tan φ'_k. Bewehrungen werden zunehmend mit Böden mit natürlicher oder „künstlicher“ (z. B. nach Stabilisierung) Kohäsion verwendet. Die Verbundwirkung besteht dabei sowohl aus Reibungsanteilen („Reibungsbeiwert“, s. o.), als auch aus Adhäsionsanteilen. Zur Bestimmung der Kenngrößen ist die Durchführung von Scherversuchen (inkl. Füllboden/Füllboden) in Kästen von 300 mm · 300 mm bis 500 mm · 500 mm in Anlehnung an DIN EN ISO 12957-1 und DIN EN 13738 bzw. DIN 60009 unter Randbedingungen, die der Praxisanwendung entsprechen, erforderlich.

2.3 Literatur

[1] Merkblatt über die Anwendung von Geokunststoffen im Erdbau des Straßenbaus, Ausgabe 2005, Forschungsgesellschaft für Straßen- und Verkehrswesen, Arbeitsgruppe Erd- und Grundbau, Köln, FGSV Heft Nr. 535.

[2] Technische Lieferbedingungen für Geokunststoffe im Erdbau des Straßenbaus TL Geok E-StB 05, Forschungsgesellschaft für Straßen- und Verkehrswesen, Arbeitsgruppe Erd- und Grundbau, Köln.

[3] Anwendung von Geotextilien im Wasserbau, DVWK Merkblatt Nr. 221/1992 des Deutschen Verbandes für Wasserwirtschaft und Kulturbau e. V., Verlag Paul Parey, Hamburg und Berlin.

[4] Anwendung und Prüfung von Kunststoffen im Erdbau und Wasserbau, DVWK Heft Nr. 76/1986 des Deutschen Verbandes für Wasserwirtschaft und Kulturbau e. V., Verlag Paul Parey, Hamburg und Berlin.

[5] Schweizerischer Verband für Geokunststoffe (2003): Handbuch Bauen mit Geokunststoffen.

[6] Müller-Rochholz, J. (2007): Geokunststoffe im Erd- und Straßenbau. Werner Verlag.

[7] Bauer A., Bräu G. (2002): Entwicklung eines Bemessungsverfahrens für die Bodenbewehrung mit Vliesstoffen basierend auf Zugversuchen im Bodenkontakt. Bundesministerium für Verkehr, Bau- und Wohnungswesen, Forschung Straßenbau und Straßenverkehrstechnik, Heft 831.

[8] Alexiew, D. (2005): Zur Berechnung und Ausführung geokunststoffbewehrter „Böschungen“ und „Wände“: aktuelle Kommentare und Projektbeispiele. Tagungsband 5, Österreichische Geotechniktagung Wien, Februar 2005, S. 87–105.

[9] Müller-Rochholz, J., Mannsbart, G. (2004): Installation stress testing – results and interpretation. Third European Geosynthetics Conference – EuroGeo3, München, 2004.

[10] DIN-Fachbericht 86 (2000): Geotextilien und geotextilverwandte Produkte – Leitfaden zur Beständigkeit (CEN-Bericht 13434).

[11] Leitfaden für die Bestimmung der Langzeit-Festigkeit von Geokunststoffen zur Bodenbewehrung, Englische Fassung ISO/TR 20432:2007.

[12] Standard Test Method for Accelerated Tensile Creep and Creep-Rupture of Geosynthetic Materials Based on Time-Temperature Superposition Using the Stepped Isothermal Method ASTM D 6992.

[13] Brown, R. P., Greenwood, J. H. (2002): Practical Guide to the Assessment of the Useful Life of Plastics, Rapra.

[14] FE 05.122: Chemische Veränderungen von Geotextilien unter Bodenkontakt (Chemical changes in geotextiles making contact with soil). Bundesanstalt für Materialforschung und -prüfung (BAM), Berlin, Berichte der BASt, Heft S 41, 2005.

[15] Verwendung von Geotextilien im Erd- und Grundbau für den Bau und die Erhaltung von Straßen: Bericht einer Arbeitsgruppe des Straßenforschungsprogramms der OECD. Paris 1991/hrsg. vom Bundesminister für Verkehr, Abteilung Straßenbau, 1993.

[16] Bräu, G., Floss, R., Bauer, A., Vogt, N. (2004): Verhalten von Geotextilien und Geokunststoffen im Boden bei Beanspruchung während des Einbaus und unter dynamischen Belastungen. Bundesministerium für Verkehr, Bau- und Wohnungswesen, Forschung Straßenbau und Straßenverkehrstechnik, Heft 893.

[17] Aydogmus, T., Alexiew, D., Klapperich, H. (2005): Über das Verbundverhalten von zementstabilisiertem bindigem Boden mit PVA Geogittern im Schermodus. FS-KGeo 2005.

[18] Nimmesgern, M., Lieberenz, K. (2001): Geogitterbewehrter Bahndamm – Ausgrabung nach 10-jähriger Beanspruchung. FS-KGeo 2001.

3 Grundlagen der Nachweisführung

3.1 Allgemeine Grundsätze

Die sachgerechte Anwendung von erdverlegten Geokunststoffen führt zu einer Erhöhung der Tragfähigkeit und einer Verbesserung der Gebrauchstauglichkeit. Dies beruht auf der Kraftübertragung zwischen Boden und zugfesten Bewehrungen aus Geokunststoffen. Die Kraftübertragung erfolgt durch Reibung, Verzahnung und/oder Adhäsion zwischen Bewehrung und Boden. Die maßgebenden Eigenschaften für die Berechnung des Zusammenwirkens von Erdkörpern mit Bewehrungen aus Geokunststoffen sind:

- der wirksame Scherwiderstand zwischen dem Geokunststoff und dem Füllboden,
- der Widerstand des Geokunststoffes (Zugfestigkeit),
- die Dehnsteifigkeit des Geokunststoffes im Boden/Geokunststoff-Verbundsystem.

Für Erdkörper mit Bewehrungseinlagen aus Geokunststoffen sind Sicherheitsnachweise zu erbringen. In der Berechnung müssen der Grenzzustand der Tragfähigkeit (GZ 1) und der Grenzzustand der Gebrauchstauglichkeit (GZ 2) untersucht werden. Tabelle 3.1 zeigt die Zuordnung der Nachweise zu den Grenzzuständen nach DIN 1054.

Anmerkung: Für Geokunststoffe werden ergänzende Regelungen zu DIN 1054 nach Kapitel 6.1.3 eingeführt. Diese sind für die Bemessung von geokunststoffbewehrten Konstruktionen verbindlich.

a) Grenzzustand der Tragfähigkeit GZ 1

Der Grenzzustand der Tragfähigkeit GZ 1 wird im Regelfall mit herkömmlichen Grenzgleichgewichtsmethoden bestimmt.

Für die Nachweise gemäß GZ 1B werden die Beanspruchungen und Widerstände der Bauteile zunächst mit charakteristischen Größen ermittelt. Diese werden erst nach der statischen Berechnung mit den Teilsicherheitsbeiwerten für Beanspruchungen bzw. Widerstände in Bemessungswerte umgewandelt und gegenübergestellt.

Für die Nachweise gemäß GZ 1C werden noch vor der statischen Berechnung die Bemessungswerte der Einwirkungen aus den charakteristischen Werten durch Multiplikation gebildet, die Bemessungswerte der Scherparameter Reibung und Kohäsion werden durch Division mit den Teilsicherheitsbeiwerten ermittelt. Die aus der Berechnung erhaltenen Bemessungsbeanspruchungen werden den Bemessungswiderständen gegenübergestellt.

Empfehlungen für den Entwurf und die Berechnung von Erdkörpern mit Bewehrungen aus Geokunststoffen (EBGEO). 2. Auflage. Deutsche Gesellschaft für Geotechnik e. V.

ISBN: 978-3-433-02950-3

Tabelle 3.1 Zuordnung der Nachweise zu den Grenzzuständen DIN 1054

Nachweis-gruppe	Nachweis	Grenz-zustand	Hinweise/Normen Bemerkungen
Grenz-zustand der Tragfähig-keit	Grundbruch	GZ 1B	Betrachtung als Quasimonolith, vgl. DIN 1054:2005-01, Abs. 12.4.4 (2), 7.5.2
	Gleiten	GZ 1B	Betrachtung als Quasimonolith, vgl. DIN 1054:2005-01, Abs. 12.4.4 (2), 7.5.3
	Geländebruch/ Böschungsbruch	GZ 1C	Betrachtung als Quasimonolith, vgl. DIN 1054:2005-01, Abs. 12.3
	„Kippen" ersatzweise über Lage der Sohldruckresultierenden	GZ 1A[1)]	Betrachtung als Quasimonolith, vgl. DIN 1054:2005-01, Abs. 7.5.1 (1)
	Geländebruch/ Böschungsbruch	GZ 1C	Bewehrungslage geschnitten, vgl. DIN 1054:2005-01, Abs. 12.3., 12.4.3 vgl. EBGEO, Kapitel 3.4
	Bemessungsfestigkeit der Bewehrung	GZ 1B	vgl. EBGEO, Kapitel 3.3
	Herausziehwiderstand der Bewehrung	GZ 1C/ GZ 1B[2)]	vgl. DIN 1054:2005-01, Abs. 12.4.3 vgl. EBGEO, Kapitel 3.4
	Nachweis Anschluss der Außenhaut	GZ 1B	vgl. EBGEO, Kapitel 3.4
	Nachweis Überlappung/ Fugen der Bewehrung (Bewehrungsstöße)	GZ 1B	vgl. DIN 1054:2005-01, Abs. 7.5.3 vgl. EBGEO, Kapitel 3.4
Grenz-zustand der Gebrauchs-tauglichkeit	Verformungen der Konstruktion	GZ 2	vgl. EBGEO, Kapitel 3.1
	Setzungen in der Aufstandsfläche	GZ 2	vgl. EBGEO, Kapitel 3.1
	Nachweis der Sohldruckresultierenden	GZ 2	Betrachtung als Quasimonolith, vgl. DIN 1054:2005-01, Abs. 12.4.4 (2), 7.6.1

Hinweise/Erläuterungen:

1) Der Nachweis „Kippen" für Stützkonstruktionen wird, da es sich um keine starren Konstruktionen handelt, als erfüllt betrachtet, wenn:
   a) die Lastresultierende nach DIN 1054, Kapitel 7.5.1 (3) die zweite Kernweite (berechnet mit charakteristischen Größen) nicht verlässt.
   b) der Nachweis der Lage der Sohldruckresultierenden (erste Kernweite) im GZ 2 erfüllt ist.

2) Der Nachweis des Herausziehwiderstandes wird in dem GZ berechnet, in dem die Bemessungsbeanspruchungen (Defizitkräfte) ermittelt wurden.

b) Grenzzustand der Gebrauchstauglichkeit GZ 2

Die Nachweise der Gebrauchstauglichkeit werden mit charakteristischen Werten der Einwirkungen und Widerstände nach DIN 1054 geführt.

Bei folgenden Bauwerken/Bauweisen kann in der Regel auf einen expliziten Nachweis verzichtet werden, sofern der Nachweis nach GZ 1 erfüllt ist:

- Bauwerke, die der Geotechnischen Kategorie GK 1 zugeordnet werden,
- Stützkonstruktionen mit großflächigen Nutzlasten $p_k \leq 10$ kN/m^2, die GK 2 zugeordnet werden und einen Auslastungsgrad $\mu \leq 0{,}75$ nach GZ 1C aufweisen,
- Bauwerke, für die gesicherte Erfahrungen oder Messwerte für vergleichbare Konstruktionen in dieser Bauweise und vergleichbare Baugrundverhältnisse vorliegen (vgl. DIN 1054).

Sofern bei Bauwerken der Geotechnischen Kategorie 3 keine gesicherten Erfahrungen oder Messwerte für vergleichbare Konstruktionen in dieser Bauweise vorliegen (vgl. DIN 1054), an denen die Verformungsberechnungen kalibriert werden können, ist eine messtechnische Überwachung der Konstruktion und/ oder die Beobachtungsmethode vorzusehen.

3.2 Zuordnung von geokunststoffbewehrten Bauwerken zur Geotechnischen Kategorie

Die Zuordnung der in dieser Empfehlung behandelten Bauwerke zu den Geotechnischen Kategorien kann, soweit in den entsprechenden Kapiteln keine weiterführenden Hinweise gegeben werden, nach Tabelle 3.2 erfolgen.

Tabelle 3.2 Empfehlung für die Zuordnung von geokunststoffbewehrten Bauwerken zur Geotechnischen Kategorie

Bauwerk	**Geotechnische Kategorie 1**	**Geotechnische Kategorie 2**	**Geotechnische Kategorie 3**
Stützkonstruktionen	H < 3 m	3 m ≤ H < 9 m	H ≥ 9 m
Brückenwiderlager	–	H < 2 m	H ≥ 2 m
Dämme	H < 3 m	3 m ≤ H < 9 m	H ≥ 9 m
Erdfallsicherung	–	–	Erdfallsicherungen
Gründungspolster	5 cm ≤ s_{zul} ≤ 10 cm	2 cm ≤ s_{zul} ≤ 5 cm	1 cm ≤ s_{zul} ≤ 2 cm
besondere geokunststoffbewehrte Konstruktionen	–	Gründungssystem mit geokunststoffummantelten Säulen	
	–	bewehrte Erdkörper auf punkt- oder linienförmigen Traggliedern	

Soweit sich nach DIN 1054 eine Einstufung in eine höhere Kategorie ergibt, ist diese grundsätzlich zu verwenden.

3.3 Bemessungswiderstände

3.3.1 Materialwiderstand der Geokunststoffe

Unter dem Materialwiderstand eines Geokunststoffes wird der Bemessungswert seiner Zugfestigkeit $R_{B,d}$ verstanden. Grundlage dafür bildet die Zugkraft-Dehnungs-Linie, die im Zugversuch für den jeweiligen Geokunststoff ermittelt wird. Aus der im Versuch bestimmten Höchstzugkraft wird die Kurzzeitfestigkeit $R_{B,k0}$ bezogen auf 1 m Breite angegeben. Aufgrund der Fertigungstoleranzen wird als charakteristischer Wert der Kurzzeitfestigkeit $R_{B,k0}$ die 5 %-Quantile angegeben. Die charakteristischen Werte der Kurzzeitfestigkeit $R_{B,k0}$ werden nach Kapitel 2.2.4.4 bestimmt. Die Langzeitfestigkeit des Geokunststoffes $R_{B,k}$ wird aus der Kurzzeitfestigkeit $R_{B,k0}$ nach Division durch die Abminderungsfaktoren A_1 bis A_5 berechnet. Die Abminderungsfaktoren berücksichtigen hierbei Einflüsse aus Kriechen (A_1), Beschädigung der Geokunststoffe bei Transport, Einbau und Verdichtung (A_2), Einflüsse durch Fugen, Nähte und Anschlüsse (A_3), Umgebungseinflüsse wie z. B. Witterung, Chemikalien, Mikroorganismen (A_4) sowie Einflüsse aus vorwiegend dynamischen Einwirkungen (A_5).

$$R_{B,k} = R_{B,k0} /(A_1 \cdot A_2 \cdot A_3 \cdot A_4 \cdot A_5) \qquad \text{Gl. (3.1)}$$

mit:

- $R_{B,k0}$ charakteristischer Wert der Kurzzeitfestigkeit des Geokunststoffes (5 %-Quantil),
- $R_{B,k}$ charakteristischer Wert der Langzeitfestigkeit des Geokunststoffes,
- A_1 Abminderungsfaktor zur Berücksichtigung der Kriechdehnung bzw. des Zeitstandsverhaltens,
- A_2 Abminderungsfaktor zur Berücksichtigung einer möglichen Beschädigung bei Einbau, Transport und Verdichtung,
- A_3 Abminderungsfaktor zur Berücksichtigung der Verarbeitung (Nahtstellen, Anschlüsse, Verbindungen),
- A_4 Abminderungsfaktor zur Berücksichtigung von Umgebungseinflüssen (Witterungsbeständigkeit, Beständigkeit gegen Chemikalien, Mikroorganismen, Tiere),
- A_5 Abminderungsfaktor zur Berücksichtigung des Einflusses von dynamischen Einwirkungen (vgl. Kapitel 12).

Der Bemessungswiderstand des Geokunststoffes $R_{B,d}$ errechnet sich aus Division der charakteristischen Langzeitfestigkeit $R_{B,k}$ durch den Teilsicherheitsbeiwert γ_M für den Materialwiderstand der Bewehrung (vgl. Kapitel 3.4) und berücksichtigt u. a. mögliche Abweichungen in der Geometrie des Bauwerkes sowie mögliche Abweichungen der charakteristischen Werte des Geokunststoffes gegenüber den im Labor ermittelten Werten.

Der Bemessungswiderstand $R_{B,d}$ der Geokunststoffe wird wie folgt berechnet:

$$R_{B,d} = R_{B,k} / \gamma_M \qquad \text{Gl. (3.2)}$$

mit:

$R_{B,d}$ Bemessungswiderstand der Geokunststoffbewehrung,
γ_M Teilsicherheitsbeiwert für den Materialwiderstand flexibler Bewehrungselemente nach Kapitel 3.4.

3.3.2 Bestimmung der Abminderungsfaktoren

Die erforderlichen Produktkenngrößen und die Abminderungsfaktoren sind grundsätzlich vom Hersteller nachzuweisen, z. B. durch:

- Prüfberichte unabhängiger Institute, die über entsprechendes Personal und Geräte verfügen oder
- durch Werte aus bauaufsichtlichen Zulassungen.

Andernfalls müssen die Abminderungsfaktoren nach EBGEO, Kapitel 2.2.4 in Ansatz gebracht werden. Wenn durch die Kombination obiger Abminderungsfaktoren für Dauerbauwerke $R_{B,d} \leq 0{,}10 \cdot R_{B,k0}$ wird, sind verschiedene Vorgehensweisen möglich, um die Ausführung der Bauwerke in dieser Bauweise hierdurch nicht grundsätzlich in Frage zu stellen. Durch entsprechende bautechnische Maßnahmen, Auswahl der Geokunststoffe und der Füllböden ist es möglich, eine technisch einwandfreie und wirtschaftliche Lösung zu erhalten. Exemplarisch können folgende Punkte genannt werden:

- Auswahl des Rohstoffes (wegen A_1),
- Anordnung von Schutzschichten (wegen A_2),
- Verwendung von Geoverbundstoffen (wegen A_1 und A_2),
- Änderung der Füllböden (wegen A_2 und A_4).

Die jeweilige Lösung ist auf den konkreten Anwendungsfall hin abzustimmen.

3.3.3 Herausziehwiderstand der Geokunststoffe

3.3.3.1 Charakteristischer Herausziehwiderstand der Geokunststoffe

Der charakteristische **Herausziehwiderstand** ist das Integral der in der Bewehrungsebene mobilisierten Schubspannungen. Im Grenzzustand ergibt sich der charakteristische Herausziehwiderstand zu:

$$R_{A,k} = \sigma_{v,k} \cdot L_A \cdot f_{sg,k} \cdot n \qquad \text{Gl. (3.3)}$$

mit:

$R_{A,k}$ charakteristischer Herausziehwiderstand der Bewehrung bezogen auf 1 m Breite,
$\sigma_{v,k}$ charakteristischer Wert der Normalspannung in der Bewehrungsebene,

L_A Verankerungslänge der Bewehrung hinter der betrachteten Bruchfuge,
$f_{sg,k}$ charakteristischer Wert des mittleren Reibungskoeffizienten zwischen Füllboden und der vom Geokunststoff und dem dazwischenliegenden Erdreich gebildeten Fläche nach Kapitel 2.2.4.11,
n Anzahl der ansetzbaren Reibungsflächen.

3.3.3.2 Bemessungswerte Herausziehwiderstand für GZ 1C

Für Standsicherheitsnachweise im GZ 1C bei geschnittener Bewehrung wird der Bemessungswert des Herausziehwiderstandes aus dem charakteristischen Wert des Herausziehwiderstandes nach Division durch den Teilsicherheitsbeiwert für den Herausziehwiderstand flexibler Bewehrungselemente γ_B nach DIN 1054, Tabelle 3 ermittelt. Der Bemessungswert des Herausziehwiderstands $R_{A,d}$ ergibt sich zu:

$$R_{A,d} = R_{A,k} / \gamma_B \qquad \text{Gl. (3.4)}$$

mit:

$R_{A,d}$ Bemessungswert des Herausziehwiderstands der Bewehrung,
γ_B Teilsicherheitsbeiwert für den Herausziehwiderstand der Bewehrung.

3.3.3.3 Bemessungswert des Herausziehwiderstandes im GZ 1B

Für den Nachweis der erforderlichen Überlappungen der Bewehrung (Bewehrungsstöße) im GZ 1B wird der Bemessungswert des Herausziehwiderstandes in Anlehnung an den Gleitwiderstand gemäß DIN 1054 aus dem charakteristischen Herausziehwiderstand durch Division durch den Teilsicherheitsbeiwert γ_{Gl} nach DIN 1054, Tabelle 3 ermittelt. Der Bemessungswert des Herausziehwiderstandes $R_{A,d}$ ergibt sich zu:

$$R_{A,d} = R_{A,d} / \gamma_{Gl} \qquad \text{Gl. (3.5)}$$

mit:

$R_{A,d}$ Bemessungswert des Herausziehwiderstandes der Bewehrung,
γ_{Gl} Teilsicherheitsbeiwert für den Gleitwiderstand.

3.3.4 Dehnsteifigkeit der Geokunststoffe im GZ 2

Die Dehnsteifigkeit der Geokunststoffe wird als charakteristischer Wert auf der sicheren Seite liegend aus der Zugkraft-Dehnungs-Kennlinie der Geokunststoffe bzw. von deren Isochronenkurven (ohne Berücksichtigung Bodenkontakt) ermittelt.

3.4 Teilsicherheitsbeiwerte – Ergänzende Regelungen zu DIN 1054

Ergänzend zu DIN 1054 werden für flexible Bewehrungselemente (Geokunststoffe) die in Tabelle 3.3 angegebenen Teilsicherheitsbeiwerte definiert. Diese sind bei der Bemessung anzuwenden.

Tabelle 3.3 Teilsicherheitsbeiwerte für Widerstände in Ergänzung zu DIN 1054

Widerstand	**Formelzeichen**	**Lastfall**		
		LF 1	**LF 2**	**LF 3**
GZ 1B: Grenzzustand des Versagens von Bauwerken und Bauteilen:				
Widerstände flexibler Bewehrungselemente				
Materialwiderstand der Bewehrung	γ_M	1,40	1,30	1,20

Analog zu DIN 1054 werden bei der Bemessung von geokunststoffbewehrten Konstruktionen großflächige Ersatzlasten mit $p_k \leq 10$ kN/m^2 grundsätzlich als *ständige Einwirkungen* betrachtet.

4 Dämme auf wenig tragfähigem Untergrund

4.1 Allgemeines

Die Standsicherheit von Dämmen auf wenig tragfähigem Untergrund kann durch eine Bewehrung aus Geokunststoffen, die in der Dammaufstandsfläche verlegt wird, erhöht werden. Hierdurch können Setzungen nicht verhindert, in der Regel aber vergleichmäßigt werden.

Über die Wirkungsweisen, messtechnische Überwachungen und Erfahrung bezüglich des Langzeitverhaltens von Geokunststoffbewehrungen in Dammaufstandsflächen wird in [1], [2], [6] und [7] berichtet.

Im Folgenden werden nur Standsicherheitsnachweise behandelt. Die Trennfunktion einer Geokunststofflage in der Dammaufstandsfläche ist gesondert nachzuweisen [4].

Bei der Berechnung und Dimensionierung der Bewehrung müssen die Anfangsstandsicherheit, ggf. Bauzustände und die Endstandsicherheit untersucht werden. Wenn die rechnerische Standsicherheit für diese Betrachtungen nicht ausreicht, liefert eine Bewehrung eine zusätzliche Widerstandskraft in den Gleichgewichtsbedingungen.

Falls die Standsicherheit im Endzustand ohne Bewehrung ausreichend ist, entspricht die Gebrauchsdauer der Bewehrung der Konsolidierungszeit. Wenn die rechnerische Standsicherheit des unbewehrten Dammes im Endzustand nicht sichergestellt werden kann, muss die Bewehrung für die Gebrauchsdauer des Dammes bemessen werden.

In den nachfolgenden Formeln und Bildern werden Reibungswinkel und Kohäsion mit den allgemeingültigen Symbolen φ bzw. c bezeichnet. Es hängt vom Anwendungsfall ab, ob damit die Scherparameter φ' und c' des dränierten Zustandes oder die des undränierten Zustandes (φ_u und c_u) gemeint sind.

Im Weiteren wird der Dammkörper mit dem Index „1“, der wenig tragfähige Untergrund mit dem Index „2“ gekennzeichnet.

Zur Untersuchung der Standsicherheit von Dämmen auf gering tragfähigem Untergrund sind alle möglichen Bruchmechanismen zu betrachten. Sie basieren auf dem in DIN 4084 beschriebenen Geländebruch, wobei nicht nur kreisförmige, sondern auch geradlinig begrenzte Bruchkörper untersucht werden müssen. Speziell zu untersuchende Bruchfugen stellen die Übergänge vom Boden zur Ober- und Unterseite der Geokunststoffbewehrungen dar, auf denen der Dammkörper abrutschen kann.

Anmerkung: *Da diese Bruchmechanismen nur spezielle Varianten des Geländebruchs darstellen, werden sie hier auch im Grenzzustand GZ 1C berechnet, während nach DIN 1054 eventuell der Berechnungsgang „Gleiten“ mit Grenzzustand GZ 1B maßgebend wäre.*

Empfehlungen für den Entwurf und die Berechnung von Erdkörpern mit Bewehrungen aus Geokunststoffen (EBGEO). 2. Auflage. Deutsche Gesellschaft für Geotechnik e. V.

ISBN: 978-3-433-02950-3

4.2 Nachweis gegen Geländebruch

4.2.1 Allgemeines

Für die Gründung eines Dammes auf wenig tragfähigem Untergrund sind Geländebruchuntersuchungen für Gleitflächen zu führen, die

- nur im Dammkörper verlaufen und Bewehrungslagen nicht schneiden,
- nur im Dammkörper verlaufen und Bewehrungslagen schneiden,
- im Dammkörper und im Untergrund liegen und Bewehrungslagen schneiden (Bild 4.1).

Der Widerstand der Bewehrung wird als zurückhaltende Kraft berücksichtigt, wobei der kleinere Wert anzusetzen ist aus

- der Bemessungsfestigkeit $R_{B,d}$ der Bewehrungslage (GZ 1B),
- dem Bemessungswert (GZ 1C) der Herausziehwiderstandskraft der Bewehrungslage aus dem umgebenden Füllboden „links" ($R_{AL,d}$) oder „rechts" ($R_{AR,d}$) von der jeweiligen Gleitlinie,
- dem Bemessungswert des Reibungswiderstandes auf der Oberseite des Geokunststoffes $R_{O,d}$ (GZ 1B) „rechts" der jeweiligen Gleitlinie.

Auf der sicheren Seite liegend wird die Wirkungslinie dieser widerstehenden Kraft im unverformten Zustand angesetzt.

Es ist zwischen dem Anfangszustand, ggf. Bauzuständen und dem Endzustand zu unterscheiden (siehe Kapitel 4.1).

Die Sicherheit gegen Geländebruch ist ausreichend, wenn mit den Werten der Einwirkungen und Widerstände für jeden möglichen Bruchmechanismus folgende Bedingung erfüllt wird:

$$E_d \leq R_d + \min(R_{B,d}; R_{AL,d}; R_{AR,d}; R_{O,d}) .$$

4.2.2 Versagensmechanismen

4.2.2.1 Versagen auf kreisförmigen Gleitflächen

Der Nachweis gegen Geländebruch für kreisförmige Gleitflächen ist nach DIN 4084 für Grenzzustand GZ 1C zu führen.

4.2.2.2 Vorgegebene Gleitfläche im wenig tragfähigen Untergrund

Bei konstruktiv und/oder geologisch vorgegebenen Gleitflächen (z. B. Kunststoffdichtungsbahn mit sehr geringen Adhäsions- bzw. Reibungsbeiwerten unter dem Damm und/oder bei tieferliegenden dünnen Schichten mit sehr geringer Scherfestigkeit) sollte der Geländebruchnachweis mit zusammengesetzten Bruchmechanismen (z. B. nach Bild 4.2) geführt werden (siehe auch DIN 4084).

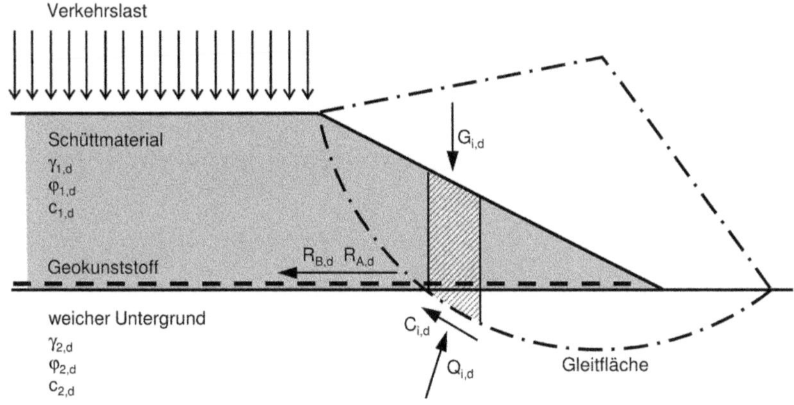

Bild 4.1 Geländebruchnachweis mit Schneiden der Bewehrung

4.2.2.3 Gleitfläche zwischen Geokunststoff und Füllboden bzw. Geokunststoff und wenig tragfähigem Untergrund

Die Grenzflächen Dammschüttmaterial/Geokunststoff und Geokunststoff/Untergrund stellen bevorzugte Gleitflächen dar (Bild 4.3). Eine ausreichende Sicherheit gegen Gleiten ist vorhanden, wenn folgende Bedingungen erfüllt sind:

$$E_{ah,d} \leq R_{O,d} \qquad \text{Gl. (4.1)}$$

$$E_{ah,d} \leq R_{U,d} + \min (R_{B,d}; R_{A,d}) \qquad \text{Gl. (4.2)}$$

mit:

$E_{ah,d}$ Bemessungswert der Horizontalkomponente des aktiven Erddruckes,
$R_{O,d}$ Bemessungswert des Reibungswiderstandes zwischen Dammschüttmaterial und Geokunststoffoberseite,
$R_{U,d}$ Bemessungswert des Reibungswiderstandes zwischen Geokunststoffunterseite und Untergrund,
$R_{B,d}$ Bemessungswiderstand der Bewehrungslage (GZ 1B),
$R_{A,d}$ Bemessungswert (GZ 1C) der Herausziehwiderstandskraft aus den umgebenden Böden.
Maßgebend ist der kleinere Wert von $R_{B,d}$ und $R_{A,d}$.

4.2.2.4 Berücksichtigung des Umschlages der Bewehrung

Aufgrund vorliegender Erfahrungen [1] kann bei nicht ausreichendem Reibungswiderstand $R_{O,d}$ durch ein Umschlagen der Geokunststoffbewehrung am Dammfuß die Gleitsicherheit wesentlich erhöht werden. Bei einer Konstruktion nach Bild 4.4 muss durch das Prüfen verschiedener Schnittführungen der Nachweis geführt werden.

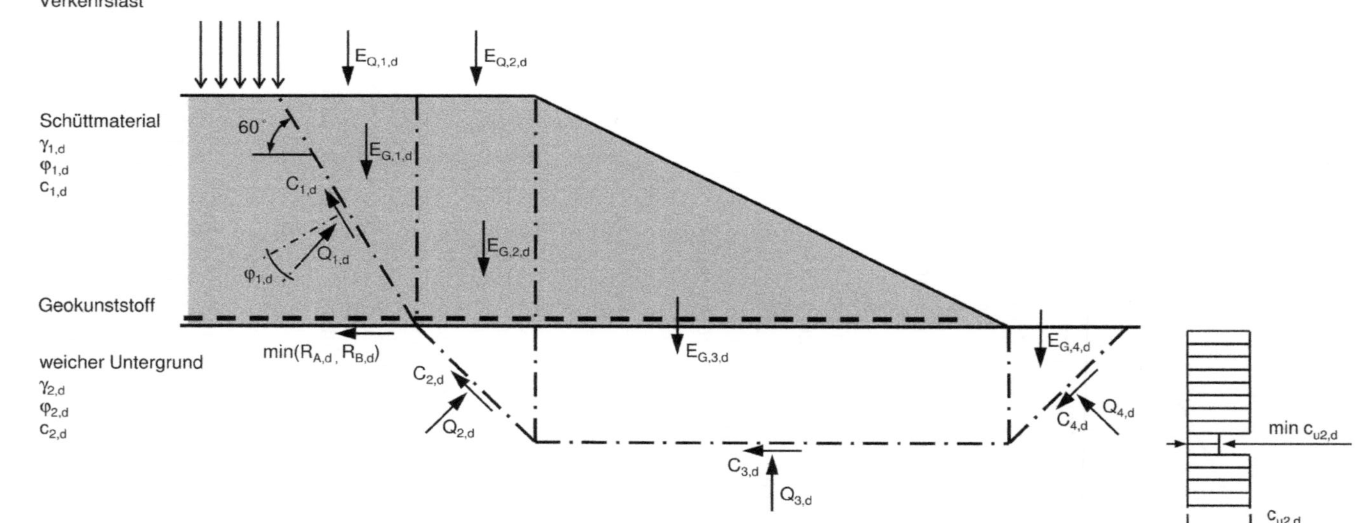

Bild 4.2 Geländebruchnachweis bei vorgegebenen Gleitlinien

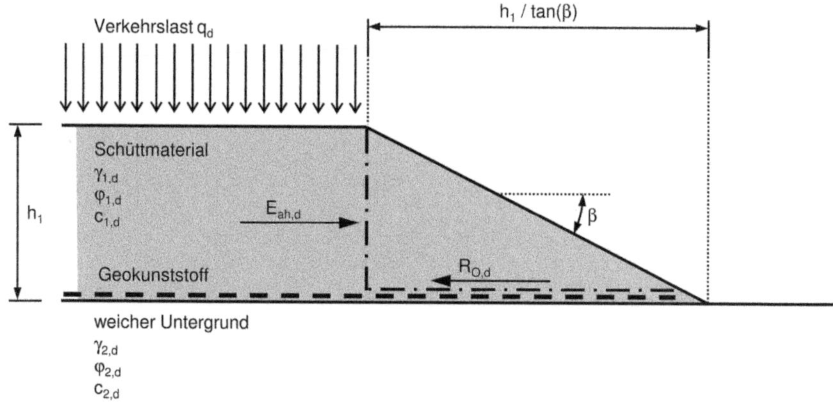

a) oberhalb Geokunststoff

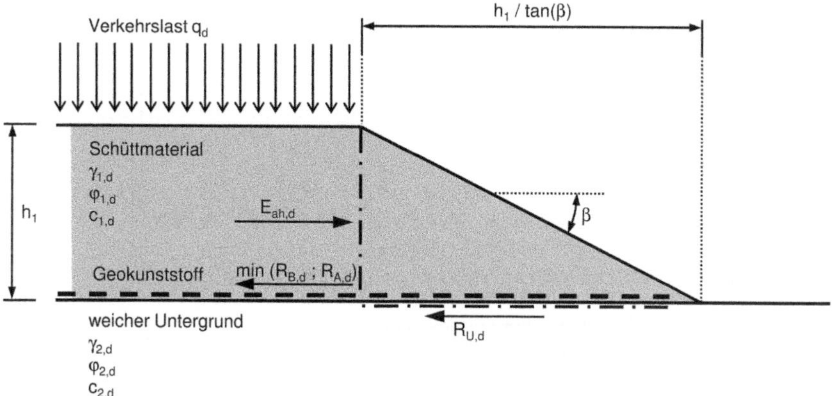

b) unterhalb Geokunststoff

Bild 4.3 Nachweise der Gleitsicherheit des Dammes ohne Umschlag der geotextilen Bewehrung am Dammfuß

Der Nachweis gegen ein Abgleiten an der Unterseite der Bewehrung ist auch für eine Konstruktion mit einem Umschlag der Bewehrung nach Gleichung (4.2) zu führen.

Ferner ist die Schnittführung für das Abgleiten der Dammflanke oberhalb des Umschlages (Bild 4.4 a) sowie für das Abgleiten des Dammes oberhalb der Bewehrungslage (Bild 4.4 b) zu untersuchen. Es sind folgende Bedingungen zu erfüllen:

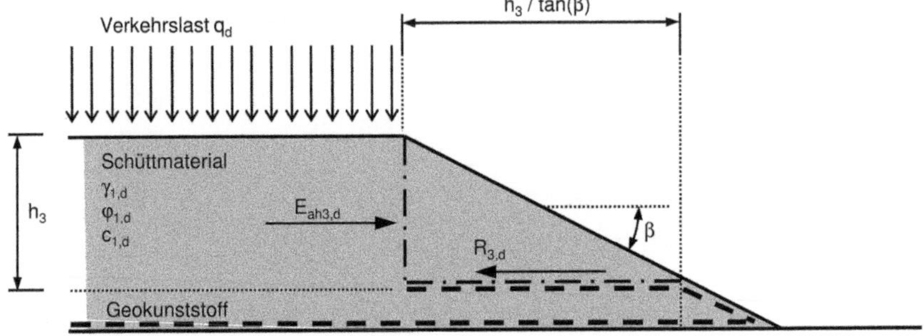

a) Abgleiten des Dammes oberhalb des Umschlages

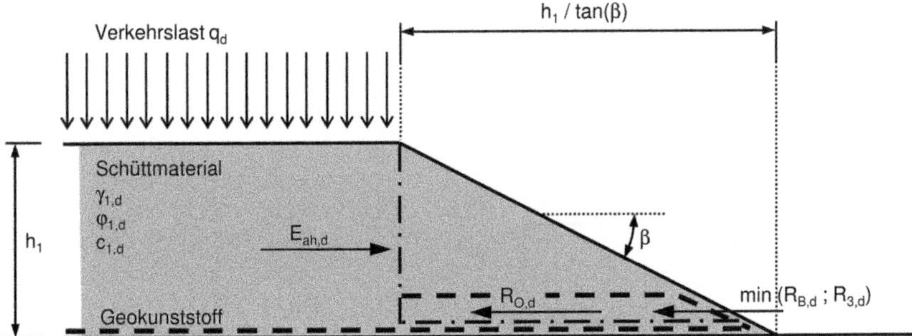

b) Abgleiten des Dammes oberhalb der Bewehrungseinlage

Bild 4.4 Nachweise der Gleitsicherheit des Dammes mit einem Umschlag der geotextilen Bewehrung am Dammfuß

$$E_{ah3,d} \leq R_{3,d} \qquad \text{Gl. (4.3)}$$

$$E_{ah,d} \leq R_{O,d} + \min(R_{3,d}; R_{B,d}) \qquad \text{Gl. (4.4)}$$

mit:

$E_{ah,d}$ Bemessungswert der Horizontalkomponente des aktiven Erddruckes (bezogen auf die Dammhöhe h),

$E_{ah3,d}$ Bemessungswert der Horizontalkomponente des aktiven Erddruckes (bezogen auf die Höhe h_3),

$R_{O,d}$ Bemessungswert des Reibungswiderstandes zwischen Dammschüttmaterial und Geokunststoffoberseite,

$R_{3,d}$ Bemessungswert des Reibungswiderstandes zwischen Dammschüttmaterial und Geokunststoffoberseite (bezogen auf die Länge $h_3/\tan\beta$),

$R_{B,d}$ Bemessungswiderstand der Bewehrungslage (GZ 1B). Maßgebend ist der kleinere Wert von $R_{B,d}$ und $R_{3,d}$.

4.2.3 Einwirkungen

Als Einwirkungen sind die Erddrücke aus Bodeneigengewicht und Verkehrslasten auf der Dammkrone zu berücksichtigen:

$$E_{ah,d} = \gamma_G \cdot (\gamma_{1,k} \cdot 0,5 \cdot h_1 \cdot h_1 \cdot K_{agh}) + \gamma_Q \cdot (p_k \cdot h_1 \cdot K_{aph}) \qquad \text{Gl. (4.5)}$$

mit:

$E_{ah,d}$ Bemessungswert des Erddruckes für die Gesamthöhe,
h_1 Gesamthöhe des Dammes,
K_{agh} horizontaler Erddruckbeiwert aus Eigengewicht (DIN 4085),
K_{aph} horizontaler Erddruckbeiwert aus Verkehrslast (DIN 4085),
p_k charakteristische Verkehrslast,
$\gamma_{1,k}$ charakteristischer Wert der Wichte des Dammschüttmaterials,
γ_G Teilsicherheitsbeiwert für ständige Einwirkungen im GZ 1C,
γ_Q Teilsicherheitsbeiwert für veränderliche Einwirkungen im GZ 1C.

Anmerkung: Die Ermittlung der Einwirkungen aus Erddruck für andere Teilhöhen erfolgt analog.

4.2.4 Widerstände

4.2.4.1 Bemessungswert des Reibungswiderstandes auf der Oberseite des Geokunststoffes $R_{O,d}$

Der Reibungswiderstand zwischen Dammschüttmaterial und Geokunststoff ist:

$$R_{O,d} = 1/2 \cdot \gamma_{1,d} \cdot (h_1 / \tan\beta) \cdot h_1 \cdot f_{1g,d} \qquad \text{Gl. (4.6)}$$

mit:

β Böschungsneigung ($\tan\beta = 1 : n$),
h_1 Gesamthöhe des Dammes,
$\gamma_{1,d}$ Bemessungswert der Wichte des Dammschüttmaterials ($\gamma_{1,d} = \gamma_{1,k}$),
$f_{1g,d}$ charakteristischer Wert des Reibungsbeiwertes zwischen Dammschüttmaterial und Geokunststoff (siehe Kapitel 2.2.4.11.2 mit $\tan\varphi_d = \tan\varphi_k / \gamma_\varphi$).

4.2.4.2 Bemessungswert des Scherwiderstandes auf der Unterseite des Geokunststoffes $R_{U,d}$

Bei der Ermittlung des Scherwiderstandes zwischen Geokunststoff und Untergrund ist zwischen Anfangszustand und Endzustand zu unterscheiden.

Im Anfangszustand gilt:

$$R_{U,d} = c_{u2,d} \cdot h_1 / \tan\beta . \qquad \text{Gl. (4.7)}$$

Im Endzustand gilt:

$$R_{U,d} = c'_{2,d} \cdot h_1 / \tan\beta + 1/2 \cdot \gamma_{1,d} \cdot (h_1 / \tan\beta) \cdot h_1 \cdot f_{2g,d} . \qquad \text{Gl. (4.8)}$$

mit:

β Böschungsneigung ($\tan \beta = 1 : n$),
h_1 Gesamthöhe des Dammes,
$\gamma_{1,d}$ Bemessungswert der Wichte des Dammschüttmaterials ($\gamma_{1,d} = \gamma_{1,k}$),
$c_{u2,d}$ Bemessungswert der Scherfestigkeit des undränierten Bodens ($c_{u2,d} = c_{u2,k} / \gamma_{cu}$),
$c'_{2,d}$ Bemessungswert der Scherfestigkeit des dränierten Bodens ($c'_{2,d} = c'_{2,k} / \gamma_c$),
$f_{2g,d}$ Bemessungswert des Reibungsbeiwertes zwischen Untergrund und Geokunststoff (siehe Kapitel 2.2.4.11.2 mit $\varphi_d = \varphi_k / \gamma_\varphi$).

4.2.4.3 Bemessungswert des Herausziehwiderstandes $R_{A,d}$

Der Bemessungswert des Herausziehwiderstandes $R_{A,d}$ wird nach Kapitel 2.2.4.11 bzw. 3 ermittelt.

4.2.4.4 Bemessungswiderstand der Geokunststoffbewehrung $R_{B,d}$

Der Nachweis der Sicherheit gegen Bruch der Bewehrung wird nach Kapitel 2 bzw. 3 geführt.

4.2.4.5 Bemessungswert des Reibungswiderstandes auf der Oberseite des Geokunststoffes $R_{3,d}$

Der Reibungswiderstand zwischen Dammschüttmaterial und Geokunststoff ist:

$$R_{3,d} = 1/2 \cdot \gamma_{1,d} \cdot (h_3 / \tan\beta) \cdot h_3 \cdot f_{1g,d} \qquad \text{Gl. (4.9)}$$

mit:

β Böschungsneigung ($\tan \beta = 1 : n$),
h_3 Höhe nach Bild 4.4,
$\gamma_{1,d}$ Bemessungswert der Wichte des Dammschüttmaterials ($\gamma_{1,d} = \gamma_{1,k}$),
$f_{1g,d}$ Bemessungswert des Reibungsbeiwertes zwischen Dammschüttmaterial und Geokunststoff (siehe Kapitel 2.2.4.11.2 mit $\varphi_d = \varphi_k / \gamma_\varphi$).

4.3 Nachweis gegen „Ausquetschen" des Untergrundes

Besonders im Anfangszustand bei sehr geringer Tragfähigkeit und beschränkter Mächtigkeit des wenig tragfähigen Untergrundes ist das „Ausquetschen" des Untergrundes (siehe auch [3]) durch die Aufbringung des Dammkörpers zu beachten (Bild 4.5). Der Nachweis wird für GZ 1C geführt.

Bei Ansatz der undränierten Scherfestigkeit des Untergrundes ist folgende Einwirkung auf den betrachteten Bodenkörper infolge der Dammschüttung zu berücksichtigen:

$$E_{ah4,d} = \gamma_G \cdot (\gamma_{1,k} \cdot h_1 \cdot h_4 + 0,5 \cdot \gamma_{2,k} \cdot h_4^2 - 2 \cdot c_{u2,k} \cdot h_4) \qquad \text{Gl. (4.10)}$$

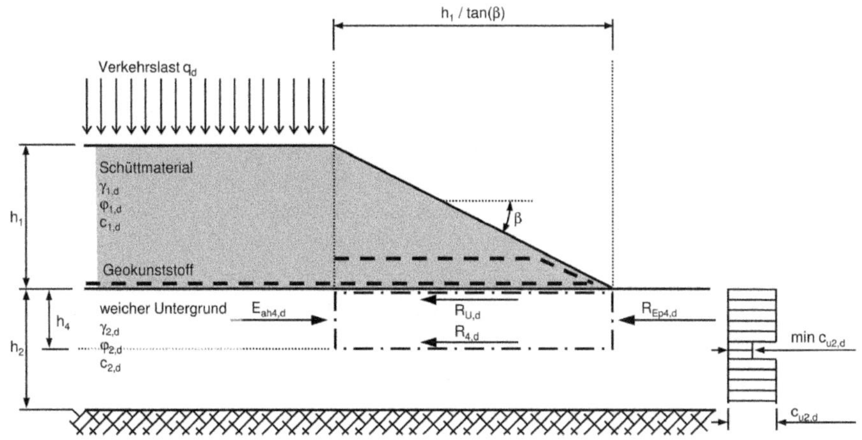

Bild 4.5 „Ausquetschen" des Untergrundes

mit:

$E_{ah4,d}$ Bemessungswert des Erddruckes, ermittelt mit der undränierten Scherfestigkeit des Untergrundes,

Anmerkung: Gegebenenfalls sind Verkehrslasten bei der Erddruckermittlung zu berücksichtigen.
In obiger Gleichung ist wegen $\varphi_u = 0$ des Untergrundes der Erddruckbeiwert $K_{agh} = 1{,}0$ gesetzt und nicht explizit aufgeführt.

h_1 Gesamthöhe des Dammes,
h_4 Höhe des Bodenblockes ($h_4 \leq h_2$),
$\gamma_{1,k}$ charakteristischer Wert der Wichte des Dammschüttmaterials,
$\gamma_{2,k}$ charakteristischer Wert der Wichte des Untergrundes,
$c_{u2,k}$ charakteristischer Wert der undränierten Scherfestigkeit des Untergrundes,
γ_G Teilsicherheitsbeiwert für ständige Einwirkungen im GZ 1C.

Als Widerstände sind anzusetzen:

- der Erdwiderstand vor dem Bodenblock (passiver Erddruck im undränierten Zustand)

$$R_{Ep4,d} = 0{,}5 \cdot \gamma_{2,d} \cdot h_4^2 + 2 \cdot c_{u2,d} \cdot h_4 , \qquad \text{Gl. (4.11)}$$

- der charakteristische Wert des Reibungswiderstandes auf der Unterseite des Geokunststoffes $R_{U,d}$ (siehe 4.2.4.2),
- der charakteristische Wert des Reibungswiderstandes im Untergrund an der Unterseite des Bodenblocks

$$R_{4,d} = c_{u2,d} \cdot L = c_{u2,d} \cdot h_1 / \tan\beta , \qquad \text{Gl. (4.12)}$$

mit:

β Böschungsneigung ($\tan \beta = 1 : n$),
h_1 Gesamthöhe des Dammes,
h_4 Höhe des Bodenblockes ($h_4 \leq h_2$),
$\gamma_{1,d}$ Bemessungswert der Wichte des Dammschüttmaterials ($\gamma_{1,d} = \gamma_{1,k}$),
$\gamma_{2,d}$ Bemessungswert der Wichte des Untergrundes ($\gamma_{2,d} = \gamma_{2,k}$),
$c_{u2,d}$ Bemessungswert der undränierten Scherfestigkeit des Untergrundes ($c_{u2,d} = c_{u2,k} / \gamma_{cu}$).

Die Höhe h_4 entspricht bei homogenem Untergrund der Höhe h_2. Bei besonderen Schwächezonen im Untergrund (siehe auch Bild 4.2) ist für h_4 deren Höhenlage anzusetzen.

Eine ausreichende Sicherheit gegen „Ausquetschen" des Untergrundes liegt vor, wenn folgende Bedingungen erfüllt sind:

$$E_{ah4,d} \leq R_{Ep4,d} + R_{U,d} + R_{4,d} \qquad \text{Gl. (4.13)}$$

und

$$R_{U,d} \leq \min(R_{B,d}; R_{A,d}). \qquad \text{Gl. (4.14)}$$

4.4 Nachweis gegen Grundbruch

Auch bei Dämmen und Schüttungen auf wenig scherfestem Untergrund ist entsprechend **DIN 1054** stets die Grundbruchsicherheit nach **DIN 4017** nachzuweisen. Hierbei ist der Damm als Quasimonolith zu betrachten. Bewehrungslagen werden nicht geschnitten. Der Nachweis gegen Grundbruch ist für GZ 1B zu führen.

Insbesondere bei begrenzter Mächtigkeit des gering tragfähigen Untergrundes ist zu überprüfen, ob sich die der Berechnung nach DIN 4017 zugrunde liegende Bruchfigur überhaupt ausbilden kann. Üblicherweise ist statt des Grundbruchnachweises der Nachweis gegen Geländebruch maßgebend.

4.5 Konstruktive Hinweise

Entwurfsskizzen für Dämme auf feinkörnigem, wenig tragfähigem Untergrund und konstruktive Hinweise zur Auswahl und zur Verarbeitung der Bewehrungen sind in [4] und [5] enthalten.

4.6 Literatur

[1] Blume, K.-H. (1995): Großversuch zum Tragverhalten textiler Bewehrung unter einer Dammaufstandsfläche. FS-KGEO 1995.

[2] Bürger, M., Blosfeld, J., Blume, K.-H., Hillmann, R. (2005): 30 Jahre Erfahrungen mit Straßen auf wenig tragfähigem Untergrund. Bundesanstalt für Straßenwesen.

[3] Code of practice for strengthened/reinforced soils and other fills (British Standard, BS8006).

[4] Forschungsgesellschaft für Straßen- und Verkehrswesen, Merkblatt über die Anwendung von Geokunststoffen im Erdbau des Straßenbaus.

[5] Forschungsgesellschaft für Straßen- und Verkehrswesen, Merkblatt über Straßenbau auf wenig tragfähigem Untergrund.

[6] Blume, K.-H., Alexiew, D. (1998): Long-Term Experience with Reinforced Embankments on Soft Subsoils: Mechanical Behavior and Durability. 6th Int. Conf. on Geosythetics, Atlanta.

[7] Blume, K., Alexiew, D., Glötzl, F. (2006): The new federal highway (Autobahn) A26 in Germany with high geosynthetic reinforced embankments on soft soils. 8th Int. Conf. on Geosynthetics, Yokohama, Millpress, Rotterdam.

4.7 Beispiel für einen Damm auf weichem Untergrund

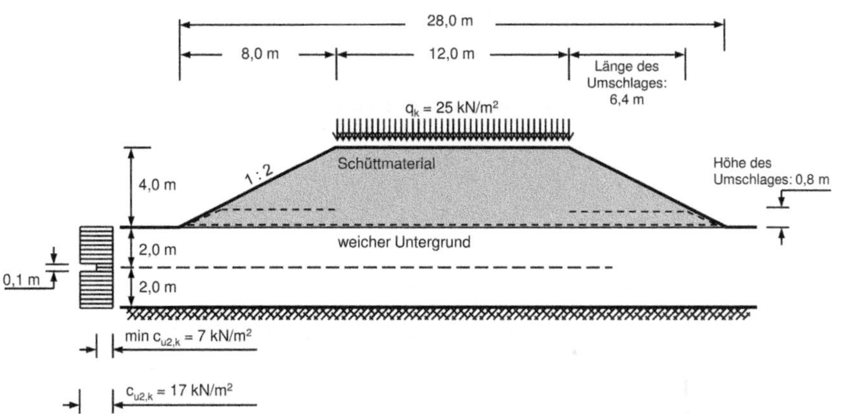

Bild 4.6 Abmessungen des Dammes

Boden-parameter	Wichte	Scherparameter dräniert		Scherparameter undräniert	
		φ'	c'	φ_u	c_u
Schütt-material	$\gamma_{1,k}$ = 20 kN/m³	$\varphi'_{1,k} = 35°$	$c'_{1,k}$ = 0 kN/m²	–	–
weicher Untergrund	$\gamma_{2,k}$ = 15 kN/m³	$\varphi'_{2,k} = 20°$	$c'_{2,k}$ = 0 kN/m²	$\varphi_{u,2,k} = 0°$	$c_{u,2,k}$ = 20 kN/m² min $c_{u,2,k}$ = 10 kN/m²

4.7.1 Versagen auf kreisförmigen Gleitflächen

Der Damm auf wenig tragfähigem Untergrund kann entlang einer Gleitfläche, die durch einen Teil des Dammschüttmaterials und des Untergrundes verläuft, versagen. Der Nachweis gegen Geländebruch ist für den Grenzzustand GZ 1C nach **DIN 4084** durchzuführen und der Widerstand der Bewehrung als zurückhaltende Kraft zu berücksichtigen.

Die Berechnung der Widerstände wird mit den Bemessungswerten der Scherfestigkeiten der einzelnen Bodenschichten durchgeführt. Dabei ist zu unterscheiden zwischen Anfangszustand und Endzustand. Der Bemessungswert der ständigen Einwirkungen aus horizontalem Erdruck ergibt sich aus dem charakteristischen Reibungswinkel und der charakteristischen Bodenwichte (Grenzzustand GZ 1C) dividiert durch den Teilsicherheitsbeiwert für ständige Einwirkungen für den Grenzzustand GZ 1C im Lastfall LF 1 $\gamma_{Gl} = 1{,}00$.

Ausreichende Sicherheit gegen Bruch wird eingehalten, wenn die allgemeine Bedingung für den Grenzzustand der Tragfähigkeit

$$E_d \leq R_d \qquad \text{Gl. (4.15)}$$

erfüllt wird. Bei der Untersuchung durch Variation von Gleitkreisen darf bei keinem Bruchmechanismus die Bedingung für den Grenzzustand der Tragfähigkeit verletzt werden, wobei die Gleichung für kreisförmige Bruchlinien (Index „M") in der Schreibweise

$$E_M / R_M = \mu \leq 1 \qquad \text{Gl. (4.16)}$$

mit μ als Ausnutzungsgrad verwendet wird.

Bei günstig wirkenden Bewehrungslagen darf als zusätzlicher Widerstand der Bemessungswert des Herausziehwiderstandes mit dem Teilsicherheitsbeiwert γ_B nach **DIN 1054** in Anspruch genommen werden. Verwendet wurde ein Rechenprogramm mit Variation kreisförmiger Gleitflächen nach dem Lamellenverfahren, in welchem die Zugkraft der geschnittenen Bewehrungslage so lange variiert wurde, bis die Gleichung (4.16) für $\mu = 1{,}00$ erfüllt wurde.

4.7.1.1 Anfangsstandsicherheit

Bemessungswerte der Scherparameter:

- Untergrund
  $c_{u,2,d} = c_{u,2,k} / \gamma_{cu}$
  $c_{u,2,d} = 20 / 1{,}25 = 16{,}0 \text{ kN/m}^2$
  $\min c_{u,2,d} = 10 / 1{,}25 = 8{,}0 \text{ kN/m}^2$
- Schüttmaterial
  $\varphi'_{1,d} = \arctan [\tan(\varphi'_{1,k}) / \gamma_\varphi]$
  $\varphi'_{1,d} = \arctan [\tan(35°) / 1{,}25] = 29{,}3°$

Die Einwirkungen werden aus den Abmessungen und charakteristischen Bodenwichten nach Bild 4.11 ermittelt, der Teilsicherheitsbeiwert für ständige Einwirkungen ist γ_G =1,00 für LF1 GZ 1C. Die charakteristische Verkehrslast von q_k = 25,0 kN/m² wird mit dem Teilsicherheitsbeiwert γ_Q =1,30 multipliziert, um die Bemessungsgröße q_d = 32,5 kN/m² zu erhalten.

Ergebnisse der Berechnung (Anfangsstandsicherheit):

Die Gleichung (4.16) (μ = 1,0) wird für eine Zugkraft in der Geokunststofflage von **42 kN/m** erfüllt. Aus dem maßgebenden Gleitkreis ergibt sich eine maximal mögliche wirksame Haftlänge innerhalb des kreisförmigen Bruchmechanismus bis zum Böschungsfuß von $\mathbf{L_{Ai}}$ **= 12,5 m** (siehe Bild 4.7). Außerhalb steht der Geokunststofflage eine Verankerungslänge von etwa 15 m zur Verfügung.

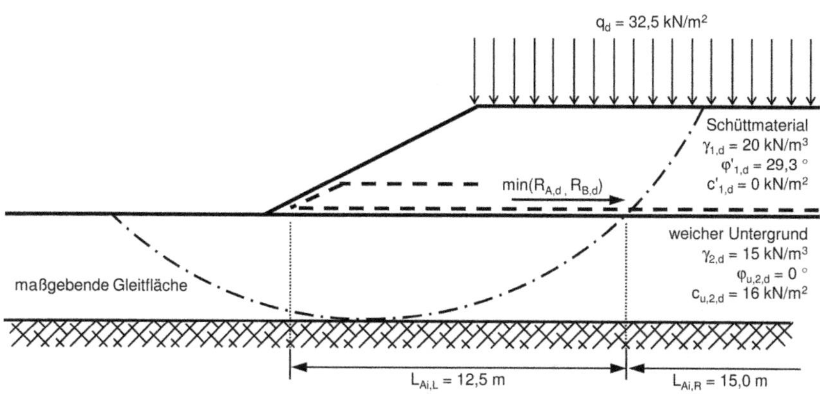

Bild 4.7 Geländebruchsicherheit – Anfangszustand

4.7.1.2 Endstandsicherheit

Bemessungswerte der Scherparameter:

- Untergrund
  $\varphi'_{2,d} = \arctan\,[\tan(\varphi'_{2,k}) / \gamma_\varphi]$
  $\varphi'_{2,d} = \arctan\,[\tan(20°) / 1{,}25] = 16{,}2°$
- Schüttmaterial
  $\varphi'_{1,d} = \arctan\,[\tan(\varphi'_{1,k}) / \gamma_\varphi]$
  $\varphi'_{1,d} = \arctan\,[\tan(35°) / 1{,}25] = 29{,}3°$

Abmessungen und Bodenwichten entsprechen Bild 4.11, der Teilsicherheitsbeiwert für die ständige Einwirkung (horizontaler Erddruck) γ_G = 1,00 für LF1 und GZ 1C. Die charakteristische Verkehrslast von q_k = 25,0 kN/m² wird mit dem Teilsicherheitsbeiwert γ_Q =1,30 multipliziert, um die Bemessungsgröße q_d = 32,5 kN/m^2 zu erhalten. Die Berechnung erfolgt wie oben genannt mit einer Suche der Zugkraft im Geokunststoff, für welche Gleichung (4.16) (μ = 1,00) erfüllt ist.

Ergebnisse der Berechnung (Endstandsicherheit):

Gleichung (4.16) wird für eine in der Bewehrungseinlage aufzunehmende Bemessungskraft von **5 kN/m** erfüllt. Aus dem maßgebenden Gleitkreis ergibt sich eine maximal mögliche wirksame Haftlänge innerhalb des kreisförmigen Bruchmechanismus bis zum Böschungsfuß von $\mathbf{L_{Ai} = 6{,}5\ m}$ (siehe Bild 4.8). Außerhalb steht der Geokunststofflage eine Verankerungslänge von etwa 20 m zur Verfügung.

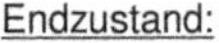

min ($R_{A,d}$; $R_{B,d}$) > 5 kN/m

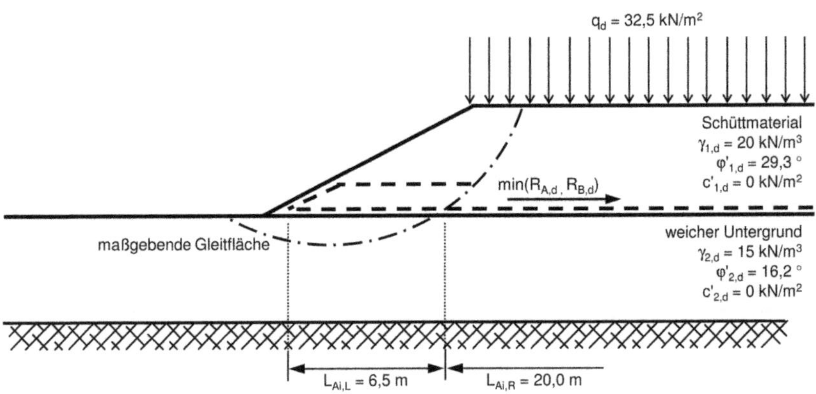

Bild 4.8 Geländebruchsicherheit – Endzustand

4.7.2 Vorgegebene Gleitfläche im wenig tragfähigen Untergrund

4.7.2.1 Anfangsstandsicherheit

Für eine geotechnisch vorgegebene Gleitfläche im Untergrund mit sehr geringer undränierter Scherfestigkeit (siehe Bild 4.11) ist für den Anfangszustand eine gesonderte Untersuchung, z. B. mit Blockgleitmechanismen aus geraden Gleitlinien, durchzuführen. Es wird hier beispielhaft für einen Mechanismus eine grafische Statik (siehe Bild 4.9) durchgeführt. Der Nachweis wird für den Grenzzustand 1C Lastfall 1 geführt.

Die für den Anfangszustand maßgebenden Bemessungswerte der Scherparameter $\varphi'_{1,d}$, $c_{u,2,d}$ und min $c_{u,2,d}$ ergeben sich analog zu den Berechnungen für kreisförmige Gleitflächen.

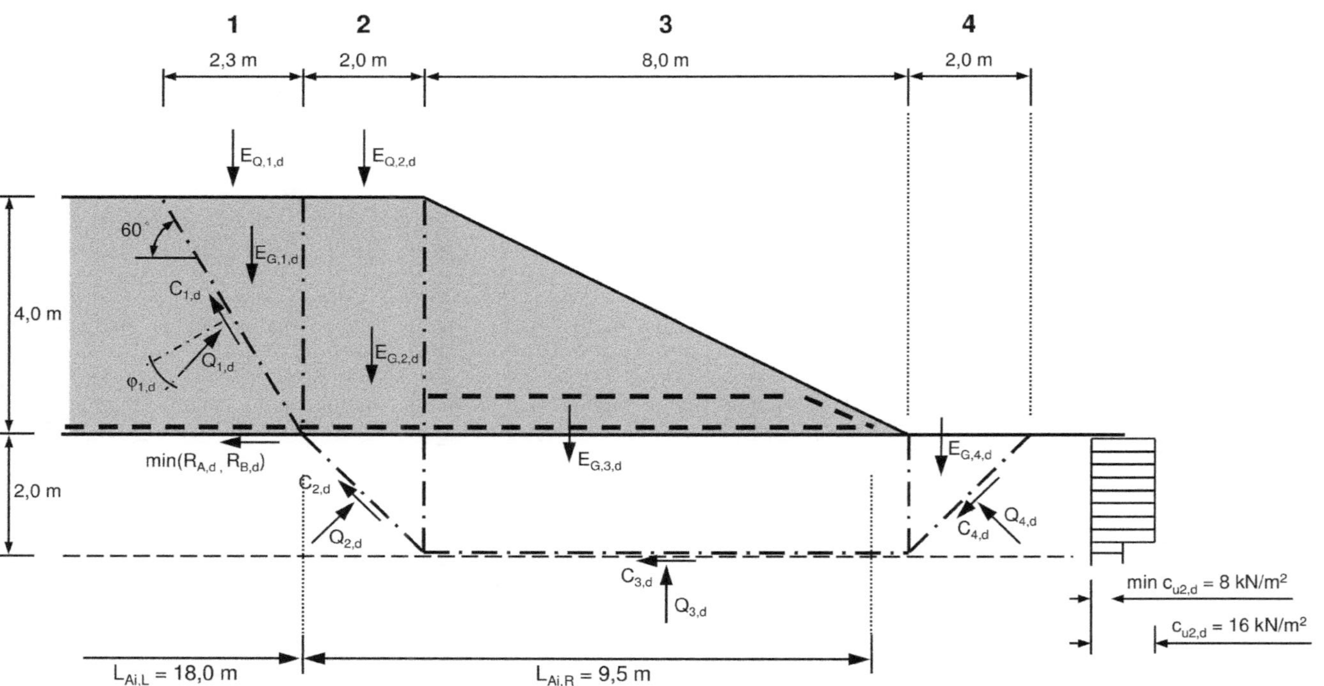

Bild 4.9 Geometrie und Kräfte zur Berechnung der Geländebruchsicherheit auf einer vorgegebener Gleitlinie

Die Geometrie des Bruchmechanismus ergibt sich aus folgenden Randbedingungen:

- Die Unterkante des Bruchkörpers liegt in der weichen Bodenschicht –2,00 m unter GOK.
- Die Bruchwinkel in der undränierten Bodenschicht betragen stets 45°.
- Der Bruchwinkel durch das Dammschüttmaterial ergibt sich zu:
  $45° + (\varphi'_{1,d}/2) = 45° + (29{,}3°/2) = 60°$

Aus den Randbedingungen ergibt sich die in Bild 4.9 eingetragene Bruchfigur.

Entsprechend der Geometrie ist es sinnvoll, in Abhängigkeit von den Blockabschnitten 1, 2, 3 und 4 folgende Hilfsgrößen einzuführen:

Blocknummer	Breite des Blockes	Länge der Scherfuge
1	$b_1 = 2{,}3$ m	$l_1 = 4{,}6$ m
2	$b_2 = 2{,}0$ m	$l_2 = 2{,}8$ m
3	$b_3 = 8{,}0$ m	$l_3 = 8{,}0$ m
4	$b_4 = 2{,}0$ m	$l_4 = 2{,}8$ m

Zunächst müssen dazu die anzusetzenden Einwirkungen aus dem Bodeneigengewicht und der Verkehrslast ermittelt werden (vgl. Bild 4.9). Hierfür werden die Teilsicherheitsbeiwerte für ständige und ungünstige veränderliche Einwirkungen nach GZ 1C LF1 benötigt:

$\gamma_G = 1{,}00$

$\gamma_Q = 1{,}30$

Damit ergeben sich die Einwirkungen aus dem Bodeneigengewicht zu:

$$E_{G,1,d} = 1/2 \cdot b_1 \cdot h_1 \cdot \gamma_{1,k} \cdot \gamma_G = 1/2 \cdot 2{,}3 \cdot 4{,}0 \cdot 20 \cdot 1{,}00 = 92{,}0 \text{ kN/m}$$

$$E_{G,2,d} = b_2 \cdot h_1 \cdot \gamma_{1,k} \cdot \gamma_G + 1/2 \cdot b_2 \cdot h_4 \cdot \gamma_{2,k} \cdot \gamma_G = 2{,}0 \cdot 4{,}0 \cdot 20 \cdot 1{,}00 + 1/2 \cdot 2{,}0 \cdot 2{,}0 \cdot 15 \cdot 1{,}00 = 190{,}0 \text{ kN/m}$$

$$E_{G,3,d} = 1/2 \cdot b_3 \cdot h_1 \cdot \gamma_{1,k} \cdot \gamma_G + b_3 \cdot h_4 \cdot \gamma_{2,k} \cdot \gamma_G = 1/2 \cdot 8{,}0 \cdot 4{,}0 \cdot 20 \cdot 1{,}00 + 8{,}0 \cdot 2{,}0 \cdot 15 \cdot 1{,}00 = 560{,}0 \text{ kN/m}$$

$$E_{G,4,d} = 1/2 \cdot b_4 \cdot h_4 \cdot \gamma_{2,k} \cdot \gamma_G = 1/2 \cdot 2{,}0 \cdot 2{,}0 \cdot 15 \cdot 1{,}00 = 30{,}0 \text{ kN/m.} \qquad \text{Gl. (4.17)}$$

Die Einwirkung aus der Verkehrslast berechnet sich zu:

$E_{Q,1,d} = b_1 \cdot q_k \cdot \gamma_Q = 2{,}3 \cdot 25 \cdot 1{,}30 = 74{,}8$ kN/m

$E_{Q,2,d} = b_2 \cdot q_k \cdot \gamma_Q = 2{,}0 \cdot 25 \cdot 1{,}30 = 65{,}0$ kN/m.

Die Widerstände gegenüber dem blockförmigen Abgleiten des Dammabschnittes auf der geologisch bedingten Schwächezone ergeben sich aus der undränierten Kohäsion des weichen Untergrundes und dem Reibungswinkel des Dammschüttmaterials.

Die Bemessungswerte der kohäsiven Kräfte ergeben sich zu:

$C_{1,d} = 0{,}0 \text{ kN/m}$

$C_{2,d} = l_2 \cdot c_{u,2,d} = 2{,}8 \cdot 16 = 44{,}8 \text{ kN/m}$

$C_{3,d} = l_3 \cdot \min c_{u,2,d} = 8{,}00 \cdot 8 = 64{,}0 \text{ kN/m}$

$C_{4,d} = l_4 \cdot c_{u,2,d} = 2{,}8 \cdot 16 = 44{,}8 \text{ kN/m}$

Mit den Kräften der Einwirkungen $E_{G,i,d}$, $E_{G,i,d}$ sowie den Kräften $C_{i,d}$ (i = 1 bis 4) lässt sich für jede Lamelle eine resultierende horizontale Kraft berechnen. Die Berechnung dieser Horizontalkraft erfordert die Festlegung der Richtung der Kräfte $Q_{i,d}$ (i = 1 bis 4). Die Richtungen der Kräfte $Q_{i,d}$ sind für die Gleitflächen im undränierten weichen Untergrund durch die Angabe von $\varphi_{u,2,k} = 0°$ gegeben, da sie genau senkrecht zur Gleitfläche stehen. Die Gleitfläche der Lamelle 1 führt durch die Kiesschüttung, welche einen Reibungswinkel $\varphi'_{1,d}$ aufweist. Hier steht die Kraft $Q_{1,d}$ in einem Winkel von $90° - \varphi'_{1,d}$ zur Gleitfläche.

Mit dem Wissen der Wirkungsrichtungen aller am Bodenblock angreifenden Kräfte kann nun die Horizontalkraft für jede Lamelle berechnet werden. Dies kann auch anschaulich durch die Erstellung einer grafischen Gleichgewichtsbetrachtung anhand einer maßstäblichen Zeichnung der Kraftvektoren erfolgen.

$$\begin{aligned} H_{1,d} &= (E_{G,1,d} + E_{Q,1,d}) \sin(45° - \varphi'_{1,d}/2)/\sin(45° + \varphi'_{1,d}/2) \\ &= (92{,}0 + 74{,}8) \sin(45° - 29{,}3/2)/\sin(45° + 29{,}3/2) = 97{,}6 \text{ kN/m} \end{aligned}$$

$$H_{2,d} = E_{G,2,d} + E_{Q,2,d} - 2\ C_{2,d}\ 2^{-0,5} = 190{,}0 + 65{,}0 - 2\ 44{,}8\ 2^{-0,5} = 191{,}6 \text{ kN/m}$$

$$H_{3,d} = -C_{3,d} = -64{,}0 \text{ kN/m}$$

$$H_{4,d} = -E_{G,4,d} - 2\ C_{4,d}\ 2^{-0,5} = -30{,}0 - 2\ 44{,}8\ 2^{-0,5} = -93{,}4 \text{ kN/m}$$

Es ergibt sich eine resultierende abtreibende Horizontalkraft von:

$$\text{res } H = H_{1,d} + H_{2,d} + H_{3,d} + H_{4,d} = 97{,}6 + 191{,}6 - 64{,}0 - 93{,}4 = 131{,}9 \text{ kN/m}$$

Damit der Bodenblock im Gleichgewicht bleibt, muss für den dargestellten Gleitmechanismus im LF 1 und GZ 1C eine Bemessungsfestigkeit des Geokunststoffes von $R_{B,d} = 132$ kN/m gewährleistet werden. Ferner ist der Herausziehwiderstand $R_{A,d} = 132$ kN/m nachzuweisen. Dabei ist eine Verankerungslänge L_{Ai} von etwa 9,5 m maßgebend, ohne die Wirkung des Bewehrungsumschlages zu betrachten.

4.7.2.2 Endstandsicherheit

Für den Endzustand sind keine geologisch vorgegebenen Gleitflächen im wenig tragfähigen Untergrund Gleitflächen gegeben. Damit ist die Endstandsicherheit für diesen Fall nicht weiter zu prüfen.

4.7.3 Gleitfläche zwischen Geokunststoff und Füllboden bzw. Geokunststoff und wenig tragfähigem Untergrund unter Berücksichtigung des Umschlages der Bewehrung

4.7.3.1 Allgemeines

Für das Abgleiten von Bodenblöcken auf den bevorzugten Gleitflächen zwischen Boden und Geokunststoff sind für den Fall eines Umschlages der Bewehrung die Gleitflächen in Bild 4.10 jeweils für den Anfangs- und Endzustand zu untersuchen.

Damit sind folgende drei Ungleichungen für den GZ 1C zu erfüllen:

$E_{ah3,d} \leq R_{3,d}$

$E_{ah,d} \leq R_{O,d} + \min(R_{3,d}; R_{B,d})$

$E_{ah,d} \leq R_{U,d} + \min(R_{B,d}; R_{A,d})$

Die Einwirkungen aus dem Bodeneigengewicht und der Verkehrslast sind in diesem Beispiel unabhängig von der Anfangs- oder Endstandsicherheit und berechnen sich zu:

$$\begin{aligned} E_{ah3,d} &= \gamma_G \cdot (\gamma_{1,k} \cdot 0{,}5 \cdot h_3 \cdot h_3 \cdot K_{agh}) + \gamma_Q \cdot (p_k \cdot h_3 \cdot K_{aph}) \\ &= 1{,}00 \cdot (20 \cdot 0{,}5 \cdot 3{,}2 \cdot 3{,}2 \cdot 0{,}27) + 1{,}30 \cdot (25 \cdot 3{,}2 \cdot 0{,}27) = 55{,}7 \text{ kN/m} \end{aligned}$$

$$\begin{aligned} E_{ah,d} &= \gamma_G \cdot (\gamma_{1,k} \cdot 0{,}5 \cdot h_1 \cdot h_1 \cdot K_{agh}) + \gamma_Q \cdot (p_k \cdot h_1 \cdot K_{aph}) \\ &= 1{,}00 \cdot (20 \cdot 0{,}5 \cdot 4{,}0 \cdot 4{,}0 \cdot 0{,}27) + 1{,}30 \cdot (25 \cdot 4{,}0 \cdot 0{,}27) = 78{,}3 \text{ kN/m} \end{aligned}$$

mit den aktiven horizontalen Erddruckbeiwerten:

$K_{agh} = \tan^2(45° - \varphi'_{1,k}/2) = \tan^2(45° - 35°/2) = 0{,}27$

$K_{aph} = K_{agh} = 0{,}27.$

4.7.3.2 Anfangsstandsicherheit

Die Widerstände für die zu führenden Nachweise ergeben sich zu:

$$\begin{aligned} R_{3,d} &= 1/2 \cdot \gamma_{1,d} \cdot (h_3 / \tan\beta) \cdot h_3 \cdot f_{1g,d} \\ &= 1/2 \cdot 20 \cdot (3{,}2/0{,}5) \cdot 3{,}2 \cdot 0{,}28 = 57{,}3 \text{ kN/m} \end{aligned}$$

mit:

$f_{1g,d} = 0{,}5 \cdot \tan\varphi'_{1,d} = 0{,}5 \cdot \tan(29{,}3°) = 0{,}28$

$$\begin{aligned} R_{O,d} &= 1/2 \cdot \gamma_{1,d} \cdot (h_1 / \tan\beta) \cdot h_1 \cdot f_{1g,d} \\ &= 1/2 \cdot 20 \cdot (4{,}0/0{,}5) \cdot 4{,}0 \cdot 0{,}28 = 89{,}6 \text{ kN/m} \end{aligned}$$

$R_{U,d} = c_{u2,d} \cdot h_1 / \tan\beta = 16 \cdot 4{,}0/0{,}5 = 128{,}0 \text{ kN/m}.$

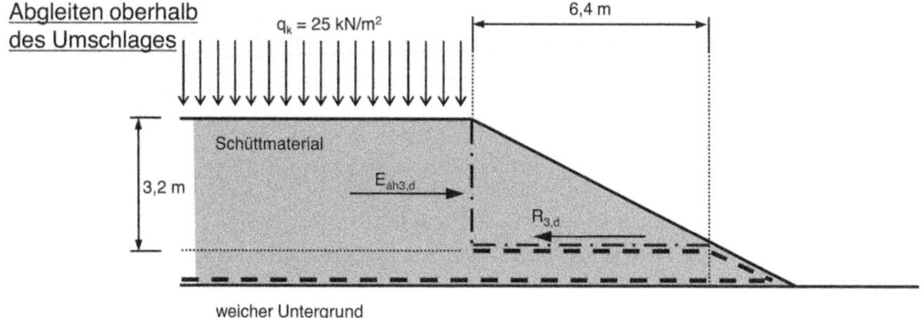

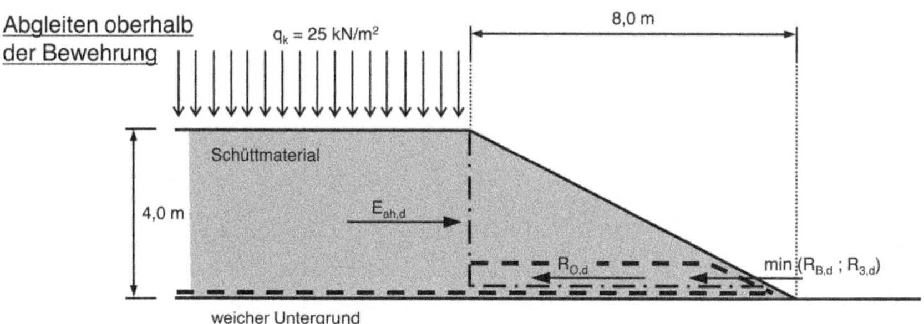

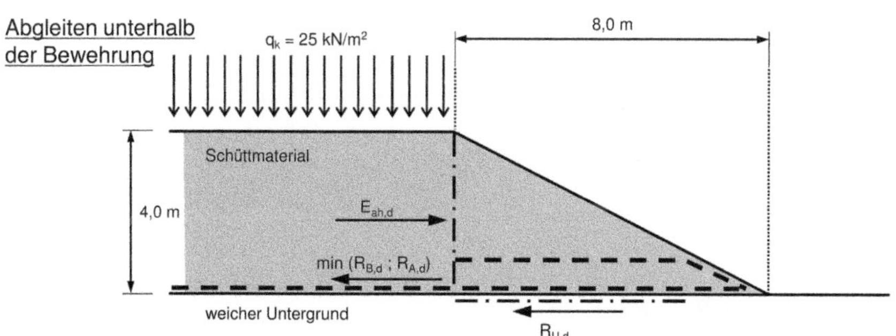

Bild 4.10 Mögliche Gleitflächen zwischen Geokunststoff und Füllboden bzw. Geokunststoff und wenig tragfähigem Untergrund unter Berücksichtigung des Umschlages der Bewehrung

Der Nachweis des Abgleitens eines Bodenblockes oberhalb des Umschlages

$E_{ah3,d} \leq R_{3,d}$

$55{,}7 \leq 57{,}3$

ist somit erfüllt.

Ferner muss das Abgleiten ober- und unterhalb der Bewehrungslage nachgewiesen werden. Als Einwirkung ist der Erddruck $E_{ah,d}$ anzusetzen. Als Widerstände für das Abgleiten oberhalb der Bewehrungslage wirken die Kräfte $R_{O,d}$, $R_{3,d}$ und $R_{B,d}$:

$$E_{ah,d} \leq R_{O,d} + \min(R_{3,d}; R_{B,d})$$

$$78{,}3 \leq 89{,}6 + \min(R_{3,d}; R_{B,d}).$$

Da bereits die Kraft $R_{O,d}$ größer ist als die Einwirkung $E_{ah,d}$, wird für diesen Nachweis kein zusätzlicher Widerstand aus der Geokunststoffbewehrung benötigt.

Für den Nachweis des Abgleitens unterhalb der Bewehrungslage (Schnitt des Geokunststoffes) werden die Kräfte $R_{U,d}$, $R_{B,d}$ und $R_{A,d}$ benötigt:

$$E_{ah,d} \leq R_{U,d} + \min(R_{B,d}; R_{A,d})$$

$$78{,}3 \leq 128 + \min(R_{B,d}; R_{A,d}).$$

Auch für diesen Bruchmechanismus ist die Kraft $R_{O,d}$ größer als die Einwirkung $E_{ah,d}$. Damit wird auch für diesen Nachweis kein zusätzlicher Widerstand aus der Geokunststoffbewehrung benötigt.

4.7.3.3 Endstandsicherheit

Der weiche Untergrund wird für den Nachweis der Endstandsicherheit mit seinen dränierten Scherparametern charakterisiert. Damit ändert sich der Nachweis des Abgleitens eines Bodenblockes unterhalb der Bewehrungslage. Als Widerstand $R_{U,d}$ erhält man:

$$R_{U,d} = c'_{2,d} \cdot h_1 / \tan\beta + 1/2 \cdot \gamma_{1,d} \cdot (h_1 / \tan\beta) \cdot h_1 \cdot f_{2g,d}$$

$$R_{U,d} = 0 \cdot (4{,}0/0{,}5) + 1/2 \cdot 20 \cdot (4{,}0/0{,}5) \cdot 4 \cdot 0{,}15 = 48{,}0 \text{ kN/m}$$

mit:

$$f_{2g,d} = 0{,}5 \cdot \tan\varphi'_{2,d} = 0{,}5 \cdot \tan(16{,}2°) = 0{,}15.$$

Damit lässt sich der Nachweis führen und man erhält:

$$E_{ah,d} \leq R_{U,d} + \min(R_{B,d}; R_{A,d})$$

$$78{,}3 \leq 48 + \min(R_{B,d}; R_{A,d})$$

$$\min(R_{B,d}; R_{A,d}) > 78{,}3 - 48 = 30{,}3 \text{ kN/m}.$$

Dies bedeutet, dass im LF 1 und GZ 1C eine Bemessungsfestigkeit des Geokunststoffes von $R_{B,d} = 30{,}3$ kN/m gewährleistet werden muss. Der Herausziehwiderstand $R_{A,d}$ von mindestens 30,3 kN/m ist ebenfalls nachzuweisen. Dabei ist eine Verankerungslänge von $L_{Ai} = 7{,}5$ m ohne Bewehrungsumschlag maßgebend.

4.7.4 Nachweis gegen „Ausquetschen" des Untergrundes

Nach Kapitel 4.3 ist besonders im Anfangszustand bei Böden mit sehr geringer Tragfähigkeit und beschränkter Mächtigkeit des wenig tragfähigen Untergrundes das mögliche „Ausquetschen" des Untergrundes zu beachten. Für den Grenzzustand GZ 1C muss die Bedingung Gl. (4.13) eingehalten werden:

$$E_{ah4,d} \leq R_{Ep4,d} + R_{U,d} + R_{4,d}$$

und

$$R_{U,d} \leq \min(R_{B,d}; R_{A,d}).$$

Bei im Untergrund vorhandenen besonderen Schwächezonen ist die Unterkante des zu betrachtenden Bodenblockes entsprechend in der Schwächezone liegend zu wählen.

Die Einwirkung ergibt sich zu:

$$E_{ah4,d} = \gamma_G \cdot (\gamma_{1,k} \cdot h_1 \cdot h_4 + 0{,}5 \cdot \gamma_{2,k} \cdot h_4^2 - 2 \cdot c_{u,2,k} \cdot h_4) + \gamma_Q \cdot (q_k \cdot h_4).$$

Mit den Zahlenwerten des Beispiels:

$$\begin{aligned} E_{ah4,d} &= 1{,}00 \cdot (20 \cdot 4 \cdot 2 + 0{,}5 \cdot 15 \cdot 2^2 - 2 \cdot 17 \cdot 2) + 1{,}30 \cdot (25 \cdot 2) \\ &= 187{,}0 \text{ kN/m}. \end{aligned}$$

Für die Berechnung der Widerstände werden nach GZ 1C Bemessungswerte für die Festigkeitsparameter des Bodens benötigt. Diese ergeben sich für das Beispiel zu:

$$c_{u,2,d} = c_{u,2,k} / \gamma_{cu} = 20 / 1{,}25 = 16 \text{ kN/m}^2$$

$$\min c_{u,2,d} = \min c_{u,2,k} / \gamma_{cu} = 10 / 1{,}25 = 8 \text{ kN/m}^2.$$

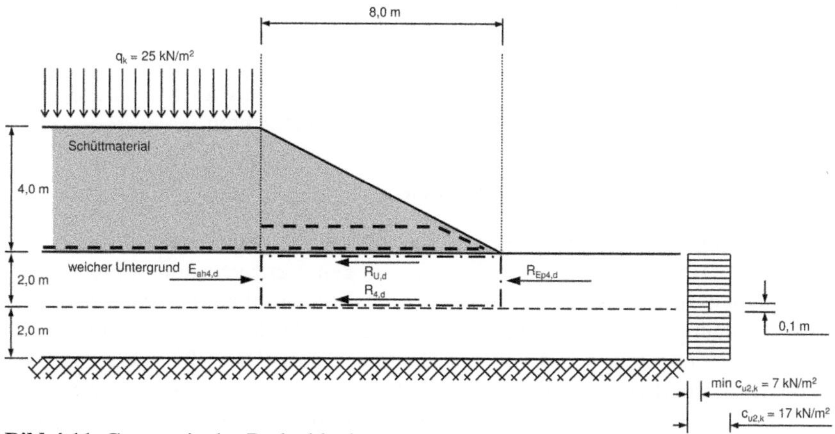

Bild 4.11 Geometrie des Bodenblockes

Ferner geht die Wichte des weichen Bodens in die Ermittlung der horizontalen Widerstandskraft ein. Dabei gilt:

$\gamma_{2,d} = \gamma_{2,k}$.

Der Bemessungswert des Erdwiderstandes vor dem Bodenblock $R_{3,d}$ ergibt sich zu:

$R_{Ep4,d} = 0{,}5 \cdot \gamma_{2,d} \cdot h_4^{\ 2} + 2 \cdot c_{u,2,d} \cdot h_4$

$R_{Ep4,d} = 0{,}5 \cdot 15 \cdot 2^2 + 2 \cdot 16 \cdot 2 = 94{,}0$ kN/m.

Der Bemessungswert des Reibungswiderstandes an der Oberseite des Bodenblocks $R_{U,d}$ ergibt sich zu:

$R_{U,d} = c_{u,2,d} \cdot h_1 / \tan \beta$

$R_{U,d} = 16 \cdot 4 / 0{,}5 = 128$ kN/m.

Der Bemessungswert des Reibungswiderstandes an der Unterseite des Bodenblocks $R_{U,d}$ ergibt sich zu:

$R_{4,d} = \min c_{u,2,d} \cdot h_1 / \tan \beta$

$R_{4,d} = 8 \cdot 4 / 0{,}5 = 64{,}0$ kN/m.

Damit wird die Bedingung Gl. (4.13):

$E_{a4,d} \leq R_{Ep4,d} + R_{U,d} + R_{4,d}$

$187 \leq 94 + 128 + 64 = 286{,}0$ kN/m

eingehalten.

Zusätzlich ist analog Gl. (4.14)

$R_{U,d} \leq \min (R_{B,d}; R_{A,d})$

$R_{B,d}$ bzw. $R_{A,d} \geq 128$ kN/m

die Bemessungsfestigkeit bzw. der Herausziehwiderstand des Geokunststoffes nachzuweisen. Dabei ist eine Verankerungslänge L_{Ai} von etwa 7,5 m maßgebend, ohne die Wirkung des Bewehrungsumschlages zu betrachten.

4.7.5 Nachweis gegen Grundbruch

Bei Böschungen von Schüttungen auf wenig tragfähigem Untergrund ist entsprechend **DIN 1054** stets die Sicherheit gegen Versagen auf tiefgehenden Gleitflächen zu untersuchen, wobei je nach Bodenschichtung und sonstigen Randbedingungen (z. B. Geokunststoffe in der Sohlfläche von Dämmen) die Grundbruchsicherheit wie bei Flachgründungen nach **DIN 4017** oder die Geländebruchsicherheit nach **DIN 4084** nachzuweisen ist. In diesem Beispiel ist der Grundbruchnachweis nicht maßgebend, da die Mächtigkeit der weichen Bodenschicht nur 4 m beträgt und der Baugrund darunter als standfest betrachtet wird. Die Dicke der Weichschicht ist damit um ein Vielfaches kleiner als die Aufstandsfläche des Dammes.

4.7.6 Auswahl des Geokunststoffes

4.7.6.1 Nachweis gegen Bruch der Bewehrung

Aus den Nachweisen nach 4.7.1 bis 4.7.5 ergeben sich folgende Mindestwerte für den Bemessungswiderstand der Geokunststoffe:

Tabelle 4.1 Erforderliche Bemessungswiderstände $R_{B,d}$

Bemessungswiderstand nach Kapitel	Anfangszustand	Endzustand
4.7.1	42,0 kN/m	5,0 kN/m
4.7.2	132,0 kN/m	–
4.7.3	–	30,3 kN/m
4.7.4	128,0 kN/m	–

Hieraus ergibt sich die erforderliche Kurzzeitfestigkeit eines Geokunststoffes nach folgender Gleichung:

$$R_{B,k0} = \max R_{B,d} \cdot (A_1 \cdot A_2 \cdot A_3 \cdot A_4 \cdot A_5 \cdot \gamma_M)$$

a) Temporärer Zustand

Der aus dem Widerstandsdefizit beim Gesamtsicherheitsnachweis (hier: Blockgleiten) herrührende maximale Wert des Bemessungswiderstandes eines Geokunststoffes beträgt für den Anfangszustand $\mathbf{R_{B,d} = 132{,}0\ kN/m}$ (siehe Kapitel 4.7.2). Der Anfangszustand ist insofern temporär, als durch die Konsolidierung der weichen Schichten des Untergrundes eine Verbesserung der geotechnischen Randbedingungen erfolgen kann.

Für das Beispiel eines Geokunststoffes mit einem Rohstoff aus Polyester, bei wenig tragfähigem Untergrund und Dammschüttmaterialien der Bodengruppe SE sowie der Voraussetzung $A_1 = 1{,}4$ (geringer Wert wegen Konsolidierungsdauer ca. 1,5 Jahre), $A_2 = 1{,}2$ und $A_3 = A_4 = 1{,}0$ (Herstellerangaben, $\gamma_M = 1{,}3$ wegen angenommenem LF2) wird so zum Beispiel nachfolgende erforderliche charakteristische Kurzzeitzugfestigkeit erhalten:

$$R_{B,k0} = 132 \cdot (1{,}4 \cdot 1{,}2 \cdot 1 \cdot 1 \cdot 1{,}3) = \underline{288{,}3\ kN/m.}$$

b) Permanenter Zustand

Die aus dem Nachweis des Gleitens unterhalb des Geokunststoffes wirkende maximale Bemessungsfestigkeit (Bemessungswert der Zugkraft der Bewehrung) ist nach GZ 1C gemäß Kapitel 4.7.3.3 für den Endzustand $\mathbf{R_{B,d} = 30{,}3\ kN/m.}$

Für das Beispiel eines Geokunststoffes mit einem Rohstoff aus Polyester, bei wenig tragfähigem Untergrund und Dammschüttmaterialien der Bodengruppe SE sowie der Voraussetzung von umfangreichen Untersuchungsergebnissen, mit denen niedrigere Beiwerte als die Mindestwerte belegt werden können, wird mit $A_1 = 2{,}5$, $A_2 = 1{,}2$, $A_3 = 1{,}0$ und $A_4 = 1{,}4$ zum Beispiel für Dauerbauwerke nachfolgende erforderliche charakteristische Kurzzeitzugfestigkeit erhalten:

$R_{B,k0} = 30{,}3 \cdot (2{,}5 \cdot 1{,}2 \cdot 1 \cdot 1{,}4 \cdot 1{,}4) = \underline{178{,}2\ \text{kN/m.}}$

Somit ist in diesem Fall die sich aus dem temporären Zustand ergebende erforderliche Kurzzeitfestigkeit von 288,3 kN/m maßgebend.

4.7.6.2 Nachweis gegen Herausziehen der Bewehrung

Grundsätzlich muss der Herausziehwiderstand der Bewehrungslage für die aktive (abgleitende) Seite des Dammes sowie die passive (dem Damm zugewandte) Seite nachgewiesen werden. In diesem Beispiel ist stets die Verankerungslänge L_{Ai} der aktiven abgleitenden Seite maßgebend.

Aus den Nachweisen nach 4.7.1 bis 4.7.5 ergeben sich folgende Mindestwerte für den Herausziehwiderstand $R_{A,d}$ der Geokunststoffe und Verankerungslängen L_{Ai}, ohne Berücksichtigung des Bewehrungsumschlages:

Tabelle 4.2 Erforderliche Herausziehwiderstände erf $R_{A,d}$ und maßgebende Verankerungslängen L_{Ai}

Nachweis nach Kapitel	**Anfangszustand**		**Endzustand**	
	Herausziehwiderstand erf $R_{A,d}$	Verankerungslänge L_{Ai}	Herausziehwiderstand erf $R_{A,d}$	Verankerungslänge L_{Ai}
4.7.1	42,0 kN/m	12,5 m	5,0 kN/m	6,5 m
4.7.2	132,0 kN/m	9,5 m	–	–
4.7.3	–	–	30,3 kN/m	7,5 m
4.7.4	128,0 kN/m	9,5 m	–	–

Der Herausziehwiderstand ist eine Funktion der zwischen den Bewehrungselementen und dem geschütteten Boden mobilisierten Schubspannungen im Grenzzustand. Dabei können Schubspannungen an der Oberseite $R_{A,1g,d}$ sowie Unterseite $R_{A,2g,d}$ als Widerstände aktiviert werden. Zusätzlich wirkt ein Herausziehwiderstand aus der Konstruktion eines Umschlages der Bewehrung $R_{A,Um,d}$. Folgender Nachweis muss stets erfüllt sein:

$R_{A,1g,d} + R_{A,2g,d} + R_{A,Um,d} \geq R_{A,d}.$

Der Nachweis gegen Herausziehen der Bewehrung ist für den Anfangs- und Endzustand zu führen. Dabei ist der Herausziehwiderstand aus dem Bewehrungsumschlag stets gleich und berechnet sich zu:

$R_{A,Um,d} = (2 \cdot G_{Um,k} \cdot f_{1g,k}) / \gamma_B.$

Darin sind:

$G_{Um,k}$ das Bodeneigengewicht, welches auf dem Bewehrungsumschlag ruht,
$f_{1g,k}$ der charakteristische Wert des Reibungsbeiwertes zwischen Dammschüttmaterial und Geokunststoff,
γ_B der Teilsicherheitsbeiwert für Herausziehwiderstände flexibler Bewehrungselemente im GZ 1C.

In diesem Beispiel berechnet sich $R_{A,Um,d}$ zu:

$R_{A,Um,d} = (2 \cdot 204{,}8 \cdot 0{,}35) / 1{,}4 = 102{,}4$ kN/m

mit:

$G_{Um,k} = 0{,}5 \cdot h_3 \cdot l_3 \cdot \gamma_{1,k} = 0{,}5 \cdot 3{,}2 \cdot 6{,}4 \cdot 20 = 204{,}8$ kN/m,
$f_{1g,k} = 0{,}5 \cdot \tan \varphi'_{1,k} = 0{,}5 \cdot \tan(35°) = 0{,}35.$

Im **Anfangszustand** gilt im GZ 1C für die obere, dem Dammschüttmaterial (nicht bindiger Boden) zugewandte Seite des Geokunststoffes:

$R_{A,1g,d} = (G_{LAi,k} \cdot f_{1g,k}) / \gamma_B$

und für die untere, dem Untergrund (bindiger Boden) zugewandte Seite des Geokunststoffes, erhält man:

$R_{A,2g,d} = (a_k \cdot L_{Ai}) / \gamma_B.$

Darin sind:

$G_{LAi,k}$ das Bodeneigengewicht, welches auf der Verankerungslänge L_{Ai} ruht,
$f_{1g,k}$ der charakteristische Wert des Reibungsbeiwertes zwischen Dammschüttmaterial und Geokunststoff,
a_k der charakteristische Wert der Adhäsion zwischen dem weichen bindigen Untergrund und dem Geokunststoff (hier: $a_k = c_{u,k}$),
γ_B der Teilsicherheitsbeiwert für Herausziehwiderstände flexibler Bewehrungselemente im GZ 1C.

Nachfolgend werden die für die einzelnen Nachweise wirksamen Herausziehwiderstände berechnet:

Nachweis für Kapitel	$\mathbf{L_{Ai}} =$	**Für** $\mathbf{L_{Ai} > \tan(\beta) \cdot h_1}$ **gilt:** $\mathbf{G_{LAi,k} = 0{,}5 \cdot (L_{Ai} + L_{Ai} - 8) \cdot h_1 \cdot \gamma_{1,k}}$
4.7.1	12,5 m	$0{,}5 \cdot (12{,}5 + 12{,}5 - 8) \cdot 4 \cdot 20 = 680$ kN/m
4.7.2	9,5 m	$0{,}5 \cdot (9{,}5 + 9{,}5 - 8) \cdot 4 \cdot 20 = 440$ kN/m
4.7.3	–	–
4.7.4	9,5 m	$0{,}5 \cdot (9{,}5 + 9{,}5 - 8) \cdot 4 \cdot 20 = 440$ kN/m

Nachweis für Kapitel	$\mathbf{R_{A,1g,d}} =$	$\mathbf{R_{A,2g,d}} =$	$\mathbf{R_{A,Um,d}} =$
4.7.1	$(680 \cdot 0{,}35)/1{,}4$ $= 170{,}0$ kN/m	$(20 \cdot 12{,}5)/1{,}4$ $= 178{,}6$ kN/m	102,4 kN/m
4.7.2	$(440 \cdot 0{,}35)/1{,}4$ $= 110{,}0$ kN/m	$(20 \cdot 9{,}5)/1{,}4$ $= 135{,}7$ kN/m	102,4 kN/m
4.7.3	–	–	–
4.7.4	$(440 \cdot 0{,}35)/1{,}4$ $= 110{,}0$ kN/m	$(20 \cdot 9{,}5)/1{,}4$ $= 135{,}7$ kN/m	102,4 kN/m

Nachweis für Kapitel	$\mathbf{R_{A,1g,d} + R_{A,2g,d} + R_{A,Um,d}}$	**erf** $\mathbf{R_{A,d}}$	
4.7.1	451,0 kN/m	42,0 kN/m	Nachweis erfüllt
4.7.2	348,1 kN/m	132,0 kN/m	Nachweis erfüllt
4.7.3	–	–	–
4.7.4	348,1 kN/m	128 kN/m	Nachweis erfüllt

Für den **Endzustand** bleiben die Ausdrücke für den Herausziehwiderstand oberhalb des Geokunststoffes $R_{A,1g,d}$ sowie die Widerstände aus dem Bewehrungsumschlag $R_{A,Um,d}$ gegenüber dem Anfangszustand unverändert. Für den Widerstand $R_{A,2g,d}$ gilt nun:

$$R_{A,2g,d} = (G_{LAi,k} \cdot f_{2g,k}) / \gamma_B$$

mit dem charakteristischen Wert des Reibungsbeiwertes zwischen Dammschüttmaterial und Geokunststoff $f_{2g,k}$. Dieser Beiwert berechnet sich zu:

$$f_{1g,k} = 0{,}5 \cdot \tan \varphi'_{2,k} = 0{,}5 \cdot \tan(20°) = 0{,}18.$$

Damit erhält man analog zu den Berechnungen des Anfangszustandes:

Nachweis für Kapitel	L_{Ai} =	**Für** $L_{Ai} \leq \tan(\beta) \cdot h_1$ **gilt:** $G_{LAi,k} = 0{,}5 \cdot \tan(\beta) \cdot L_{Ai} \cdot L_{Ai} \cdot \gamma_{1,k}$
4.7.1	6,5 m	0,5 · 0,5 · 6,5 · 6,5 · 20 = 211,2 kN/m
4.7.2	–	–
4.7.3	7,5 m	0,5 · 0,5 · 7,5 · 7,5 · 20 = 281,2 kN/m
4.7.4	–	–

Nachweis für Kapitel	$R_{A,1g,d}$ =	$R_{A,2g,d}$ =	$R_{A,Um,d}$ =
4.7.1	(211,2 · 0,35) / 1,4 = 52,8 kN/m	(211,2 · 0,18) / 1,4 = 27,1 kN/m	102,4 kN/m
4.7.2	–	–	–
4.7.3	(281,2 · 0,35) / 1,4 = 70,3 kN/m	(281,2 · 0,18) / 1,4 = 36,1 kN/m	102,4 kN/m
4.7.4	–	–	–

Nachweis für Kapitel	$R_{A,1g,d} + R_{A,2g,d} + R_{A,Um,d}$	**erf** $R_{A,d}$	
4.7.1	182,3 kN/m	5,0 kN/m	Nachweis erfüllt
4.7.2	–	–	–
4.7.3	208,8 kN/m	30,3 kN/m	Nachweis erfüllt
4.7.4	–	–	–

5 Bewehrte Gründungspolster

5.1 Begriffe

Unter einem bewehrten Gründungspolster wird ein Erdkörper mit Bewehrungen (siehe Bild 5.1) verstanden, der einen wenig tragfähigen Baugrund bis zu einer begrenzten Tiefe ersetzt und dessen Oberfläche die Gründungssohle für ein starres Fundament mit ebener, horizontaler Sohlfläche bildet.

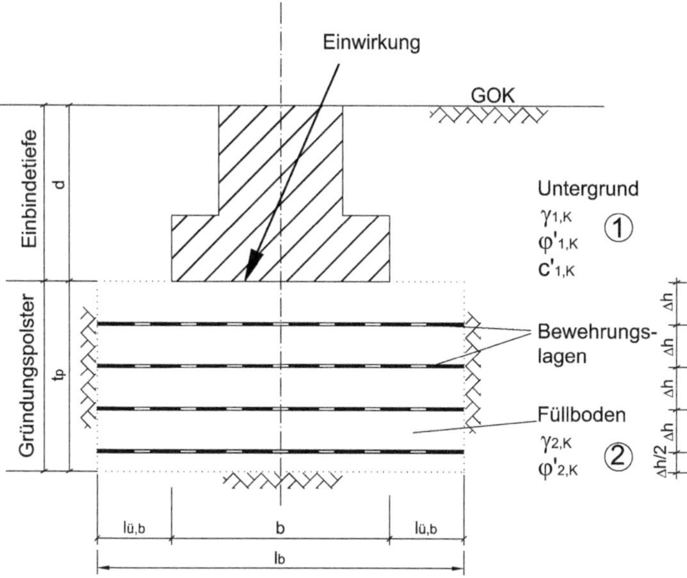

Bild 5.1 Bewehrtes Gründungspolster mit Fundament und Überschüttung

5.2 Anwendungsbereich und Wirkungsweise

Durch das Einlegen von Geokunststoffen in den Füllboden unterhalb von Einzel- und Streifenfundamenten entsteht ein Gründungspolster im Sinne dieser Empfehlung, welches eine erhöhte Tragfähigkeit und geringere Verformungen gegenüber einem unbewehrten Bodenaustausch aufweist.

5.3 Entwurfs- und Konstruktionshinweise

5.3.1 Konstruktionsprinzip

Bewehrte Gründungspolster werden im Regelfall in Bereichen, für die ein Bodenaustausch vorgesehen ist, eingebracht. Diese Bereiche werden lagenweise

Empfehlungen für den Entwurf und die Berechnung von Erdkörpern mit Bewehrungen aus Geokunststoffen (EBGEO). 2. Auflage. Deutsche Gesellschaft für Geotechnik e. V.

ISBN: 978-3-433-02950-3

mit dem Füllboden aufgefüllt, wobei die Bewehrung entsprechend Kapitel 5.3.2 eingelegt wird.

5.3.2 Bewehrungsanordnung

Die Anzahl n_B der im Gründungspolster anzuordnenden Bewehrungslagen richtet sich nach den statischen Erfordernissen. Es müssen jedoch mindestens 2 Bewehrungslagen angeordnet werden ($n_B \geq 2$). Für Fundamente $b/a \leq 0{,}2$ müssen die Nachweise nach Kapitel 5.5 in Richtung der schmaleren Fundamentseite b geführt werden. Bei Fundamenten $b/a > 0{,}2$ müssen diese für beide Fundamentrichtungen gesondert geführt werden. Bei Verwendung von Geokunststoffen mit unterschiedlichen Bemessungsfestigkeiten in Längs- und Querrichtung hat die Zuordnung der Bemessungsfestigkeiten der Bewehrung entsprechend den statischen Erfordernissen zu erfolgen. Die Vertikalabstände Δh zwischen den einzelnen Bewehrungslagen sollten gleich sein ($\Delta h = \text{const}$). Außerdem ist auf die Einhaltung folgender Grenzwerte zu achten. Der kleinere der beiden Werte ist maßgebend:

$$0{,}15\ \text{m} \leq \Delta h < 0{,}40\ \text{m} \qquad \text{Gl. (5.1)}$$

$$\Delta h \leq 0{,}50\ b \qquad \text{Gl. (5.2)}$$

5.3.3 Bewehrungslängen

Die Länge aller in eine Richtung verlegten Bewehrungslagen sollte gleich sein. Es gelten folgende Mindestabmessungen:

- parallel zur Fundamentbreite b:

  $$(b + 4 \cdot \Delta h) < l_b \leq 2b \qquad \text{Gl. (5.3)}$$

- parallel zur Fundamentlänge a:

  $$(a + 4 \cdot \Delta h) < l_a \leq a + b \qquad (b/a > 0{,}2) \qquad \text{Gl. (5.4)}$$

  $$l_a = a \qquad (b/a \leq 0{,}2) \qquad \text{Gl. (5.5)}$$

Hierin sind l_a bzw. l_b die Abmessung des Gründungspolsters parallel zur längeren Seite a bzw. kürzeren Seite b des Fundamentes (siehe auch Bild 5.3).

5.3.4 Abmessungen des Gründungspolsters

Die Grundrissabmessungen sind entsprechend Kapitel 5.3.3 zu wählen. Die Polstertiefe t_p ergibt sich entsprechend den Empfehlungen zu:

$$t_p = (n_B + 0{,}5) \cdot \Delta h \qquad \text{Gl. (5.6)}$$

mit:

n_B Anzahl der Bewehrungslagen.

Auch hier sind Mindest- und Maximalabmessungen zu beachten:

$\min t_p = 2{,}5 \cdot \Delta h$ Gl. (5.7)

$\max t_p = (b/2) \cdot \tan(45° + \varphi'_{2,k}/2)$ Gl. (5.8)

Die maximal empfohlene Tiefe des Gründungspolsters max t_p ist nach Gleichung (5.8) vom charakteristischen Reibungswinkel des Füllmaterials $\varphi'_{2,k}$ abhängig.

5.3.5 Baustoffe

Hinsichtlich der zu verwendenden Baustoffe (Füllboden/Geokunststoffbewehrung) wird auf Kapitel 2 verwiesen. Bei Gründungspolstern sind die Füllböden zur Verringerung der Eigenverformungen des Polsters mit $D_{pr} \geq 100$ % einzubauen.

5.4 Einwirkungen und Widerstände

Zu den Einwirkungen gehören ständige und veränderliche Lasten im Sinne der DIN 1054 und nach Kapitel 1.2. Zu den Widerständen zählen insbesondere unter Berücksichtigung der beschriebenen Anwendung die Scherfestigkeit und Steifigkeit des Gründungspolsters und des Untergrundes, die Zugfestigkeit und Dehnsteifigkeit der Geokunststoffe und das Reibungsverhalten zwischen Geokunststoffen und Boden.

5.5 Berechnung des bewehrten Gründungspolsters

5.5.1 Allgemeines

Die Tragfähigkeit bewehrter Gründungspolster wird nach DIN 1054 und DIN 4017 und die Setzung nach DIN 4019 in Verbindung mit vorliegender Empfehlung berechnet. Die bauliche Durchbildung ist im Regelfall nach Kapitel 5.3 vorzusehen.

Anmerkung: Der Berechnung liegt die Idee zugrunde, dass die Standsicherheit bewehrter Gründungspolster nach dem gleichen Bruchmodell wie bei konventionellen Fundamenten berechnet werden kann. Gestützt wird diese These durch Beobachtungen an Modellversuchen ([1], [2]). Die Wirkung des gegenüber dem Baugrund tragfähigeren Füllbodens wird über korrigierte Tragfähigkeitsbeiwerte in der Grundbruchberechnung berücksichtigt [3]. Die Berechnung wird hier nur für in Bahnen verlegte Bewehrung angegeben. Sollen Bewehrungen mit Streifen zum Einsatz kommen, ist die Bemessung entsprechend [2] zu modifizieren.

5.5.2 Beanspruchungen

Die charakteristischen Beanspruchungen sind für alle maßgebenden Bauzustände und den Endzustand des Systems zu ermitteln. Der Endzustand des Systems beinhaltet die Betrachtung des fertig gestellten Bauwerkes mit den vorgesehen Einwirkungen für die geplante Nutzungsdauer. Dabei ist die Zeitabhängigkeit des Materialverhaltens der Bewehrungen und ggf. des Bodens zu berücksichtigen.

Bei vorwiegend dynamisch beanspruchten Systemen, z. B. bei Gründungspolstern unter Maschinenfundamenten, sind die dynamischen Beanspruchungen gemäß Kapitel 12 der EBGEO bei der Bemessung zu berücksichtigen.

5.6 Nachweis und Bemessung

5.6.1 Nachweise der Tragfähigkeit

Die Nachweise der Tragfähigkeit sind nach DIN 1054 und DIN 4017 zu führen.

In einem ersten Schritt wird die Berechnung für eine Situation ohne Gründungspolster durchgeführt. Danach erfolgen die Tragfähigkeitsnachweise für das unbewehrte Gründungspolster und im Anschluss für das bewehrte Gründungspolster. Im letzteren Fall wird davon ausgegangen, dass mögliche Bruchmechanismen den bewehrten Erdkörper und die Bewehrungslagen schneiden.

Folgende Nachweise der Tragfähigkeit sind zu führen:

- Nachweis der Gleitsicherheit nach DIN 1054 (GZ 1B),
- Nachweis der Lage der Sohldruckresultierenden nach DIN 1054 (GZ 1A bzw. GZ 2),
- Nachweis der Grundbruchsicherheit nach DIN 4017 (GZ 1B),

Anmerkung: Geneigte ausmittige Belastung, geschichteter Baugrund u. a. sind im Sinne dieser Norm zu berücksichtigen.

- Nachweis der Geländebruchsicherheit bei Gründungen an oder in Böschungen bzw. an Geländesprüngen nach DIN 4084 (GZ 1C).

5.6.1.1 Nachweis der Gleitsicherheit (GZ 1B)

Der Nachweis der Gleitsicherheit auf Oberkante Gründungspolster erfolgt nach DIN 1054.

5.6.1.2 Nachweis der Grundbruchsicherheit (GZ 1B)

Die Grundbruchsicherheit des bewehrten Gründungspolsters ist analog zu DIN 4017 zu berechnen, wobei die Tragfähigkeitsbeiwerte N_b, N_d und N_c des Baugrundes mit Korrekturfaktoren k_b, k_d und k_c zu multiplizieren sind. Die Korrekturfaktoren k_b, k_d und k_c errechnen sich zu:

$$k_b = C \cdot k_{b,\delta} + 1 \qquad \text{Gl. (5.9)}$$

$$k_d = C \cdot k_{d,\delta} + 1 \qquad \text{Gl. (5.10)}$$

$$k_c = C \cdot k_{c,\delta} + 1 \qquad \text{Gl. (5.11)}$$

Der von den Reibungswinkeln des anstehenden Bodens $\varphi'_{1,k}$ sowie des Füllbodens $\varphi'_{2,k}$ abhängige Beiwert C ergibt sich zu:

$$C = \left[\frac{2}{\varphi'_{1,k}} \cdot \sqrt{40° - \varphi'_{2,k}} \cdot \left(\frac{\varphi'_{2,k}}{\varphi'_{1,k}} \right)^{0,7} + 1 \right]^{-1} \qquad \text{Gl. (5.12)}$$

Für Füllböden mit Reibungswinkeln $\varphi'_{F,k} \geq 40°$ ist $C = 1,0$ zu setzen. Die Korrekturfaktoren $k_{b,\delta}$, $k_{d,\delta}$ und $k_{c,\delta}$ sind Bild 5.2 und Bild 5.3 zu entnehmen.

Anmerkung: *Mit den Korrekturfaktoren k wird berücksichtigt, dass die maßgebende Gleitfläche nach DIN 4017 nicht in einem einheitlichen Baugrund, sondern einerseits durch das Gründungspolster mit höheren Scherfestigkeitswerten und andererseits durch den darunter und daneben befindlichen Baugrund mit geringeren Festigkeitswerten verläuft. Gefunden wurden die Werte durch Vergleichsberechnungen mit Gleitflächen, bestehend aus geraden und logarithmischen Spiralen, bei denen aber im Gegensatz zu DIN 4017 die Festigkeitswerte von Baugrund und Gründungspolster differenziert für die Gleitflächenabschnitte im Gründungspolster und außerhalb davon eingesetzt wurden. Die berechneten Tragfähigkeitswerte ergeben in Bezug auf die Tragfähigkeitsbeiwerte der DIN 4017 geeignete Korrekturfaktoren.*

Diese gelten für:

$$t_{p,\delta} = \frac{\sin \vartheta_{a,\delta} \cdot \cos(\vartheta_{a,\delta} - \varphi'_{2,k})}{\cos \varphi'_{2,k}} \cdot b \qquad \text{Gl. (5.13)}$$

mit:

$$\vartheta_{a,\delta} = \operatorname{arc\,cot} \left[\sqrt{(1 + \tan^2 \varphi'_{2,k}) \cdot \frac{\tan \varphi'_{2,k} - \tan \delta}{\tan \varphi'_{2,k} + \tan \delta}} - \tan \varphi'_{2,k} \right] \qquad \text{Gl. (5.14)}$$

mit:

$\vartheta_{a,\delta}$ Gleitflächenwinkel des Bruchkeiles (Bild 5.4),
$t_{p,\delta}$ theoretische Polsterdicke beim Lastneigungswinkel $\delta \neq 0$,
t_p theoretische Polsterdicke beim Lastneigungswinkel $\delta = 0$,
$\varphi'_{2,k}$ charakteristischer Wert des Reibungswinkels des Füllbodens des Gründungspolsters,
δ Lastneigungswinkel in [°].

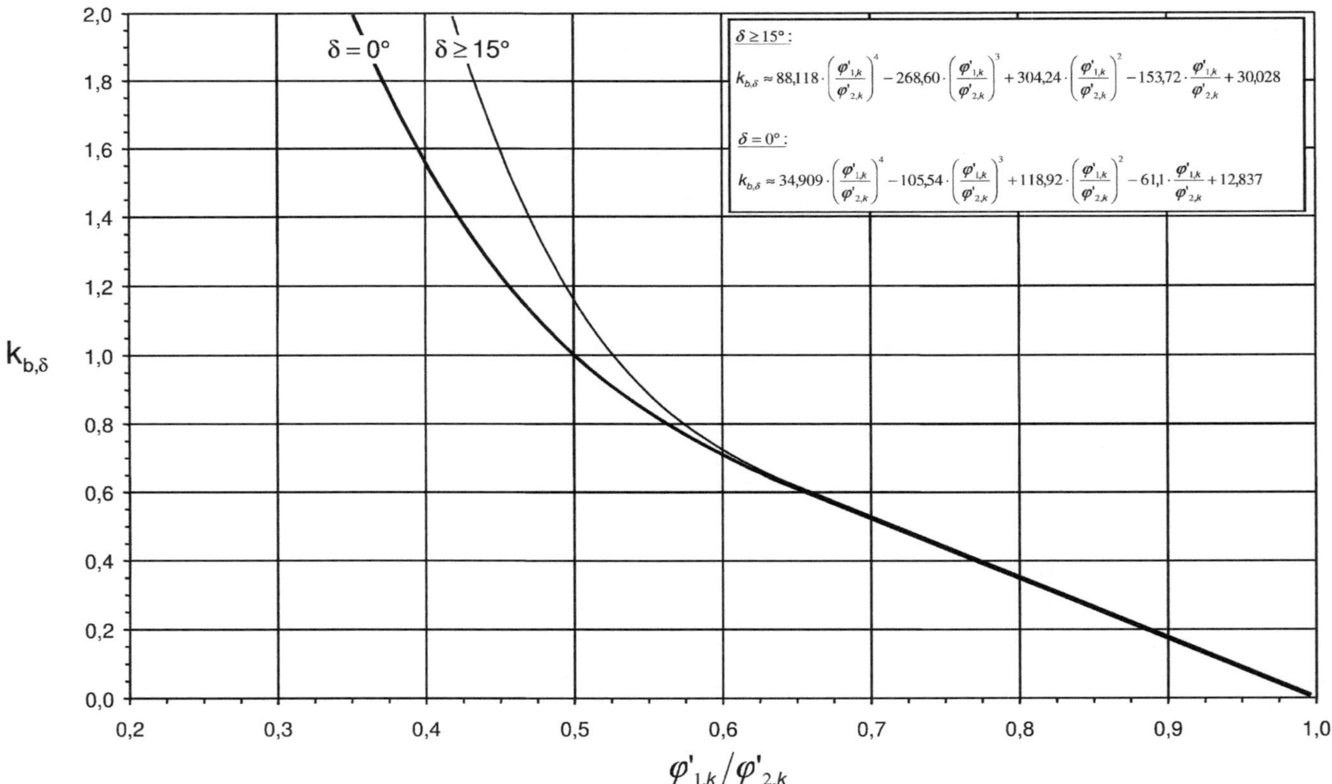

Bild 5.2 Korrekturfaktor $k_{b,\delta}$ in Abhängigkeit vom Verhältnis $\varphi'_{1,k}/\varphi'_{2,k}$ und vom Lastneigungswinkel δ in [°]

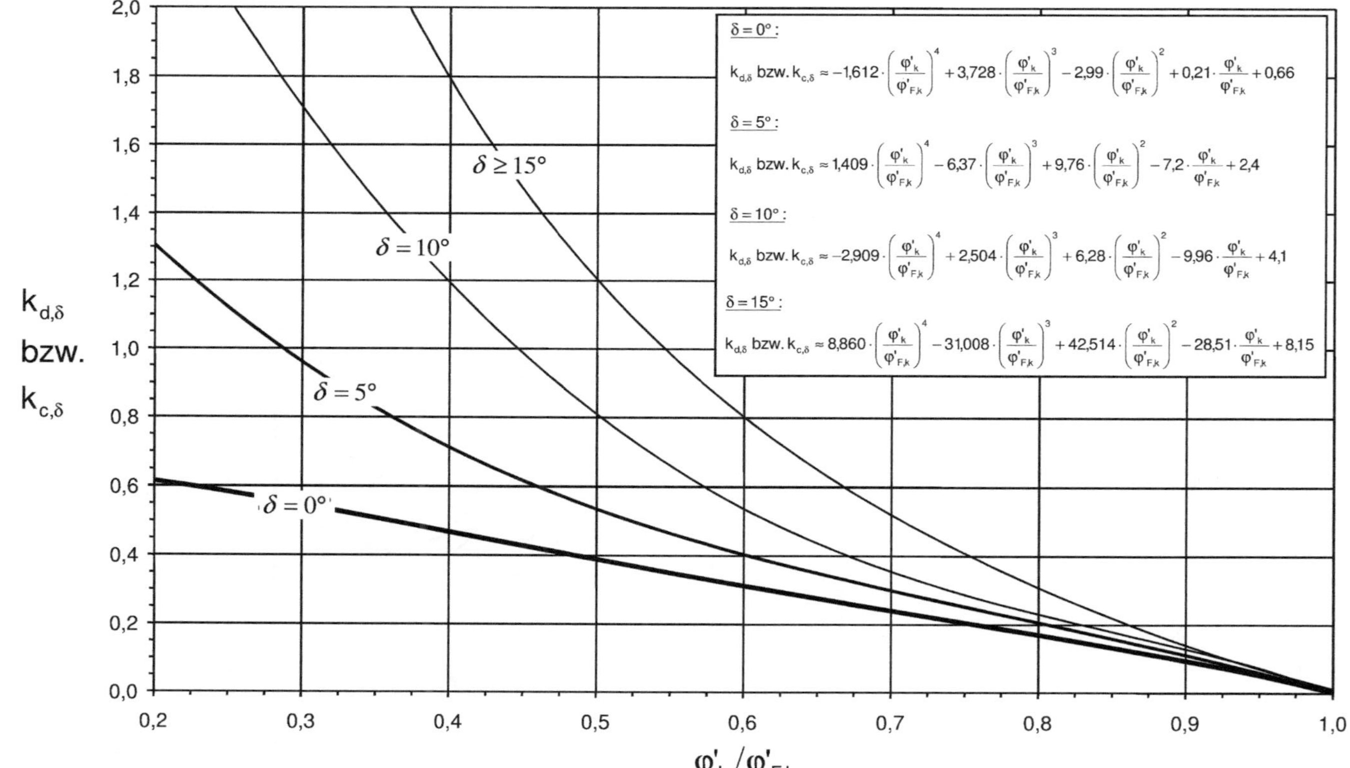

Bild 5.3 Korrekturfaktoren $k_{d,\delta}$ und $k_{c,\delta}$ in Abhängigkeit vom Verhältnis $\varphi'_k / \varphi'_{F,k}$ und vom Lastneigungswinkel δ in [°]

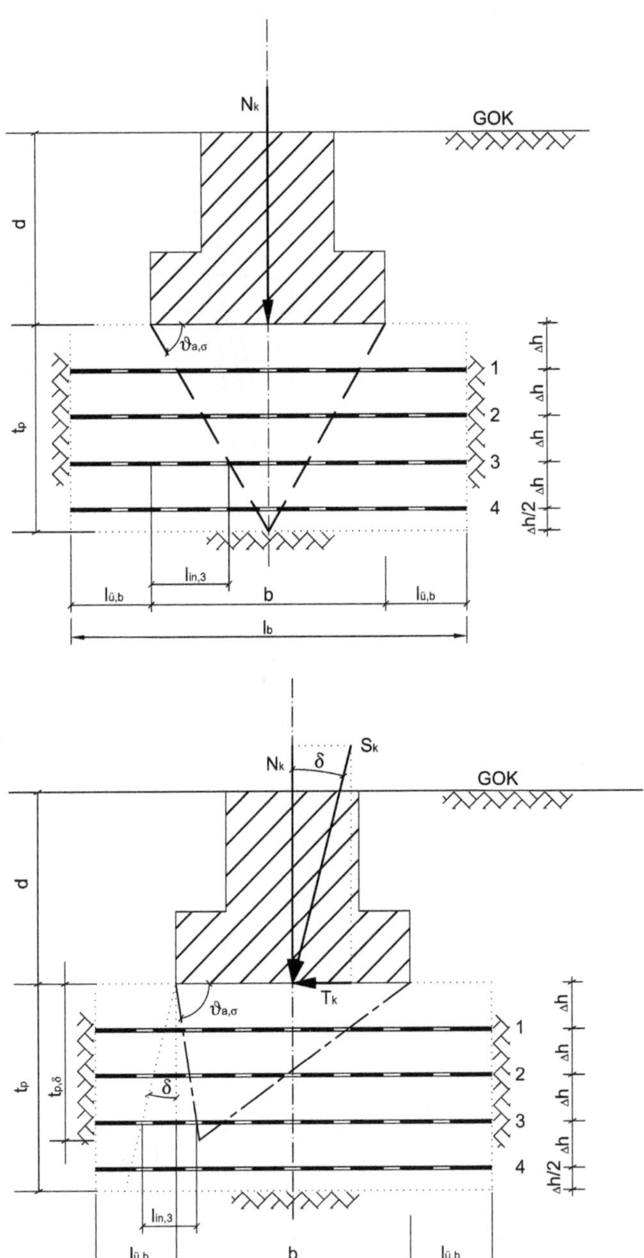

Bild 5.4 Bewehrte Gründungspolster – Bruchkeile für vertikale (oben) und geneigte Lasten (unten)

Für vorh $t_p < t_{p,\delta}$ sind anstelle von k_b, k_d und k_c die Korrekturbeiwerte k'_b, k'_d und k'_c zu verwenden. Die Beziehungen zwischen k und k′ lauten:

$$k'_b = 1 + (k_b - 1) \cdot (\text{vorh } t_p / t_{p,\delta}) \quad \text{Gl. (5.15)}$$

$$k'_d = 1 + (k_d - 1) \cdot (\text{vorh } t_p / t_{p,\delta}) \quad \text{Gl. (5.16)}$$

$$k'_c = 1 + (k_c - 1) \cdot (\text{vorh } t_p / t_{p,\delta}). \quad \text{Gl. (5.17)}$$

Mit den Korrekturbeiwerten k'_b, k'_d und k'_c bzw. k_b, k_d und k_c kann nun der Grundbruchwiderstand $R'_{n,k}$ der Gründung unter Berücksichtigung des Füllbodens berechnet werden:

$$R'_{n,k} = a' \cdot b' \cdot (\gamma_{2,k} \cdot b' \cdot N_b \cdot k_b + \gamma_{1,k} \cdot d \cdot N_d \cdot k_d + c'_{2,k} \cdot N_c \cdot k_c) \quad \text{Gl. (5.18)}$$

bzw.:

$$R'_{n,k} = a' \cdot b' \cdot (\gamma_{2,k} \cdot b' \cdot N_b \cdot k'_b + \gamma_{1,k} \cdot d \cdot N_d \cdot k'_d + c'_{2,k} \cdot N_c \cdot k'_c) \quad \text{Gl. (5.19)}$$

mit:

a′ bzw. b′ reduzierte Fundamentabmessungen,
d Einbindetiefe.

Die Tragfähigkeitsbeiwerte N_b, N_d und N_c ergeben sich aus dem Grundbruchnachweis nach DIN 4017 ohne Berücksichtigung des Füllbodens.

Zusätzlich zur tragkrafterhöhenden Wirkung des verdichteten Füllbodens, welcher höhere Scherparameter aufweist als der anstehende Untergrund, ergeben sich zusätzliche Widerstände aus der Bewehrungswirkung der Geokunststoffeinlagen. Die aus den Bewehrungskräften resultierende Komponente für eine Tragfähigkeitserhöhung $\Delta R_{n,k}$ ergibt sich aus:

$$\Delta R_{n,k} = \frac{\cos \varphi'_{2,k} \cdot \cos \delta}{\cos(\vartheta_{a,\delta} - \delta)} \cdot \sum_{i=1}^{n} R_{i,k}\,, \quad \text{Gl. (5.20)}$$

wobei $R_{i,k}$ entweder durch den charakteristischen Widerstand $R_{Bi,k}$ oder durch den charakteristischen Wert des Herausziehwiderstands $R_{Ai,k}$ beschrieben wird.

Die Tragfähigkeit des bewehrten Gründungspolsters vorh $R_{n,k}$ wird dann:

$$\text{vorh } R_{n,k} = R'_{n,k} + \Delta R_{n,k}. \quad \text{Gl. (5.21)}$$

Nachzuweisen ist dann nach DIN 4017:

$$\text{vorh } R_{n,d} = \text{vorh } R_{n,k} / \gamma_{Gr} \quad \text{Gl. (5.22)}$$

$$\text{vorh } R_{n,d} \geq E_d \quad \text{Gl. (5.23)}$$

5.6.1.3 Nachweis der Geländebruchsicherheit (GZ 1C)

Der Nachweis der Geländebruchsicherheit bei Gründungen an oder in Böschungen bzw. an Geländesprüngen ist nach DIN 4084 im GZ 1C zu führen. Bei Gleitlinien, die die Bewehrung schneiden, sind die Hinweise nach Kapitel 3 zu beachten. Die rückhaltenden Kräfte der Bewehrung können, wie in den genannten Abschnitten erläutert, berücksichtigt werden.

5.6.1.4 Nachweis gegen Bruch der Bewehrung (GZ 1B)

Die Bemessungsfestigkeit einer Bewehrungslage ergibt sich aus den Festlegungen in Kapitel 3.3.1 und ist wie dort dargestellt im GZ 1 B zu ermitteln.

5.6.1.5 Nachweis des Herausziehwiderstandes der Bewehrung (GZ 1B)

Der in beliebiger Bewehrungslage i durch Reibung gegen den Füllboden mögliche Bemessungswert des Herausziehwiderstands der Bewehrung $R_{Ai,k}$ beträgt bei einer flächenhaften Bewehrung parallel zur Fundamentbreite b:

$$R_{Ai,k} = 2 \cdot f_{sg,\,k} \cdot (N_k / b \cdot l_{in,i} + \sigma_{v,\,i} \cdot l_{ü,b}) \qquad \text{Gl. (5.24)}$$

mit:

N_k charakteristische Vertikalkraft,
$f_{sg,\,k}$ siehe Kapitel 3.3.3.1,
$l_{in,\,i}$ Länge zwischen Bruchkeil und Fundamentgrundrisskante in der i-ten Lage (siehe Bild 5.4):

$$l_{in,\,i} = (\cot \vartheta_{a,\delta} + \tan \delta)\, \Delta h \cdot i \qquad \text{Gl. (5.25)}$$

mit:

$\vartheta_{a,\delta}$ Gleitflächenwinkel des Bruchkeiles,
δ Neigungswinkel der Fundamentlast,
Δh Vertikalabstand zwischen den Bewehrungen,
i Nummer der betrachteten Bewehrungslage und
$\sigma_{v,\,i}$ Spannung aus Erdauflast in der i-ten Lage.

$$\sigma_{v,\,i} = \gamma_{2,k} \cdot \Delta h \cdot i + \gamma_{1,k} \cdot d \qquad \text{Gl. (5.26)}$$

mit:

$\gamma_{2,k}$ Wichte des Füllbodens,
$\gamma_{1,k}$ Wichte des Untergrundbodens,
d Einbindetiefe,
$l_{ü,b}$ über die Fundamentgrundfläche hinausragende Bewehrungslänge der Fundamentbreite b.

$$l_{ü,b} = 1/2\,(l_b - b) \qquad \text{Gl. (5.27)}$$

mit:

l_b gesamte Bewehrungslänge parallel zur Fundamentseite b.

Für den Nachweis parallel zur Fundamentbreite a sind a und b in der Berechnung gegeneinander auszutauschen sowie $l_{ü,a}$ statt $l_{ü,b}$ einzusetzen.

5.6.2 Nachweise der Gebrauchstauglichkeit

Die Gebrauchstauglichkeitsnachweise sind nach DIN 1054 für den Grenzzustand GZ 2 zu führen:

- Verformungen nach DIN 4019 (GZ 2),
- Nachweis der Sohldruckresultierenden (GZ 2),
- ggf. horizontale Verschiebung (GZ 2).

Die Setzungen sind nach DIN 4019 für die Schichtgrenze Fundamentunterkante-Oberkante Gründungspolster zu führen. Die Nachweise der Gebrauchstauglichkeit erfolgen im GZ 2 unter Berücksichtigung der DIN 1054. Üblicherweise wird die Setzung und gegebenenfalls Schiefstellung des Fundamentes mit geeigneten Rechenprogrammen zur Setzungsberechnung ermittelt. Näherungsweise kann, unter der Randbedingung, dass sich im Spannungseinflussbereich des Fundamentes kein weiterer Schichtwechsel befindet, mit folgendem Ansatz eine gemittelte Steifigkeit für Gründungspolster und Boden bestimmt werden, mit der dann die Setzungsermittlung nach DIN 4019 für ein Einschichtsystem erfolgen kann. Es gilt nach [1]:

$$E'_{s,k} = E_{s,k} \cdot \left(1 - \frac{N_k}{\text{vorh } R_{n,k}}\right) \cdot \frac{\text{vorh } R_{n,k}}{R'_{n,k}} \qquad \text{Gl. (5.28)}$$

Anmerkung: Auf die Berechnung von Setzungen innerhalb des bewehrten Gründungspolsters kann in der Regel verzichtet werden. Bei der weiteren Berechnung ist das Gründungspolster als Festkörper anzunehmen, wobei der Bewehrungseffekt in die konventionelle Berechnung nicht eingeht.

5.7 Hinweise für die Bauausführung

Beim lagenweisen Einbringen und Verdichten des Füllbodens sowie beim Verlegen der Bewehrung muss der Grundwasserspiegel mindestens bis 0,50 m unter Aushubsohle liegen. Für den Füllboden werden nach ZTV E-StB, wie für künstlich hergestellten Baugrund, Verdichtungsgrade $D_{pr} \geq 100$ % gefordert.

5.8 Literatur

[1] Vogler, R. (1981): Beitrag zur Ermittlung des Tragverhaltens bewehrter Gründungen bei Variation von Erdstoff, Lastart, Lastgeometrie und Geometrie der Bewehrung, Dissertation Universität Rostock.

[2] Strate, R. (1986): Untersuchungen zur Verwendung von schwachbindigen Erdstoffen im Rahmen der Bauweise der bewehrten Erde, Dissertation Universität Rostock.

[3] Wendt, D. (1990): Berechnung bewehrter und unbewehrter Gründungspolster nach TGL 11 464/01 und/02, Bauplanung-Bautechnik, 444. Jg. S. 274277, Heft 6.

5.9 Beispiel eines bewehrten Gründungspolsters unter einem Streifenfundament

5.9.1 Geometrie, Belastung und bodenmechanische Kennwerte

Geometrie:

- Streifenfundament (siehe Bild 5.5),
- Breite: b = 1,50 m,
- Einbindetiefe: d = 1,00 m.

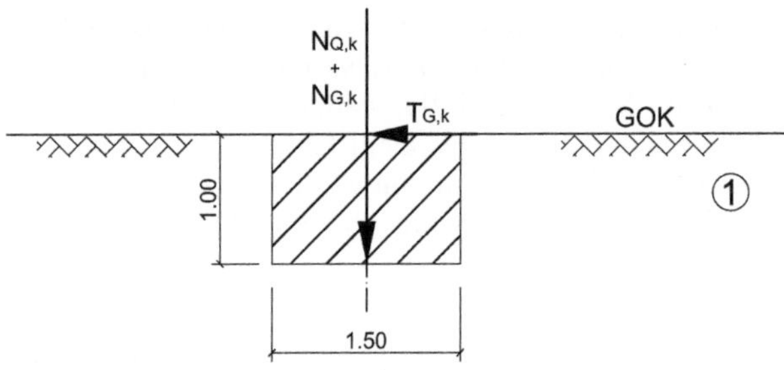

Bild 5.5 Geometrie/Belastung

Belastung:

- lotrecht
  - · ständige Last $F_{gv,k} = 250$ kN/m
  - · veränderliche Last $F_{pv,k} = 75$ kN/m
- horizontal
  - · ständige Last $F_{gh,k} = 40$ kN/m

Baugrund:

Auelehm (TM/UM) von 0,00 bis 10,0 m unter GOK

$E_{s1,k} = 8{,}0$ MN/m²

$\gamma_{1,k} = 18{,}0$ kN/m³

$\varphi'_{1,k} = 25{,}0°$

$c'_{1,k} = 5{,}0$ kN/m²

Kein Grund- oder Schichtwasser vorhanden.

Füllboden:

Für das Gründungspolster ist ein gebrochener Kies mit folgenden Kenngrößen vorgesehen:

Bodengruppe: GW mit U > 15

$\gamma_{2,k} = 20{,}0\ kN/m^3$

$\varphi'_{2,k} = 40{,}0°$

$c'_{2,k} = 0{,}0\ kN/m^2$

Nachweise:

Folgende Nachweise sind für die Dimensionierung zu führen:

- Grundbruch unbewehrter Fall GZ 1 B,
- Grundbruch bewehrter Fall GZ 1 B,
- Gleitsicherheit bewehrter Fall GZ 1 B,
- Lage der Resultierenden (Exzentrizität) GZ 2/GZ 1A,
- Setzungen GZ 2,
- Schiefstellungen GZ 2,
- Bruch der Geokunststoffbewehrung GZ 1 B.

Im vorliegenden Beispiel werden exemplarisch nur die gekennzeichneten Nachweise vorgestellt.

5.9.2 Grundbruchnachweise

5.9.2.1 Bemessung ohne Gründungspolster

a) Belastung/Beanspruchung:

$N_{G,k} = F_{gv,k} = 250\ kN/m$

$N_{Q,k} = F_{pv,k} = 75\ kN/m$

$T_{G,k} = F_{gh,k} = 40\ kN/m$

$E_d = N_{G,k} \cdot \gamma_G + N_{Q,k} \cdot \gamma_Q$ Gl. (5.29)

Anmerkung: γ_G bzw. γ_Q aus DIN 1054, Tabelle 2

$E_d = 250 \cdot 1{,}35 + 75 \cdot 1{,}50 = \underline{450\ kN/m}$ Gl. (5.30)

b) Ermittlung der Ersatzbreite des Fundamentes:

$e = \sum M / (N_{G,k} + N_{Q,k})$ Gl. (5.31)

$\sum M = T_{G,k} \cdot 1{,}0 + E_{Q,k} \cdot h/3$

$= 40 \cdot 1{,}0 + 1/2 \cdot 18 \cdot 1^2 \cdot \tan^2(45 - 25/2) \cdot 1/3 = 41{,}22\ kNm/m$

$e = 41{,}22 / 325 = 0{,}13\ m$

$b' = b - 2 \cdot e = 1{,}5 - 2 \cdot 0{,}13 = \underline{1{,}25\ m}$

c) Lastneigung:

$\tan \delta = T_{G,k} / (N_{G,k} + N_{Q,k})$ Gl. (5.32)

$N_k = N_{G+Q,k} + b' \cdot c'_{1,k} \cdot \cot \varphi'_{1,k}$ Gl. (5.33)

$N_k = 325 + 1{,}24 \cdot 5 \cdot \cot 25° = 338{,}3$ kN/m Gl. (5.34)

$\tan \delta = 40{,}0 / (250 + 75) = \underline{0{,}123}$ Gl. (5.35)

$\delta = 7{,}02°$ Gl. (5.36)

d) Tragfähigkeitsbeiwerte N_d, N_c, N_b (siehe auch DIN 4017):

$N_d = N_{d0} \cdot \nu_d \cdot i_d \cdot \lambda_d \cdot \xi_d$ Gl. (5.37)

$N_c = N_{c0} \cdot \nu_c \cdot i_c \cdot \lambda_c \cdot \xi_c$ Gl. (5.38)

$N_b = N_{b0} \cdot \nu_b \cdot i_b \cdot \lambda_b \cdot \xi_b$ Gl. (5.39)

Einfluss der Gründungstiefe:

$N_{do} = e^{\pi \cdot \tan \varphi'_{1,k}} \cdot \tan^2 (45 + \varphi'_{1,k}/2)$ Gl. (5.40)

Einfluss der Kohäsion c:

$N_{c0} = (N_{d0} - 1) / \tan \varphi'_{1,k}$ Gl. (5.41)

Einfluss der Gründungsbreite:

$N_{b0} = (N_{d0} - 1) \cdot \tan \varphi'_{1,k}$ Gl. (5.42)

$N_{d0} = e^{\pi \cdot \tan 25} \cdot \tan^2 (45 + 25/2) = \underline{10{,}66}$ Gl. (5.43)

$N_{c0} = (10{,}66 - 1) / \tan 25° = \underline{20{,}72}$ Gl. (5.44)

$N_{b0} = (10{,}66 - 1) \cdot \tan 25° = \underline{4{,}50}$ Gl. (5.45)

Formbeiwerte ν:

$\nu_d = \nu_b = \nu_c = 1{,}00$ (Streifen) Gl. (5.46)

Lastneigungsbeiwerte:

$m = 1{,}56$ (vgl. DIN 4017, Kapitel 7.2.4) Gl. (5.47)

$i_d = (1 - \tan \delta_E)^m$ Gl. (5.48)

$i_c = (i_d \cdot N_{do} - 1) / (N_{do} - 1)$ Gl. (5.49)

$i_b = (1 - \tan \delta_E)^{m+1}$ Gl. (5.50)

$i_d = (1 - 0{,}123)^{1{,}56} = \underline{0{,}815}$ Gl. (5.51)

$i_c = (0{,}870 \cdot 10{,}66 - 1) / (10{,}66 - 1) = \underline{0{,}796}$ Gl. (5.52)

$i_b = (1 - 0{,}123)^{1{,}56+1} = \underline{0{,}715}$ Gl. (5.53)

Geländeneigungs- und Sohlneigungsbeiwerte λ bzw. ξ alle gleich 1,0, somit werden:

$N_d = 10{,}66 \cdot 1 \cdot 0{,}815 \cdot 1 \cdot 1 = 8{,}691$ Gl. (5.54)

$N_c = 20{,}72 \cdot 1 \cdot 0{,}796 \cdot 1 \cdot 1 = 16{,}494$ Gl. (5.55)

$N_b = 4{,}50 \cdot 1 \cdot 0{,}715 \cdot 1 \cdot 1 = 3{,}221$ Gl. (5.56)

e) Nachweis der Grundbruchsicherheit:

Die Berechnung erfolgt nach GZ 1B mit charakteristischen Werten der Scherparameter (nach DIN 1054, Tabelle 3):

$R_{n,k} = b' \cdot (c'_{1,k} \cdot N_c + \gamma_{1,k} \cdot d \cdot N_d \cdot + \gamma_{1,k} \cdot b' \cdot N_b)$ Gl. (5.57)

$R_{n,k} = 1{,}25\ (5 \cdot 16{,}494 + 18 \cdot 1{,}0 \cdot 8{,}691 + 18 \cdot 1{,}24 \cdot 3{,}221)$
$= 390{,}69$ kN/m Gl. (5.58)

$R_{n,d} = R_{n,k} / \gamma_{Gr}$ Gl. (5.59)

$R_{n,d} = \underline{279{,}06} < 450 \text{ kN/m} = E_d$ Gl. (5.60)

$R_{n,d} / E_d = 0{,}62 < 1$ Nachweis nicht erfüllt! Gl. (5.61)

5.9.2.2 Bemessung mit Gründungspolster – Geometrie des Gründungspolsters

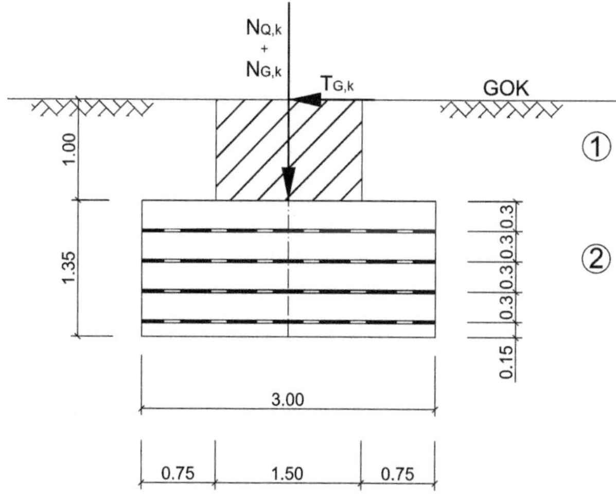

Bild 5.6 Geometrie des Gründungspolsters

Tiefe des Gründungspolsters:

min $t_p = 2{,}5 \cdot \Delta h = 2{,}5 \cdot 0{,}3 = 0{,}75$ m Gl. (5.62)

$\max t_p = (b/2) \cdot \tan(45° + \varphi'_{2,k}/2) = (1{,}50/2) \cdot \tan(45° + 40°/2)$
$= 1{,}61$ m Gl. (5.63)

$t_p = (n_B + 0{,}5) \cdot \Delta h = (4 + 0{,}5) \cdot 0{,}30 = 1{,}35$ m Gl. (5.64)

$\min t_p = 0{,}75 < t_p = 1{,}35 \leq \max t_p = 1{,}61$ m Gl. (5.65)

Bestimmung von $\vartheta_{a,\delta}$ und $t_{p,\delta}$:

$$\vartheta_{a,\delta} = \text{arc cot}\left[\sqrt{(1+\tan^2 \varphi'_{2,k}) \cdot \frac{\tan \varphi'_{2,k} - \tan \delta}{\tan \varphi'_{2,k} + \tan \delta}} - \tan \varphi'_{2,k}\right]$$

$$= \text{arc cot}\left[\sqrt{(1+\tan^2 40°) \cdot \frac{\tan 40° - \tan 7°}{\tan 40° + \tan 7°}} - \tan 40°\right] = 74° \qquad \text{Gl. (5.66)}$$

$$t_{p,\delta} = \frac{\sin \vartheta_{a,\delta} \cdot \cos(\vartheta_{a,\delta} - \varphi'_{2,k})}{\cos \varphi'_{2,k}} \cdot b$$

$$= \frac{\sin 74° \cdot \cos(74° - 40°)}{\cos 40°} \cdot 1{,}5 = 1{,}56 \text{ m} \qquad \text{Gl. (5.67)}$$

mögliche Bewehrungsanordnung:

$0{,}15$ m $\leq \Delta h =$ 0,30 m (vorgesehen: 4 Lagen) $< 0{,}4$ m

$\Delta h \leq 0{,}5 \cdot b = 0{,}5 \cdot 1{,}50 = 0{,}75$ m

mögliche Bewehrungslängen:

$1{,}5 + 4 \cdot 0{,}30 < l_b =$ 3,00 m $\leq 2 \cdot b = 2 \cdot 1{,}50$

5.9.2.3 Berechnung der Tragfähigkeit des unbewehrten Gründungspolsters

Die Berechnung (Nachweis GZ 1B für Lastfall 1) erfolgt in einem ersten Schritt zunächst für ein unbewehrtes Gründungspolster unter dem Fundament auf der Oberkante des bewehrten Gründungspolsters, ähnlich wie in Kapitel 5.9.2.1.

a) Belastung

wie Kapitel 5.9.2.1 a)

b) Ermittlung der Außermittigkeit

wie Kapitel 5.9.2.1 b)

c) Lastneigung

$\tan \delta = T_{g,k}/N_k$
$\tan \delta = 40{,}0/325 = \underline{0{,}123}$ $\quad \underline{\delta = 7{,}09°}$ Gl. (5.68)

d) Tragfähigkeitsbeiwerte N_d, N_c, N_b

siehe Kapitel 5.9.2.1 d)

Berechnung der Korrekturfaktoren für das Gründungspolster:

Die Tragfähigkeitsbeiwerte N_c, N_d und N_b sind mit Korrekturfaktoren zu multiplizieren, die den Einfluss des Gründungspolsters auf die Tragfähigkeit wiedergeben.

Die Korrekturfaktoren $k_{c,\delta}$, $k_{d,\delta}$ und $k_{b,\delta}$ sind aus Bild 5.2 bzw. Bild 5.3 für $\delta = 7°$ und für

$$\varphi'_{1,k} / \varphi'_{2,k} = 25/40 = 0{,}625 \qquad \text{Gl. (5.69)}$$

zu entnehmen:

$$k_{d,\delta} = 0{,}42 = k_{c,\delta} \qquad \text{Gl. (5.70)}$$

$$k_{b,\delta} = 0{,}66. \qquad \text{Gl. (5.71)}$$

Die Korrekturfaktoren ergeben dann:

$$k_d = C \cdot k_{d,\delta} + 1 = 1{,}0 \cdot 0{,}42 + 1 = 1{,}42 = k_c \qquad \text{Gl. (5.72)}$$

$$k_b = C \cdot k_{d,\delta} + 1 = 1{,}0 \cdot 0{,}66 + 1 = 1{,}66, \qquad \text{Gl. (5.73)}$$

wobei der Beiwert

$$C = 1{,}00 \qquad \text{Gl. (5.74)}$$

anzusetzen ist.

Da $t_{p,\delta} = 1{,}56 > t_p = 1{,}35$, sind die Korrekturfaktoren k′ statt k in die Berechnung einzusetzen.

Die Korrekturfaktoren k'_c, k'_b und k'_d werden zu:

$$k'_c = 1 + (k_c - 1)\,(t_p / t_{p,\delta}) = 1 + 0{,}42 \cdot 1{,}35/1{,}56 = \underline{1{,}36} \qquad \text{Gl. (5.75)}$$

$$k'_d = 1 + (k_d - 1)\,(t_p / t_{p,\delta}) = 1 + 0{,}42 \cdot 1{,}35/1{,}56 = \underline{1{,}36} \qquad \text{Gl. (5.76)}$$

$$k'_b = 1 + (k_b - 1)\,(t_p / t_{p,\delta}) = 1 + 0{,}66 \cdot 1{,}35/1{,}56 = \underline{1{,}57}. \qquad \text{Gl. (5.77)}$$

e) Nachweis der Grundbruchsicherheit:

Die Berechnung erfolgt nach GZ 1B mit charakteristischen Werten der Scherparameter (nach DIN 1054, Tabelle 3). Die modifizierte Tragkraftgleichung lautet dann unter Einbeziehung der Korrekturfaktoren k′:

$$R'_{n,k} = b' \cdot (c'_{1,k} \cdot N_c\, k'_c + \gamma_{1,k} \cdot d \cdot N_d \cdot k'_d + \gamma_{1,k} \cdot b' \cdot N_b \cdot k'_b) \qquad \text{Gl. (5.78)}$$

$$R'_{n,k} = 1{,}24\,(5 \cdot 16{,}497 \cdot 1{,}36 + 20 \cdot 1{,}0 \cdot 8{,}693 \cdot 1{,}36 + 18 \cdot 1{,}24 \cdot 3{,}221 \cdot 1{,}57) = 544{,}07 \text{ kN/m} \qquad \text{Gl. (5.79)}$$

$$R'_{n,d} = R'_{n,k} / \gamma_{Gr} = 544{,}07 / 1{,}4 = 388{,}62 \text{ kN/m} \qquad \text{Gl. (5.80)}$$

$R'_{n,d} = \underline{388{,}62\ kN/m} < 450\ kN/m = E_d$ Gl. (5.81)

$R'_{n,d}/E_d = 0{,}86 < 1$ Nachweis nicht erfüllt! Gl. (5.82)

Die Tragfähigkeit nur unter Berücksichtigung des Bodenaustausches erhöht zwar die Standsicherheit, genügt den Grenzbedingungen jedoch noch nicht. Die tragkrafterhöhende Wirkung der Geokunststoffe wird nunmehr berücksichtigt.

5.9.2.4 Bemessung mit bewehrtem Gründungspolster

Nachweis nach LF 1 GZ 1B

a) Geometrie

Die Geometrie des Gründungspolsters wird aus Kapitel 5.9.2.2 und Bild 5.6 übernommen.

b) bis d)

siehe Kapitel 5.9.2.3

Wahl der Geokunststoffe:

Anmerkung: Es empfiehlt sich, bereits bei der Vordimensionierung mit produktspezifischen Kenndaten zu operieren, um eine möglichst gute Auslastung der Bewehrung zu erzielen.

Für die Bewehrung des Gründungspolsters wird ein fiktiver Geokunststoff mit einer Bemessungsfestigkeit $F_{B,k}$ und nachfolgenden fiktiven Beiwerten A_i gewählt:

$F_{B,k} = 200\ kN/m$

$A_1 = 2{,}5;\ A_2 = 1{,}5;\ A_3 = A_4 = A_5 = 1{,}0$

Die Bruchdehnung betrage $\varepsilon = 8\ \%$, und der charakteristische Reibungsbeiwert zwischen Bewehrung und Füllboden wird zu $f_{sg,k} = 0{,}50 \cdot \tan \varphi'_{2,k} = 0{,}42$ angenommen.

Bemessungsfestigkeit einer Bewehrungslage:

Mit dem Teilsicherheitsbeiwert für Geokunststoffe $\gamma_B = 1{,}40$ im Lastfall 1 wird die Bemessungsfestigkeit des Geokunststoffes dann zu:

$R_{B,d} = F_{B,k}/(A_1 \cdot A_2 \cdot A_3 \cdot A_4 \cdot A_5 \cdot \gamma_B)$ Gl. (5.83)

$R_{B,d} = 200/(2{,}5 \cdot 1{,}5 \cdot 1{,}0 \cdot 1{,}0 \cdot 1{,}0 \cdot 1{,}4) = 38{,}1\ kN/m$ Gl. (5.84)

Bemessungswert des Herausziehwiderstandes einer Bewehrungslage:

Die Berechnung des Bemessungswertes des Herausziehwiderstandes einer Bewehrungslage erfolgt nach Kapitel 3.3.3, wobei zunächst gemäß GZ 1B der charakteristische Herausziehwiderstand ermittelt wird:

$R_{Ai,k} = 2 \cdot f_{sg,k} \cdot (N_k / b \cdot l_{in,i} + \sigma_{v,i} \cdot l_{ü,b})$ Gl. (5.85)

Die Überlagerungsspannung $\sigma_{v,i}$ bestimmt sich aus der ständigen charakteristischen Vertikalkraft N_k (hier 250 kN/m) und den Bodenwichten $\gamma_{1,k}$ bzw. $\gamma_{2,k}$:

$N_k / b = 250 / 1{,}5 = 166{,}7$ kN/m Gl. (5.86)

$l_{in,i} = (\cot \vartheta_a + \tan \delta) \cdot \Delta h \cdot i = (0{,}292 + 0{,}120) \cdot 0{,}30 \cdot i = \underline{0{,}1236 \cdot i}$ Gl. (5.87)

$\sigma_{v,i} = \gamma_{2,k} \cdot \Delta h \cdot i + \gamma_{1,k} \cdot d = 20 \cdot 0{,}30 \cdot i + 18 \cdot 1{,}0 = \underline{6 \cdot i + 18}$ Gl. (5.88)

$l_{ü,b} = 0{,}5 \cdot (l_b - b) = 0{,}5 \cdot (3{,}0\ \text{m} - 1{,}50\ \text{m}) = \underline{0{,}75\ \text{m}}$ Gl. (5.89)

Daraus ergibt sich:

$R_{Ai,k} = 0{,}84 \cdot (166{,}7 \cdot l_{in,i} + 0{,}75 \cdot \sigma_{v,i})$ Gl. (5.90)

$R_{Bi,k} = R_{Bi,d} \cdot \gamma_B = 38{,}1 \cdot 1{,}40 = 53{,}34$ kN/m (je Lage i). Gl. (5.91)

Die Berechnungsergebnisse sind für die einzelnen Bewehrungslagen nachfolgend tabellarisch dargestellt.

Lage i	$l_{in,i}$	$\sigma_{v,i}$	$R_{Ai,k}$	$R_{Bi,k}$
[–]	[m]	[kN/m²]	[kN/m]	[kN/m]
1	0,123	24,0	**32,31**	53,34
2	0,246	30,0	**53,29**	53,34
3	0,369	36,0	74,27	**53,34**
4	0,492	42,0	95,25	**53,34**

Im vorliegenden Fall ist der Herausziehwiderstand für die Lagen 1 und 2 und für die Lagen 3 und 4 für die Bruchfestigkeit der Bewehrung maßgebend, daher wird in den nachfolgenden Berechnungen folgende Gesamtkraft $\Sigma R_{Bi,k}$ in Ansatz gebracht:

$\Sigma R_{Bi,k} = 32{,}31 + 53{,}29 + 53{,}34 + 53{,}34 = \underline{192{,}27\ \text{kN/m}}$ Gl. (5.92)

Anmerkung: Sollten durch andere $\vartheta_{a,\delta}$ Bruchkeile wirksam werden, welche bestimmte Bewehrungslagen nicht mehr schneiden, so ist das in der Berechnung für $\Sigma R_{Bi,k}$ zu berücksichtigen.

f) Berechnung der Tragfähigkeit des Gründungspolsters siehe Kapitel 5.9.2.3 und zusätzlich:

Berechnung der Tragfähigkeitserhöhung durch die Bewehrung

$$\Delta R_{n,k} = \frac{\cos \varphi'_{2,k} \cdot \cos \delta}{\cos(\vartheta_{a,\delta} - \delta)} \cdot \sum_{i=1}^{n} R_{Bi,k}$$ Gl. (5.93)

$\Delta R_{n,k} = 1{,}94 \cdot 192{,}27 = 373{,}65$ kN/m Gl. (5.94)

e) Nachweis der Grundbruchsicherheit:

vorh $R_{n,k} = R'_{n,k} + \Delta R_{n,k}$ Gl. (5.95)

vorh $R_{n,k} = 544{,}07 + 373{,}65 = 917{,}72$ kN/m Gl. (5.96)

$R_{n,d} =$ vorh $R_{n,k} / \gamma_{Gr} = 917{,}72 / 1{,}4 = 655{,}51$ kN/m Gl. (5.97)

$R_{n,d} = 655{,}51$ kN/m $> 450{,}0$ kN/m $= E_d$ Gl. (5.98)

bzw. $E_d / R_{n,d} = 0{,}68 < 1$ Nachweis erfüllt! Gl. (5.99)

5.9.3 Gleitsicherheitsnachweis

Der Gleitsicherheitsnachweis ist unter Berücksichtigung von DIN 1054 zu führen. Hierbei sind für den Nachweis sowohl die Ebene unter dem Fundament als auch die Ebene Unterkante Gründungspolster bzw. Zwischengleitebenen in Höhe der Geokunststofflagen zu untersuchen.

5.9.4 Nachweise der Gebrauchstauglichkeit

Die Nachweise der Gebrauchstauglichkeit erfolgen im GZ 2 unter Berücksichtigung der DIN 1054. Die Setzungsberechnung erfolgt nach DIN 4019. Üblicherweise wird die Setzungsabschätzung/Schiefstellungsermittlung mit den ebenda erläuterten Verfahren berechnet. Näherungsweise kann, unter der Randbedingung, dass sich im Spannungseinflussbereich des Fundamentes keine weitere Bodenschicht befindet, mit folgendem Ansatz eine gemittelte Steifigkeit für Gründungspolster und Boden bestimmt werden, mit der dann die Setzungsermittlung nach DIN 4019 für ein Einschichtsystem berechnet werden kann:

Zur Berücksichtigung der Steifigkeit des Gründungspolsters wird diese nach Kapitel 5.6.1 in die Berechnung eingeführt. Es gilt:

$$E'_{s,k} = E_{s,k} \cdot \left(1 - \frac{N_k}{\text{vorh } R_{n,k}}\right) \cdot \frac{\text{vorh } R_{n,k}}{R'_{n,k}} \qquad \text{Gl. (5.100)}$$

$$E'_s = 8000{,}0 \cdot [1 - (325 / 917{,}72)] \cdot (917{,}72 / 544{,}07) \qquad \text{Gl. (5.101)}$$

$$E'_s = 8524 \text{ kN/m}^2 \qquad \text{Gl. (5.102)}$$

Anmerkung: Nach DIN 1054 kann mit den charakteristischen Werten der Bodensteifigkeit gerechnet werden. Alternativ kann der Nachweis auch konventionell als Mehrschichtsystem erfolgen.

6 Verkehrswege

6.1 Allgemeines

Geokunststoffe tragen in unterschiedlichen Funktionen zu einem verbesserten Tragverhalten von ungebundenen Trag- und Schutzschichten von Verkehrswegen sowie im Unterbau von Verkehrswegen bei. Bei der Beurteilung der Wirkungsweise von Geokunststoffen in ungebundenen Schichten von Verkehrswegen spielt die Komplexität der verschiedenen sich überlagernden Funktionen bzw. Wirkungsmechanismen eine entscheidende Rolle.

Diese Funktionen bzw. Wirkungen können sein:

- die Bewehrungsfunktion, mit der das Tragverhalten verbessert und – je nach Anwendungsfall – die Tiefe von Spurrinnen begrenzt, die Befahrbarkeit verlängert oder die Dicke einer Bodenaustauschschicht verringert werden kann; lokale Schwachstellen können überbrückt und ggf. auftretende Setzungsunterschiede oder Tragfähigkeitsunterschiede ausgeglichen werden,
- die Stabilisierungsfunktion, die bei dynamischen Einwirkungen durch Fahrzeuge Kornumlagerungen oder Kornverschiebungen in Trag- bzw. Schutzschichten durch Reibung oder Verzahnung zwischen Geokunststoff und Boden be- bzw. verhindert und damit die Trag- bzw. Schutzschichten stabilisiert,
- die Trennfunktion, die dauerhaft das Vermischen verschiedener Böden verhindert und dadurch deren Eigenschaften sichert,
- die Filterfunktion, die bei hydraulischer Beanspruchung der Schichtgrenze und Kornmobilität eines oder beider Kontaktböden (ggf. auch in zwei Richtungen) die tragfähigkeitswirksame Bodenstruktur aufrecht erhält und gleichzeitig den Wasserdurchtritt ermöglicht,
- die Entwässerungsfunktion, die durch Aufnahme und erosionsfreie Ableitung von Boden- oder Niederschlagswasser tragfähigkeitserhaltend wirkt und ggf. eine beschleunigte Konsolidierung erleichtert.

Für Tragschichten bei Straßen und für Verkehrsflächen mit geringen zulässigen Verformungen wie Arbeitsebenen, Lager- und Montageflächen und Bodenaustauschschichten unter dem Planum gemäß ZTV E-StB [1] liegen bisher keine allgemeingültigen Regeln, weder für bewehrte noch für unbewehrte Systeme, zur freien Bemessung der Aufbauten vor.

Für verschiedene Geokunststoffprodukte liegen Erfahrungen bei den Herstellern vor, die in spezifischen Bemessungsverfahren und Veröffentlichungen dargestellt sind. Die Anwendbarkeit ist im Einzelfall zu überprüfen.

Die Standsicherheit von z. B. Arbeitsebenen und Lagerflächen mit ungebundenem Oberbau bei geringer Befahrung und hohen statischen Flächenlasten kann mithilfe von Geländebruchberechnungen nach Kapitel 4 (Dämme auf wenig tragfähigem Untergrund) näherungsweise nachgewiesen werden (DIN 4084).

Empfehlungen für den Entwurf und die Berechnung von Erdkörpern mit Bewehrungen aus Geokunststoffen (EBGEO). 2. Auflage. Deutsche Gesellschaft für Geotechnik e. V.

ISBN: 978-3-433-02950-3

Die Empfehlungen dieses Kapitels behandeln ausschließlich den Einsatz von Geokunststoffen in Kombination mit ungebundenen Schüttmaterialien für Verkehrsflächen mit großen zulässigen Verformungen (z. B. Baustraßen, Wirtschaftswege, Forstwege etc.), welche direkt befahren werden sollen.

Für den Einsatz der Geokunststoffe *als Trennlage* ***ohne*** *Bewehrungsfunktion* erfolgt die Auswahl entsprechend dem „Merkblatt über die Anwendung von Geokunststoffen im Erdbau des Straßenbaus“ [5].

6.2 Verkehrsflächen mit ungebundenem Oberbau und großen zulässigen Verformungen

6.2.1 Anwendungsbereich

Mithilfe der Geokunststoffe soll die Gebrauchstauglichkeit der Verkehrsflächen verbessert werden, wobei folgende Ziele im Vordergrund stehen:

- eine Verringerung der Dicke der befahrenen Schüttung [3], [6],
- eine Reduktion der Verformungen (z. B. Spurrinnentiefe) bei gleicher Lastübergangszahl,
- eine Verlängerung der Nutzungsdauer (Anzahl der Überfahrten) [3],
- eine Erhöhung der möglichen Achslasten.

In bestimmten Fällen wird erst durch die Geokunststoffbewehrung eine Befahrbarkeit überhaupt möglich [4].

6.2.2 Bemessungskonzept

Die nachfolgende Bemessung erfolgt auf der Grundlage des Verfahrens nach Giroud/Noiray [3] (Membranfunktion des Geokunststoffes). Dabei wird zunächst die erforderliche unbewehrte Schichtdicke in Abhängigkeit von der unter der Belastung zu erwartenden Tragfähigkeit des Untergrundes (typischer Anwendungsbereich dieses Bemessungsverfahrens $30 \text{ kN/m}^2 < c_u < 90 \text{ kN/m}^2$) und der Anzahl der Überfahrten mit einer Achslast von 100 kN bestimmt.

Anschließend werden die zulässige Abminderung der Schüttdicke infolge Geokunststoffbewehrung und daraus die erforderliche bewehrte Schichtmächtigkeit ermittelt. Für Spurrinnentiefen von 7,5 cm bis 10,0 cm werden in Abhängigkeit vom verwendeten Mineralgemisch nachfolgend Diagramme angegeben. Bei der Ermittlung der Schüttlagendicke für bewehrte Konstruktionen wurde eine maximale Dehnung von 2 % bei einem Widerstand des Geokunststoffes $R_{B,d,\varepsilon = 2\,\%} = 8$ kN/m angenommen.

Der oben genannte Widerstand des Geokunststoffes $R_{B,d,\varepsilon = 2\,\%}$ ergibt sich aus der im Kurzzeitzugversuch bei 2 % Dehnung aufgenommenen Kraft unter Berücksichtigung der Abminderungsfaktoren und dem Teilsicherheitsbeiwert nach Kapitel 3.3.

Anmerkung: Für die temporär begrenzte Anwendung einer Baustraße unter Verkehrslast kann ein gegenüber Kapitel 2.2.4.5 verringerter, auf die tatsächliche Einwirkungsdauer aus Verkehr bezogener Abminderungsfaktor A_1 verwendet werden.

Bei der Erstellung dieser Diagramme wurde ein Sicherheitsfaktor für ungünstige veränderliche Einwirkungen berücksichtigt, der in Anlehnung an DIN 1054 für Lastfall 2, Bauzustand, mit $\gamma_Q = 1{,}2$ angenommen wurde.

Die folgenden Diagramme wurden auf der Grundlage der Veröffentlichungen von Giroud/Noiray [3] und Holtz/Sivakugan [7] aufgestellt und gelten für die Verwendung von **Schottertragschichtmaterial** gemäß ZTV SoB-StB [2] (Bild 6.1) bzw. von **Kiestragschichtmaterial** (Bild 6.2).

Ab einer erforderlichen Schichtdicke von 50 cm kann es in Abhängigkeit vom verwendeten Schüttmaterial und der Untergrundtragfähigkeit sinnvoll sein, eine zweite Geokunststofflage einzulegen bzw. ein Polster mit vollem Umschlag der Bewehrungslagen auszubilden.

Dieser Bemessungsansatz vernachlässigt, auf der sicheren Seite liegend, produktspezifische günstig wirkende Effekte, die zu einer Reduzierung der in den Diagrammen angegebenen Schichtdicken führen. Diese können bei Vorliegen entsprechender Erfahrungen unter vergleichbaren Randbedingungen projektspezifisch bewertet und bei der Bemessung berücksichtigt werden.

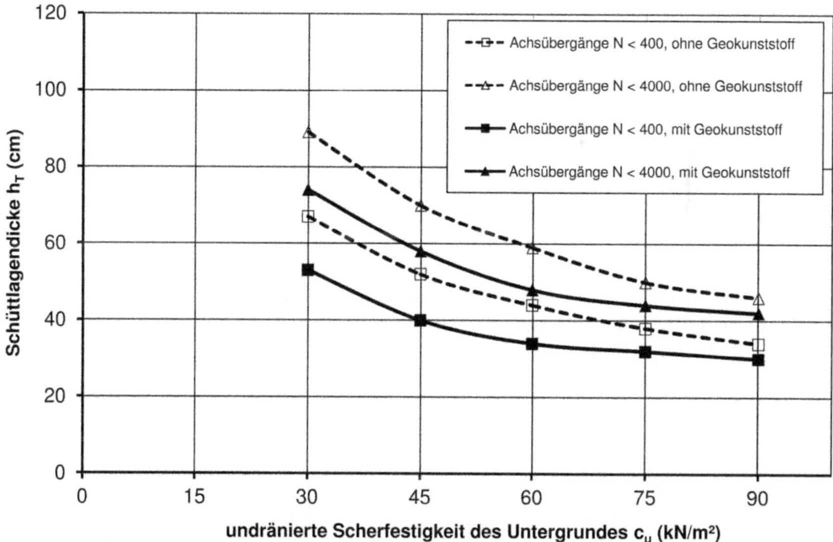

Bild 6.1 Erforderliche Schüttlagendicken in Abhängigkeit von der Anzahl der Überfahrten (Achslast 100 kN) und der undränierten Scherfestigkeit des Untergrundes für eine Spurrinnentiefe von 7,5 bis 10 cm und bei Verwendung von Schottertragschichtmaterial

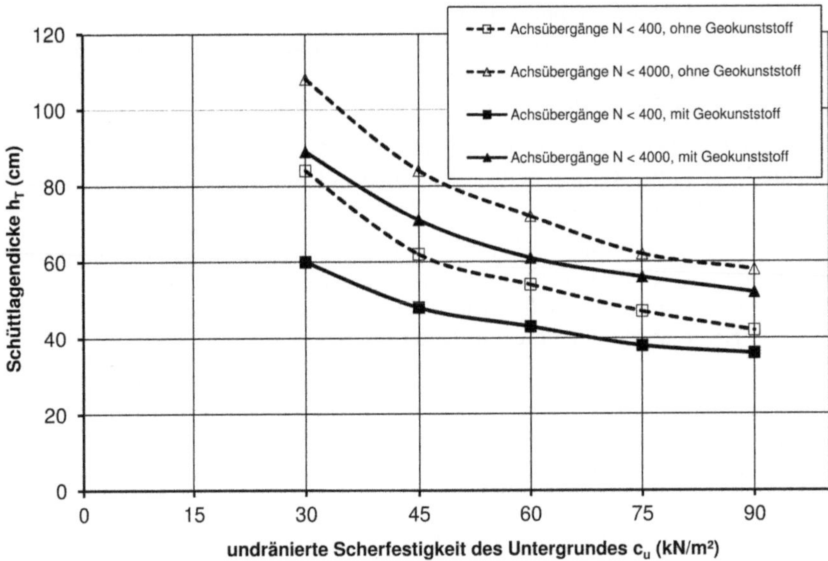

Bild 6.2 Erforderliche Schüttlagendicken in Abhängigkeit von der Anzahl der Überfahrten (Achslast 100 kN) und der undränierten Scherfestigkeit des Untergrundes für eine Spurrinnentiefe von 7,5 cm bis 10 cm und bei Verwendung von Kiestragschichtmaterial

6.3 Verkehrsflächen im Eisenbahnbau

Im Eisenbahnbau werden Geokunststoffe bei **Strecken mit Schotteroberbau** in unterschiedlicher Funktion eingesetzt. Unter Schutzschichten aus nicht bindigen Böden über weichen bindigen Bodenschichten kommt der Einsatz von Vliesstoffen oder Verbundstoffen, zum Teil auch von Geweben, zur Verbesserung der Trennstabiliät und der Filterstabilität in Betracht. Dadurch ergibt sich in vielen Fällen bereits eine deutliche Verbesserung des Gebrauchsverhaltens von Eisenbahnfahrwegen auf weichem Untergrund. Ergänzend kann zur Überbrückung von lokalen Schwachstellen der Einsatz von Geokunststoffen mit bewehrender Funktion zielführend sein [8].

Bei höheren dynamischen Einwirkungen und gering tragfähigen Weichschichten werden auch Geogitter zur Stabilisierung durch Verzahnung in oder unter ungebundenen Tragschichten oder auch in Bodenaustauschschichten eingesetzt. Ein entsprechender Effekt kann auch bei Geweben gegeben sein, wegen ihrer geschlossenen Struktur jedoch nur über Reibung zum Boden und in geringerem Umfang. Durch den Stabilisierungseffekt ergeben sich ein steiferes Tragverhalten der Schutzschichten und eine Abnahme der Übertragung von Scherspannungen auf den Untergrund mit der Folge der Verringerung von Verformungen und Schwingungen im Fahrweg. Die Verbesserung wird dabei in der Regel durch einen erhöhten statischen Verformungsmodul bzw. einen anrechenbaren Zuschlag auf die Schutzschichtdicken berücksichtigt, der fallweise auch in Feldversuchen bestätigt wurde [8].

Die Bemessung für die verschiedenen Funktionen von Geokunststoffen zur Verstärkung des Unterbaus von Schienenverkehrsflächen mit Schotteroberbau regeln die einschlägigen Regelwerke der Verkehrsträger in der Regel nach konstruktiven Gesichtspunkten auf empirisch-pragmatischer Basis.

Für Eisenbahnen des Bundes (EdB) gelten die ELTB [11] und die EBRL [12] des Eisenbahn-Bundesamtes (EBA) sowie für die Einsatzbedingungen von Geokunststoffen im Unterbau unter Schottergleisen die Regelungen der Deutsche Bahn AG, Richtlinie Ril 836 [9], mit Produktanforderungen nach Prüfungsbedingungen für Geokunststoffe des EBA [10]. Inwieweit diese Regelungen für die nicht bundeseigenen Bahnen (ne-Bahnen) anwendbar sind, ist im Einzelfall zu überprüfen.

Bei **Festen Fahrbahnen** gelten die o. g. Hinweise wie für Verkehrsflächen mit geringen zulässigen Verformungen. Gesicherte allgemeingültige Einsatzbedingungen oder Bemessungsverfahren zur Verbesserung des Trag- oder Gebrauchsverhaltens von Festen Fahrbahnen durch Geokunststoffe im Gebrauchszustand liegen nicht vor.

6.4 Hinweise für den Einbau und die Verlegung

Im Straßenbau sind die Anforderungen der ZTV E-StB [1] und die Hinweise des Merkblattes [5] für das Schüttmaterial, die Verdichtung, die Verlegung und den Einbau der Geokunststoffe zu beachten.

Um die Bewehrungswirkung der Geokunststoffe gewährleisten zu können, sind die Produkte im Randbereich gegebenenfalls einzuschlagen bzw. ist neben dem befahrenen Bereich mindestens eine Einspannbreite von 0,5 m bis 1 m vorzusehen.

Für andere Verkehrswege sind die jeweiligen technischen Regelwerke zu berücksichtigen.

6.5 Literatur

[1] Zusätzliche Technische Vertragsbedingungen und Richtlinien für Erdbau im Straßenbau ZTV E-StB, Forschungsgesellschaft für Straßen- und Verkehrswesen e. V., Köln.

[2] Zusätzliche Technische Vertragsbedingungen und Richtlinien für den Bau von Schichten ohne Bindemittel im Straßenbau ZTV SoB-StB, Forschungsgesellschaft für Straßen- und Verkehrswesen e. V., Köln.

[3] Giroud, J. P., Noiray, L. (1981): Geotextile-Reinforced Unpaved Road Design. Proceedings ASCE, Vol. 107, GT 9.

[4] Müller-Rochholz, J. (2008): Geokunststoffe im Erd- und Verkehrswegebau. Werner Verlag München, 2. Auflage.

[5] Forschungsgesellschaft für Straßen- und Verkehrswesen e. V. (2005): Merkblatt über die Anwendung von Geokunststoffen im Erdbau des Straßenbaus, Köln.

[6] Rüegger, R., Hufenus, R. (2003): Bauen mit Geokunststoffen – Ein Handbuch für den Geokunststoff-Anwender. Schweizerischer Verband für Geokunststoffe SVG, St. Gallen 2003.

[7] Holtz, R. D., Sivakugan, N. (1987): Design Charts for Roads with Geotextiles. Geotextiles and Geomembranes 5.

[8] Göbel, C., Lieberenz, K. (2004): Handbuch Erdbauwerke der Bahnen. Eurailpress Hamburg.

[9] Richtlinie 836 „Erdbauwerke und sonstige geotechnische Bauwerke – planen, bauen und instand halten" der Deutschen Bahn AG.

[10] Prüfungsbedingungen für Geokunststoffe des Eisenbahn-Bundesamtes, EBA.

[11] Eisenbahnspezifische Liste Technischer Baubestimmungen (ELTB), Eisenbahn-Bundesamtes, EBA.

[12] Eisenbahnspezifische Bauregellisten (EBRL) und Eisenbahnspezifische Ergänzungen und Anlagen zu den Bauregellisten A, B und der Liste C des DIBt, Eisenbahn-Bundesamtes, EBA.

7 Stützkonstruktionen

Eine Stützkonstruktion im Sinn dieser Empfehlung ist ein mit Geokunststoffen bewehrter Erdkörper zur vorübergehenden oder dauerhaften Sicherung eines Geländesprungs, einer Böschung oder eines Hangs. Dieser bewehrte Erdkörper wird erforderlich, wenn der Boden allein keine ausreichende Standsicherheit gewährleistet.

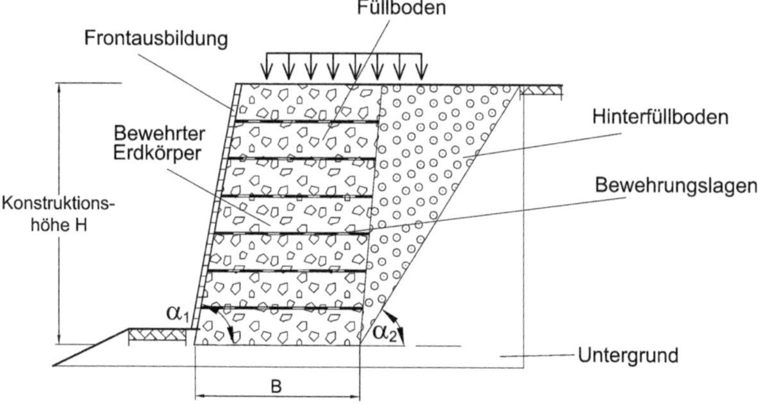

Bild 7.1 Stützkonstruktion: Bezeichnungen und Geometrie

7.1 Begriffe

Geländebruch im Sinn dieser Empfehlung ist das teilweise oder völlige Abgleiten eines Geländesprunges, der mit einer Stützkonstruktion gesichert ist. Das Versagen tritt ein durch Überschreiten des Scherwiderstandes des Bodens, des Verbundes zwischen Bewehrung und Boden oder des Widerstandes gegen Zugbeanspruchung der Bewehrungslagen. Dabei verläuft die Scherfuge durch den Hinterfüllbereich, den Untergrund und/oder durch die Konstruktion.

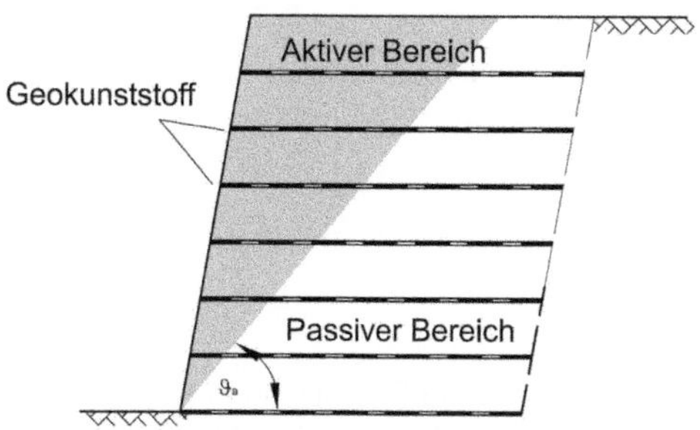

Bild 7.2 Aktiver und passiver Bereich eines bewehrten Erdkörpers (exemplarisch)

Empfehlungen für den Entwurf und die Berechnung von Erdkörpern mit Bewehrungen aus Geokunststoffen (EBGEO). 2. Auflage. Deutsche Gesellschaft für Geotechnik e. V.

ISBN: 978-3-433-02950-3

Aktiver Bereich eines bewehrten Erdkörpers ist der abgleitende Teil.

Passiver Bereich eines bewehrten Erdkörpers ist der nicht oder nur sehr wenig verformte widerstehende Teil.

Bewehrungslagen im Sinn dieser Empfehlung sind nicht vorgespannte Zugelemente gemäß der Definition in DIN 4084 bzw. DIN 1054.

7.2 Entwurfshinweise

7.2.1 Anforderungen und Randbedingungen

Im Rahmen der Entwurfsbearbeitung und der Voruntersuchungen für eine bewehrte Stützkonstruktion sind die folgenden Randbedingungen zu beachten, welche die Geometrie, die Dimensionierung sowie die konstruktive Ausbildung beeinflussen:

- Baugrundverhältnisse unterhalb und hinter der Stützkonstruktion,
- Lage des Grundwasserspiegels,
- Einflüsse durch Schichtwässer,
- mögliche Böschungsneigung der Baugrube bzw. einer bereits existierenden Böschung,
- Höhe und Neigung der bewehrten Stützkonstruktion,
- Gestaltung und Anforderungen der Frontausbildung,
- vorgesehene Nutzungsdauer,
- Einwirkungen auf die Konstruktion (z. B. Verkehrslasten),
- zulässige Verformungen,
- Eigenschaften der vorgesehenen Baustoffe.

7.2.2 Geometrie

Für Vorentwürfe kann eine Bewehrungslänge von 70 % der Konstruktionshöhe H zugrunde gelegt werden. Der vertikale Abstand zwischen den Bewehrungslagen liegt üblicherweise zwischen 0,3 m und 0,6 m.

Diese Faustregeln haben sich bei normalen Baugrundverhältnissen und annähernd horizontalem Gelände bewährt. Unter anderen Randbedingungen können sich bei der Bemessung erhebliche Abweichungen ergeben.

7.3 Grundlagen der Nachweisführung

7.3.1 Allgemeine Grundsätze

Lastabtragungsmechanismen von Geokunststoffen im Boden sind in Kapitel 3.1 beschrieben. Es sind im **Grenzzustand der Tragfähigkeit (GZ 1)** iterativ alle möglichen Bruchmechanismen und Gleitlinien zu untersuchen, die Bewehrungslagen schneiden (früher: Nachweis der inneren Standsicherheit), die Bewehrungslagen nicht schneiden (früher: Nachweis der äußeren Standsicherheit) und auch solche, bei denen der Gleitkörper direkt auf einer Bewehrungslage abgleitet.

Bei den geschnittenen Bewehrungslagen ist als widerstehende Größe der kleinere Wert der beiden nachfolgenden Widerstände maßgebend:

- der Bemessungswiderstand jeder Bewehrungslage (Bruch der Bewehrung: GZ 1B),
- der Bemessungswert des Herausziehwiderstandes jeder Bewehrungslage aus dem umgebenden Füllboden beiderseits der jeweiligen Gleitlinie (Herausziehen: GZ 1C).

Die Widerstände von Bewehrungsanschlüssen, -fugen, -nähten und eventuellen Anschlüssen von Konstruktionsteilen gegenüber den Beanspruchungen sind zu berücksichtigen (GZ 1B).

Die Nachweise im **Grenzzustand der Gebrauchstauglichkeit (GZ 2)** sind nach Maßgabe von DIN 1054, 12.5 zu führen, z. B.:

- Nachweis der verträglichen Verformungen der Konstruktion: Hierbei ist die Verformung der Konstruktion infolge charakteristischer ständiger und veränderlicher Einwirkungen mit charakteristischen Werten der Bodenkenngrößen abzuschätzen. Die Verträglichkeit dieser Verformungen insbesondere mit Einbauelementen/Frontkonstruktionen etc. ist nachzuweisen.
- Setzungsberechnung auf der Grundlage der DIN 4019,
- Lage der Sohldruckresultierenden nach DIN 1054, Abschnitt 7.6.1 (Lage der Sohldruckresultierenden in der ersten Kernweite).

7.3.2 Gleitlinien und Bruchmechanismen

Es müssen alle möglichen Gleitlinien in Betracht gezogen und der ungünstigste Bruchmechanismus ermittelt werden.

Es sind Gleitlinien zu untersuchen, die die bewehrte Stützkonstruktion vollständig umschließen, die Bewehrungslagen schneiden oder in den Kontaktflächen Geokunststoff/Boden verlaufen. Weiterhin müssen Gleitlinien berücksichtigt werden, die durch den bewehrten Erdkörper führen, ohne eine Bewehrungslage zu schneiden (vgl. z. B. Bild 7.3 und Bild 7.4).

Für geokunststoffbewehrte Stützkonstruktionen ist die Untersuchung folgender Bruchmechanismen üblich (siehe auch DIN 4084):

- Bruchkörper mit geraden Gleitlinien,
- Bruchkörper mit kreisförmigen Gleitlinien,
- Bruchkörper mit logarithmischen Spiralen als Gleitlinien,
- zusammengesetzte Bruchmechanismen mit mindestens zwei Bruchkörpern und geraden Gleitlinien.

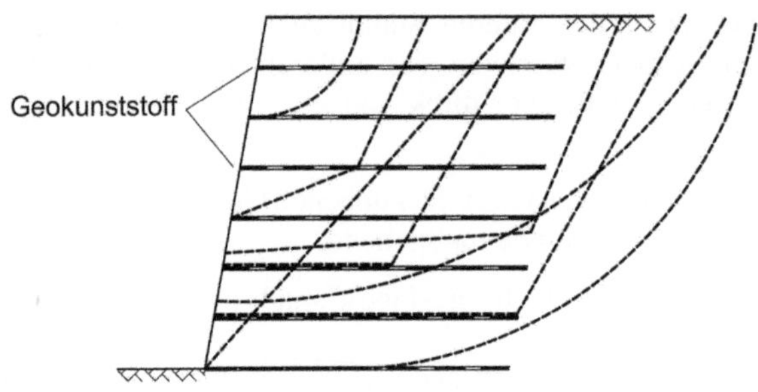

Bild 7.3 Mögliche Gleitlinien durch eine Stützkonstruktion

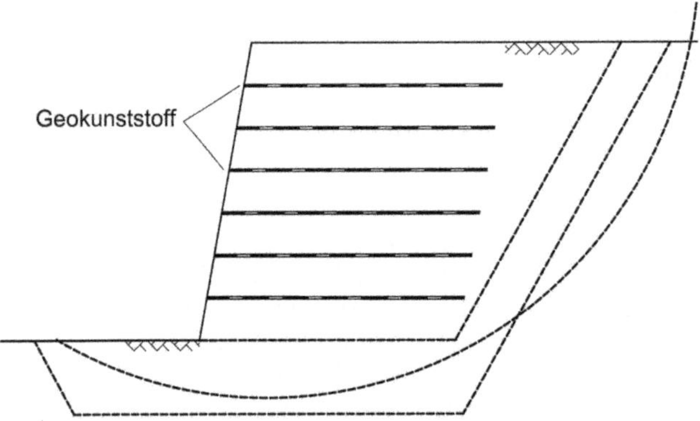

Bild 7.4 Mögliche Gleitlinien um eine Stützkonstruktion

7.3.3 Nachweisübersicht

Die Nachweise werden in den nach DIN 1054 definierten Grenzzuständen geführt, siehe hierzu auch Kapitel 3.1. Im Grenzzustand der Tragfähigkeit (GZ 1) sind Nachweise im Grenzgleichgewicht (Kapitel 7.4) sowie Anschlussnachweise der Frontausbildung (Kapitel 7.6) zu führen.

Im Grenzzustand der Gebrauchstauglichkeit (GZ 2) sind Nachweise zu führen, die auftretende Verformungen und Setzungen berücksichtigen (Kapitel 7.5).

Die in diesem Kapitel beschriebenen Nachweise beziehen sich ausschließlich auf Stützkonstruktionen, bei denen am Ende der Bewehrungselemente eine geradlinige Begrenzung vorgenommen werden kann, so dass eine geometrisch sinnvolle rechnerische Rückwand entsteht. Diese können im Rahmen der Nachweise nach Kapitel 7.4 als quasi-monolithische Körper betrachtet werden. Für hiervon abweichende Konstruktionen sind die Hinweise in Kapitel 7.4.8 zu beachten.

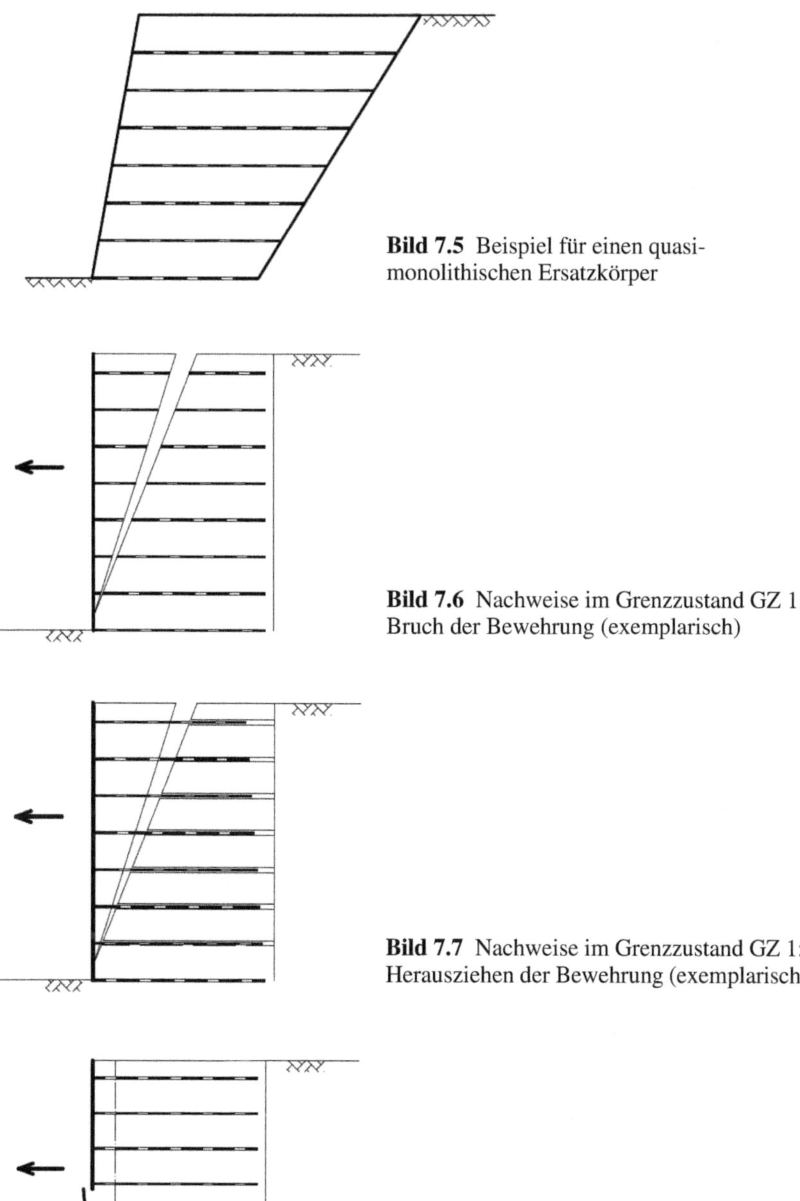

Bild 7.5 Beispiel für einen quasi-monolithischen Ersatzkörper

Bild 7.6 Nachweise im Grenzzustand GZ 1: Bruch der Bewehrung (exemplarisch)

Bild 7.7 Nachweise im Grenzzustand GZ 1: Herausziehen der Bewehrung (exemplarisch)

Bild 7.8 Nachweise im Grenzzustand GZ 1: Nachweis der Anschlüsse/Frontausbildung (exemplarisch)

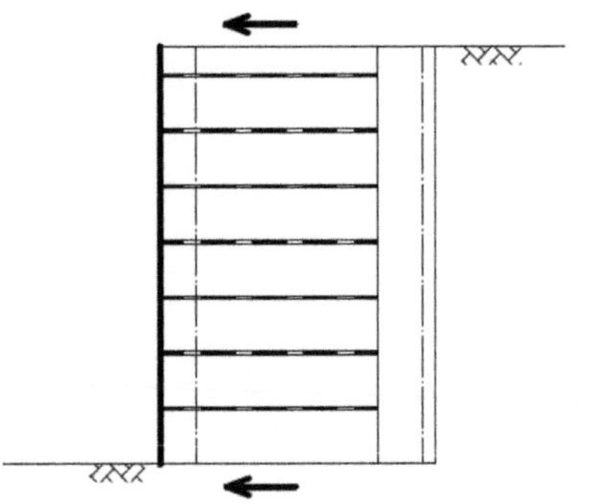

Bild 7.9 Nachweise im Grenzzustand GZ 1: Gleiten (exemplarisch)

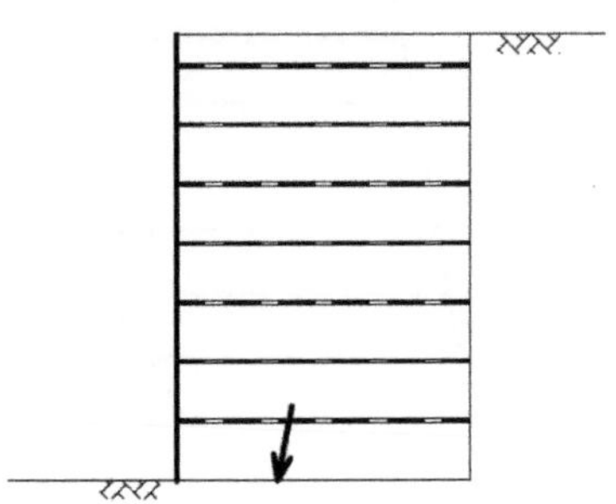

Bild 7.10 Nachweise im Grenzzustand GZ 1: zulässige Ausmittigkeit (exemplarisch)

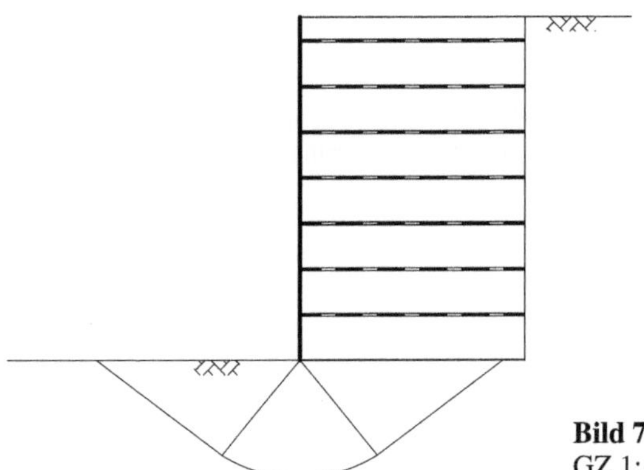

Bild 7.11 Nachweise im Grenzzustand GZ 1: Grundbruch (exemplarisch)

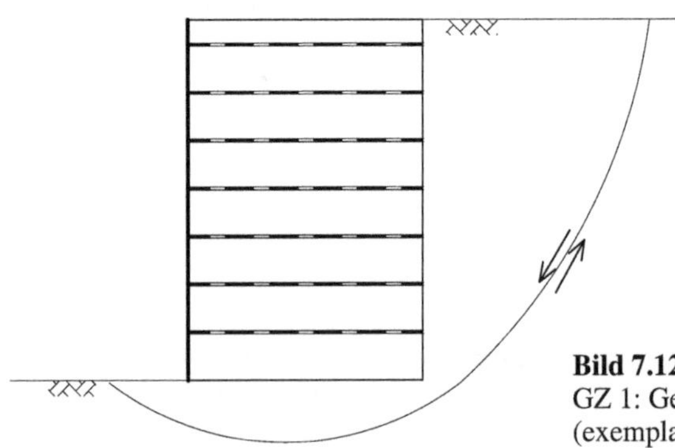

Bild 7.12 Nachweise im Grenzzustand GZ 1: Geländebruch/Böschungsbruch (exemplarisch)

Zur Veranschaulichung soll hier exemplarisch ein mögliches Vorgehen zur iterativen Bemessung einer bewehrten Stützkonstruktion mit gleichbleibender Bewehrungslänge aufgezeigt werden:

- Festlegen der Geometrie nach Kapitel 7.2 (Bewehrungslänge und Lagenabstand),
- Auswahl der Bewehrungselemente (aufgrund von Erfahrungswerten oder Überschlagsrechnung),
- Nachweise im Grenzzustand der Tragfähigkeit GZ 1,
- Bemessung der Anschlüsse/Frontausbildung (nach Kapitel 7.6),
- Nachweise des Grenzzustandes der Gebrauchstauglichkeit (GZ 2 nach Kapitel 7.5),
- Überprüfung der Geometrie und der Bewehrungselemente.

Tabelle 7.1 Übersicht der Nachweise

Nachweis	**GZ**	**Kapitel**
Grenzzustand der Tragfähigkeit		
Geländebruch/Böschungsbruch	GZ 1C	7.4.4
Grundbruch	GZ 1B	7.4.5
Gleiten	GZ 1B	7.4.6
Lage der Sohldruckresultierenden	GZ 1A	7.4.7
Versagen auf Gleitlinien, die die Stützkonstruktion durchdringen	GZ 1C	7.4.4
Bemessungsfestigkeit der Bewehrung	GZ 1B	7.4.3
Herausziehwiderstand der Bewehrung	GZ 1C	7.4.3
Nachweis der Anschlüsse	GZ 1B	7.6
Nachweis Überlappung/Fugen der Bewehrung (Bewehrungsstöße)	GZ 1B	7.6
Grenzzustand der Gebrauchstauglichkeit		
Lage der Sohldruckresultierenden	GZ 2	7.5.2
Verformungen der Konstruktion	GZ 2	7.5
Setzungen der Aufstandsfläche	GZ 2	7.5

7.4 Nachweise im Grenzzustand der Tragfähigkeit (GZ 1)

7.4.1 Allgemeines

Wenn die bewehrte Stützkonstruktion auf einer Gleitfläche versagt, die durch den bewehrten Erdkörper verläuft und dabei die Bewehrung schneidet oder zumindest tangiert, dann muss dabei der abgleitende Bodenkörper (Bild 7.13, Körper 1) u. a. durch Scherkräfte in der Gleitfläche bzw. Kräfte aus einer Verankerung im passiven Bereich im Gleichgewicht gehalten werden. Hinter dem abgleitenden Bodenkörper bildet sich ein Bruchkörper aus (Körper 2), der sich relativ zu Körper 1 verschiebt. Bei diesem vereinfachten Modellansatz wird davon ausgegangen, dass die Relativverschiebungen zwischen Körper 1 und Körper 2 ausreichen, um den Ansatz eines maximalen Neigungswinkels des Erddruckes $\delta_a = 2/3 \cdot \varphi'$ für die Ermittlung des aktiven Erddruckes E_a zu rechtfertigen.

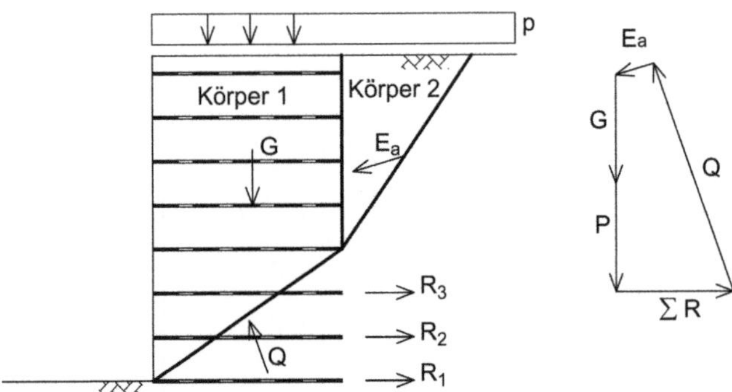

Bild 7.13 Kräfteverteilung an einer bewehrten Stützkonstruktion (exemplarisch)

Für die Nachweise der Tragfähigkeit (GZ 1) ist die folgende Grenzzustandsbedingung für alle Bruchmechanismen zu erfüllen:

$$E_d \leq \Sigma R_d \qquad \text{Gl. (7.1)}$$

mit:

ΣR_d Summe der Widerstände aller geschnittenen Bewehrungslagen, maßgebend je Lage min R_d entweder
- Herausziehwiderstand $R_d = R_{Ai,d}$ (GZ 1C) oder
- Materialfestigkeit des Bewehrungselementes $R_d = R_{Bi,d}$ (GZ 1B).

7.4.2 Einwirkungen und Beanspruchungen

Geokunststoffbewehrte Stützkonstruktionen können durch Einwirkungen wie Eigengewicht, vertikale und horizontale Lasten beansprucht werden. Die Bemessungsbeanspruchungen der Zugelemente sind nach DIN 1054, 12.4.2 zu ermitteln:

- aus dem Defizit des Kräftegleichgewichtes an Gleitkörpern, die von Bruchmechanismen mit geraden bzw. gekrümmten Gleitlinien begrenzt sind,
- nach DIN 4084 im Grenzzustand GZ 1C, wobei die zu variierenden Gleitlinien einen Teil der Zugelemente schneiden (vgl. Kapitel 7.4.4).

7.4.3 Widerstände

Auf der Widerstandsseite ist im Bereich der Bewehrungselemente der Nachweis gegen Bruch der Bewehrung und gegen Versagen der Bewehrung durch Herausziehen zu führen.

Die **Bemessungsfestigkeit** ist der Bemessungswert der Zugfestigkeit einer Bewehrungslage $R_{Bi,d}$ gemäß Kapitel 3.3.

Der **Bemessungswert der Herausziehwiderstandskraft $R_{Ai,d}$** ergibt sich aus der Wechselwirkung zwischen den Bewehrungselementen und dem Füllboden, siehe Kapitel 3.3.

7.4.4 Nachweis der Sicherheit gegen Geländebruch/Böschungsbruch (GZ 1C)

Es ist eine ausreichende Sicherheit gegen Geländebruch/Böschungsbruch nachzuweisen, indem für die infrage kommenden Bruchmechanismen (DIN 1054, 12.3 bzw. DIN 4084) der Bau- und Endzustände die Grenzzustandsbedingungen nach DIN 4084 mit den Teilsicherheitsbeiwerten für den GZ 1C eingehalten sind (siehe 7.3.2).

$$E_d \leq R_d \qquad \text{Gl. (7.2)}$$

mit:

E_d Bemessungswert der resultierenden Beanspruchung parallel zur Gleitfläche bzw. Bemessungswert des Momentes der Einwirkungen um den Gleitkreismittelpunkt,

R_d Bemessungswert des Widerstandes parallel zur Gleitfläche bzw. Bemessungswert des Momentes der Widerstände um den Gleitkreismittelpunkt.

7.4.5 Nachweis der Grundbruchsicherheit (GZ 1B)

Es ist der Nachweis ausreichender Grundbruchsicherheit im Grenzzustand GZ 1B in Anlehnung an DIN 4017 für einen Quasi-Monolithen nach DIN 1054, 12.4.4 und 7.5.2 zu führen. Dabei sind alle maßgebenden Kombinationen von ständigen und veränderlichen Einwirkungen zu untersuchen (Bild 7.11).

Folgende Grenzzustandsbedingung nach DIN 1054 ist einzuhalten:

$$N_d \leq R_{n,d} \qquad \text{Gl. (7.3)}$$

mit:

N_d Bemessungswert der Beanspruchung senkrecht zur Sohlfläche,
$R_{n,d}$ Bemessungswert des Grundbruchwiderstandes.

7.4.6 Nachweis der Gleitsicherheit (GZ 1B)

Es ist der Nachweis ausreichender Gleitsicherheit im Grenzzustand GZ 1B für einen Quasi-Monolithen nach DIN 1054, 7.5.3 zu führen. Dabei sind alle maßgebenden Kombinationen von ständigen und veränderlichen Einwirkungen zu untersuchen.

Folgende Grenzzustandsbedingung nach DIN 1054 ist einzuhalten:

$$T_d \leq R_{t,d} + E_{p,d} \qquad \text{Gl. (7.4)}$$

mit:

T_d Bemessungswert der Beanspruchung parallel zur Sohlfläche,
$R_{t,d}$ Bemessungswert des Gleitwiderstandes,
$E_{p,d}$ Bemessungswert des Erdwiderstandes.

Anmerkung: Ein Erdwiderstand vor dem bewehrten Erdkörper darf rechnerisch nur berücksichtigt werden, wenn ein Abgraben vor der Konstruktion ausgeschlossen werden kann.

Der charakteristische Wert des Sohlreibungswinkels $\delta_{S,k}$ ist nach DIN 1054, Abschnitt 5.2.3.5 zu bestimmen zu:

$$\tan \delta_{S,k} = f_{sg,k} = \lambda \cdot \tan \varphi'_k \qquad \text{Gl. (7.5)}$$

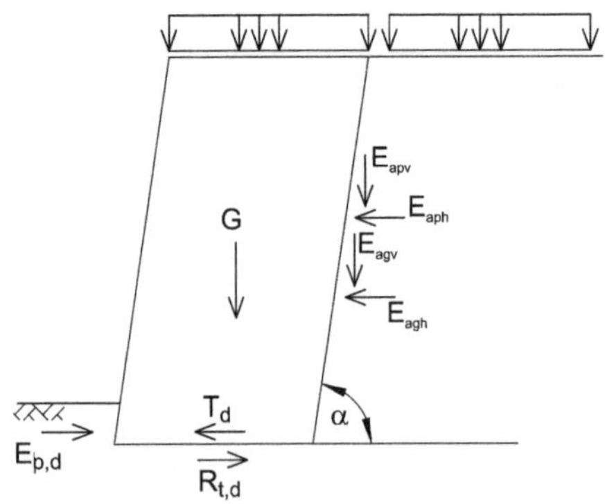

Bild 7.14 Kräfteansatz für den Gleitnachweis

7.4.7 Lage der Sohldruckresultierenden

Es ist der Nachweis der Lage der Sohldruckresultierenden analog DIN 1054, 7.5/7.6 zu führen. Der Nachweis erfolgt für die zweite Kernweite (klaffende Fuge maximal bis zum Schwerpunkt) im Grenzzustand GZ 1A (DIN 1054, 7.5.1). Dieser Nachweis wird für eine quasi-monolithische Konstruktion geführt. Dabei sind alle maßgebenden Kombinationen von ständigen und veränderlichen Einwirkungen zu untersuchen.

Der Nachweis der Lage der Sohldruckresultierenden ist sowohl für die Luftseite als auch für die Erdseite zu führen.

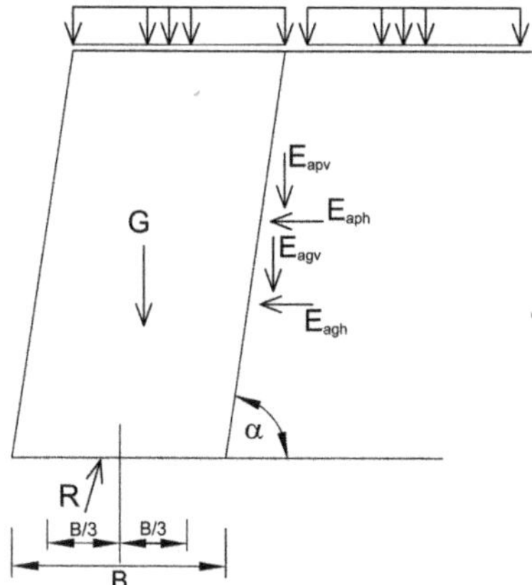

Bild 7.15 Kräfteansatz für den Nachweis der Lage der Resultierenden

Anmerkung: Liegt die Resultierende erdseitig außerhalb des zulässigen Bereiches, bedeutet dies, dass sich die „Stützkonstruktion" auf die Hinterfüllung abstützt und diese zusätzlich belastet. Dies ist zulässig, wenn nachgewiesen wird, dass die Reaktionskräfte mit entsprechenden Sicherheiten abgetragen werden können. Gegebenenfalls sind der Ansatz des Neigungswinkels des Erddruckes δ_a oder die Neigung α der rechnerischen Rückseite der Konstruktion zu überprüfen.

Der Nachweis für die erste Kernweite (keine klaffende Fuge) wird nach DIN 1054, 7.6.1 im Grenzzustand GZ 2 im Rahmen der Nachweise der Gebrauchstauglichkeit geführt, siehe Kapitel 7.5.

7.4.8 Spezielle Regelungen

Für eine geokunststoffbewehrte Stützkonstruktion, die nicht als quasi-monolithischer Körper im Sinne von Kapitel 7.3.3 betrachtet werden kann, sind die in den Kapiteln 7.4.4 bis 7.4.7 beschriebenen Nachweise nicht direkt anwendbar.

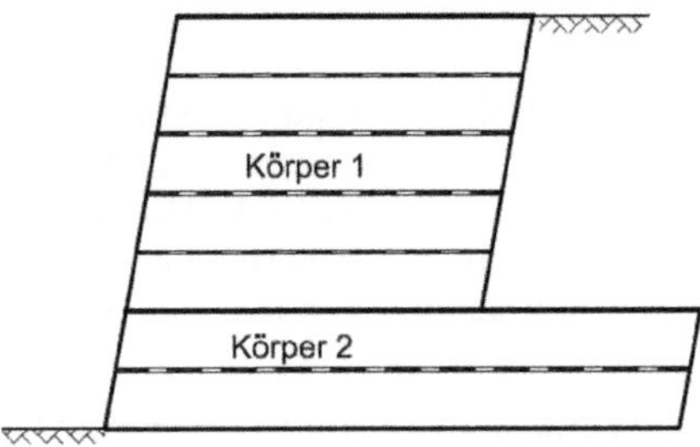

Bild 7.16 Beispiel für eine Kombination mehrerer quasi-monolithischer Körper

Eine derartige Stützkonstruktion ist als Kombination mehrerer quasi-monolithischer Körper abbildbar. Dabei ist zu prüfen, ob die Standsicherheit für die jeweiligen Einzelkörper und für den Gesamtkörper nachgewiesen werden kann (vgl. z. B. Bild 7.16).

7.5 Nachweise der Gebrauchstauglichkeit (GZ 2)

7.5.1 Allgemeines

Die Nachweise der Gebrauchstauglichkeit umfassen den Nachweis der Lage der Sohldruckresultierenden analog DIN 1054, Kapitel 7.6.1 und die Nachweise der Verträglichkeit der Verformungen bzw. Verschiebungen der Stützkonstruktion. Dabei sind die Setzungen des Untergrundes, die Eigensetzung des Schüttmaterials sowie die Frontverschiebungen der Stützkonstruktion und die daraus resultierenden Oberflächenverschiebungen (Scherverformungen) zu berücksichtigen.

Die Größenordnung der zulässigen Verformungen wird durch die Nutzung der Konstruktion und durch die konstruktive Durchbildung z. B. an der Konstruktionsvorderseite (starre bzw. flexible Frontausbildung) bestimmt. Bewehrte Stützkonstruktionen selbst sind als setzungsunempfindliche Konstruktionen anzusehen.

Zur Abschätzung des Verformungsverhaltens von bewehrten Stützkonstruktionen liegen inzwischen umfangreiche Erkenntnisse aus Laborversuchen (z. B. [1], [2], [3], [7], [8], [9], [16], [17]) und messtechnisch überwachten temporären (z. B. [3], [8], [9]) und dauerhaften Stützkonstruktionen (z. B. [5], [6], [10], [14], [17], [18]) vor. In [4] werden als Erfahrungswert für die Horizontalbewegungen der Front einer bewehrten Stützkonstruktion max. ca. 1 % bis 2 % der Wandhöhe H angegeben.

Anmerkung: *Die Zusammenwirkung von Füllboden und Geokunststoff kann das Verformungsverhalten geokunststoffbewehrter Erdstützkörper beeinflussen. Das entstehende Verbundmaterial weist deutlich geringere Verformungen auf, als sie sich allein auf der Basis des Spannungs-Dehnungs-Verhaltens der Geokunststoffe ergeben würden.*

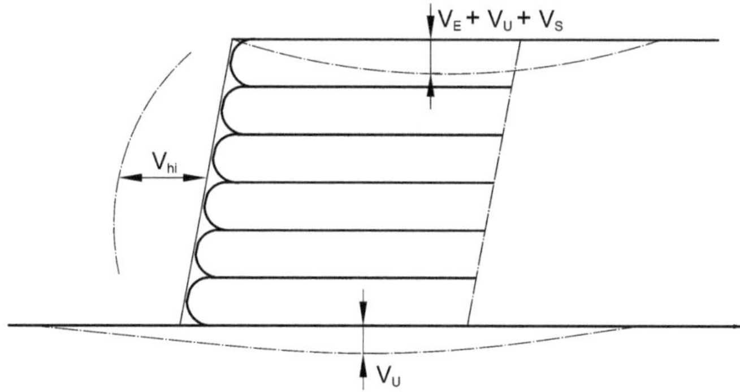

Bild 7.17 Verformungsanteile einer Stützkonstruktion

Die Zuordnung zu den Geotechnischen Kategorien (GK 1–3) erfolgt nach Tabelle 3.2.

Werden in einfachen Fällen (z. B. GK 1) durch die Nutzung keine besonderen Anforderungen an das Verformungsverhalten gestellt und sind die Erfahrungswerte ([4]) über die Verformungen des Gebrauchszustandes zulässig, so kann auf eine genauere rechnerische Ermittlung der Verformungen der bewehrten Stützkonstruktion verzichtet werden.

Werden infolge der Nutzung der bewehrten Stützkonstruktion besondere Anforderungen an das Verformungsverhalten gestellt oder liegen für die vorgesehenen Baumaterialien keine speziellen Erfahrungen vor, so sind die Verformungen der Stützkonstruktion und des Gesamtsystems einschließlich des Untergrundes zu ermitteln. In Fällen der Zuordnung zu GK 3 sollte zusätzlich zu den Verformungsprognosen das Verformungsverhalten der Stützwand messtechnisch überwacht werden (Beobachtungsmethode analog DIN 1054).

Bei einer Stützkonstruktion sind folgende Verformungsanteile zu berücksichtigen:

v_U Setzung des Untergrundes,
v_E Eigensetzung des Schüttmateriales,
v_{hi} horizontale Verschiebung der Böschungsfront in Höhe der Bewehrungslage i,
v_S Scherverformung.

Bei hohen Anforderungen an das Bauwerk oder bei großen Auflasten ist eine differenzierte Berechnung der Verformungsanteile während und nach der Herstellung erforderlich.

Die einzelnen Verformungsanteile können mit den im Folgenden beschriebenen einfachen Rechenansätzen abgeschätzt oder das Verformungsverhalten des Gesamtsystems mit z. B. der Methode der Finiten Elemente FEM numerisch ermittelt werden. Es ist außerordentlich wichtig, dass die Ergebnisse der numerischen Berechnung auf Plausibilität überprüft werden.

7.5.2 Nachweis der Lage der Sohldruckresultierenden

Analog DIN 1054, 7.6.1 ist nachzuweisen, dass in der Sohlfläche infolge der ständigen Einwirkungen keine klaffende Fuge auftritt (Resultierende innerhalb der ersten Kernweite).

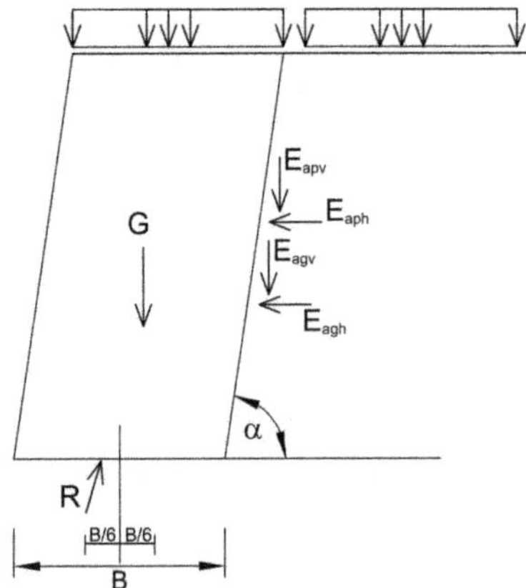

Bild 7.18 Kräfteansatz für den Nachweis der Lage der Resultierenden

7.5.3 Verschiebungen in der Sohlfläche

Die Verschiebungen in der Sohlfläche sind nach DIN 1054, 7.6.2 zu ermitteln.

7.5.4 Setzungen des Untergrundes v_U

Die Setzungen des Untergrundes sind nach DIN 1054, 7.6.3 und DIN 4019 zu ermitteln.

Für die Ermittlung der Setzungen des Untergrundes v_U (Bild 7.17) infolge des Eigengewichtes des bewehrten Erdkörpers und infolge von Auflasten auf dem bewehrten Erdkörper gelten die Regelungen der DIN 4019 und die Empfehlungen der DGGT „Verformungen des Baugrundes bei baulichen Anlagen“ – EVB, wobei die bewehrte Stützkonstruktion als schlaffe Lastfläche angenommen werden kann.

Bei nachgiebigem Untergrund können dessen Setzungen maßgebend werden. Besonders zu beachten ist dabei der zeitliche Verlauf der Setzungen (Konsolidierung).

Anmerkung: Eine bewehrte Stützkonstruktion bietet dabei den Vorteil, dass sie selbst setzungsunempfindlich ist. Setzungsunterschiede können in der Regel von der Konstruktion aufgenommen werden. Deswegen empfiehlt sich diese Bauweise bei entsprechender Frontausbildung gerade bei nachgiebigem Untergrund.

7.5.5 Eigensetzung des Füllbodens v_E

Bei bewehrten Stützkonstruktionen ist eine ausreichende Verdichtung des Füllbodens erforderlich, wodurch sich erfahrungsgemäß eine Eigensetzung von 0,2 % bis 1,0 % der Konstruktionshöhe ergibt [4]. Die Eigensetzungen v_E des Füllbodens treten überwiegend während der Bauzeit auf.

Die Setzungen des Füllbodens infolge von Auflasten auf dem bewehrten Erdkörper können näherungsweise mit elastischen Berechnungsverfahren ermittelt werden.

7.5.6 Horizontale Verschiebungen der Böschungsfront v_{Hi}

Das Verformungsverhalten des aus Boden und Bewehrung bestehenden Verbundkörpers ist komplex und kann nur näherungsweise beschrieben werden.

Der Füllboden selbst wird sich im Zuge der Herstellung und der Einwirkungen verformen. Die Bewehrungen werden schlaff eingebaut, so dass sie sich dehnen, bis ein Gleichgewicht zwischen der Beanspruchung und der Zugkraft erreicht ist.

Anmerkung: Belastungsversuche bis zum Bruch (z. B. [7], [8], [9]) sowie numerische Nachrechnungen dieser Belastungsversuche (z. B. [1]) haben gezeigt, dass bewehrte Stützkonstruktionen im Gebrauchslastbereich ein näherungsweise lineares Last-Verformungs-Verhalten aufweisen. Ausgeprägte plastische Verformungen des Bodens und Gleitungen zwischen Boden und Bewehrung wurden im Gebrauchslastbereich zumindest bei gut verdichteten nichtbindigen Füllböden nicht festgestellt. Die Dehnungen der Bewehrungen nahmen in etwa linear mit der Last zu. Daraus wurde abgeleitet, dass sich im Gebrauchslastbereich die Frontverschiebungen der Stützkonstruktion aus den Längenänderungen der einzelnen Bewehrungslagen ermitteln lassen ([1]). Zur Ermittlung der Längenänderungen der Bewehrungslagen sind neben der Zugkraft der Bewehrung (ermittelt nach Kapitel 7.5) auch die Kenntnis des Kraft-Dehnungs-Verhaltens der Bewehrungsmaterialien im Boden notwendig.

Folgende Berechnungsschritte sind zur Abschätzung der horizontalen Frontverschiebungen v_{hi} notwendig:

- Berechnung der Zugkräfte und deren Verteilung in allen Bewehrungslagen für den GZ 2,
- Ermittlung der zugehörigen Dehnsteifigkeiten der Bewehrungslagen,
- Ermittlung der Dehnungen/Dehnungsverteilungen aller Bewehrungslagen,
- Integration der Dehnungen entlang der Bewehrungslagen zur Ermittlung der Längenänderung jeder Lage.

Für die Berechnung der Zugkräfte in allen Bewehrungslagen ist iterativ für jede Bewehrungslage der für das Gleichgewicht maßgebende Bruchmechanismus nach Kapitel 7.4.4 unter Berücksichtigung der Teilsicherheitsbeiwerte des GZ 2 zu ermitteln. Man erhält aus jedem Bruchmechanismus für jede geschnittene Bewehrungslage eine zum Gleichgewicht erforderliche Zugkraft, die der Ermittlung der Dehnungen zugrunde gelegt wird.

Anmerkung: *Auf der sicheren Seite liegend, kann dieser Maximalwert konstant über die gesamte Bewehrungslänge angesetzt werden. Andere Verteilungen der Zugkräfte siehe z. B. in [3], [8].*

Für diese ermittelten Zugkräfte kann bei Bewehrungsmaterialien mit geringen Konstruktionsdehnungen, wie Geweben oder Geogittern, näherungsweise das Kraft-Dehnungs-Verhalten (Dehnsteifigkeit) aus Zugversuchen nach DIN EN ISO 10319 angesetzt werden. Meist ist bei Geweben/Geogittern eine lineare Beschreibung ausreichend.

Anmerkung: *Bei Vliesstoffen wird das Kraft-Dehnungs-Verhalten durch den Boden verändert. Ergebnisse aus Zugversuchen nach DIN EN ISO 10319 liefern in der Regel zu geringe Dehnsteifigkeiten und überschätzen damit die Dehnungen der Bewehrung und damit die Verformungen der bewehrten Stützkonstruktion. Untersuchungen haben festgestellt, dass bei Vliesstoffen das Kraft-Dehnungs-Verhalten vom Boden und der Auflast abhängt ([1], [3]) und die Dehnsteifigkeit mit der Auflast zunimmt. Neuere Untersuchungen zeigen, dass auch bei Geweben und Geogittern ähnliches Verhalten beobachtet wurde [9].*

Durch Integration der Dehnungen entlang der Bewehrungslagen ergeben sich die Längenänderungen. Diese entsprechen in etwa der Verschiebung der Front v_{hi} in der Höhe dieser Lage i.

Anmerkung: *Sind die Längenänderungen der Bewehrungslagen sehr unterschiedlich, deutet dies auf eine ungünstige Bewehrungsanordnung hin.*

Wenn für obige Ermittlung der Verformungen statt der Zugkraft-Dehnungs-Linien aus DIN EN ISO 10319 (Kurzzeitversuch) produkttypische Isochronenkurven für die Nutzungsdauer des Bauwerkes (siehe Kapitel 2.2.4.5) verwendet werden, können auch Langzeitverformungen ermittelt werden.

7.5.7 Scherverformung der Stützkonstruktion v_S

Die Scherverformungen v_S resultieren überwiegend aus den Dehnungen in den Bewehrungslagen, die zum Erreichen eines Gleichgewichtszustandes in der bewehrten Stützkonstruktion notwendig sind. Diese horizontalen Verschiebungen bewirken vertikale Verschiebungen der Oberfläche.

Vergleichsberechnungen haben gezeigt, dass die Scherverformung einen zusätzlichen Setzungsanteil des bewehrten Bodenkörpers im Falle von gleichmäßiger Auflast und gleichmäßiger Bewehrungsanordnung in einer Größenordnung von ca. 30 % bis 50 % der Frontverschiebungen $v_{hi,max}$ verursacht.

7.5.8 Vertikale Verschiebungen der Oberfläche v_O

Die vertikalen Verschiebungen der Oberfläche v_O einer Stützkonstruktion ergeben sich aus der Setzung des Untergrundes v_U, der Eigensetzung des Schüttmaterials v_E und der Scherverformung v_S des bewehrten Erdkörpers.

7.5.9 Numerische Verfahren

Mit den numerischen Berechnungsverfahren (z. B. der Methode der Finiten Elemente FEM) kann das Verformungsverhalten des Gesamtsystems ermittelt werden. Da die Kenntnisse über das Verbundmaterial nicht ausreichend sind, ist eine getrennte Modellierung von Boden und Bewehrung üblich. Zur Bestimmung des Verbundverhaltens sind direkte Scherversuche geeignet. Die Modellierung kann mit bewehrungsparallelen Federelementen oder mit Kluftelementen erfolgen, wie sie für die Felsmechanik entwickelt wurden. Diese Modelle sollen die elastisch-plastische Scherkraftübertragung simulieren, wie sie im direkten Scherversuch festgestellt wird.

Die Bewehrungen selbst können mit elastischen Feder- oder Stabelementen modelliert werden. Je nach dem Kraft-Dehnungs-Verhalten der Bewehrungsmaterialien können linear-elastische Materialgesetze ausreichend oder andere Materialgesetze erforderlich sein.

Bei der Kontrolle der Berechnungsergebnisse ist besonders zu beachten, dass im Kontaktbereich Boden-Bewehrung infolge der Steifigkeitsunterschiede keine unrealistischen Zugspannungen im Boden auftreten. Berechnungsergebnisse sollten grundsätzlich durch einfache Vergleichsberechnungen (z. B. Gleichgewichtsbetrachtungen der vertikalen und horizontalen Kräfte) auf Plausibilität überprüft werden.

7.6 Nachweise zur Frontausbildung

Derzeit werden die folgenden Varianten der Frontausbildung (DIN EN 14475, Anhang C) verwendet:

- nicht verformbare (starre) Frontelemente:
  Paneele oder Blöcke, üblicherweise aus Betonfertigteilen mit geringer vertikaler Zusammendrückbarkeit und hoher Biegesteifigkeit,
- bedingt verformbare Frontelemente:
  vorgeformter Stahlgitterabschnitt, vorgeformtes Stahlelement oder mit Felsmaterial gefüllte Gabionen mit höherer vertikaler Zusammendrückbarkeit und geringer Biegesteifigkeit,
- verformbare (flexible) Frontelemente:
  Frontausbildung ohne Biegesteifigkeit, bei der das Schüttmaterial von einem Geogitter oder einem Geotextil eingehüllt ist, wie zum Beispiel Polsterwände aus umgeschlagenen Geokunststoffen (eventuell erstellt mit einer Hilfsschalung); leichte, verlorene Schalungen, zum Beispiel durch Sandsäcke; als Schutz und gestalterisches Element kann eine Vorsatzschale ohne statische Wirkung für die Stützkonstruktion zum Einsatz kommen.

Art des Frontelementes	Erläuterung
Nicht verformbare Frontelemente	
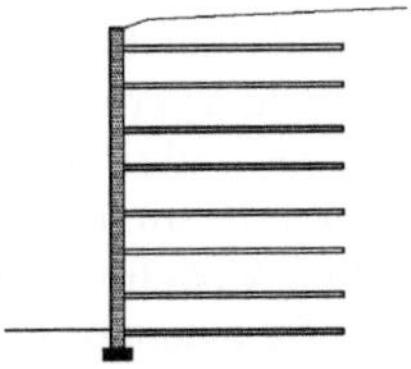 Paneele mit voller Bauhöhe	Die Elemente werden so vorgefertigt, dass sie die volle Höhe der bewehrten Stützkonstruktion in einem Stück abdecken
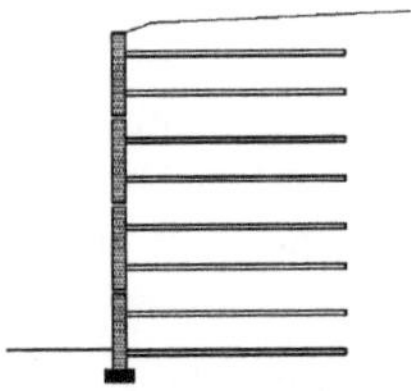 Paneele mit teilweiser Bauhöhe	Paneele mit teilweiser Bauhöhe haben üblicherweise Höhen von 1 m bis 2 m bei Dicken von 100 mm bis 200 mm
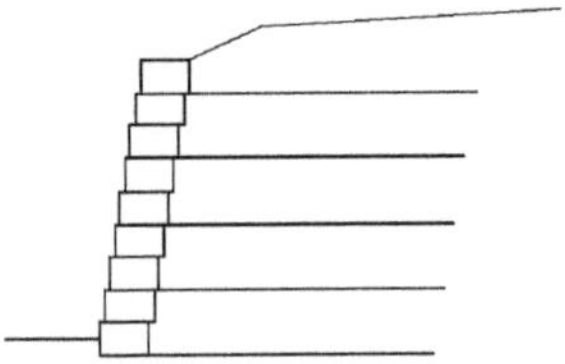 Blockelemente, Formsteine	Frontelemente aus vorgefertigten Betonblöcken (z. B. Modulblöcke, Segmentblöcke) oder Natursteinen, die miteinander verbunden sind

Bild 7.19 Darstellung von Frontelementen

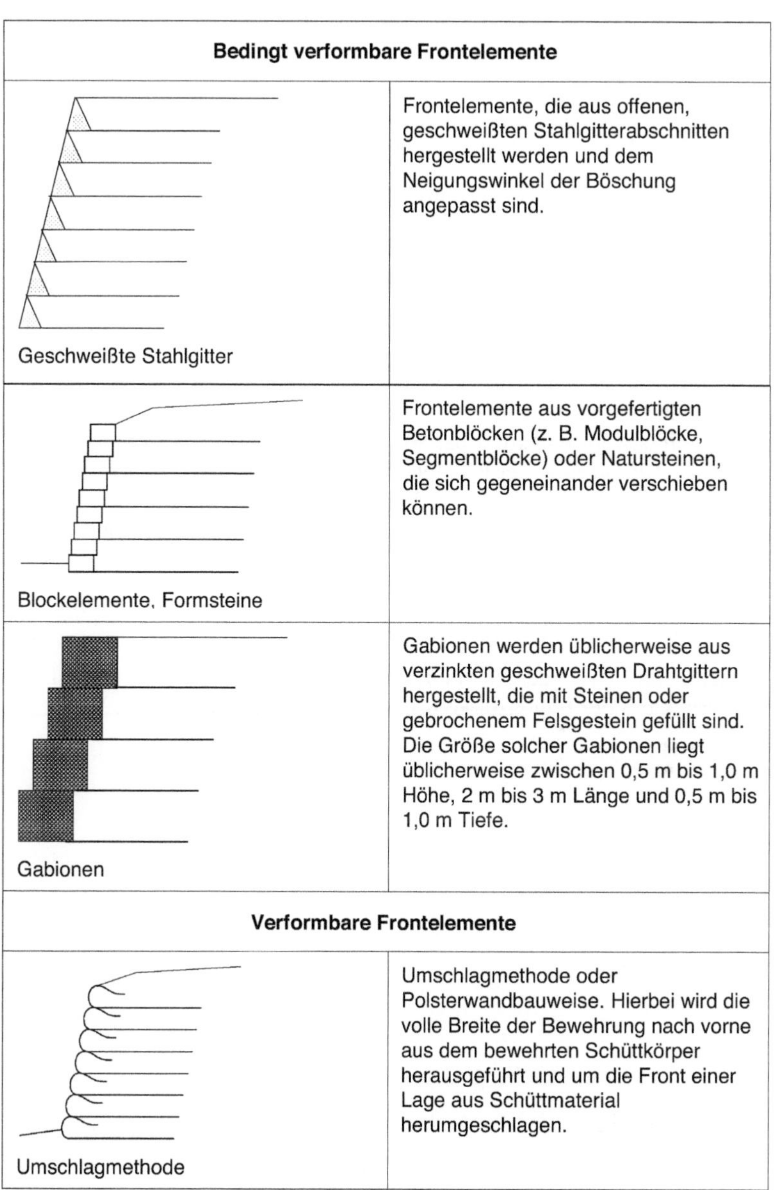

Bedingt verformbare Frontelemente	
Geschweißte Stahlgitter	Frontelemente, die aus offenen, geschweißten Stahlgitterabschnitten hergestellt werden und dem Neigungswinkel der Böschung angepasst sind.
Blockelemente, Formsteine	Frontelemente aus vorgefertigten Betonblöcken (z. B. Modulblöcke, Segmentblöcke) oder Natursteinen, die sich gegeneinander verschieben können.
Gabionen	Gabionen werden üblicherweise aus verzinkten geschweißten Drahtgittern hergestellt, die mit Steinen oder gebrochenem Felsgestein gefüllt sind. Die Größe solcher Gabionen liegt üblicherweise zwischen 0,5 m bis 1,0 m Höhe, 2 m bis 3 m Länge und 0,5 m bis 1,0 m Tiefe.
Verformbare Frontelemente	
Umschlagmethode	Umschlagmethode oder Polsterwandbauweise. Hierbei wird die volle Breite der Bewehrung nach vorne aus dem bewehrten Schüttkörper herausgeführt und um die Front einer Lage aus Schüttmaterial herumgeschlagen.

Bild 7.19 (Fortsetzung)

Die verschiedenen Frontausbildungen werden mit unterschiedlichen Verbindungsarten bzw. -systemen an die Bewehrungslagen angeschlossen. Diese sind produkt- oder systemspezifisch. Die Anforderungen an die Verbindung sind abhängig von der Einordnung der Frontausbildung (nicht verformbar, bedingt verformbar, verformbar).

Die Bestimmung der Horizontalspannung auf die Frontausbildung ist im Regelfall nicht eindeutig möglich. Für die nachfolgenden Hinweise wird der aktive Erddruck nach DIN 4085 als Bezugsgröße der Beanspruchung herangezogen.

Bei geokunststoffbewehrten Konstruktionen ist der Ansatz des aktiven Erddruckes für den Anschluss der Geokunststoffe an die Frontelemente nicht immer in voller Höhe erforderlich. Die Größe der wirkenden Horizontalspannungen wird maßgeblich beeinflusst von den Verbundeigenschaften des bewehrten Erdkörpers und der Verformbarkeit der Frontausbildung.

Es ist zu überprüfen, dass die Verformungen sowohl von der Konstruktion als auch vom umgebenden Baugrund verträglich aufgenommen werden können. Insbesondere sind vertikale Differenzverformungen zwischen den Frontelementen und dem bewehrten Erdkörper zu vermeiden (z. B. Unterschiede in der Ausbildung der Auflagerung der Frontelemente und des bewehrten Erdkörpers, unzureichende Verdichtung hinter der Frontausbildung). Die der Bemessung zugrunde gelegte horizontale Verschieblichkeit der Front ist auf gesamter Höhe (auch am Fußpunkt) zu gewährleisten.

Für die verschiedenen Systeme werden in Tabelle 7.2 Anpassungsfaktoren zur Abminderung der anzuschließenden Kräfte angegeben.

Die aufzunehmende Kraft des Geokunststoffes an der Frontausbildung ist als aktiver Erddruck mit der Lagenstärke l_v in der Tiefe H_i zu berechnen.

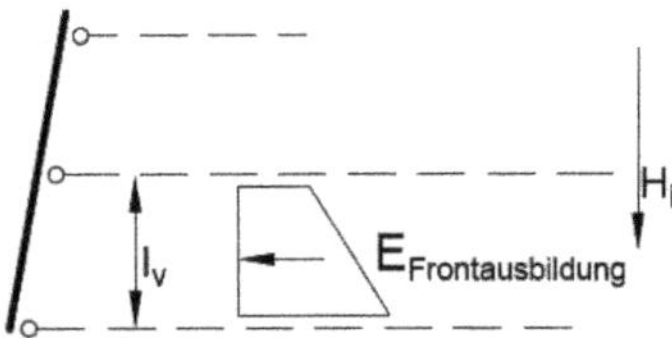

Bild 7.20 Erddruckansatz

Nachweis:

$e_{Frontausbildung}$ charakteristischer Erddruck nach DIN 4085

Die Größe des Erddruckes auf der Außenhaut ist:

$$e_{Frontausbildung} = \eta_g \cdot K_{agh,k} \cdot \gamma_k \cdot H_i \cdot \gamma_G + \eta_q \cdot K_{aqh,k} \cdot q \cdot \gamma_Q \quad \text{Gl. (7.6)}$$

$$E_{Frontausbildung} = e_{Frontausbildung} \cdot l_v \quad \text{Gl. (7.7)}$$

Nachweis Anschluss Verkleidung GZ 1B:

$R_{Bi,d}$ bzw. $R_{Ai,d} \geq E_{Frontausbildung}$ Gl. (7.8)

mit:

$R_{Bi,d}$ Bemessungswert der Langzeitzugfestigkeit des Geokunststoffes in der i-ten Bewehrungslage,

$R_{Ai,d}$ Bemessungswert der gesamten über Reibung oder als Anschlusskraft zur Verfügung gestellten Herausziehwiderstandskraft (Bemessungswert ermittelt mit γ_B),

η_g, η_q Anpassungsfaktor nach Tabelle 7.2.

Anmerkung: Wenn bei einer Frontausbildung in Umschlagmethode für den Umschlag ein ausreichender Herausziehwiderstand nachgewiesen wird, kann der Erddruck $E_{Frontausbildung}$ zu gleichen Teilen auf die Bewehrungslage und den Umschlag verteilt werden.

Tabelle 7.2 Anpassungsfaktor

	Anpassungsfaktor			**Neigungswinkel des Erddruckes**
	η_g		η_q	δ
	$0 < h \leq 0{,}4\,H$	$0{,}4\,H < h \leq H$		
nicht verformbare Frontelemente	1,0	1,0	1,0	analog DIN 4085
bedingt verformbare Frontelemente	1,0	0,7	1,0	1/3 φ′ bis 1,0 φ′ (siehe [11]])
verformbare Frontelemente	1,0	0,5	1,0	0

Anmerkungen: 1) In der Aufstandsfläche ist h = H.
2) Die Anpassungsfaktoren sind aus Literaturauswertungen und Großversuchen abgeleitet ([18]).

Erddrücke aus begrenzten Auflasten sind zusätzlich ohne Umlagerung zu berücksichtigen. Verdichtungserddrücke nach DIN 4085 sind bei der Bemessung zusätzlich anzusetzen (siehe auch [19]).

7.7 Literatur

[1] Bauer, A. (1997): Der Einfluss der Verbundwirkung zwischen Boden und Geotextil auf das Verformungsverhalten von bewehrten Steilböschungen. Lehrstuhl und Prüfamt für Grundbau, Bodenmechanik und Felsmechanik der Technischen Universität München, Heft 26, 1997.

[2] Bauer, A., Bräu, G., Floss, R. (2000): In-soil-testing of geogrids with low construction deformations. Proceedings of the Second European Geosynthetics Conference EUROGEO 2000.

[3] Bauer, A., Bräu, G. (2002): Entwicklung eines Bemessungsverfahrens für die Bodenbewehrung mit Vliesstoffen basierend auf Zugversuchen im Bodenkontakt. Bundesministerium für Verkehr, Bau- und Wohnungswesen, Forschung Straßenbau und Straßenverkehrstechnik Heft 831, 2002.

[4] Floss, R. (1997): Zusätzliche Technische Vertragsbedingungen und Richtlinien für Erdarbeiten im Straßenbau, Kommentar mit Kompendium Erd- und Felsbau, Kirschbaum- Verlag Bonn, 1997.

[5] Floss, R., Stiegeler, R. (2000): Design and measurements of a reinforced steep slope under motorway Nürnberg–Berlin. Proceedings of the Second European Geosynthetics Conference EUROGEO 2000.

[6] Herold, A. (2001): Das erste Straßenbrückenwiderlager in Deutschland als Permanentkonstruktion in der Bauweise kunststoffbewehrte Erde. Tagungsband der 7. Informations- und Vortragstagung über „Kunststoffe in der Geotechnik“, März 2001, München, Sonderheft der Zeitschrift Geotechnik der DGGT.

[7] Nimmesgern, M. (1998): Untersuchungen über das Spannungs-Verformungs-Verhalten von mehrlagigen Kunststoffbewehrungen in Sand. Lehrstuhl und Prüfamt für Grundbau, Bodenmechanik und Felsmechanik der Technischen Universität München, Heft 27, 1997.

[8] Matichard, Y., Thamm, B. R. (1992): Performance of geotextile reinforced earth under surface loading; French-German Cooperation in Highway Research, Bast–LCPC Seminar 1992.

[9] Bussert, F. (2006): Verformungsverhalten geokunststoffbewehrter Erdstützkörper – Einflussgrößen zur Ermittlung der Gebrauchstauglichkeit. Institut für Geotechnik und Markscheidewesen, Technische Universität Clausthal, Heft 13.

[10] Herold, A. (2004): Geokunststoffbewehrte Großbauwerke – Verformungsmessungen und Rückrechnung – Wie kann das Verformungsverhalten von KBE-Konstruktionen optimal prognostiziert werden? 4. Österreichische Geotechniktagung, Wien.

[11] Merkblatt über Stützkonstruktionen aus Betonelementen, Blockschichtungen und Gabionen, Ausgabe 2003, Forschungsgesellschaft für Straßen- und Verkehrswesen, Arbeitsgruppe Erd- und Grundbau, Köln, FGSV Heft Nr. 555.

[12] Merkblatt über die Anwendung von Geokunststoffen im Erdbau des Straßenbaus, Ausgabe 2005, Forschungsgesellschaft für Straßen- und Verkehrswesen, Arbeitsgruppe Erd- und Grundbau, Köln, FGSV Heft Nr. 535.

[13] DIN EN 14475: „Ausführung von besonderen geotechnischen Arbeiten (Spezialtiefbau) – Bewehrte Schüttkörper“, Deutsche Fassung EN 14475:2006.

[14] Köhler, U. (2003): Der „Erddruckfänger“ aus kunststoffbewehrter Erde für Instandsetzung und Neubau von Trockenmauern. Tagungsband der 8. Informations- und Vortragstagung über „Kunststoffe in der Geotechnik“, März 2003, München.

[15] Alexiew, D.: Belastungsversuche eines geogitterbewehrten Brückenwiderlagers. Huesker Synthetic GmbH, Gescher.

[16] Lieberenz, K., Großmann, S., Göbel, C. (2007): Stützbauwerke aus geokunststoffbewehrter Erde – Weiterentwicklung des Systems für vorrangig dynamische Einwirkungen. Tagungsband der 10. Informations- und Vortragstagung über „Kunststoffe in der Geotechnik“, März 2007, München.

[17] Naciri, O., Bussert, F. (2007): Erfahrungen aus Verformungsmessungen an geokunststoffbewehrten Stützkonstruktionen. Tagungsband der 10. Informations- und Vortragstagung über „Kunststoffe in der Geotechnik“, März 2007, München.

[18] Pachomow, D., Vollmert, L., Herold, A. (2007): Der Ansatz des horizontalen Erddruckes auf die Front von KBE-Systemen. Tagungsband der 10. Informations- und Vortragstagung über „Kunststoffe in der Geotechnik“, März 2007, München.

[19] Franke, D. (2008): Verdichtungserddruck bei leichter Verdichtung. Bautechnik 85/2008, Heft 3.

7.8 Bemessungsbeispiel Stützkonstruktion

Zur Veranschaulichung wird eine Beispielbemessung durchgeführt, um die mögliche Vorgehensweise zur Bemessung einer bewehrten Stützkonstruktion mit gleichen Bewehrungslängen aufzuzeigen.

7.8.1 Geometrie, Bodenkennwerte und Lastannahmen

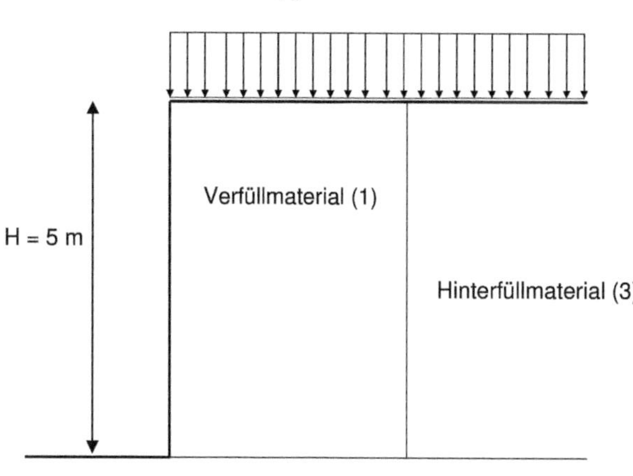

Bild 7.21 Geometrie und Bodenkennwerte der Stützkonstruktion

Tabelle 7.3 Bodenkennwerte

	Schicht x	**Wichte** $\gamma_{x,k}$ [kN/m³]	**Reibungswinkel** $\varphi_{x,k}$ [°]	**Kohäsion** $c_{x,k}$ [kN/m²]
Verfüllmaterial	1	20	35	0
Untergrund	2	18	30	0
Hinterfüllmaterial	3	19	30	0

Nach EBGEO, Kapitel 7.2.2 wird für den Entwurf von bewehrten Erdkörpern eine Bewehrungslänge von 70 % der Konstruktionshöhe zugrunde gelegt:

$B = 0{,}7 \cdot 5\ \text{m} = 3{,}5\ \text{m}.$

Mit dieser Abmessung werden die nachfolgenden Nachweise durchgeführt.

Hinweis: *Es wird empfohlen, mit der Vorentwurfsgeometrie zunächst die Geländebruch- und Grundbruchsicherheit zu überprüfen.*

Das Berechnungsbeispiel wird für den Lastfall 1 durchgeführt.

7.8.2 Ermittlung der charakteristischen Einwirkungen

Der Erdruck wird nach DIN 4085 ermittelt:

$\varphi_{3,k} = 30°;\ \delta_{3,k} = 2/3 \cdot \varphi_{3,k} = 20°;\ \alpha = 0°;\ \beta = 0°$

$$K_{ah,k} = \frac{\cos^2(30)}{\left[1+\sqrt{\frac{\sin(30+20)\cdot\sin 30}{\cos 20}}\right]^2} = 0{,}279$$

charakteristischer Erddruck aus Bodeneigengewicht:

$E_{agh,k} = 0{,}5 \cdot K_{ah,k} \cdot \gamma_{3,k} \cdot H^2 = 0{,}5 \cdot 0{,}279 \cdot 19 \cdot 5^2 = 66{,}26\ \text{kN/m}$

$E_{agv,k} = E_{agh,k} \cdot \tan(\delta - \alpha) = 66{,}26 \cdot \tan 20° = 24{,}12\ \text{kN/m}$

charakteristischer Erddruck aus veränderlicher Last:

$E_{aph,k} = K_{ah,k} \cdot p_k \cdot H = 0{,}279 \cdot 12 \cdot 5 = 16{,}74\ \text{kN/m}$

$E_{apv,k} = E_{aph,k} \cdot \tan(\delta - \alpha) = 16{,}74 \cdot \tan 20° = 6{,}09\ \text{kN/m}$

charakteristische Einwirkung aus Eigengewicht:

$G_k = H \cdot B \cdot \gamma_{1,k} = 5 \cdot 3{,}5 \cdot 20 = 350\ \text{kN/m}$

charakteristische veränderliche Einwirkung:

$P_k = B \cdot p_k = 3{,}5 \cdot 12 = 42\ \text{kN/m}$

7.8.3 Nachweis im Grenzzustand der Tragfähigkeit (GZ 1)

7.8.3.1 Nachweis der Gleitsicherheit

Beim Nachweis der Gleitsicherheit wird davon ausgegangen, dass die unterste Lage der Bewehrungen an der Sohle des Erdkörpers verlegt wird, d. h. es wird für den Nachweis der niedrigste Wert des Reibungswinkel oberhalb ($\varphi_{1,k\ oben}$) und unterhalb der Bewehrung ($\varphi_{2,k\ unten}$) als $\varphi_{k,\ maßgebend}$ eingesetzt.

Der charakteristische Reibungsbeiwert zwischen Bewehrung und Boden wird zu $f_{sg,k} = \tan \delta_{s,k} = \lambda \cdot \tan \varphi_{k,\ maßgebend}$ ermittelt. Für das Beispiel wird $\lambda = 0{,}8$ angenommen. Dieser Wert ist anhand von Versuchen zu bestätigen.

Für den Nachweis der Gleitsicherheit wird die veränderliche Einwirkung auf der sicheren Seite liegend nur hinter der Stützkonstruktion angesetzt.

Zur Einhaltung einer ausreichenden Sicherheit gegen Gleiten ist nach DIN 1054 7.5.3 nachzuweisen, dass für den Grenzzustand GZ 1B die Bedingung

$T_d \leq R_{t,d} + E_{p,d}$

erfüllt ist. Dabei sind:

T_d Bemessungswert der Beanspruchung parallel zur Sohlfläche,
$R_{t,d}$ Bemessungswert des Gleitwiderstandes,
$E_{p,d}$ Bemessungswert des Erdwiderstandes parallel zur Sohlfläche, wird hier vernachlässigt.

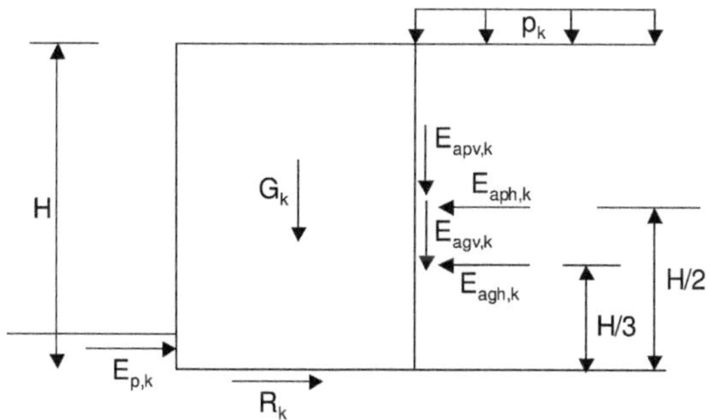

Bild 7.22 Kräfteverteilung beim Nachweis der Gleitsicherheit

Ermittlung der Bemessungswerte der Beanspruchungen:

$N_{G,k} = E_{agv,k} + G_k = 24{,}12 + 350 = 374{,}12$ kN/m

$N_{Q,k} = E_{apv,k} = 6{,}09$ kN/m

$T_{G,k} = E_{agh,,k} = 66{,}26$ kN/m

$T_{Q,k} = E_{aph,k} = 16{,}74$ kN/m

Anmerkung: $\gamma_G, \gamma_Q, \gamma_{GL}$ *aus DIN 1054, Tabelle 2 und 3*

$T_d = 66{,}26 \cdot 1{,}35 + 16{,}74 \cdot 1{,}5 = 114{,}56$ kN/m

$R_{t,d} = (N_{G,k} + N_{Q,k}) \cdot \tan \delta_{s,k} / \gamma_{GL} = 380{,}21 \cdot (0{,}8 \cdot \tan 30°) / 1{,}1 = 159{,}65$ kN/m

$T_d = 114{,}56 \leq R_{t,d} = 159{,}65$ kN/m

Nachweis erfüllt.

Ausnutzungsgrad $\mu = \dfrac{T_d}{R_{t,d}} = \dfrac{114{,}56}{159{,}65} = 0{,}72$

7.8.3.2 Lage der Sohldruckresultierenden

(nach DIN 1054, 7.5.1)

Die zur Bestimmung der Lage der Sohldruckresultierenden relevanten Kräfte sind in der folgenden Abbildung dargestellt:

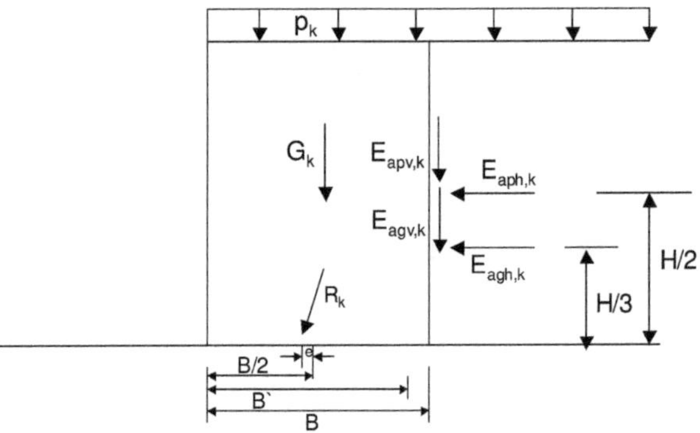

Bild 7.23 Kräfteverteilung bei der Lage der Sohldruckresultierenden

Ermittlung der charakteristischen Beanspruchung in der Sohlfuge

– mit veränderlicher Einwirkung:

$$M_k = \left(E_{agh,k} \cdot \frac{H}{3}\right) + \left(E_{aph,k} \cdot \frac{H}{2}\right) - \left\{E_{agv,k} \cdot \frac{B}{2}\right\} - \left\{E_{apv,k} \cdot \frac{B}{2}\right\}$$

$$= \left(66{,}26 \cdot \frac{5}{3}\right) + \left(16{,}74 \cdot \frac{5}{2}\right) - \left\{24{,}12 \cdot \frac{3{,}5}{2}\right\} - \left\{6{,}09 \cdot \frac{3{,}5}{2}\right\} = 99{,}42 \text{ kNm/m}$$

charakteristische Beanspruchung senkrecht zur Sohlfläche:

$N_{G,k} + N_{Q,k} = 350 + 42 + 24{,}12 + 6{,}09 = 422{,}21$ kN/m

– ohne veränderliche Einwirkung:

$$M_k = \left(E_{agh,k} \cdot \frac{H}{3}\right) - \left\{E_{agv,k} \cdot \frac{B}{2}\right\} = \left(66,26 \cdot \frac{5}{3}\right) - \left\{24,12 \cdot \frac{3,5}{2}\right\}$$

$$= 68,22 \text{ kNm/m}$$

$$N_{G,k} = 350 + 24,12 = 374,12 \text{ kN/m}$$

Nachweis der Lage der Sohldruckresultierenden (DIN1054, 7.5.1: alle Einwirkungen) GZ 1A, zulässig: klaffende Fuge bis Mitte Fundament (zweite Kernweite).

$$e = \frac{M_k}{N_k} = \frac{99,42}{422,21} = 0,235 < \frac{b}{3} = \frac{3,5}{3} = 1,16 \text{ m} \qquad \text{Nachweis erbracht!}$$

Anmerkung: Nachweis der ersten Kernweite siehe Nachweis der Gebrauchstauglichkeit (GZ 2).

7.8.3.3 Nachweis der Grundbruchsicherheit

Eine ausreichende Sicherheit gegen Grundbruch wird eingehalten, wenn die folgende Bedingung erfüllt ist:

$$N_d \le R_{n,d} = R_{n,k} / \gamma_{Gr}.$$

Der Nachweis ist nach GZ 1B gemäß DIN 1054 und DIN 4017 durchzuführen.

N_d Bemessungswert der Beanspruchung senkrecht zur Sohlfläche,
$R_{n,d}$ Bemessungswert des Grundbruchwiderstandes,
$R_{n,k}$ charakteristischer Grundbruchwiderstand,
γ_{Gr} Grundbruchwiderstand siehe DIN 1054, Tabelle 3.

charakteristischer Grundbruchwiderstand $R_{n,k}$:

$$\begin{aligned} R_{n,k} = a' \cdot b' \cdot (&c_{2,k} \cdot N_{c0} \cdot \nu_c \cdot i_c \cdot \lambda_c \cdot \xi_c \\ &+ \gamma_{2,k} \cdot d \cdot N_{d0} \cdot \nu_d \cdot i_d \cdot \lambda_d \cdot \xi_d \\ &+ \gamma_{2,k} \cdot b' \cdot N_{b0} \cdot \nu_b \cdot i_b \cdot \lambda_b \cdot \xi_b) \end{aligned}$$

Da in dem Beispiel keine Kohäsion, keine Tiefe, keine Gelände- und Sohlneigung zu berücksichtigen sind und die Konstruktion als Streifen betrachtet wird, werden alle Formbeiwerte gleich 1 angesetzt; so vereinfacht sich die Gleichung entsprechend zu:

$$R_{n,k} = b' \cdot (\gamma_{2,k} \cdot b' \cdot N_{b0} \cdot i_b).$$

Ermittlung der Tragfähigkeitsbeiwerte:

$$N_{d0} = e^{\Pi \cdot \tan \varphi_{2,k}} \cdot \tan^2\left(45 + \frac{\varphi_{2,k}}{2}\right) = e^{\Pi \cdot \tan 30} \cdot \tan^2\left(45 + \frac{30}{2}\right) = 18,4$$

$$N_{b0} = (N_{d0} - 1) \cdot \tan \varphi_{2,k} = (18,4 - 1) \tan 30° = 10,05$$

Ermittlung der Lastneigungsbeiwerte:

$m = 2{,}0$ (vgl. DIN 4017, Kapitel 7.2.4)

$i_b = (1 - \tan\delta)^{m+1}$

$$\tan\delta = \frac{T_k}{N_k} = \frac{66,26+16,74}{422,21} = 0,196$$

$i_b = (1 - 0{,}196)^{2,0+1} = 0{,}519$

$N_b = N_{b0} \cdot i_b = 10{,}05 \cdot 0{,}519 = 5{,}22$

Ersatzbreite:

$b' = B - 2 \cdot e = 3{,}5 - 2 \cdot 0{,}235 = 3{,}03$ m

$R_{n,k} = 3{,}03 \cdot 18 \cdot 3{,}03 \cdot 10{,}05 \cdot 0{,}519 = 861{,}97$ kN/m

$R_{n,d} = R_{n,k} / \gamma_{Gr} = 861{,}97 / 1{,}4 = 615{,}70$ kN/m

$N_d = N_{G,k} \cdot \gamma_G + N_{Q,k} \cdot \gamma_Q = 374{,}12 \cdot 1{,}35 + 48{,}09 \cdot 1{,}5 = 577{,}20$ kN/m

Nachweis:

$N_d = 577{,}20 < R_{n,d} = 615{,}70$ Nachweis erbracht.

Ausnutzungsgrad $\mu = \frac{N_d}{R_{n,d}} = \frac{577,20}{615,70} = 0,94$

7.8.3.4 Nachweis der Sicherheit gegen Geländebruch

Teilsicherheitsbeiwerte nach GZ 1C, LF1:

Einwirkungen:
ständige Einwirkungen $\gamma_G = 1{,}0$
ungünstige veränderliche Einwirkungen: $\gamma_Q = 1{,}3$

Widerstände:
Reibungsbeiwert tan φ' $\gamma_\varphi = 1{,}25$
Kohäsion c' $\gamma_c = 1{,}25$
flexible Bewehrungselemente
(Herausziehwiderstand) $\gamma_B = 1{,}4$

Bemessungswerte:

Bemessungswert der veränderlichen Einwirkung:

$p_d = p_k \cdot \gamma_Q = 12 \cdot 1{,}3 = 15{,}6$ kN/m^2

Bemessungswerte der Scherfestigkeit:

Reibungswinkel

$\tan\varphi_{i,d} = (\tan\varphi_{i,k}) / \gamma_\varphi$

$\varphi_{i,d} = \arctan\,[(\tan\varphi_{i,k}) / \gamma_\varphi]$

Kohäsion

$c_{i,d} = c_{i,k} / \gamma_c$

Bemessungswerte der Wichten

$\gamma_{i,d} = \gamma_{i,k} \cdot \gamma_G$

Die Bemessungswerte für die Bodenkennwerte sind der folgenden Tabelle zu entnehmen:

Tabelle 7.4 Bemessungswerte für Bodenkennwerte (GZ 1C)

		$\varphi_{i,d}$ [°]	$c_{i,d}$ [kN/m²]	$\gamma_{i,d}$ [kN/m³]
1	Füllboden	29,25	0	20
2	Untergrund	24,79	0	18
3	Hinterfüllmaterial	24,79	0	19

Beim Nachweis der Tragfähigkeit müssen alle möglichen Gleitlinien in Betracht gezogen und der ungünstigste Bruchmechanismus untersucht werden: Es sind sowohl Gleitlinien, die Bewehrungslagen vollständig einschließen, als auch solche, die Bewehrungslagen schneiden oder zumindest tangieren, zu untersuchen. Weiterhin müssen Gleitlinien berücksichtigt werden, die durch den bewehrten Erdkörper führen, ohne eine Bewehrungslage zu schneiden.

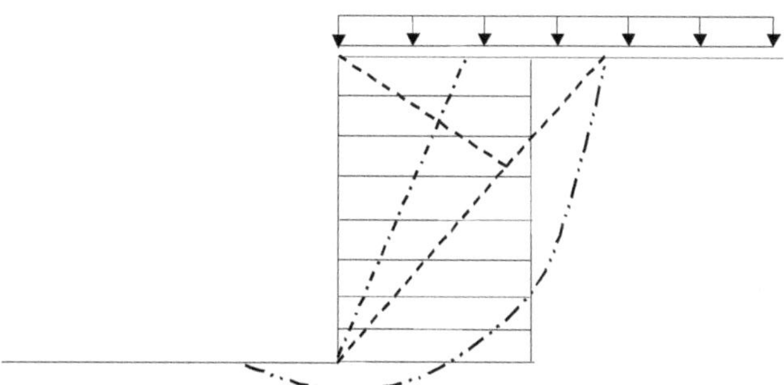

Bild 7.24 Mögliche Gleitlinien durch die Konstruktion

Für das Beispiel werden verschiedene Gleitlinien untersucht. Diese Gleitlinien werden mit mehreren Winkeln ϑ zunächst vom Fuß der Stützkonstruktion aus berechnet. Die Gleitlinien durchschneiden den gesamten bewehrten Körper bis zur Bewehrungsrückseite und verlaufen dann zur Oberfläche. Alle (einwirkenden) treibenden Kräfte werden der (widerstehenden) zurückhaltenden Kraft der Bewehrungen gegenübergestellt.

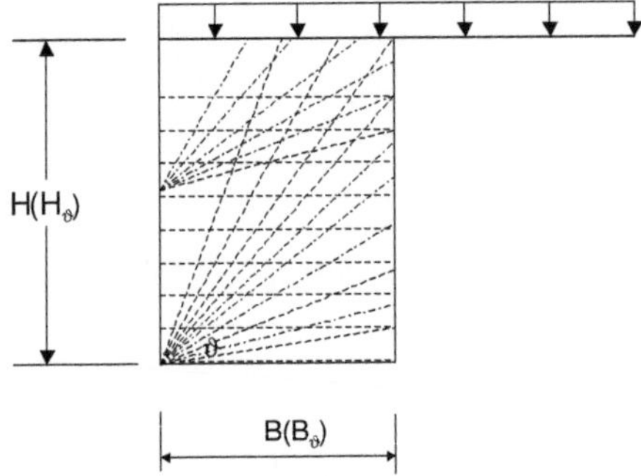

Bild 7.25 Beispiele von Gleitlinien

Folgende Versagenssysteme, die die Konstruktion im Fußpunkt durchdringen, werden beispielhaft für $\vartheta = 40°$ und $\vartheta = 45° + \varphi/2$, in beiden Fällen mit ständigen und veränderlichen Einwirkungen, betrachtet.

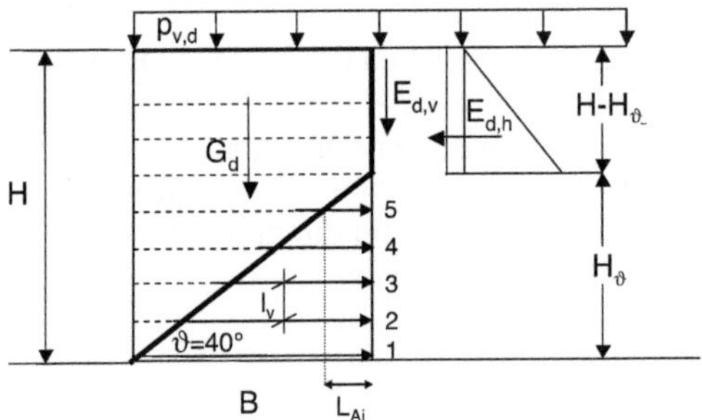

Fall 2: $\vartheta = 45 + \varphi/2$

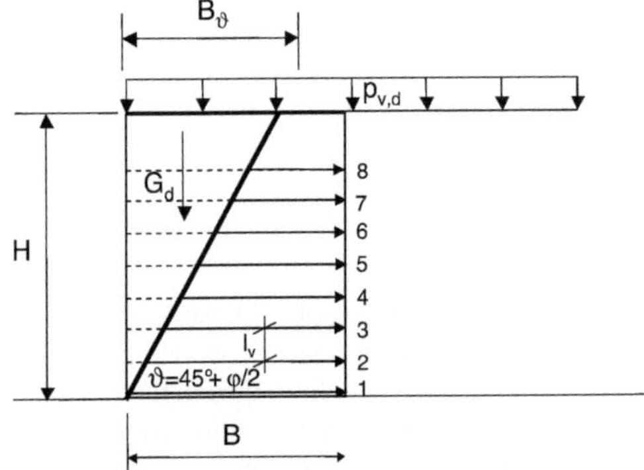

Bild 7.26 Kräfteverteilung bei den Gleitfugen

Die Größe der Beanspruchung ist:

$\Sigma F_{d(\vartheta)} = (G_{d(\vartheta)} + P_{v,d(\vartheta)} + E_{v,d(\vartheta)}) \cdot \tan(\vartheta - \varphi_{1,d}) + E_{h,d(\vartheta)}$,

wobei:

$G_{d(\vartheta)} = ½ \cdot \gamma_{1,d} \cdot B_{(\vartheta)} \cdot H_{(\vartheta)} + \gamma_{1,d} \cdot B_{(\vartheta)} \cdot (H - H_{\vartheta})$

$P_{v,d(\vartheta)} = p_{v,d} \cdot B_{(\vartheta)}$

$E_{gh,d(\vartheta)} = ½ \cdot \gamma_{v,d} \cdot k_{ah,g,d} \cdot (H - H_{\vartheta})^2$

$E_{gv,d(\vartheta)} = E_{gh,d(\vartheta)} \cdot \tan(\delta - \alpha)$

$E_{ph,d(\vartheta)} = k_{ah,p,d} \cdot (H - H_{\vartheta}) \cdot p_{v,d}$

$E_{pvd(\vartheta)} = E_{phd(\vartheta)} \cdot \tan(\delta - \alpha)$

$E_{h,d(\vartheta)} = E_{gh,d(\vartheta)} + E_{ph,d(\vartheta)}$

$E_{v,d(\vartheta)} = E_{gv,d(\vartheta)} + E_{pv,d(\vartheta)}$.

Bemessungsannahmen für Geokunststoffe:

Für die Bewehrung des bewehrten Erdkörpers der Stützkonstruktion wird ein fiktiver Geokunststoff je Bewehrungslage i mit einer erforderlichen charakteristischen Kurzzeitfestigkeit und den folgenden fiktiven Beiwerten gewählt:

$A_1 = 2{,}5$; $A_2 = 1{,}2$ und $A_3 = A_4 = A_5 = 1{,}0$.

Anmerkung: Die Abminderungsfaktoren sind produktspezifisch und sind nachzuweisen

Ermittlung der Bemessungsfestigkeit einer Bewehrungslage i:

(mit Teilsicherheitsbeiwert $\gamma_M = 1{,}4$)

$$R_{B,d} = \frac{R_{B,k0}}{2{,}5 \cdot 1{,}2 \cdot 1{,}0 \cdot 1{,}0 \cdot 1{,}0 \cdot 1{,}4} = \frac{R_{B,k0}}{4{,}2}$$

Für den vorgesehenen verwendeten Erdkörper werden 8 Lagen Geokunststoffbewehrung mit konstantem vertikalen Abstand nach Kapitel 7.2.2 mit $0{,}3 \leq l_v = 0{,}6 \text{ m} \leq 0{,}6$ m gewählt.

Gewählt werden folgende Geokunststofftypen:

- 4 Lagen Geokunststoff mit 80 kN/m (unten)
  mit Bemessungsfestigkeit $R_{B,d} = 19{,}04$ kN/m,
- 4 Lagen Geokunststoff mit 50 kN/m (oben)
  mit Bemessungsfestigkeit $R_{B,d} = 11{,}9$ kN/m.

Die Anordnung und die Bewehrungstypen sind nachfolgend dargestellt:

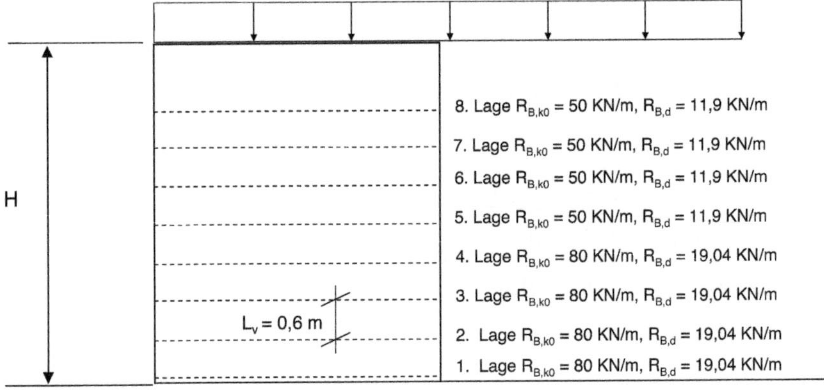

Bild 7.27 Anordnung der Bewehrungslagen

Fall 1: $\vartheta = 40°$

Zunächst wird der Erddruckbeiwert ermittelt.

Für den Grenzzustand 1C gilt:

$\varphi_{1,d} = 29,25°$; $\delta_{1,d} = 2/3 \cdot \varphi_{1,d} = 19,5°$; $\alpha = 0°$; $\beta = 0°$

$k_{ah,d} = 0,29$

$G_{d(40°)} = 0,5 \cdot 20 \cdot 3,5 \cdot 2,94 + 20 \cdot 3,5 \cdot 2,06 = 247,1$ kN/m

$P_{v,d(40°)} = 15,6 \cdot 3,5 = 54,6$ kN/m

$E_{gh,d(40°)} = 0,5 \cdot 20 \cdot 0,29 \cdot (2,06)^2 = 12,31$ kN/m

$E_{gv,d(40°)} = 12,31 \cdot \tan 19,5° = 4,36$ kN/m

$E_{ph,d(40°)} = 0,29 \cdot 2,06 \cdot 15,6 = 9,32$ kN/m

$E_{pv,d(40°)} = 9,32 \cdot \tan 19,5° = 3,3$ kN/m

$E_{h,d(40°)} = 12,31 + 9,32 = 21,63$ kN/m

$E_{v,d(40°)} = 4,36 + 3,3 = 7,66$ kN/m

$\Sigma F_{(40°)} = (247,1 + 54,6 + 7,66) \cdot \tan(40° - 29,25°) + 21,63 = 80,36$ kN/m

Die Größe der widerstehenden Bewehrungskräfte wird durch die Summe der Bemessungswerte der geschnittenen Bewehrungslagen (Widerstand) unter Berücksichtigung der Herausziehwiderstände bestimmt.

Auf der Widerstandsseite ist im Bereich der Bewehrungselemente eine Prüfung auf Bruch und Versagen durch Herausziehen durchzuführen.

Das Gleichgewicht ist in der Regel gewährleistet, wenn die folgende Grenzzustandsbedingung erfüllt ist:

$\sum E_{i,d(\vartheta)} \leq \min (\sum R_{Bi,d}; \sum R_{Ai,d})$.

Der kleinere Wert pro Lage ist maßgebend,

wobei gilt:

$$\begin{aligned} R_{Ai,d} &= 2 \cdot \sigma_{v,di} \cdot L_{Ai} \cdot (f_{sg,k} / \gamma_B) \text{ mit gew. } f_{sg,k} = 0{,}8 \cdot \tan\varphi_{v,k} \\ &= 2 \cdot \sigma_{v,di} \cdot L_{Ai} \cdot (0{,}8 \cdot \tan 35° / 1{,}4) \\ &= 2 \cdot 20 \cdot h_i \cdot L_{Ai} \cdot (0{,}8 \cdot \tan 35° / 1{,}4) \\ &= 16 \cdot h_i \cdot L_{Ai} \end{aligned}$$

oder

$$R_{B,d} = \frac{R_{B,k0}}{4{,}2}.$$

Tabelle 7.5 Nachweis für $\vartheta = 40°$

ϑ = 40°	**Nachweis gegen Bruch $R_{B,d}$ [kN/m]**	**Nachweis gegen Herausziehen $R_{Ai,d}$ [kN/m]**	**maßgebend [kN/m]**
1. Lage	19,04	280	19,04
2. Lage	19,04	195,7	19,04
3. Lage	19,04	125,85	19,04
4. Lage	19,04	69,376	19,04
5. Lage	11,90	26,62	11,90
		$\Sigma R_{d,I}$ =	88,06 kN/m

Nachweis:

$\Sigma F_i = 80{,}36$ kN/m $< \Sigma R_{d,i} = 88{,}06$ kN/m.

Fall 2: $\vartheta = 45° + \varphi/2$

$\vartheta = 45° + 29{,}25°/2 = 59{,}62°$

$G_{d(59,62°)} = 0{,}5 \cdot 20 \cdot 5 \cdot 2{,}931 = 146{,}55$ kN/m

$P_{(\vartheta)} = 15{,}6 \cdot 2{,}931 = 45{,}72$ kN/m

$$\begin{aligned} F_{d(\vartheta)} &= (G_{(\vartheta)} + P_{(\vartheta)}) \cdot \tan \cdot (\vartheta - \varphi') = (146{,}55 + 45{,}72) \cdot \tan (59{,}62° - 29{,}25°) \\ &= 112{,}67 \text{ kN/m} \end{aligned}$$

Tabelle 7.6 Nachweis für $\vartheta = 59{,}62°$

ϑ = 59,62°	**Nachweis gegen Bruch R_B [kN/m]**	**Nachweis gegen Herausziehen R_{Ai} [kN/m]**	**maßgebend [kN/m]**
1. Lage	19,04	280,0	19,04
2. Lage	19,04	221,76	19,04
3. Lage	19,04	170,24	19,04
4. Lage	19,04	125	19,04
5. Lage	11,90	87	11,90
6. Lage	11,90	55,68	11,90
7. Lage	11,90	31,14	11,90
8. Lage	11,9	13,31	11,9
		ΣR_{di} =	123,76 kN/m

Nachweis:

$\Sigma F_i = 112{,}67$ kN/m $< \Sigma R_{d,i} = 123{,}76$ kN/m.

7.8.3.5 Nachweis der Frontausbildung für bedingt verformbare Frontelemente

Der Nachweis wird für den Endzustand (LF1) geführt.

Zunächst wird der Erddruckbeiwert nach GZ 1B ermittelt:

Mit

$\varphi_{1,k} = 35°$; $\delta_{1,k} = 2/3 \cdot \varphi_{1,k} = 23{,}33°$, unter der Annahme: $\alpha = 0°$; $\beta = 0°$,

ergibt sich

$K_{agh,k} = K_{aqh,k} = 0{,}224$.

Die Größe des Erddruckes auf der Frontausbildung ist

$$e_{Frontausbildung} = \eta_g \cdot K_{agh,k} \cdot \gamma_k \cdot H_i \cdot \gamma_G + \eta_q \cdot K_{aqh,k} \cdot q \cdot \gamma_Q$$

$$E_{Frontausbildung} = e_{Frontausbildung} \cdot l_v$$

Anmerkung: In diesem Beispiel ist nur die Bemessungsfestigkeit ($R_{Bi,d}$) berücksichtigt worden. Der Wert $R_{Ai,d}$ ist systemabhängig (verschiedene Möglichkeiten der Frontausbildung) und kann somit nicht allgemein festgelegt werden.

Tabelle 7.7 Nachweis der Frontausbildung

	Z_i [m]	H_i [m]	η_g	η_q	l_v [m]	$E_{Frontausbildung}$ [kN/m]	$R_{Bi,d}$ bzw. $R_{Ai,d}$ $\geq E_{Frontausbildung}$
Lage 1	5,0	4,7	0,7	1,0	0,6	14,38	19,04
Lage 2	4,4	4,1	0,7	1,0	0,6	12,86	19,04
Lage 3	3,8	3,5	0,7	1,0	0,6	11,33	19,04
Lage 4	3,2	2,9	0,7	1,0	0,6	9,80	19,04
Lage 5	2,6	2,3	0,7	1,0	0,6	8,28	11,90
Lage 6	2,0	1,7	1,0	1,0	0,6	8,60	11,90
Lage 7	1,4	1,1	1,0	1,0	0,6	6,42	11,90
Lage 8	0,8	0,4	1,0	1,0	0,8	5,20	11,90

7.8.4 Nachweis der Gebrauchstauglichkeit (GZ 2)

(zulässige Lage der Sohldruckresultierenden nach DIN 1054, 7.6.1)

7.8.4.1 Nachweis der Lage der Sohldruckresultierenden

(nach DIN 1054, 7.6.1: ständige Einwirkungen)

$$e = \frac{\Sigma M_k}{N_k} = \frac{68,22}{374,12} = 0,182 < \frac{b}{6} = \frac{3,5}{6} = 0,583 \text{ m}$$

7.8.4.2 Verschiebungen in der Sohlfläche

(nach DIN 1054, 7.6.2)

Beim Nachweis der Gleitsicherheit wurde der Erdwiderstand vor der bewehrten Stützkonstruktion nicht berücksichtigt, jedoch ist der Nachweis auch ohne Berücksichtigung des Erdwiderstandes erbracht.

7.8.4.3 Setzungen

(nach DIN 1054, 7.6.3)

Eine Berechnung der Setzung ist erforderlich, wird für dieses Beispiel aber nicht durchgeführt.

Tabelle 7.7 Nachweis der [illegible]

	[illegible] [MN]	[illegible] [m]	[illegible]	[illegible]	[illegible] [m]	[illegible] [kN/m]	[illegible]
Lage 1	[illegible]	[illegible]	[illegible]	[illegible]	[illegible]	[illegible]	[illegible]
Lage 2	[illegible]	[illegible]	0,7	1,0	0,6	12,56	[illegible]
Lage 3	[illegible]	[illegible]	[illegible]	1,0	1,0	[illegible]	[illegible]
Lage 4	[illegible]	[illegible]	[illegible]	1,0	1,0	[illegible]	[illegible]
Lage 5	[illegible]	[illegible]	0,7	1,0	1,0	[illegible]	[illegible]
Lage 6	[illegible]	[illegible]	[illegible]	[illegible]	[illegible]	[illegible]	[illegible]
[illegible]	[illegible]	[illegible]	1,0	[illegible]	[illegible]	[illegible]	[illegible]
[illegible]	[illegible]	[illegible]	1,0	[illegible]	[illegible]	[illegible]	[illegible]

7.5.4 [illegible] (GZ 2)

[illegible] Lage der Sohldruckresultierenden nach DIN 1054, 7.6.1)

7.5.4.1 [illegible] der Lage der Sohldruckresultierenden

[illegible]

[illegible]

[illegible]

[illegible]

[illegible]

8 Deponiebau – Bewehrung oberflächenparalleler geschichteter Systeme

8.1 Allgemeines

Dieses Kapitel wurde ursprünglich für den Deponiebau entwickelt. Da die Empfehlungen darüber hinaus Anwendung finden und übertragbar sind, gelten sie auch für Abdichtungssysteme zum Schutz des Grundwassers und für Anlagen zur Fassung, Speicherung oder Ableitung von Wasser und anderen Flüssigkeiten und Stoffen, bei denen diese oberflächenparallelen geschichteten Systeme zur Verbesserung der Standsicherheit bewehrt werden müssen.

Sinngemäß können sie für mehrschichtige Systeme mit böschungsparallelen Grenzflächen ohne Abdichtungsfunktion angewendet werden.

Im Rahmen dieser Empfehlungen werden in Bezug zum Deponiebau nur Regelungen getroffen, die sich auf den Entwurf und die Bemessung von Bewehrungslagen aus Geokunststoffen in bewehrten Erd- bzw. Abfallkörpern von Deponien beziehen. Ansonsten gelten die einschlägigen Regelwerke (u. a. TA-Abfall [1], TA-Siedlungsabfall [2], Empfehlungen der DGGT: „Geotechnik der Deponien und Altlasten" GDA E2 bis E5 ([3], [8]), Deponieverordnung [4]).

Beim Bau und Betrieb von Abfalldeponien können vorwiegend im Bereich der Abdichtungssysteme Belastungszustände auftreten, die den Einsatz von Bewehrungslagen aus Geokunststoffen erfordern. Dabei ist zwischen Bewehrungen mit zeitlich begrenzter und solchen mit zeitlich unbegrenzter Funktion zu unterscheiden. Im Deponiebau ist in den Fällen, in denen die Bewehrung innerhalb des von den Abdichtungssystemen umschlossenen Deponieraumes angeordnet wird, bei bestimmten Randbedingungen verstärkt mit einem Milieu zu rechnen, das die Dauerbeständigkeit von Geokunststoffen beeinträchtigt. Deshalb sind für Bewehrungen innerhalb des von den Abdichtungssystemen umschlossenen Raumes Abminderungsfaktoren für die chemischen und/oder biologischen Einwirkungen zu berücksichtigen.

Infolge chemisch-biologischer Prozesse können im Deponiekörper deutlich erhöhte Temperaturen auftreten, die sowohl das Tragverhalten von Bewehrungen beeinflussen als auch ihre Dauerbeständigkeit reduzieren. Dieses ist bei der Dimensionierung der Bewehrung zu berücksichtigen. Nach GDA E 2-14 ist an der Basis von Siedlungsabfalldeponien ohne Abfallvorbehandlung mit Dauertemperaturen von 15 °C bis 40 °C zu rechnen. In Deponien für Müllverbrennungsschlacke wurden bereits über mehrere Jahre Temperaturen von 60 °C und mehr gemessen.

Für dauerhafte Anwendungen kommen Geokunststoffbewehrungen überwiegend in Oberflächenabdichtungssystemen zum Einsatz (Anwendung 1 in Bild 8.1). Wenn die rechnerische Standsicherheit der unbewehrten Böschung im Endzustand

Empfehlungen für den Entwurf und die Berechnung von Erdkörpern mit Bewehrungen aus Geokunststoffen (EBGEO). 2. Auflage. Deutsche Gesellschaft für Geotechnik e. V.

ISBN: 978-3-433-02950-3

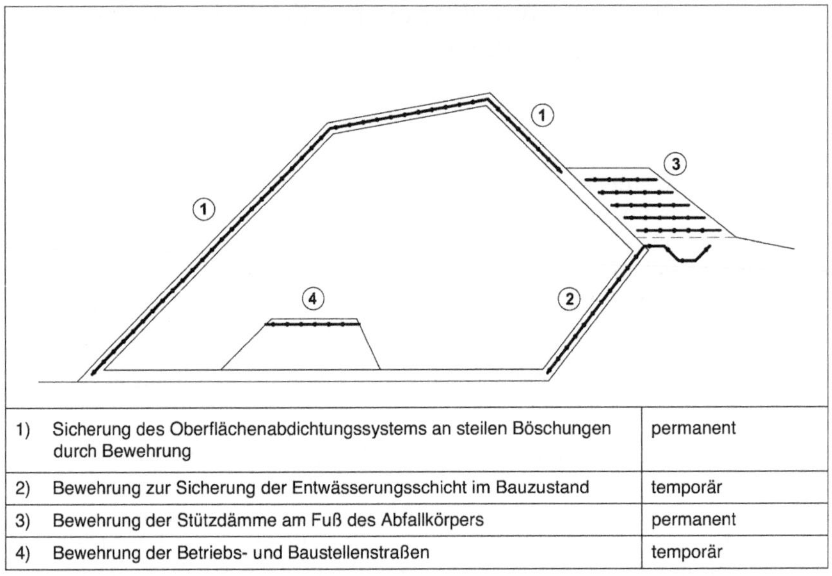

1)	Sicherung des Oberflächenabdichtungssystems an steilen Böschungen durch Bewehrung	permanent
2)	Bewehrung zur Sicherung der Entwässerungsschicht im Bauzustand	temporär
3)	Bewehrung der Stützdämme am Fuß des Abfallkörpers	permanent
4)	Bewehrung der Betriebs- und Baustellenstraßen	temporär

Bild 8.1 Mögliche Anwendung von Geokunststoff-Bewehrungslagen im Deponiebau

nicht sichergestellt werden kann, muss die Bewehrung für die Gebrauchsdauer des Abdichtungssystems bemessen werden. Dazu werden im Folgenden Erläuterungen gegeben, die erforderlichen rechnerischen Standsicherheitsnachweise vorgestellt und allgemeine Entwurfs- und Konstruktionshinweise beschrieben.

Typische Anwendungen sind in Bild 8.1 aufgeführt. Für die Bemessung sind die entsprechenden Kapitel der EBGEO maßgebend. Auf die Anwendung in Basis- oder Zwischenabdichtungssystemen können diese Ausführungen sinngemäß übertragen werden.

Abdichtungssysteme sind im Deponiebau gemäß GDA E 2-3 und E 2-4 aus mehreren Funktionsschichten zusammengesetzt. Nach Deponieverordnung sind zu den Regelabdichtungssystemen alternative Abdichtungssysteme zulässig. Die Regelabdichtungssysteme der Deponieklasse II (Siedlungsabfälle gemäß Abfallablagerungsverordnung [5]) und der Deponieklasse III (Sonderabfälle gemäß Abfallablagerungsverordnung [5]) enthalten als ein wesentliches Dichtungselement Kunststoffdichtungsbahnen (KDB), die nicht planmäßig mit Zugkräften beansprucht werden dürfen. Das gleiche gilt für geosynthetische Tondichtungsbahnen (GTD), die häufig als alternative Dichtungskomponenten eingesetzt werden.

8.2 Entwurfs- und Konstruktionshinweise

Üblicherweise wird die Bewehrung an der Untergrenze bzw. im unteren Bereich einer Rekultivierungsschicht, eines Oberbodens oder der mineralischen Entwässerungsschicht angeordnet. Werden geosynthetische Dränelemente eingesetzt, erfolgt die Anordnung der Bewehrung oberhalb dieser Entwässerungsschicht.

Aus bautechnischen Gründen sollte nur eine einlagige Bewehrung vorgesehen werden. Im Bereich der Überlappungen nebeneinander liegender Bewehrungsbahnen ist besonderes Augenmerk auf eine durchgängige Verzahnung und ausreichende Wasserdurchlässigkeit von Boden und Geogitter zu legen. Gegebenenfalls sind besondere geometrische Anforderungen hinsichtlich der ausreichenden Maschenweite der Geogitter zu stellen.

Wegen der hauptsächlich einaxialen Beanspruchung sollten Bewehrungen mit anisotroper Zugfestigkeit (Längsrichtung gleich Hauptbeanspruchungsrichtung) verwendet werden. Die Bewehrungen müssen entsprechend einem Verlegeplan ausgerollt und seitlich aus konstruktiven Gründen mit ca. 20 cm überlappt werden. Stöße in Längsrichtung müssen vermieden werden. Gegebenenfalls sind „versteckte“ Verankerungsebenen auf der Böschung vorzusehen.

Die Lage der Bewehrung im Verankerungsgraben erfolgt in der Regel wie in Bild 8.3 dargestellt. Ein Wassereinstau im Verankerungsgraben ist zu vermeiden. Ein Dichtungselement, z. B. eine Kunststoffdichtungsbahn zzgl. Schutzlage, endet im Regelfall vor der Grabensohle; eine Dränagematte endet vor dem Verankerungsgraben, wenn ein Ableiten von Wasser nicht möglich ist.

Bei starker Rundung der Böschung im Grundriss können sich die Kräfte aus der Böschung stark aufsummieren. In diesem Fall ist die Grabengeometrie auf die erhöhe Beanspruchung zu bemessen.

Bei Böschungen die durch Bermen unterbrochen sind, sollte die Bewehrungsführung einschließlich Verankerung für jede Böschung separat dimensioniert werden. Die Verankerung erfolgt in den Bermen. Eine Bewehrungsführung über die Bermen hinweg in die nächst höher gelegene Böschung ist zu vermeiden (abhebende Kräfte).

8.3 Nachweise

8.3.1 Grundlagen

Mehrschichtige, vorwiegend böschungs- oder oberflächenparallele Systeme, z. B. Dichtungssysteme aus Böden und/oder Geokunststoffen, können in jeder Schichtgrenze oder innerhalb von Elementen (z. B. bei Bentonitmatten und Dränmatten) maßgebende Scherfestigkeitseigenschaften besitzen, so dass Standsicherheitsnachweise prinzipiell unter Berücksichtigung aller Schichtgrenzen geführt werden müssen.

Der Nachweis der Gesamtstandsicherheit ist für potenzielle Bruchfugen innerhalb eines geschichteten Systems im Grenzzustand GZ 1C ebenso zu führen. Wird unter Berücksichtigung einer Schichtgrenze oder der Scherfestigkeit eines Elementes die erforderliche Standsicherheit nicht eingehalten, kann diese durch den Einsatz von Bewehrungslagen erhöht werden. Die Gesamtstandsicherheit ist dann unter Ansatz der Bemessungswerte für die Scherfestigkeit und des Bemessungswiderstandes der Bewehrungslage als mittragendem Bauteil nachzuweisen. Bewehrungslagen aus Geokunststoffen können zur teilweisen oder vollständigen Aufnahme von Hangabtriebskräften eingesetzt werden.

Die Ermittlung des mindestens erforderlichen Bemessungswiderstandes einer Bewehrungslage erfolgt durch Umstellen der Grenzzustandsgleichung. Zur Bestimmung des charakteristischen Wertes der Kurzzeitfestigkeit der Bewehrung wird ein anwendungsbezogener Korrekturfaktor η_M zur Modifizierung des Sicherheitsniveaus eingeführt. Dieser beträgt im

- LF1: $\eta_M = 1{,}10$,
- LF2: $\eta_M = 1{,}05$,
- LF3: $\eta_M = 1{,}00$.

$$R_{B,k0} = R_{B,k} \cdot \gamma_M \cdot \eta_M \qquad \text{Gl. (8.1)}$$

Ergänzend ist für die Böschung oder den Untergrund, auf dem ein geschichtetes System angeordnet wird, die ausreichende Gesamtstabilität nach DIN 1054 im Grenzzustand GZ 1C nachzuweisen bzw. wird sie für die nachfolgenden Betrachtungen vorausgesetzt.

Die Kräfte, mit denen die Bewehrungslagen beansprucht werden, sind aus dem Nachweis gegen Gleiten im Bauzustand unter Berücksichtigung der lokalen Belastung durch Baugeräte und im Endzustand zu ermitteln (siehe Kapitel 8.3).

Für die Abschätzung der Verformungen im Gebrauchszustand (GZ 2) gelten die Hinweise in Kapitel 3.1. Bei der Auswahl der Geokunststoffbewehrung ist die Verformungsverträglichkeit des Gesamtsystems zu berücksichtigen.

Abschließend erfolgt der Nachweis ausreichender Verankerung der Geokunststoffbewehrung im Grenzzustand GZ 1C.

Anmerkung: Für Standsicherheitsnachweise in den Schichtgrenzen (Systemfugen) eines Abdichtungssystems wird in der Regel mit den aus direkten Scherversuchen nach GDA E 3-8 ermittelten Scherparametern im Bruchzustand gerechnet. Die Größe der Scherparameter ist jedoch verschiebungsabhängig. Die zur Aktivierung der maximalen Scherwiderstände notwendigen Verschiebungen müssen mit dem System verträglich sein (vgl. GDA E 3-8). Bei der Ermittlung der von einem Geogitter aufzunehmenden Defizitkraft darf die Adhäsion zwischen Geokunststoff/Boden oder Geokunststoff/Geokunststoff in bestimmten Fällen (vgl. GDA E 3-8) berücksichtigt werden.

8.3.2 Nachweis der Standsicherheit des geneigten Dichtungssystems

Für Abdichtungsschichten auf Böschungen sind nach GDA E2-7 die rechnerischen Nachweise für alle relevanten Lastkombinationen im Bau- und Endzustand zu führen. Wenn dabei der zulässige Auslastungsgrad überschritten wird und die Böschungsneigung nicht im erforderlichen Maße abgeflacht werden soll, kann eine Bewehrungslage angeordnet werden, deren Tragkraft planmäßig in Ansatz gebracht wird. Grundlage für den Standsicherheitsnachweis ist dann die Grenzgleichgewichtsbetrachtung in der ungünstigsten Gleitfläche (Bild 8.2 a):

$$R_{t,d} + R_{B,d} - E_d \geq 0 \qquad \text{Gl. (8.2)}$$

mit:

$R_{t,d}$ Bemessungswert des Reibungswiderstandes,
E_d Bemessungswert der Einwirkungen,
$R_{B,d}$ Bemessungswiderstand der Bewehrung.

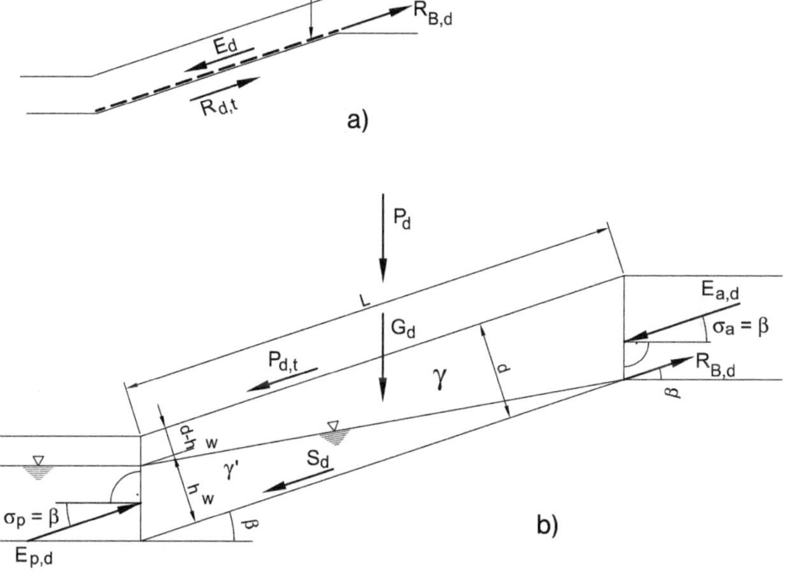

Bild 8.2 Schnitt durch die bewehrte Entwässerungsschicht in der Böschung

Anmerkung: Zur Ermittlung der erforderlichen Zugfestigkeit der Bewehrung werden üblicherweise alle auf der gesamten Böschungslänge vorhandenen Einwirkungen vom Böschungsfuß her aufsummiert, den Widerständen gegenübergestellt und daraus die erforderliche Bemessungsfestigkeit der Bewehrung ermittelt.

Bei dieser Gleichgewichtsbetrachtung werden Verkehrslasten – z. B. durch Befahren der Deponieböschung mit Baugeräten im Lastfall Bauzustand, aber auch durch Befahrung von Bermen im Rahmen von Wartungs- und Inspektionsarbeiten nach Fertigstellung des Oberflächenabdichtungssystems im Endzustand – als lokale Kraftgröße den Einwirkungen zugerechnet. Auch sind im Endzustand auftretende Schneelasten zu berücksichtigen. Für die Bemessung der Bewehrung wird die ungünstigste Lastfallkombination maßgebend.
Zur Ermittlung der aufzunehmenden Defizitkräfte können die nachfolgend erläuterten Gleichungen zugrunde gelegt werden. Hinsichtlich des Ansatzes von Brems- und Beschleunigungskräften aus Verkehrslasten siehe Kapitel 8.3.2.1 c).

Die ungünstigste Gleitfläche ist durch vergleichende Untersuchungen zu ermitteln. Sie kann beispielsweise in der Schichtgrenze zwischen einer Kunststoffdichtungsbahn und einer mineralischen Dichtungsschicht liegen, insbesondere wenn diese wassergesättigt und die undränierte Scherfestigkeit des Bodens gering ist. Sie kann zwischen einer geotextilen Schutzlage oder einem geosynthetischen Dränsystem und einer Kunststoffdichtungsbahn liegen, wenn zwischen beiden Lagen nur geringe Reibungskräfte aktiviert werden.

Die Einwirkungen sind mit den Bemessungswerten der ständigen und veränderlichen Lasten (mit den Teilsicherheitsbeiwerten aus DIN 1054, Tabelle 2) zu bestimmen.

Die Widerstände ergeben sich aus den Bemessungswerten der Scherparameter nach DIN 1054, Tabelle 3:

$$\gamma_\phi = \gamma_\delta \qquad \text{Gl. (8.3)}$$

$$\gamma_c = \gamma_a \qquad \text{Gl. (8.4)}$$

mit:

γ_a Teilsicherheitsbeiwert für die Adhäsion des Bodens,
γ_δ Teilsicherheitsbeiwert für den Kontaktreibungswinkel.

Nachfolgend wird die Berechnung der Einwirkungen E_d und der Widerstände $R_{t,d}$ erläutert. Alle Nachweise beziehen sich auf die gesamte Böschungslänge und eine Einheitsbreite von 1 m.

8.3.2.1 Einwirkungen und Beanspruchungen

Zu den Einwirkungen (Bild 8.2 b) zählen die Bemessungswerte der hangparallelen Komponente der Gewichtskraft G_d der oberhalb der maßgeblichen Gleitfläche liegenden Schichten, der hangparallelen Komponente einer etwaigen zusätzlichen Vertikallast P_d, der Brems- und Beschleunigungskräfte P_{dt} und der

Sickerströmungskraft S_d sowie des aktiven Erddrucks $E_{a,d}$ auf den Gleitkörper. Der Bemessungswert der Einwirkungen E_d wird dann wie folgt berechnet:

$$E_d = G_d \cdot \sin\beta + P_d \cdot \sin\beta + P_{dt} + S_d + E_{a,d} \qquad \text{Gl. (8.5)}$$

mit:

G_d Bemessungswert der Gewichtskraft,
S_d Bemessungswert der Strömungskraft,
P_{dt} Bemessungswert der Brems- und Beschleunigungskräfte,
P_d Bemessungswert der Vertikallasten,
β Böschungswinkel,
$E_{a,d}$ Bemessungswert des aktiven Erddrucks.

a) Bemessungswert der Gewichtskraft G_d

Bei teilweise durchströmten Böschungen ist für den charakteristischen Wert der Gewichtskraft G_k der Bodenschichten oberhalb der Abdichtung Auftrieb zu berücksichtigen. Für Gleitflächen unterhalb der Abdichtung ist zusätzlich das Gewicht des Wassers über der Abdichtung zu berücksichtigen. Für die in Bild 8.2 b dargestellte Sickerlinie gilt für eine Gleitfuge oberhalb der Abdichtung:

$$G_d = \gamma_G \cdot [\gamma_k \cdot (d - 1/2 \cdot h_w) + \gamma'_k \cdot 1/2 \cdot h_w] \cdot L \qquad \text{Gl. (8.6)}$$

mit:

h_w Schichtdicke unterhalb der Sickerlinie,
L Böschungslänge.

b) Bemessungswert der Vertikalkraft P_k aus Verkehrslasten

Die in der betrachteten Gleitfuge auf einer Einheitsbreite von 1 m wirkende Vertikalkraft P_k ergibt sich zu:

$$P_d = \gamma_Q \cdot G_R / b_i \qquad \text{Gl. (8.7)}$$

mit:

G_R Eigengewicht des Baugerätes [kN],
b_i ideelle Breite der Aufstandsfläche, bezogen auf die betrachtete Gleitfuge unter Berücksichtigung eines Lastausbreitungswinkels von $\alpha = 30°$ gegen die Vertikale.

$$b_i = 2 \cdot (b_R + 2 \cdot d_i \cdot \tan\alpha) \qquad \text{Gl. (8.8)}$$

mit:

b_R Kettenbreite,
d_i Mächtigkeit der zu befahrenden Schüttlage oberhalb der Gleitfuge (Einbauschichtstärke).

c) Bemessungswert der Brems- und Beschleunigungskräfte P_{dt} aus Baugeräten für den Bauzustand

Nach DIN 1054, Kapitel 6.1.4 werden dynamische Einwirkungen aus Baubetrieb in der Regel durch statische Ersatzlasten berücksichtigt. Es wird empfohlen, die Einwirkungen aus Brems- und Beschleunigungskräften unter Berücksichtigung eines Schwingbeiwerts Φ wie folgt zu berechnen:

$$P_{dt} = \gamma_Q \cdot P_k \cdot \sin\beta \cdot (\Phi - 1) \qquad \text{Gl. (8.9)}$$

mit:

P_{dt} Bemessungswert der Brems- und Beschleunigungskräfte aus Baugeräten für den Bauzustand,
P_k Vertikallast,
Φ Schwingbeiwert $\Phi = 1{,}4 - 0{,}1 \cdot d_i$.

Bei diesem Ansatz wird die statisch wirksame Verkehrslast zum einen über den Schwingbeiwert, zum anderen über den Teilsicherheitsbeiwert nach DIN 1054 rechnerisch erhöht berücksichtigt.

Die Bauabläufe sind durch Arbeitsanweisungen festzulegen und zu überwachen, so dass eine ausreichende Standsicherheit stets gegeben ist. Kritische Bauzustände sollten hinsichtlich der Wahl geeigneter Baugeräte und -abläufe durch das Anlegen von Versuchsfeldern in situ überprüft werden.

Anmerkung: Hinsichtlich der Berechnung von horizontalen Einwirkungen aus Brems- und Beschleunigungskräften wird in [6] gefordert, die auftretenden Schubkräfte unter Berücksichtigung des tatsächlichen Betriebsgewichtes und der konkreten Bremsverzögerung – ermittelt als Quotient aus Fahr- bzw. Schubgeschwindigkeit und Bremsdauer – zu berechnen. Theoretisch verspricht diese Vorgehensweise eine größere Genauigkeit als die vereinfachte, näherungsweise Berechnung nach dem in EBGEO 1997 eingeführten Schwingbeiwertverfahren. Sie ist jedoch etwas schwierig in der rechnerischen Umsetzung, da die erforderlichen Geräteangaben entweder nicht bekannt sind (in der Planungs- und Ausschreibungsphase) oder entsprechende Vorgaben, z. B. zur Fahrgeschwindigkeit bzw. Bremsdauer, nicht baubegleitend überwacht werden bzw. werden können (Ausführungsphase).

Vor dem Hintergrund, dass seit EBGEO 1997 keine Schadensfälle dokumentiert sind, die nachweislich auf eine Unterdimensionierung der Bremskräfte zurückgeführt werden müssen, hat sich der Arbeitskreis deshalb entschieden, diese vereinfachte Nachweisführung beizubehalten.

Vorschläge zur detaillierten Berechnung, insbesondere lokaler Lastkonzentrationen im Bauzustand, sind z. B. in [6] enthalten oder können in Anlehnung an DIN 4084 mit ebenen Gleitflächen angenähert werden.

d) Bemessungswert der Strömungskraft S_d

Für die in Bild 8.2 b dargestellte Sickerlinie gilt:

$$S_d = \gamma_G \cdot 1/2 \cdot \gamma_w \cdot i \cdot h_w \cdot L \quad \text{Gl. (8.10)}$$

mit:

i hydraulisches Gefälle (auf Böschungen mit dem Neigungswinkel β ist bei böschungsparalleler Sickerlinie i = sin β).

Anmerkung: Die Strömungskraft ist nach DIN 1054, Tab. 2 eine ständige Einwirkung. Die Wassereinstauhöhe h_w in der Entwässerungsschicht kann z. B. nach den Vorgaben der GDA E 2-20 berechnet werden. Bei mineralischen Entwässerungsschichten wird in der Praxis häufig vereinfachend als konstante Aufstauhöhe die halbe Schichtmächtigkeit der Entwässerungsschicht angesetzt.

e) Bemessungswert des Erddrucks $E_{a,d}$

Erddruck an der Böschungskrone ist bei langen Böschungen und geringen Schichtdicken von geringem Einfluss und kann daher im Allgemeinen vernachlässigt werden. Wird der Ansatz des Erddrucks erforderlich, so gelten die Anforderungen nach DIN 4085.

8.3.2.2 Widerstände

Der Reibungswiderstand (Bild 8.2 b) ergibt sich aus den durch Eigengewicht und Verkehrslast resultierenden Bodenreaktionskräften und dem Erdwiderstand am Gleitkörper. Die Gewichtskraft und Verkehrslast werden analog Kapitel 8.3.2.1 als charakteristische Größen berechnet.

$$R_{t,d} = [(G_k + P_k) \cdot \cos\beta \cdot (\tan\delta_k) / \gamma_\delta + a_k / \gamma_a \cdot L] + E_{p,d} \quad \text{Gl. (8.11)}$$

mit:

a_k charakteristischer Wert der Adhäsion zwischen Boden und Geokunststoff sowie zwischen Geokunststoff und Geokunststoff.

Der Erdwiderstand am Böschungsfuß ist bei langen Böschungen und geringen Schichtdicken von geringem Einfluss. Er wird daher meist vernachlässigt. Wenn er angesetzt wird, gelten die herkömmlichen Regeln nach DIN 4085. Auftrieb ist gegebenenfalls zu berücksichtigen.

Es ist außerdem zu untersuchen, ob andere Versagensmechanismen für die Stützkraft am Böschungsfuß bzw. an der Berme maßgeblich sind, z. B. Abscheren eines Gleitkeils am unteren Ende der Böschung.

Anmerkung: Der Ansatz von P_k setzt voraus, dass die Vertikallast als effektive Spannung wirkt und nicht durch Porenwasserüberdrücke abgetragen wird. Dies kann unter Berücksichtigung der Materialanforderung und der Einbauhinweise der DepV für die mineralischen Schichten in Oberflächenabdichtungssystemen überwiegend als gegeben vorausgesetzt werden. Kritische Porenwasserüberdrücke können sich allenfalls bei tonmineralischen Dichtschichten ergeben, die auf der nassen Seite der Proctorkurve bei geringem Luftporengehalt eingebaut wurden.
Auf der Widerstandsseite der Standsicherheitsberechnungen werden die Brems- und Beschleunigungskräfte nicht angesetzt.

Für die charakteristischen Werte der Scherparameter δ_k bzw. φ_k und a_k bzw. c_k sind entsprechend der Lage der untersuchten Gleitebene alternativ folgende Werte anzusetzen:

- für die Kontaktfläche zwischen Geokunststofflagen (siehe GDA E 3-8):
  - Reibungswinkel δ_k (z. B. Schutzlage/KDB $\delta_{gg,k}$ oder Boden/Geokunststoff $\delta_{sg,k}$),
  - Adhäsion a_k (wird nur im Ausnahmefall angesetzt, vgl. GDA E3-8).
- für Bodenschichten bei dränierten Verhältnissen:
  - Reibungswinkel des dränierten Bodens φ'_k,
  - Kohäsion des dränierten Bodens c'_k.
- für wassergesättigte bindige Bodenschichten bei undränierten Verhältnissen:
  - Reibungswinkel des undränierten Bodens $\varphi_{u,k} = 0$,
  - Kohäsion des undränierten Bodens $c_{u,k}$.

8.3.3 Materialwiderstand der Bewehrung

Für die Bemessung der Zugfestigkeit der Bewehrungslagen im Oberflächenabdichtungssystem sind mindestens folgende typische Lastkombinationen zu untersuchen:

- für den Bauzustand:
  Abdichtungssystem bis einschließlich Entwässerungsschicht fertig gestellt,
  Belastung durch Baugeräte,
  Strömungskraft infolge Starkregenereignis.
- für den Endzustand:
  Abdichtungssystem komplett fertiggestellt, zusätzlich Verkehrslast (u. a. Schneelast) und Sickerströmungskraft. Bei der Ermittlung der Sickerlinie können die Wasserspeicherung und das Wasserrückhaltevermögen der Bodenschichten oberhalb der Entwässerungsschichten berücksichtigt werden (siehe auch GDA E 2-20).

8.3.4 Verankerung

Die Regelfälle der Verankerung der Bewehrung an der Böschungskrone sehen die Einbindung in einem Graben oder auslaufend mit einer entsprechenden Überschüttung vor. Die zu führenden Nachweise sehen als Grenzzustand der Tragfähigkeit den Fall GZ 1C nach DIN 1054 vor.

a) Sicherheit gegen Bruch des Verankerungsgrabens

Für die ausreichende Lastabtragung durch die Bewehrung ist über den Reibungswiderstand entlang des i-ten Teilbereiches im Verankerungsgraben der Nachweis gegen Bruch des Verankerungsgrabens zu führen (Bild 8.3). Die Grenzzustandsgleichung lautet:

$$R_{t,d} - R_{B,d} - E_{a,d} \geq 0 \qquad \text{Gl. (8.12)}$$

mit:

$$R_{t,d} = \Sigma\, R_{ti,d} = \Sigma\,[(G_{i,d} \cdot \cos\beta_i \cdot \tan\delta_{i,d} + a_{i,d}) \cdot L_i] + [(G_{i,d} \cdot \cos\beta_i \cdot \lambda \cdot \tan\varphi'_{i,d} + c'_{i,d}) \cdot L_i]. \qquad \text{Gl. (8.13)}$$

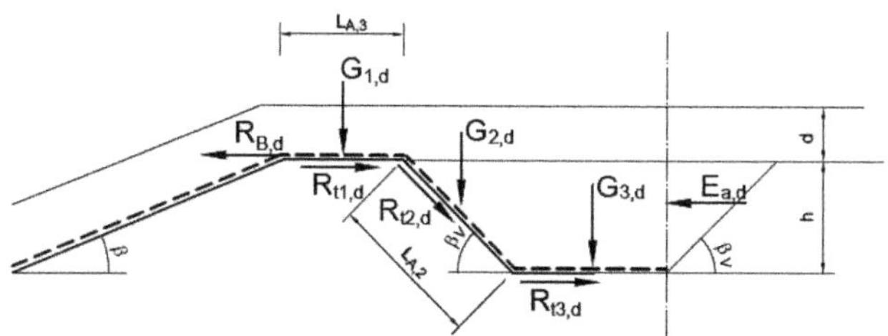

Bild 8.3 Nachweis gegen Bruch des Verankerungsgrabens

Anmerkung: Bei diesem Nachweis sind Umlenkkräfte vernachlässigt. Ggf. können diese Umlenkkräfte zu einem Abheben des Bodens im Verankerungsgraben führen.

b) Nachweis gegen Bruch der Böschungskrone

Zusätzlich ist der Nachweis gegen Bruch der Böschungskrone entlang einer potenziellen Scherfuge nach Bild 8.4 zu erbringen. Es gilt der Grenzzustand der Tragfähigkeit GZ 1C „Versagen auf inneren Gleitlinien“. Er wird beschrieben durch

$$R_{t,d} - R_{B,d} \cdot \cos\beta - E_{a,d} \geq 0 \qquad \text{Gl. (8.14)}$$

mit:

$$R_{t,d} = R_{t1,d} + R_{t2,d} = [(G_{1,d} \cdot (\tan\delta_{1,k}) / \gamma_\delta + a_{1,k} / \gamma_a) \cdot L_1] + [(G_{2,d} \cdot (\tan\varphi'_k) / \gamma_\varphi + c'_k / \gamma_c \cdot L_2]. \qquad \text{Gl. (8.15)}$$

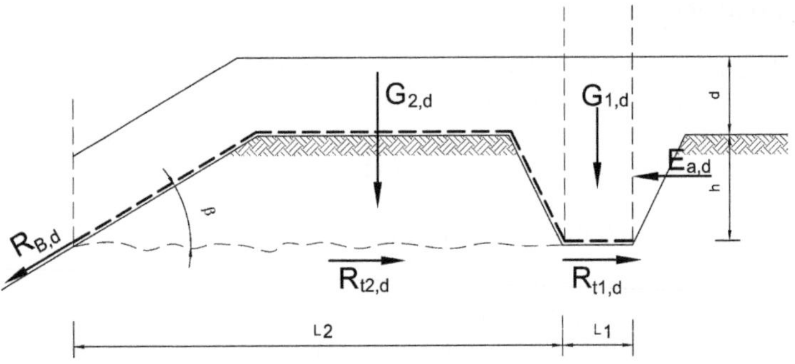

Bild 8.4 Nachweis gegen Bruch der Böschungskrone

8.4 Literatur

[1] TA Abfall, Zweite Allgemeine Verwaltungsvorschrift zum Abfallgesetz, Heymanns-Verlag, 1991.

[2] TA Siedlungsabfall, Dritte Allgemeine Verwaltungsvorschrift zum Abfallgesetz, Bundesanzeiger-Verlag, 1993.

[3] Empfehlungen des Arbeitskreises „Geotechnik der Deponien und Altlasten" GDA, 2. Auflage, Verlag Ernst&Sohn, 1993.

[4] Verordnung zur Vereinfachung des Deponierechts, Verordnung über Deponien und Langzeitlager (Deponieverordnung DepV), 27.04.2009, Bundesgesetzblatt 2009, Teil I Nr. 22.

[5] Abfallablagerungsverordnung, Verordnung über die umweltverträgliche Ablagerung von Siedlungsabfällen, Bundesgesetzblatt I 2001, 305.

[6] Saathoff, F., Werth, K. (2005): Standsicherheitsnachweise für Oberflächenabdichtungssysteme – Anmerkungen zum Lastfall Einbau geschichteter Systeme mit Geokunststoffen. 21. SKZ-Tagung „Die sichere Deponie", Süddeutsches Kunststoffzentrum, Würzburg, Eigenverlag.

[7] Syllwasschy, O., Sobolewski, J., Brokemper, D., Alexiew, N. (2005): Beispiele für effiziente Oberflächenabdichtungen anhand der Deponien Koppelwald, Dillinger Hütte und Redlham: Aufbau, Statik, Verlegepläne, Bauausführung. Symposium Umweltgeotechnik des Ak 6.1 der DGGT e. V., TU Freiberg.

[8] GDA E2-7 (2008): Nachweis der Gleitsicherheit von Abdichtungssystemen. Empfehlungen des Arbeitskreises „Geotechnik der Deponiebauwerke" des Ak 6.1, Deutsche Gesellschaft für Geotechnik, Hrsg. Witt, K.-J. und Ramke, H.-G., Bautechnik, 85. Jahrgang, Ausgabe 9, Verlag Ernst & Sohn, 2008.

8.5 Beispiel für die Oberflächenabdichtung einer Deponie mit Geokunststoffbewehrung

Im Oberflächenabdichtungssystem einer Deponie aus Kunststoffdichtungsbahnen (KDB) wird eine Bewehrung mit Geokunststoffen erforderlich. Die Nachweise erfolgen nach Kapitel 8.3.

8.5.1 Geometrie, bodenmechanische Kennwerte, Eigenschaften der Geokunststoffe und Kenndaten eines gewählten Baufahrzeuges

8.5.1.1 Geometrie des Dichtungssystems im Böschungsbereich

Länge der Böschung: $L = 30$ m

Böschungsneigung (1 : n = 1 : 2): $\beta = 26{,}6°$

Dicke der Rekultivierungsschicht: $d_1 = 1{,}0$ m

Dicke der Entwässerungsschicht: $d_2 = 0{,}3$ m

8.5.1.2 Charakteristische bodenmechanische Ausgangswerte

Entwässerungsschicht:

Kies (16/32)	Reibungswinkel:	$\varphi'_k = 32{,}5°$
	Wichte:	$\gamma_k / \gamma'_k = 20/10$ kN/m^3
	Kohäsion:	$c'_k = 0$ kN/m^2

Rekultivierungsboden:

UL	Reibungswinkel:	$\varphi'_k = 27{,}5°$
	Wichte:	$\gamma_k / \gamma'_k = 19/10$ kN/m^3
	Kohäsion:	$c'_k = 2{,}5$ kN/m^2

8.5.1.3 Geokunststoffe

Arten:

- KDB mit beidseitiger Oberflächenstruktur,
- mechanisch verfestigter Vliesstoff als geotextile Schutzlage für die KDB,
- Geogitter als Bewehrung.

Reibungseigenschaften [8]:

Schichtgrenze KDB/geotextile Schutzlage aus Reibungsversuchen (maßgebend):

Reibungswinkel: $\delta_k = 27°$

Adhäsion: $a_k = 0$ kN/m^2

8.5.1.4 Kenndaten eines gewählten Raupenfahrzeuges

Planierraupe Betriebsgewicht:	$G_R = 128$ kN auf 2 Ketten
Kettenbreite:	$b_R = 0{,}6$ m je Kette
Abstand zwischen den Ketten:	$e = 1{,}8$ m
Kettenlänge:	$l_R = 2{,}6$ m je Kette
dynamischer Schwingbeiwert in Anlehnung an DIN 1072:	$\Phi = 1{,}4 - 0{,}1\ d_2 = 1{,}37$
Lastausbreitungswinkel unter den Ketten:	$\alpha = 30°$

8.5.1.5 Definition Bauzustand

Der Systemaufbau erfolgt ohne Rekultivierungsschicht, d. h Einbau der Entwässerungsschicht und Befahrung.

8.5.2 Nachweis der Standsicherheit

Nach Kapitel 8.3.2 ist der ausreichende Widerstand bei schichtparalleler Schubbeanspruchung für die nachfolgende Bedingung erfüllt (siehe auch Bild 8.5):

$$R_{t,d} + R_{B,d} - E_d \geq 0 \qquad \text{Gl. (8.16)}$$

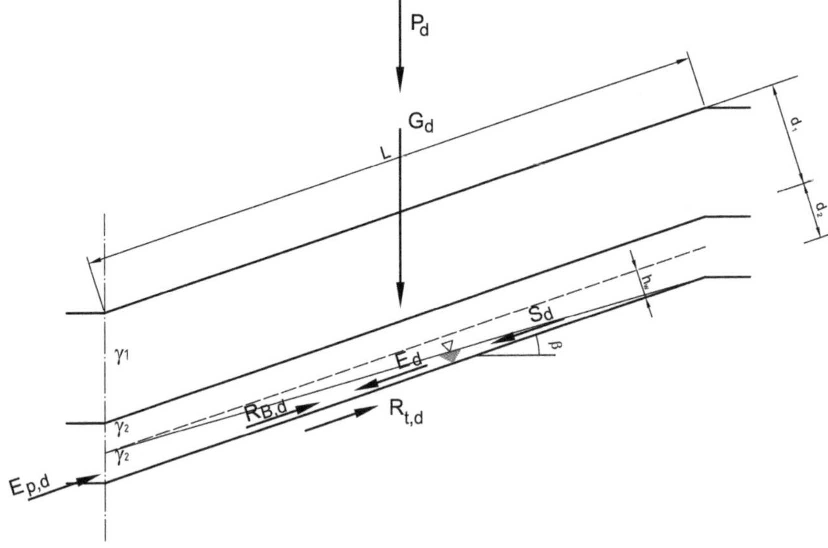

Bild 8.5 Einwirkungen und Widerstände im schichtparallelen System

a) Bemessungswert der Einwirkungen E_d:

$$E_d = \gamma_G \cdot G_k \cdot \sin\beta + \gamma_Q \cdot P_k \cdot \sin\beta + P_{dt} \cdot \sin\beta + S_d + E_{a,d} \qquad \text{Gl. (8.17)}$$

Teilsicherheitsbeiwerte siehe DIN 1054 für GZ 1C, Tab. 2:

$\gamma_G = 1{,}0$ (Endzustand) $\gamma_G = 1{,}0$ (Bauzustand)
$\gamma_Q = 1{,}3$ (Endzustand) $\gamma_Q = 1{,}2$ (Bauzustand)

b) Bemessungswert des Reibungswiderstandes $R_{t,d}$:

$$R_{t,d} = (G_k + P_k) \cdot \cos\beta \cdot (\tan\delta_k) / \gamma_\delta + a_k / \gamma_a \cdot L + E_{p,d} \qquad \text{Gl. (8.18)}$$

Teilsicherheitsbeiwerte siehe DIN 1054 für GZ 1C, Tab. 3:

$\gamma_\varphi, \gamma_c = 1{,}25$ (Endzustand) $\gamma_\varphi, \gamma_c = 1{,}15$ (Bauzustand)
$\gamma_\delta, \gamma_a = 1{,}25$ (Endzustand) $\gamma_\delta, \gamma_a = 1{,}15$ (Bauzustand)

c) Charakteristischer Wert der Gewichtskraft G_k:

$$G_k = [\gamma_k \cdot (d - 1/2 \cdot h_w) + \gamma'_k \cdot 1/2 \cdot h_w] \cdot L \qquad \text{Gl. (8.19)}$$

Auf die genaue Ermittlung von h_w nach GDA E 2-20 mit dem Ansatz von Lesaffre wird in diesem Beispiel verzichtet; vereinfachend wird mit $h_w = 1/2 \cdot d_2$ und böschungsparalleler Durchströmung gerechnet.

$h_w = ½ \cdot 0{,}3 = 0{,}15$ m

Berechnung für den Bauzustand:

$G_k = (20 \cdot (0{,}3 - ½ \cdot 0{,}15) + 10 \cdot ½ \cdot 0{,}15) \cdot 30 = 157{,}5$ kN/m

Berechnung für den Endzustand:

$G_k = (20 \cdot (0{,}3 - ½ \cdot 0{,}15) + 10 \cdot ½ \cdot 0{,}15) \cdot 30 + 19 \cdot 1 \cdot 30 = 727{,}5$ kN/m

d) charakteristischer Wert der Vertikalkraft aus Verkehrslasten P_k (Bauzustand):

$$P_k = G_R / b_i \qquad \text{Gl. (8.20)}$$

mit:

$b_i = 2 \cdot (b_R + 2 \cdot d_i \cdot \tan\alpha) = 2 \cdot (0{,}6 + 2 \cdot 0{,}3 \cdot \tan 30°) = 1{,}89$ m

$P_k = 128/1{,}89 = 67{,}7$ kN/m

e) Bemessungswert der Brems- und Beschleunigungskräfte P_{dt} für den Bauzustand:

Vereinfachend wird hier mit einem Schwingbeiwert Φ nach Kapitel 8.3.2.1 c) gerechnet.

$$\begin{aligned} P_{dt} &= \gamma_Q \cdot (\Phi - 1) \cdot P_k \cdot \sin\beta \\ &= 1{,}2 \cdot (1{,}37 - 1) \cdot 67{,}7 \cdot \sin 26{,}6° = 13{,}46 \text{ kN/m} \end{aligned} \qquad \text{Gl. (8.21)}$$

f) Bemessungswert der Strömungskraft S_d:

$S_d = \gamma_G \cdot 1/2 \cdot \gamma_w \cdot i \cdot h_w \cdot L$ Gl. (8.22)

Berechnung für den Bauzustand:

$S_d = 1{,}0 \cdot ½ \cdot 10 \cdot \sin 26{,}6 \cdot 0{,}15 \cdot 30 = 10{,}06$ kN/m

Berechnung für den Endzustand:

$S_d = 1{,}0 \cdot ½ \cdot 10 \cdot \sin 26{,}6 \cdot 0{,}15 \cdot 30 = 10{,}06$ kN/m

g) Bemessungswerte des Erddrucks $E_{a,d}$ an der Böschungskrone und des Erdwiderstandes $E_{p,d}$ am Böschungsfuß:

Der Erddruck und der Erdwiderstand haben wegen der geringen Schichtdicken keinen signifikanten Einfluss und werden entsprechend Kapitel 8.3.2 im Folgenden nicht angesetzt.

h) Bemessungsfestigkeit der Geokunststoffbewehrung:

erf $R_{B,d} > E_d - R_{t,d}$

Berechnung für den Bauzustand:

$$
\begin{aligned}
E_d &= \gamma_G \cdot G_k \cdot \sin\beta + \gamma_Q \cdot P_k \cdot \sin\beta + P_{dt} + S_d + E_{a,d} \\
&= 1{,}0 \cdot 157{,}7 \cdot \sin 26{,}6° + 1{,}2 \cdot 67{,}7 \cdot \sin 26{,}6° + 13{,}46 + 10{,}06 + 0 \\
&= 130{,}5 \text{ kN/m}
\end{aligned}
$$

$$
\begin{aligned}
R_{t,d} &= (G_k + P_k) \cdot \cos\beta \cdot (\tan\delta_k)/\gamma_\delta + a_k/\gamma_a \cdot L + 0 \\
&= (157{,}5 + 67{,}7) \cdot \cos 26{,}6° \cdot (\tan 27°)/1{,}15 + 0 + 0 = 89{,}2 \text{ kN/m}
\end{aligned}
$$

erf $R_{B,d} > 130{,}5 - 89{,}2 = 41{,}3$ kN/m

Berechnung für den Endzustand:

$$
\begin{aligned}
E_d &= \gamma_G \cdot G_k \cdot \sin\beta + S_d \\
&= 1{,}0 \cdot 727{,}5 \cdot \sin 26{,}6° + 10{,}06 = 335{,}8 \text{ kN/m}
\end{aligned}
$$

$$
\begin{aligned}
R_{t,d} &= G_k \cdot \cos\beta \cdot (\tan\delta_k)/\gamma_\delta + a_k/\gamma_a \cdot 1 + 0 \\
&= 727{,}5 \cdot \cos 26{,}6° \cdot (\tan 27°)/1{,}25 + 0 + 0 = 265{,}2 \text{ kN/m}
\end{aligned}
$$

$$
\begin{aligned}
\text{erf } R_{B,d} &> 335{,}8 - 265{,}2 \\
&> 70{,}6 \text{ kN/m} \quad \textbf{(maßgebend)}
\end{aligned}
$$

8.5.3 Nachweis gegen Bruch der Bewehrung

Entsprechend den obigen Nachweisen ist für die Oberflächenabdichtung der Endzustand mit

max $R_{B,d}$ = <u>70,6 kN/m</u> maßgebend.

Gewählt wird ein Geogitter aus Polyester mit einer charakteristischen Kurzzeitfestigkeit von

$R_{B,k} = 200$ kN/m.

Bemessungswiderstand der Bewehrung:

$R_{B,d} = R_{B,k} / (A_1 \cdot A_2 \cdot A_3 \cdot A_4 \cdot \gamma_M \cdot \eta_M)$

mit:

A_1 Abminderungsfaktor für die Zeitstandfestigkeit (Kriechen des Polymers),
A_2 Abminderungsfaktor für die Beschädigungen durch Transport, Einbau und Verdichtung,
A_3 Abminderungsfaktor für Verarbeitung (Verbindungen, Anschlüsse an Bauteile etc.),
A_4 Abminderungsfaktor für Umgebungseinflüsse (Wetterbeständigkeit, Beständigkeit gegen Chemikalien, Mikroorganismen und Tiere),
γ_M Teilsicherheitsbeiwert Materialwiderstand (hier: LF1: 1,40),
η_M Korrekturfaktor für den Materialwiderstand nach 8.3.1 (hier: LF1: 1,1).

Für die in diesem Beispiel gewählten Abminderungsfaktoren wird von einem Nachweis des Herstellers ausgegangen.

Bemessungswiderstand der Bewehrung:

$$R_{B,d} = 200 / (1{,}50 \cdot 1{,}1 \cdot 1{,}0 \cdot 1{,}0 \cdot 1{,}4 \cdot 1{,}1) = 78{,}71 \text{ kN/m}$$
$$= 78{,}71 \text{ kN/m} > \text{erf } R_{B,d} = 70{,}6 \text{ kN/m}$$

8.5.4 Bemessung des Verankerungsgrabens

8.5.4.1 Geometrie des Verankerungsgrabens

gewählte Breite der Böschungskrone: $L_1 = 2{,}0$ m

Böschungsneigung Verankerungsgraben: $\beta_v = 26{,}6°$

gewählte Tiefe des Verankerungsgrabens: $h_v = 0{,}5$ m

gewählte Länge der Grabensohle: $L_3 = 1{,}0$ m

Böschungslänge Verankerungsgraben: $l_v = L_2 = 1{,}10$ m

Verankerungslänge des Geogitters: $l_g = L_4 = 1{,}10$ m

Böschungsneigung (1 : n = 1 : 2): $\beta = 26{,}6°$

8.5.4.2 Ausgangswerte für den Reibungswiderstand

Entwässerungsschicht:

Kies (16/32)	Reibungswinkel:	$\varphi'_k = 32{,}5°$
	Wichte:	$\gamma_k = 20\ kN/m^3$
	Kohäsion:	$c'_k = 0\ kN/m^2$

Rekultivierungsboden:

UL	Reibungswinkel:	$\varphi'_k = 27{,}5°$
	Wichte:	$\gamma_k = 19\ kN/m^3$
	Kohäsion:	$c'_k = 2{,}5\ kN/m^2$

Füllboden des Verankerungsgrabens:

SU	Reibungswinkel:	$\varphi'_k = 30°$
	Wichte:	$\gamma_k = 19\ kN/m^3$

Untergrund:

SU	Reibungswinkel:	$\varphi'_k = 28°$
	Wichte:	$\gamma_k = 19\ kN/m^3$
	Kohäsion:	$c'_k = 2{,}5\ kN/m^2$

Kontaktreibungseigenschaften Dichtungssystem (maßgebend):

Reibungswinkel:	$\delta_k = 27°$
Adhäsion:	$a_k = 0\ kN/m^2$

Verbundbeiwert zwischen Boden und Geogitter: $\lambda = 0{,}9$

8.5.4.3 Sicherheit gegen Bruch des Verankerungsgrabens

Randbedingungen:

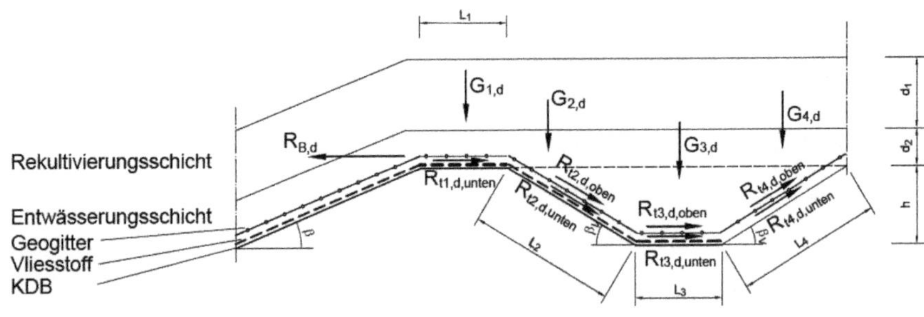

Bild 8.6 Sicherheit gegen Bruch des Verankerungsgrabens

Grenzzustandsgleichung:

$$R_{t,d} - R_{B,d} - E_{a,d} \geq 0 \qquad \text{Gl. (8.23)}$$

mit:

$$R_{t,d} = \Sigma R_{ti,d} = (\sigma_{vi,d} \cdot \tan\delta_{i,d} + a_{i,d}) \cdot L_i + (\sigma_{vi,d} \cdot \lambda \cdot \tan\varphi'_{i,d} + c'_{i,d}) \cdot L_i$$

$$= [\gamma_{k,i} \cdot d_i \cdot \cos\beta_i \cdot (\tan\delta_{i,k}) / \gamma_\delta + a_{i,k} / \gamma_a] \cdot L_i \qquad \text{Gl. (8.24)}$$

$$+ [\lambda_{k,i} \cdot d_i \cdot \cos\beta_i \cdot \lambda \cdot (\tan\varphi'_{i,k}) / \gamma_\varphi + c'_{i,k} / \gamma_c] \cdot L_i .$$

Anmerkung: Zur Vereinfachung des Beispieles bleiben Kohäsion und Adhäsion im Folgenden unberücksichtigt.

Maßgebend für den Nachweis wird der Endzustand. Der aktive Erddruck $E_{a,d}$ bleibt vorliegend unberücksichtigt.

Ermittlung des Bemessungswertes des Reibungswiderstandes:

$$R_{t,d} = \Sigma R_{ti,d} \qquad \text{Gl. (8.25)}$$

Reibungswiderstand entlang L_1:

$$R_{t1,d,unten} = [(20 \cdot 0{,}3 + 19 \cdot 1{,}0) \cdot \tan 27° / 1{,}25 + 0] \cdot 2{,}0 = 20{,}38 \text{ kN/m}$$

Anmerkung: Hierbei ist nur an der Unterseite des Geogitters ein Widerstand anzusetzen.

Reibungswiderstand entlang L_2:

$$R_{t2,d,unten} = [(20 \cdot 0{,}3 + 19 \cdot 1{,}0 + 19 \cdot 0{,}5 \cdot 0{,}5) \cdot \cos 26{,}6° \cdot \tan 27° / 1{,}25 + 0] \cdot 1{,}1 = 11{,}93 \text{ kN/m}$$

$$R_{t2,d,oben} = [(20 \cdot 0{,}3 + 19 \cdot 1{,}0 + 19 \cdot 0{,}5 \cdot 0{,}5) \cdot \cos 26{,}6° \cdot 0{,}9 \cdot \tan 30° / 1{,}25 + 0] \cdot 1{,}1 = 12{,}16 \text{ kN/m}$$

Reibungswiderstand entlang L_3:

$$R_{t3,d,unten} = [(20 \cdot 0{,}3 + 19 \cdot 1{,}0 + 19 \cdot 0{,}5) \cdot (\tan 27°) / 1{,}25 + 0] \cdot 1{,}0 = 14{,}06 \text{ kN/m}$$

$$R_{t3,d,\,oben} = [(20 \cdot 0{,}3 + 19 \cdot 1{,}0 + 19 \cdot 0{,}5) \cdot 0{,}9 \cdot (\tan 30°) / 1{,}25 + 0] \cdot 1{,}0 = 14{,}34 \text{ kN/m}$$

Reibungswiderstand entlang L_4:

$$R_{t4,d,unten} = [(20 \cdot 0{,}3 + 19 \cdot 1{,}0 + 19 \cdot 0{,}5 \cdot 0{,}5) \cdot 0{,}9 \cdot (\tan 28°) / 1{,}25 + 0] \cdot 1{,}10 \cdot \cos 26{,}6° = 11{,}20 \text{ kN/m}$$

$$R_{t4,d,\,oben} = [(20 \cdot 0{,}3 + 19 \cdot 1{,}0 + 19 \cdot 0{,}5 \cdot 0{,}5) \cdot 0{,}9 \cdot (\tan 30°) / 1{,}25 + 0] \cdot 1{,}10 \cdot \cos 26{,}6° = 12{,}16 \text{ kN/m}$$

Bemessungswert des Reibungswiderstandes:

$$\Sigma R_{ti,d} = 20{,}38 + 11{,}93 + 12{,}16 + 14{,}06 + 14{,}34 + 11{,}20 + 12{,}16 = 96{,}23 \text{ kN/m} > 70{,}6 \text{ kN/m}$$

8.5.4.4 Nachweis gegen Bruch der Böschungskrone

Randbedingungen:

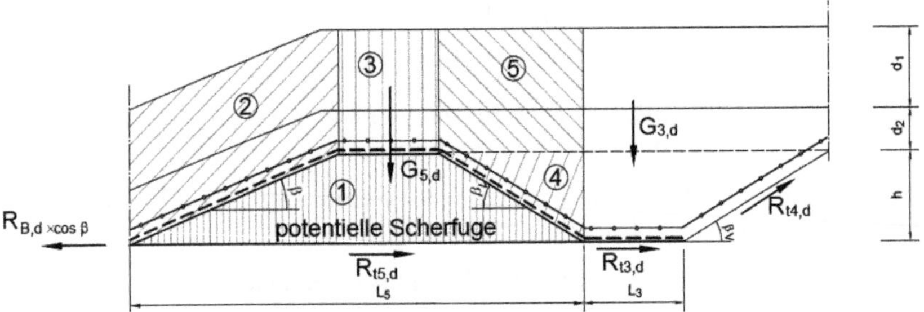

Bild 8.7 Sicherheit gegen Bruch der Böschungskrone

Grenzzustandsgleichung:

$$R_{t,d} - R_{B,d} \cdot \cos\beta - E_{a,d} \geq 0 \qquad \text{Gl. (8.26)}$$

mit:

$$R_{t,d} = \Sigma\, R_{ti,d} = (\sigma_{vi,d} \cdot \tan\varphi'_{i,d} + c'_{i,d}) \cdot L_i + (\sigma_{vi,d} \cdot \tan\delta_{i,d} + a_{i,d}) \cdot L_i \qquad \text{Gl. (8.27)}$$

Maßgebend für den Nachweis wird der Endzustand. Definiert wird die Länge der potenziellen Scherfuge entlang L_5 und L_3.

Ermittlung des Bemessungswertes der Widerstandskraft:

$$\begin{aligned} R_{t3,d,unten} &= [(20 \cdot 0{,}3 + 19 \cdot 1{,}0 + 19 \cdot 0{,}5) \cdot \tan 27° / 1{,}25 + 0] \cdot 1{,}0 \\ &= 14{,}06 \text{ kN/m} \end{aligned}$$

$$\begin{aligned} R_{t5,d} &= [19 \cdot 0{,}5 \cdot 0{,}5 \cdot 1{,}0 + 19 \cdot 0{,}5 \cdot 2{,}0 + 19 \cdot 0{,}5 \cdot 0{,}5 \cdot 1{,}0 \\ &\quad + (20 \cdot 0{,}3 + 19 \cdot 1{,}0) \cdot 1{,}10 \\ &\quad + (20 \cdot 0{,}3 + 19 \cdot 1{,}0) \cdot 2{,}0 \\ &\quad + 19 \cdot 0{,}5 \cdot 1{,}0 \cdot 0{,}5 \\ &\quad + (20 \cdot 0{,}3 + 19 \cdot 1{,}0) \cdot 1{,}0] \cdot \tan 28 / 1{,}25 \\ &= 57{,}7 \text{ kN/m} \end{aligned}$$

Bemessungswert der Widerstandskraft gegen Bruch des Verankerungsgrabens:

$$\Sigma\, R_{ti,d} = 57{,}7 + 14{,}06 = 71{,}76 > 63{,}13 = R_{B,d} \cdot \cos\beta$$

9 Bewehrte Erdkörper auf punkt- oder linienförmigen Traggliedern

9.1 Begriffe

Unter bewehrten Erdkörpern auf punkt- oder linienförmigen vertikalen Traggliedern wird ein ein- oder mehrlagig bewehrter Verbundkörper aus Erdstoff und Geokunststoffen verstanden, der auf anstehendem, wenig tragfähigem Boden und den Traggliedern lagert. Die punkt- oder linienförmigen Tragglieder werden nachfolgend als Tragglieder, und der bewehrte Erdkörper zusammen mit den Traggliedern wird als Gesamtsystem bzw. Tragwerk bezeichnet.

Die Tragglieder binden in den anstehenden Boden bis in tiefere standfeste Bodenschichten ein und bilden eine, relativ zum wenig tragfähigen Boden, steife, punktuelle oder linienförmige Stützung des bewehrten Erdkörpers. Am Beispiel einer Dammgründung sind in Bild 9.1 die verwendeten Begriffe angegeben.

Bewehrter Erdkörper ist ein ein- oder mehrlagig bewehrter Verbundkörper aus Erdstoff und Geokunststoffen. Er überbrückt den wenig tragfähigen Boden zwischen den Traggliedern.

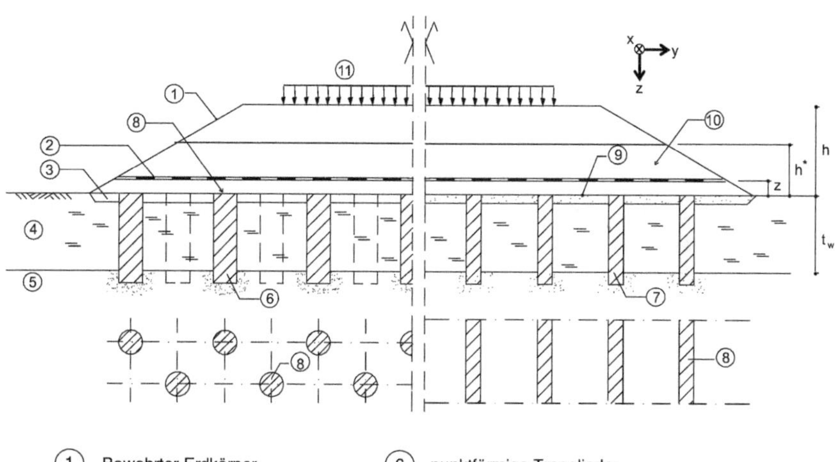

Bild 9.1 Bewehrter Erdkörper über punkt- oder linienförmigen Traggliedern am Beispiel einer Dammgründung

Empfehlungen für den Entwurf und die Berechnung von Erdkörpern mit Bewehrungen aus Geokunststoffen (EBGEO). 2. Auflage. Deutsche Gesellschaft für Geotechnik e. V.

ISBN: 978-3-433-02950-3

Punktförmige Tragglieder sind Elemente mit vorwiegend rundem oder quadratischem Querschnitt, die in einem regelmäßigen Rechteck- oder Dreieckraster (unter 45° gedrehtes Quadrat) nach Bild 9.4 angeordnet sein können.

Linienförmige Tragglieder sind vorwiegend scheibenförmige Elemente, die parallel zueinander angeordnet sind (Bild 9.4).

Höhe h des bewehrten Erdkörpers ist der von der Aufstandsebene des bewehrten Erdkörpers gemessene Abstand bis zur Oberkante des bewehrten Erdkörpers nach Bild 9.1. Es wird vorausgesetzt, dass die Stützflächen der Tragglieder etwa in Höhe der Aufstandsebene liegen.

Höhe h*: Bereich des bewehrten Erdkörpers nach Bild 9.1, in dem nichtbindige Böden nach DIN 1054 vorzusehen sind.

Bewehrungsebene: Ebene nach Bild 9.1; bei zweilagiger Bewehrung ist dies die geometrische Mittelebene beider Lagen (Bild 9.2).

Höhenlage z der Bewehrungsebene ist der vertikale Abstand der Bewehrungsebene von der Aufstandsebene des bewehrten Erdkörpers nach Bild 9.1. Bei zweilagiger Bewehrung liegt die Bewehrungsebene mittig zwischen den Bewehrungslagen (Bild 9.2).

Einflussfläche A_E der Tragglieder ist der einem punkt- oder linienförmigen Tragglied zuzuweisende Anteil der Gesamtfläche in der Aufstandsebene des bewehrten Erdkörpers nach Bild 9.3 und Bild 9.4.

Stützfläche A_s ist die Fläche eines punkt- oder linienförmigen Traggliedes in der Aufstandsebene des bewehrten Erdkörpers nach Bild 9.4. Typische Stützflächen in der Aufstandsebene des bewehrten Erdkörpers sind in Bild 9.3 dargestellt.

Durchmesser d ist der Durchmesser der Stützfläche A_S von punktförmigen Traggliedern bzw. deren „Kappe" mit einer runden Form in der Aufstandsebene

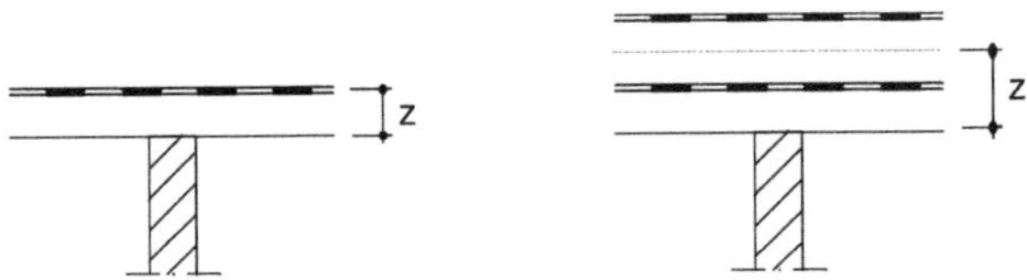

Bild 9.2 Lage der Bewehrungsebene für eine ein- bzw. zweilagige Bewehrung

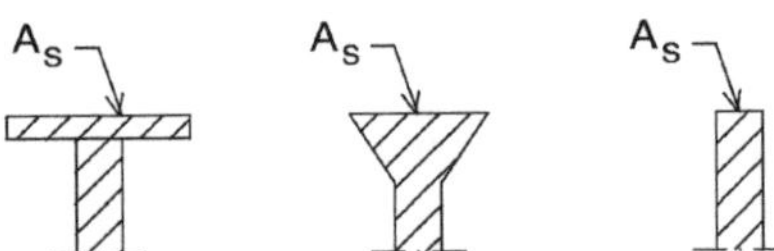

Bild 9.3 Typische Stützflächen von punkt- oder linienförmigen Traggliedern in der Ansicht

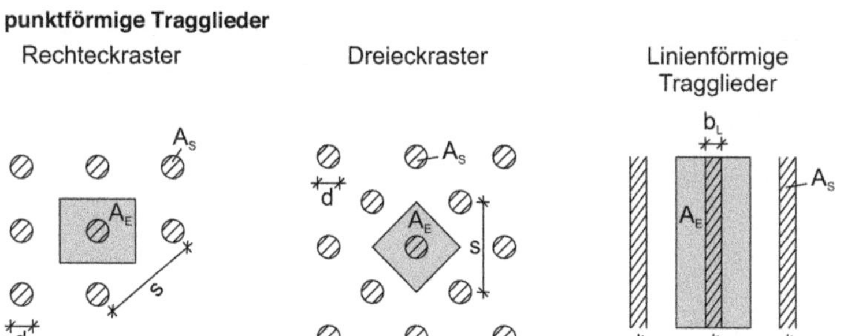

Bild 9.4 Abstand s der Tragglieder, Einflussfläche A_E und Stützfläche A_s (Draufsicht)

des bewehrten Erdkörpers nach Bild 9.4. Bei anderen Formen von Stützflächen darf ein Ersatzdurchmesser $d_{Ers.}$ aus der Stützfläche A_s nach Gl. (9.1) abgeleitet werden. Dann gilt:

$$d = d_{Ers.} = \sqrt{4 \cdot A_s / \pi} \qquad \text{Gl. (9.1)}$$

Breite b_L: Breite der linienförmigen Tragglieder

Abstand s der Tragglieder: größter axialer Abstand benachbarter Tragglieder nach Bild 9.4.

Rechteckraster: Anordnung der punktförmigen Tragglieder in einem rechteckigen Grundriss in Bauwerkslängsachse nach Bild 9.4.

Der Geokunststoff wird in der Bewehrungsebene in Bauwerkslängs- bzw. Bauwerksquerachse abgerollt und eingebaut.

Dreieckraster: Anordnung der punktförmigen Tragglieder in einem Quadratraster, das, bezogen auf die Bauwerkslängsrichtung, um 45 Grad gedreht wird (Bild 9.4). Andere Dreiecksrasterformen (z. B. 60 Grad) werden in dieser Empfehlung nicht behandelt.

Der Geokunststoff wird in der Bewehrungsebene wie beim Rechteckraster angeordnet.

9.2 Anwendungsbereiche und Wirkungsweise

9.2.1 Anwendungsbereiche

Geokunststoffbewehrte Erdkörper auf punkt- oder linienförmigen Traggliedern sind als System zur Eintragung von statischen und veränderlichen Lasten über wenig tragfähigen Böden (Weichschichten) in ausreichend tragfähige tiefere Bodenschichten anwendbar. Bekannte Anwendungsfälle sind z. B. Verkehrsdämme, bewehrte Bodenaustauschkörper oder Tankgründungen. Für solche Systeme werden im Folgenden Empfehlungen zur statischen Berechnung, zur Bemessung, zu Standsicherheitsnachweisen und zur Ausführung gegeben.

Für die Anwendung des in Kapitel 9.6 angegebenen Berechnungsverfahrens sollte das Verhältnis der Bettungsmoduln zwischen dem Tragglied $k_{s,T}$ und dem Untergrund k_s in der Aufstandsebene des bewehrten Erdkörpers größer als 75 sein:

$$k_{s,T} / k_s > 75 \qquad \text{Gl. (9.2)}$$

Der Bettungsmodul des Untergrundes k_s in der Aufstandsebene des bewehrten Erdkörpers ist nach Kapitel 9.6.3.5 zu bestimmen.

Der Bettungsmodul $k_{s,T}$ ist eine aus der Steifigkeit der Tragglieder abgeleitete Größe, die aus dem charakteristischen Wert der Einwirkung $F_{s,k}$ nach Kapitel 9.6.3.3 und der hieraus in der Ebene der Stützfläche A_s zu erwartenden Setzung s_T des Traggliedes gemäß Gl. (9.3) berechnet wird:

$$k_{s,T} = \frac{F_{s,k}}{s_T \cdot A_s} \qquad \text{Gl. (9.3)}$$

Die zur einwirkenden Kraft $F_{s,k}$ gehörige Setzung s_T des Traggliedes kann in Anlehnung an DIN 1054 aus Probebelastungen an den Traggliedern bzw. auf der Grundlage von Erfahrungswerten bestimmt werden. Gl. (9.2) wird in der Regel von allen mit Bindemittel verfestigten Traggliedern, die in natürlich gewachsenen Boden eingebracht sind, erfüllt.

Sofern geringere Steifigkeitsverhältnisse als nach Gl. (9.2) gefordert vorhanden sind, darf das in Kapitel 9.6 empfohlene Berechnungsverfahren zur Ermittlung der Zugkräfte in den Bewehrungen näherungsweise angewendet werden. Die dabei ermittelten Zugkräfte liegen auf der sicheren Seite. Mit weiter abnehmendem Steifigkeitsverhältnis werden die dem Verfahren zugrunde liegenden Annahmen immer weniger erfüllt. Bezüglich der Berechnung solcher Systeme wird deshalb auf Kapitel 10, insbesondere auf 10.6.3, Tabelle 10.2, verwiesen.

Auf die besonderen Regelungen des Straßen- oder Eisenbahnbaus wird hingewiesen. Die Regelungen dieser EBGEO gelten nicht uneingeschränkt bzw. ohne Ergänzungen für „schwimmende Gründungen“ oder in Fällen, bei denen Schwingungseinwirkungen im weichen Untergrund das Systemverhalten wesentlich beeinflussen. Die Regelungen erfassen auch nicht Konstruktionen, bei denen wesentliche horizontale Kräfte (z. B. durch Asymmetrien oder hohe seitliche Lasten) auftreten.

9.2.2 Wirkungsweise

Mit dem bewehrten Erdkörper sollen die Einleitung der Lasten durch Lastumverteilung innerhalb des bewehrten Erdkörpers in die Tragglieder sichergestellt und Durchstanzeffekte vermieden werden. Die Bewehrung „überbrückt“ durch eine Membranwirkung den wenig tragfähigen Boden zwischen den Traggliedern, der je nach den Steifigkeitsverhältnissen zwischen ihm, dem bewehrten Erdkörper und den Traggliedern teilweise oder nahezu vollständig entlastet wird. In Sonderfällen kann sich die Weichschicht der Belastung völlig entziehen (z. B. Senkung des Grundwasserspiegels nach Fertigstellung des Systems oder seitliches Abgraben und Verlust der Stützung). Dann ist eine Mitwirkung des Bodens in der Aufstandsebene nicht mehr gegeben.

Bei Dämmen kann der bewehrte Erdkörper auch innere Spreizkräfte aufnehmen. Die bewehrende Wirkung der Geokunststoffe im bewehrten Erdkörper kann nur dann eintreten, wenn die Bewehrung ausreichend verankert ist. Außerdem ist für die Wirkungsweise des Systems bei Dämmen erforderlich, dass die Standsicherheit der Dammböschungen nachgewiesen ist.

Statisch kann die Wirkungsweise des Systems hinsichtlich der Lastumlagerung auf die Tragglieder nach verschiedenen Modellen erfasst werden. Untersuchungen mit Modellen, die in Kapitel 9.6 berücksichtigt sind, finden sich in [1], [2], [3], [4], [5], [6], [7], [8], [9], [10], [12] und [13].

Die Bewehrung wird von der infolge Gewölbewirkung reduzierten senkrechten Auflast zwischen den Traggliedern belastet und durch den Reaktionsdruck des Bodens unterhalb der Bewehrung entlastet. Zwischen dem Durchhang der Bewehrung und dem Reaktionsdruck besteht eine Wechselbeziehung, die vom Verhältnis der Dehnsteifigkeiten der Bewehrung und der Bettungssteifigkeit des Bodens abhängt. Mit zunehmendem Durchhang der Bewehrung nimmt der Reaktionsdruck des Bodens zu und damit die Beanspruchung der Bewehrung ab. Rechnerisch kann die Beanspruchung des bewehrten Erdkörpers auf der Basis des Gewölbemodells nach [3] ermittelt werden, das auch Kapitel 9.6 zugrunde gelegt wird.

Generell erhöhen sich die Wirksamkeit des Systems und die Entlastung der Weichschichten zwischen den Traggliedern mit (Bild 9.1 bis Bild 9.4):

- abnehmendem Axialabstand s der Tragglieder,
- zunehmender Höhe h des Erdkörpers,
- abnehmendem Abstand z der Bewehrungsebene,
- zunehmendem Verhältnis d/s bzw. b_L/s,
- zunehmender Zugkraft in der Bewehrung, also mit zunehmender Dehnsteifigkeit (Kurz- und Langzeitsteifigkeit) und Zugfestigkeit,
- zunehmender Scherfestigkeit des Erdkörpers.

9.3 Entwurfs- und Konstruktionsempfehlungen

Aufgrund vorliegender Erfahrungen und aus baupraktischen Gründen wird eine ein- oder zweilagige Bewehrung empfohlen, wobei folgende konstruktive Varianten zweckmäßig sind:

- bei punktförmigen Traggliedern
  - ein- oder zweilagig biaxial,
  - zweilagig kreuzweise einaxial.
- bei linienförmigen Traggliedern
  - ein- oder zweilagig einaxial quer zu den Stützflächen.

Bei zwei Bewehrungslagen ist eine Bodenschicht von 15 bis 30 cm Dicke zwischen beiden Bewehrungslagen anzuordnen.

Anmerkung: *Bei mehr als zwei Bewehrungslagen kann sich die in Kapitel 9.2.2 erläuterte Wirkungsweise des Systems in der hier dargestellten Form in der Regel nicht mehr einstellen, weshalb die angegebenen Berechnungsverfahren und Nachweise dafür nicht mehr empfohlen werden; u. a. ist bei mehr als zwei Bewehrungslagen eine stark abweichende Verteilung der Zugkräfte in den einzelnen Bewehrungslagen zu erwarten (Hinweise siehe [12]).*

Überlappungen von biaxialen Bewehrungen sind nur über den punktförmigen Traggliedern zulässig. Analog dazu sind die Überlappungen der einaxialen Bewehrungen über den linienförmigen Traggliedern anzuordnen. Das Maß der Überlappungen sollte wenigstens so groß sein wie der Ersatzdurchmesser $d_{Ers.}$ bzw. die Breite b_L der Stützfläche und ist rechnerisch nach Kapitel 3.3.3 nachzuweisen.

Eine ausreichende Verankerung der Bewehrungslagen in beiden Richtungen (Längs- und Querrichtung zur Dammachse) ist nachzuweisen. Der Nachweis erfolgt nach Kapitel 3.3.3.3, wobei nur die maximale Zugkraft infolge Membranwirkung E_M anzusetzen ist. Die für den Nachweis der Verankerung erforderliche Verankerungslänge L_A ist in Bild 9.5 angegeben, wobei in Querrichtung die Verankerungslänge ab der Verankerungsebene gilt. Sofern die äußere Reihe der Tragglieder innerhalb der Verankerungsebene nach Bild 9.5 liegt, gilt die Verankerungslänge ab der Außenkante dieser Tragglieder.

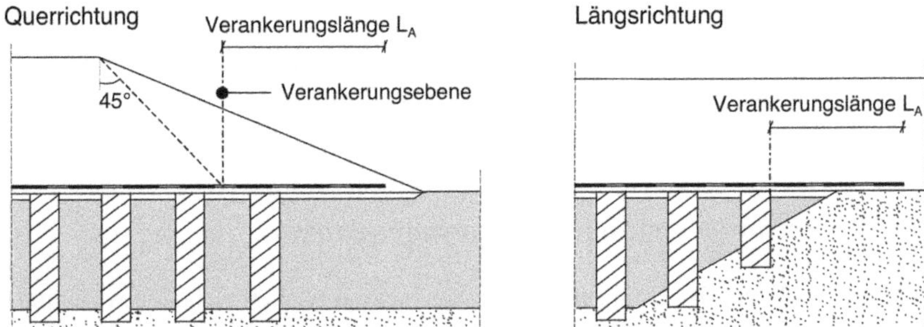

Bild 9.5 Verankerungslänge der Bewehrungslagen in Längs- und Querrichtung

Für den Bereich des bewehrten Erdkörpers mit der Höhe h^* über der Aufstandsebene nach Bild 9.1 sind nichtbindige Böden nach DIN 1054 vorzusehen. Die Höhe h^* muss die Bedingung $h^* \geq (s - d)$ erfüllen. Oberhalb dieses Bereiches können auch andere definierte Dammschüttmaterialien eingesetzt werden.

Empfohlene geometrische Größen:

- $h/(s - d) \geq 0{,}8$ bei vorwiegend ruhenden Beanspruchungen.
- Bei hohen veränderlichen Beanspruchungen wird ein größeres Verhältnis $h/(s - d)$ empfohlen. Nach derzeitigem Kenntnisstand ist bei $h/(s - d) \geq 2{,}0$ der negative Einfluss der veränderlichen Beanspruchung vernachlässigbar. Differenziertere Angaben können im Zusammenwirken mit dem Bauherrn festgelegt werden.
- $d/s \geq 0{,}15$,
- $b_L/s \geq 0{,}15$,
- $z \leq 0{,}15$ m bei einlagiger Bewehrung,
  $z \leq 0{,}30$ m bei zweilagiger Bewehrung.
- Aus bisherigen Erfahrungen wird empfohlen, den lichten Abstand zwischen den Stützflächen A_S der Tragglieder wie folgt zu begrenzen:
  - $(s - d) \leq 3{,}0$ m bzw. $(s - b_L) \leq 3{,}0$ m bei vorwiegend ruhenden Beanspruchungen,
  - $(s - d) \leq 2{,}5$ m bzw. $(s - b_L) \leq 2{,}5$ m bei vorwiegend nicht ruhenden Beanspruchungen (Kapitel 12).
  - $0{,}5 \leq s_x/s_y \leq 2{,}0$.

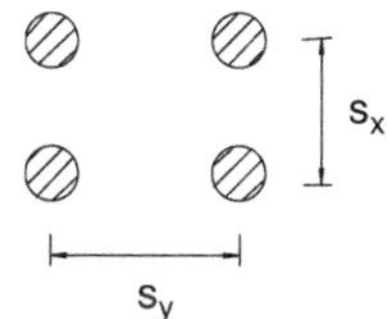

  - Wenn dieser Empfehlung nicht gefolgt wird und größere lichte Abstände $(s - d)$ bzw. $(s - b_L)$ vorgesehen werden, dann werden besondere Untersuchungen zur Gebrauchstauglichkeit des Systems empfohlen.
  - Sofern ein Dreieckraster verwendet wird, soll dieses nur als ein unter 45° gedrehtes Quadratraster ausgeführt werden. Andere Dreieckrasterformen werden in dieser Empfehlung nicht behandelt.

Empfohlene mechanische Größen:

- charakteristischer effektiver Reibungswinkel $\varphi'_k \geq 30°$ bzw. Winkel der Gesamtscherfestigkeit $\varphi'_{s,k} \geq 30°$ für die nichtbindigen Böden im Bereich des bewehrten Erdkörpers mit der Höhe h^* nach Bild 9.1,
- Bemessungswiderstand der Geokunststoffbewehrung jeder Bewehrungslage $R_{B,d} \geq 30$ kN/m.

9.4 Einwirkungen und Widerstände

Zu den Einwirkungen gehören ständige und veränderliche Lasten nach Kapitel 12 und DIN 1054.

Zu den Widerständen zählen:

- Scherfestigkeit und Steifigkeit des Bodens des bewehrten Erdkörpers,
- Scherfestigkeit und Steifigkeit des Untergrundes,
- Tragfähigkeit und Verformbarkeit der vertikalen Tragglieder,
- Zugkräfte und Dehnsteifigkeiten der Geokunststoffe,
- Verbundverhalten zwischen Geokunststoffen und umgebenden Böden.

9.5 Punkt- und linienförmige Tragglieder

Punktförmige Tragglieder im Sinne dieser Empfehlung sind Bohrpfähle, Mikropfähle, Verdrängungspfähle, vermörtelte Stopfsäulen, Säulen, die im Düsenstrahlverfahren und mittels Deep Soil Mixing hergestellt werden, sowie andere Tragglieder, die ein ähnliches Tragverhalten aufweisen.

Linienförmige Tragglieder im Sinne dieser Empfehlung sind Schlitzwände, Schlitzwandelemente, Injektionswände, im Düsenstrahlverfahren oder mittels Deep Soil Mixing hergestellte Rechteckfundamente sowie rechteckige oder scheibenförmige Tragglieder, die ein ähnliches Tragverhalten aufweisen.

Bezüglich der Anwendung von geokunststoffummantelten Bodensäulen, unvermörtelten Stopfsäulen oder Stabilisierungssäulen zur Untergrundverbesserung wird auf Kapitel 9.2.1 verwiesen.

Für die Berechnung und Herstellung der Mehrzahl der aufgeführten Tragglieder existieren DIN-Normen, Zulassungen, Empfehlungen der Deutschen Gesellschaft für Geotechnik oder gleichwertige Regelwerke. Diese Vorschriften enthalten Mindestanforderungen an die Scherfestigkeit der Weichschichten und Hinweise für ggf. erforderliche Knicksicherheitsnachweise. Aufgrund der teilweise geringen Auslastung der Tragglieder können geringere Einbindelängen der Tragglieder als in DIN 1054 für Pfähle gefordert möglich sein.

Zum Nachweis der Tragfähigkeit und Gebrauchstauglichkeit der Tragglieder sind Kapitel 9.7.1.3 und 9.7.2.3 sowie DIN 1054 zu beachten. Weiterhin sollte überprüft und bewertet werden, ob zyklische/dynamische Einwirkungen (z. B. aus Verkehrslasten) oder horizontale Einwirkungen (z. B. aus Brems- und Fliehkräften) einen maßgeblichen Einfluss auf das Tragverhalten der vertikalen Tragglieder haben.

9.6 Berechnung des bewehrten Erdkörpers

9.6.1 Allgemeines

In diesem Kapitel werden die charakteristischen Beanspruchungen aus der Lastumlagerung im bewehrten Erdkörper und der Membranwirkung der Geokunststoffbewehrung ermittelt.

Die Lastumlagerung wird durch die Betrachtung von Bodengewölben beschrieben, deren Grundlagen in [2] dargestellt sind und in [3], [4] und [12] weiterentwickelt wurden. Die Lastumlagerung wird durch den sogenannten Lastumlagerungsfaktor E_L beschrieben:

$$E_L = \frac{\sigma_{zs,k} \cdot A_s}{(\gamma_k \cdot h + p_k) \cdot A_E} \qquad \text{Gl. (9.4)}$$

Der Lastumlagerungsfaktor gibt den Anteil der Gesamtlast an, der direkt in die Tragglieder geleitet wird. Die bereichsweise als gleichmäßig verteilt angenommenen lotrechten charakteristischen Bodenspannungen $\sigma_{zo,k}$ und $\sigma_{zs,k}$ in der Bewehrungsebene werden in Abhängigkeit von den geometrischen Randbedingungen und dem charakteristischen Wert des Reibungswinkels des Erdkörpers φ'_k bzw. $\varphi'_{s,k}$ ermittelt. Auf der Oberkante des Erdkörpers der Höhe h kann eine äußere Auflast p_k berücksichtigt werden (Bild 9.6).

Anmerkung: In der nachfolgenden allgemeinen Darstellung mit Auflast p_k ist zunächst nicht unterschieden zwischen ständigen (p_k) und veränderlichen Auflasten (q_k). Dies muss bei Anwendung des Teilsicherheitskonzeptes erfolgen. Im Folgenden und im Beispiel nach Kapitel 9.10 wurde für die veränderliche Auflast die Abkürzung p_Q verwendet.

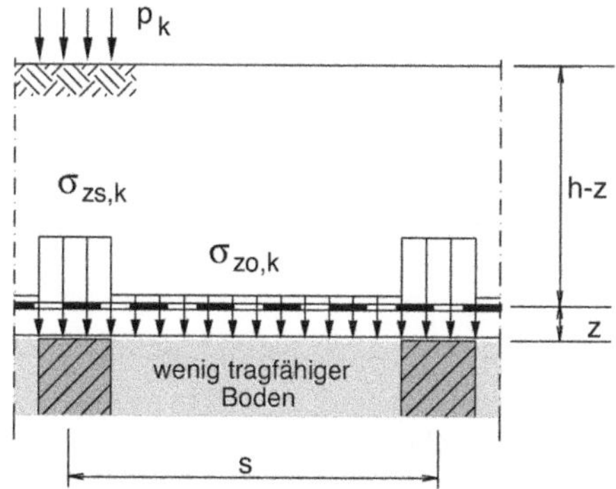

Bild 9.6 Spannungsumlagerung in der Aufstandsebene infolge Gewölbewirkung

Für das System sind folgende charakteristische Beanspruchungen zu berücksichtigen:

- die lotrechte Spannung $\sigma_{zo,k}$ auf die Fläche zwischen den Stützflächen nach Bild 9.6,
- die lotrechte Spannung $\sigma_{zs,k}$ auf die Stützflächen A_S in der Aufstandsebene des bewehrten Erdkörpers nach Bild 9.6,
- nach außen gerichtete Schub- und Spreizkräfte in Dämmen,
- Zugbeanspruchungen der Geokunststoffe.

Hier und folgend wird vereinfachend angenommen, dass die Spannungen $\sigma_{zo,k}$ und $\sigma_{zs,k}$ für die Bewehrungsebene und die Aufstandsfläche gleich sind. Voraussetzung hierfür ist, dass der Abstand z ausreichend klein ist (siehe auch Kapitel 9.3).

Das hier beschriebene Berechnungsverfahren gilt für die in den Kapiteln 9.2 und 9.3 empfohlenen Bedingungen. Wird von diesen Bedingungen abgewichen, können ergänzende Untersuchungen zweckmäßig sein.

9.6.2 Beanspruchungssituationen

Die charakteristischen Beanspruchungen sind für alle maßgebenden Bauzustände und den Endzustand des Systems zu ermitteln. Wenn die dauerhafte Wirksamkeit der stützenden Bettungswirkung nicht gewährleistet werden kann, ist der Ausfall oder eine Abminderung der Bettung als Sonderfall zu untersuchen. Eine Abminderung oder ein Ausfall der Bettung kann z. B. bei nicht ausreichender Konsolidierung der Weichschichten, bei seitlichen Abgrabungen oder Grundwasserabsenkungen eintreten.

Die maßgeblichen Bauzustände ergeben sich aus den unterschiedlichen Höhen h des bewehrten Erdkörpers während seiner lagenweisen Herstellung und Verdichtung. Der Endzustand des Systems beinhaltet die Betrachtung des fertiggestellten Bauwerkes mit den vorgesehenen Einwirkungen für die geplante Nutzungsdauer. Dabei ist die Zeitabhängigkeit des Materialverhaltens der Bewehrungen und ggf. des Bodens zu berücksichtigen.

9.6.3 Charakteristische Beanspruchungen

9.6.3.1 Grundlagen

Nach DIN 1054 muss für den Grenzzustand 1B der Nachweis für die Beanspruchungen aus ständigen sowie aus ständigen und veränderlichen Einwirkungen geführt werden. Da die charakteristischen Beanspruchungen in dem vorliegenden System nicht proportional zu den Einwirkungen sind (Nichtanwendbarkeit des Superpositionsprinzips), müssen zunächst die Beanspruchungen jeweils für die ständigen sowie für die ständigen und veränderlichen Einwirkungen, ggf. unter Berücksichtigung des Zeiteinflusses, getrennt ermittelt werden.

9.6.3.2 Spannung $\sigma_{zo,k}$ zwischen den Traggliedern

Punktförmige Tragglieder

Bei punktförmigen Traggliedern in rechteckförmiger Rasteranordnung kann die lotrechte Spannung $\sigma_{zo,G,k}$ aus ständigen Einwirkungen bzw. die lotrechte Spannung $\sigma_{zo,G+Q,k}$ aus ständigen und veränderlichen Einwirkungen nach Gl. (9.5) berechnet oder aus Bild 9.7 ff. abgelesen werden, wobei dort $\sigma_{zo,k}$ als $\sigma_{zo,G,k}$ bzw. $\sigma_{zo,G+Q,k}$ zu deuten ist. Dort ist φ'_k der charakteristische Wert des Reibungswinkels des bewehrten Erdkörpers; sinngemäß kann $\varphi'_{s,k}$ verwendet werden.

$$\sigma_{zo,G,k} = \lambda_1^{\chi} \cdot \left(\gamma_k + \frac{p_{G,k}}{h}\right)$$

$$\cdot \left\{ h \cdot (\lambda_1 + h_g^2 \cdot \lambda_2)^{-\chi} + h_g \cdot \left[\left(\lambda_1 + \frac{h_g^2 \cdot \lambda_2}{4}\right)^{-\chi} - (\lambda_1 + h_g^2 \cdot \lambda_2)^{-\chi} \right] \right\} \qquad \text{Gl. (9.5)}$$

$$\sigma_{zo,G+Q,k} = \lambda_1^{\chi} \cdot \left(\gamma_k + \frac{p_{G+Q,k}}{h}\right)$$

$$\cdot \left\{ h \cdot (\lambda_1 + h_g^2 \cdot \lambda_2)^{-\chi} + h_g \cdot \left[\left(\lambda_1 + \frac{h_g^2 \cdot \lambda_2}{4}\right)^{-\chi} - (\lambda_1 + h_g^2 \cdot \lambda_2)^{-\chi} \right] \right\} \qquad \text{Gl. (9.6)}$$

mit:

γ_k charakteristische Wichte des Bodens des bewehrten Erdkörpers in kN/m^3,

$p_{G,k}$ charakteristischer Wert der ständigen Flächenlast auf der Oberkante des bewehrten Erdkörpers in kN/m^2,

$p_{G+Q,k}$ charakteristischer Wert der ständigen und veränderlichen Flächenlast auf der Oberkante des bewehrten Erdkörpers in kN/m^2,

h_g Gewölbehöhe in m:
- $h_g = s/2$ für $h \geq s/2$,
- $h_g = h$ für $h < s/2$,
- h siehe Bild 9.1,
- s und d siehe Bild 9.4,

K_{krit} kritisches Hauptspannungsverhältnis

$$K_{krit} = \tan^2\left(45° + \frac{\varphi'_k}{2}\right) \qquad \text{Gl. (9.7)}$$

$$\chi = \frac{d \cdot (K_{krit} - 1)}{\lambda_2 \cdot s} \qquad \text{Gl. (9.8)}$$

$$\lambda_1 = \frac{1}{8} \cdot (s-d)^2 \qquad \text{Gl. (9.9)}$$

$$\lambda_2 = \frac{s^2 + 2 \cdot d \cdot s - d^2}{2 \cdot s^2} \qquad \text{Gl. (9.10)}$$

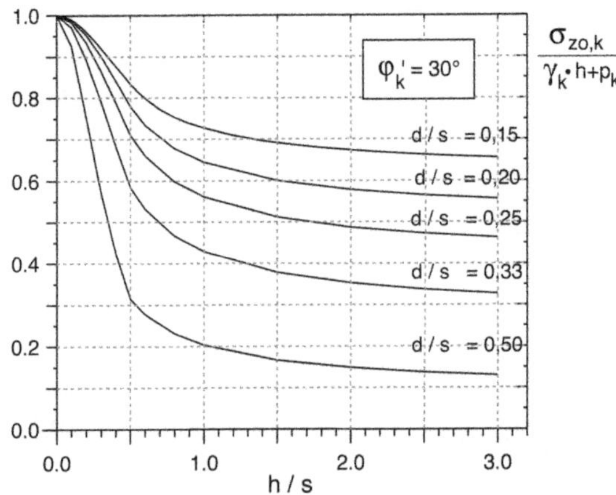

Bild 9.7 Lotrechte Spannungen $\sigma_{zo,k}$ zwischen den Stützflächen in der Aufstandsebene des bewehrten Erdkörpers bei punktförmigen Traggliedern ($\varphi'_k = 30°$)

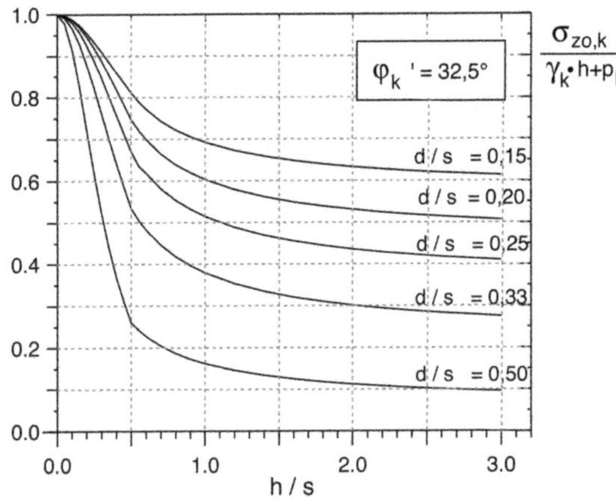

Bild 9.8 Lotrechte Spannungen $\sigma_{zo,k}$ zwischen den Stützflächen in der Aufstandsebene des bewehrten Erdkörpers bei punktförmigen Traggliedern ($\varphi'_k = 32{,}5°$)

Bei der Spannungsermittlung für eine dreieckförmige Rasteranordnung der Tragglieder (unter 45° gedrehtes Quadratraster) ist wie folgt zu verfahren:

- fiktive Rückdrehung des Dreieckrasters als Quadratraster parallel zur x- und y-Richtung,
- Berechnung der Spannung $\sigma_{zo,k}$ als fiktiv rückgedrehtes Quadratraster.

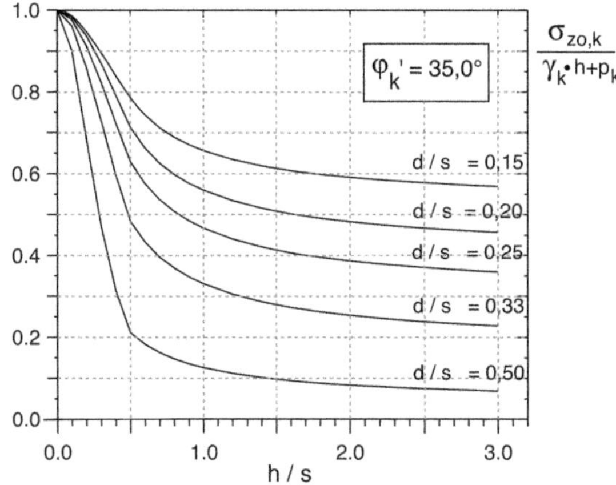

Bild 9.9 Lotrechte Spannungen $\sigma_{zo,k}$ zwischen den Stützflächen in der Aufstandsebene des bewehrten Erdkörpers bei punktförmigen Traggliedern ($\varphi'_k = 35°$)

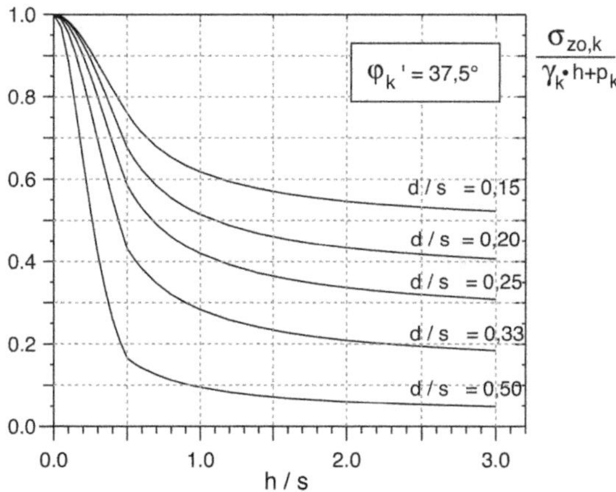

Bild 9.10 Lotrechte Spannungen $\sigma_{zo,k}$ zwischen den Stützflächen in der Aufstandsebene des bewehrten Erdkörpers bei punktförmigen Traggliedern ($\varphi'_k = 37{,}5°$)

Linienförmige Tragglieder

Bei linienförmigen Traggliedern kann die lotrechte Spannung $\sigma_{zo,k}$ aus Bild 9.11 ff. abgelesen werden, wobei b_L die Breite der linienförmigen Tragglieder ist.

Bei der Anwendung von Bild 9.7 ff. oder Bild 9.11 ff. sind für p_k jeweils die ständigen Einwirkungen $p_{G,k}$ bzw. die ständigen und veränderlichen Einwirkungen $p_{G+Q,k}$ einzusetzen.

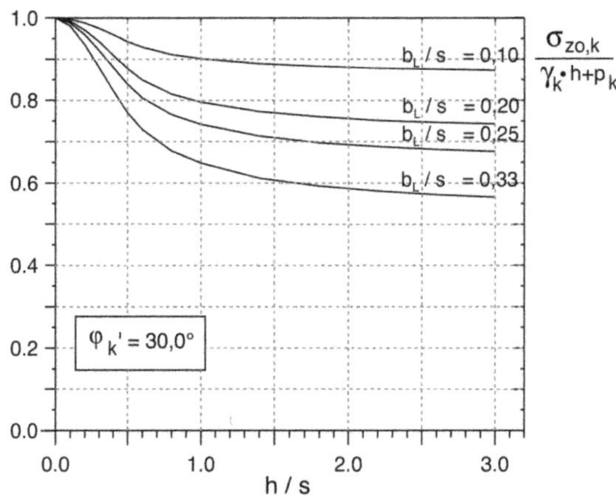

Bild 9.11 Lotrechte Spannungen $\sigma_{zo,k}$ zwischen den Stützflächen in der Aufstandsebene des bewehrten Erdkörpers bei linienförmigen Traggliedern ($\varphi_k' = 30°$)

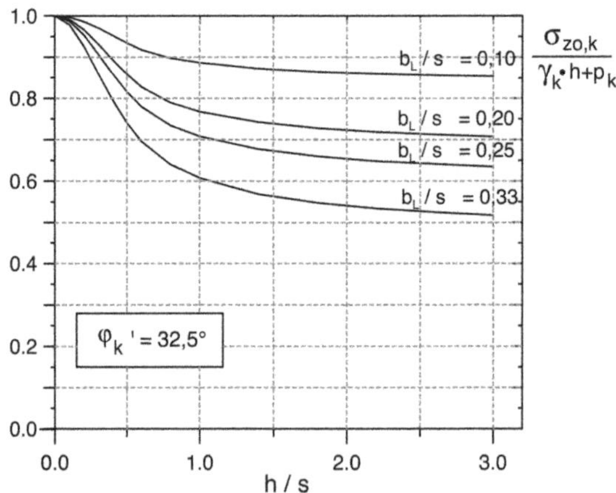

Bild 9.12 Lotrechte Spannungen $\sigma_{zo,k}$ zwischen den Stützflächen in der Aufstandsebene des bewehrten Erdkörpers bei linienförmigen Traggliedern ($\varphi_k' = 32{,}5°$)

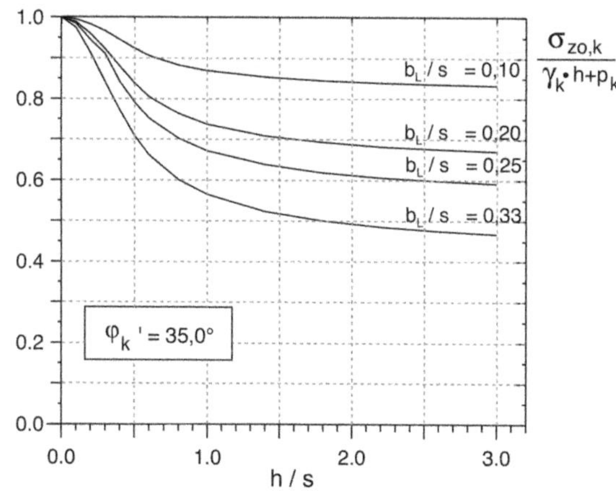

Bild 9.13 Lotrechte Spannungen $\sigma_{zo,k}$ zwischen den Stützflächen in der Aufstandsebene des bewehrten Erdkörpers bei linienförmigen Traggliedern ($\varphi'_k = 35°$)

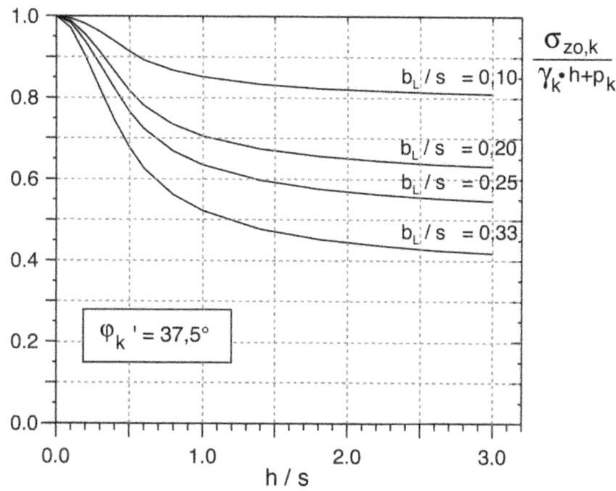

Bild 9.14 Lotrechte Spannungen $\sigma_{zo,k}$ zwischen den Stützflächen in der Aufstandsebene des bewehrten Erdkörpers bei linienförmigen Traggliedern ($\varphi'_k = 37{,}5°$)

9.6.3.3 Spannung $\sigma_{zs,k}$ auf die Tragglieder

Die lotrechte Spannung auf die Stützfläche A_S ergibt sich mit den Bezeichnungen nach Bild 9.4 für punkt- und linienförmige Tragglieder jeweils für ständige bzw. ständige und veränderliche Einwirkungen aus Gln. (9.11) und (9.12).

$$\sigma_{zs,G,k} = [(\gamma_k \cdot h + p_{G,k}) - \sigma_{zo,G,k}] \cdot \frac{A_E}{A_S} + \sigma_{zo,G,k} \qquad \text{Gl. (9.11)}$$

$$\sigma_{zs,G+Q,k} = [(\gamma_k \cdot h + p_{G+Q,k}) - \sigma_{zo,G+Q,k}] \cdot \frac{A_E}{A_S} + \sigma_{zo,G+Q,k} \qquad \text{Gl. (9.12)}$$

Die Kraft auf das Tragglied infolge $\sigma_{zs,k}$ berechnet sich nach Gln. (9.13) und (9.14). Hinzu kommen die vertikalen Kräfte auf die Stützflächen aus der Geokunststoffbewehrung, die von der Bettungswirkung des Bodens abhängig sind (siehe Kapitel 9.6.3.5).

$$F_{S,G,k} = \sigma_{zs,G,k} \cdot A_S \qquad \text{Gl. (9.13)}$$

$$F_{S,G+Q,k} = \sigma_{zs,G+Q,k} \cdot A_S \qquad \text{Gl. (9.14)}$$

In der Regel sollte, auf der sicheren Seite liegend, die resultierende Kraft auf das Tragglied berechnet werden zu:

$$F_{S,G,k} = (\gamma_k \cdot h + p_{G,k}) \cdot A_E \qquad \text{Gl. (9.15)}$$

$$F_{S,G+Q,k} = (\gamma_k \cdot h + p_{G+Q,k}) \cdot A_E \,. \qquad \text{Gl. (9.16)}$$

Dieser Ansatz beinhaltet auch die Beanspruchungssituation Bettungsausfall unter der Bewehrungsebene.

9.6.3.4 Spreizkräfte bei geneigter Oberfläche des bewehrten Erdkörpers

In Böschungsbereichen von Dämmen entstehen infolge der fehlenden seitlichen Stützung des bewehrten Erdkörpers Horizontalkräfte („Spreizkräfte“) in dessen Aufstandsebene. Die Spreizkräfte müssen von der Geokunststoffbewehrung aufgenommen und in Richtung Dammmitte abgeleitet werden. Die Berechnung der charakteristischen Beanspruchung der Geokunststoffe infolge der Spreizkräfte ist in Kapitel 9.6.3.5 geregelt.

9.6.3.5 Beanspruchungen der Geokunststoffbewehrung

Die nachfolgenden Hinweise gelten für eine Geokunststoffbewehrung, der orthogonale Tragrichtungen zugeordnet werden können. Für den Nachweis einer horizontal über den Traggliedern verlegten Geokunststoffbewehrung wird die lotrechte Spannung σ_{zo} nach Kapitel 9.6.3.2 bzw. unter Berücksichtigung der Lasteinzugsflächen A_L als äußere Einwirkung der Bewehrung zugewiesen. Die resultierende Gesamtlast auf die Einzugsfläche A_L wird bei punktförmigen Traggliedern näherungsweise als dreieckförmige Streckenlast auf einen Bewehrungsstreifen der Breite b angesetzt (siehe Bild 9.15), wobei b die Breite eines rechteckig angenommenen Pfahlkopfes ist. Bei runden Pfählen mit dem Durchmesser d wird näherungsweise eine Ersatzbreite $b_{Ers.}$ nach Gl. (9.17) verwendet.

$$b_{Ers.} = \frac{1}{2} \cdot d \cdot \sqrt{\pi} \qquad \text{Gl. (9.17)}$$

Bei linienförmigen Traggliedern wird im Folgenden die Ersatzbreite $b_{Ers.} = 1$ m angesetzt.

Bei orthogonaler Tragrichtung der Bewehrung ergeben sich zwei Schnittrichtungen, zu denen ein koaxiales x-y-Achsensystem mit den zugehörige Lasteinzugsflächen A_{Lx} und A_{Ly} eingeführt wird, die jeweils mit der Streckenlast $q_{z,W}$ [x] bzw. $q_{z,W}$ [y] über die lichte Weite $l_{W,x} = (s_x - b_{Ers.})$ bzw. $l_{W,y} = (s_y - b_{Ers.})$ beansprucht werden (Bild 9.15).

Beanspruchungen infolge Membranwirkung

Die resultierende Einwirkung F_k wird als charakteristischer Wert nach Bild 9.15 für ein Rechteckraster bzw. ein Dreieckraster von punktförmigen Traggliedern bestimmt. Ebenso ist für ein fiktiv nach Kapitel 9.6.3.2 rückgedrehtes Dreieckraster (unter 45° gedrehtes Quadrat) zu verfahren.

a) Rechteckraster

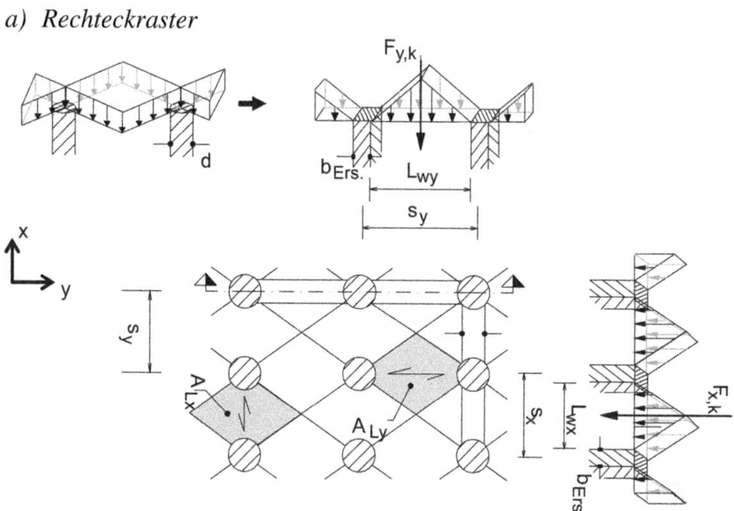

Bild 9.15 Resultierende Einwirkung F_k auf die Bewehrungsebene (siehe Bild 9.2)

b) Lasteinzugsflächen:

$$A_{Lx} = \frac{1}{2} \cdot (s_x \cdot s_y) - \frac{d^2}{2} \cdot \operatorname{atn}\left(\frac{s_y}{s_x}\right) \cdot \frac{\pi}{180} \qquad \text{Gl. (9.18)}$$

$$A_{Ly} = \frac{1}{2} \cdot (s_x \cdot s_y) - \frac{d^2}{2} \cdot \operatorname{atn}\left(\frac{s_x}{s_y}\right) \cdot \frac{\pi}{180} \qquad \text{Gl. (9.19)}$$

c) resultierende Last auf einem Bewehrungsstreifen der Breite $b_{Ers.}$:

$$F_{x,G,k} = A_{Lx} \cdot \sigma_{zo,G,k} \qquad \text{Gl. (9.20)}$$

$$F_{x,G+Q,k} = A_{Lx} \cdot \sigma_{zo,G+Q,k} \qquad \text{Gl. (9.21)}$$

$$F_{y,G,k} = A_{Ly} \cdot \sigma_{zo,G,k} \qquad \text{Gl. (9.22)}$$

$$F_{y,G+Q,k} = A_{Ly} \cdot \sigma_{zo,G+Q,k} \qquad \text{Gl. (9.23)}$$

Bei linienförmigen Traggliedern ist Bild 9.15 sinngemäß anzuwenden, wobei F_k in Querrichtung auf einen 1 m breiten Streifen zu beziehen ist.

J_k ist der charakteristische Wert der Dehnsteifigkeit („Zugmodul") der Geokunststoffbewehrung in kN/m. Die Dehnsteifigkeit ist belastungsabhängig und nimmt wegen der Kriechdehnung mit der Zeit ab. Bei genaueren Untersuchungen soll dies je nach Berechnungsfall berücksichtigt werden. Dazu werden die Isochronen der Bewehrung verwendet, die den Zusammenhang zwischen Zugkraft, Zeit und Dehnung darstellen.

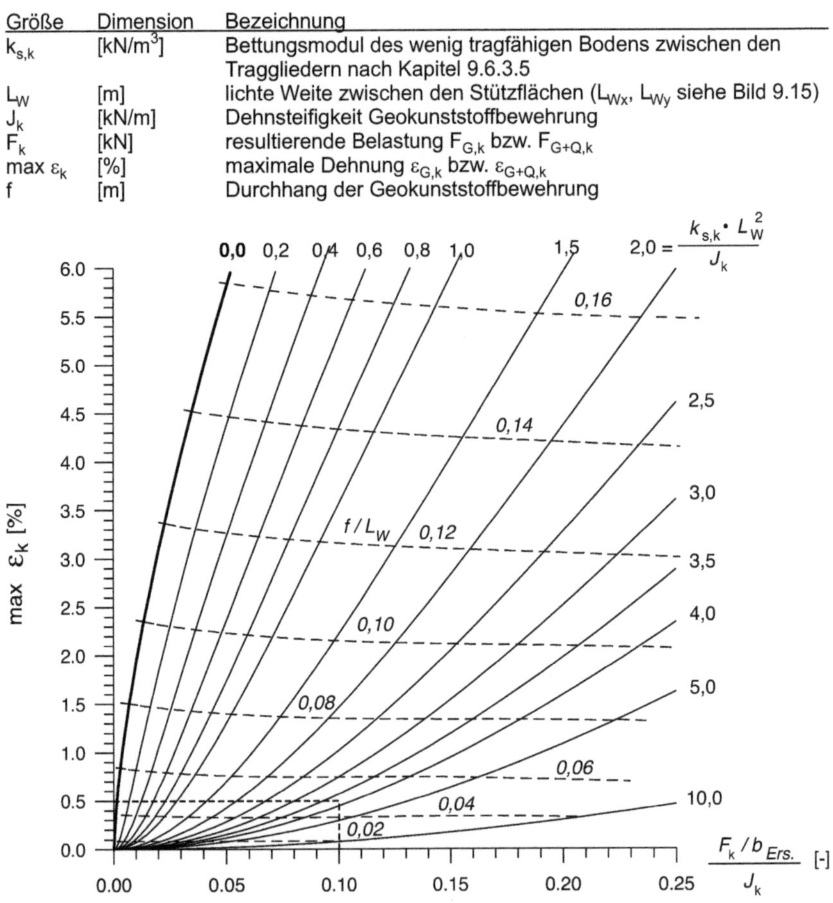

Größe	Dimension	Bezeichnung
$k_{s,k}$	[kN/m³]	Bettungsmodul des wenig tragfähigen Bodens zwischen den Traggliedern nach Kapitel 9.6.3.5
L_W	[m]	lichte Weite zwischen den Stützflächen (L_{Wx}, L_{Wy} siehe Bild 9.15)
J_k	[kN/m]	Dehnsteifigkeit Geokunststoffbewehrung
F_k	[kN]	resultierende Belastung $F_{G,k}$ bzw. $F_{G+Q,k}$
max ε_k	[%]	maximale Dehnung $\varepsilon_{G,k}$ bzw. $\varepsilon_{G+Q,k}$
f	[m]	Durchhang der Geokunststoffbewehrung

Bild 9.16 Maximale Dehnung ε_k der Bewehrung zwischen den Stützflächen

Der Wert der maximalen Dehnung in einer Geokunststoffbewehrung kann aus Bild 9.16 ff. abgelesen werden. Die Beanspruchung E (Zugkraft in der Bewehrung) infolge Membranwirkung ergibt sich aus Gln. (9.24) und (9.25)

$$E_{M,G,k} = \varepsilon_{G,k} \cdot J_k \qquad \text{Gl. (9.24)}$$

$$E_{M,G+Q,k} = \varepsilon_{G+Q,k} \cdot J_k \qquad \text{Gl. (9.25)}$$

Bei zweilagiger Bewehrung kann eine Aufteilung der Beanspruchungen im Verhältnis der charakteristischen Bewehrungsdehnsteifigkeiten J_k erfolgen, sofern der vertikale Abstand z der Bewehrungsebene von der Aufstandsebene die Anforderungen in Kapitel 9.3 erfüllt.

Bei der Anwendung von Bild 9.16 sind für F_k die Werte nach Bild 9.15 jeweils für die ständigen Einwirkungen bzw. die ständigen und veränderlichen Einwirkungen einzusetzen. Bild 9.16 gilt für ausreichend vertikal unnachgiebige Tragglieder bzw. Stützflächen (Gl. (9.2)).

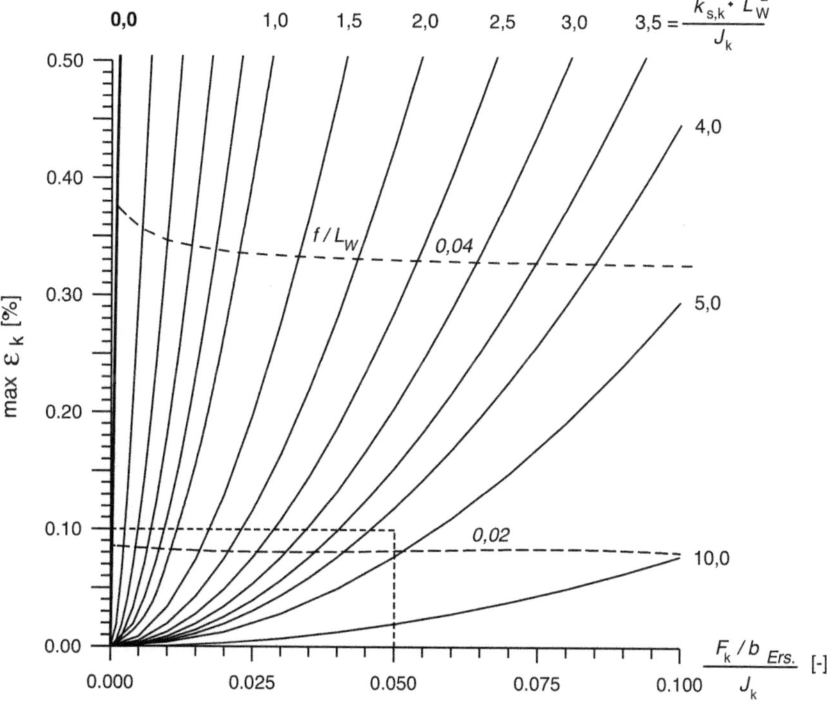

Bild 9.17 Maximale Dehnung ε_k der Bewehrung zwischen den Stützflächen (Ausschnitt 1)

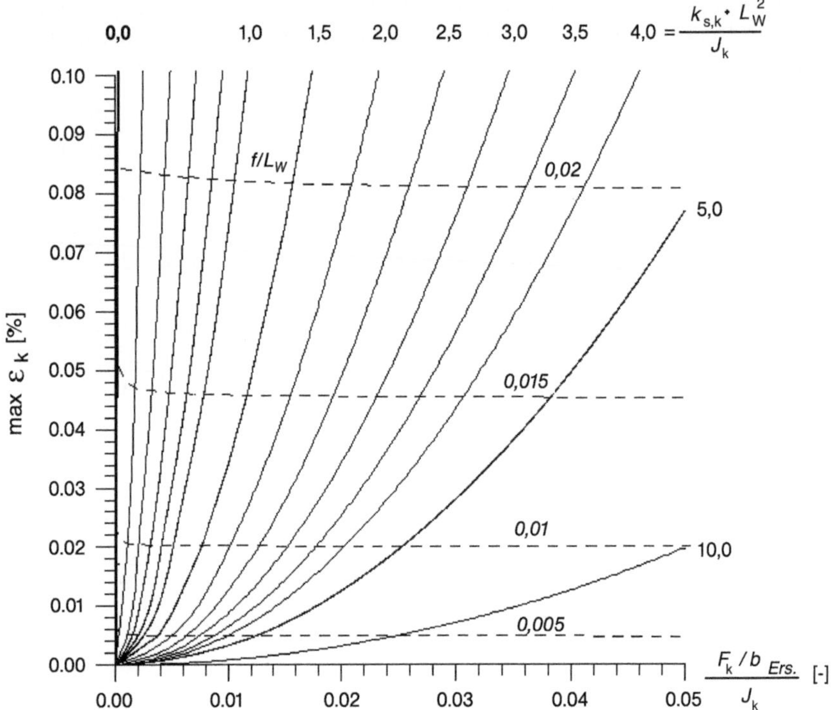

Bild 9.18 Maximale Dehnung ε_k der Bewehrung zwischen den Stützflächen (Ausschnitt 2)

Anmerkung: *Besonderheiten beim Dreieckraster:*
Wie vorstehend ausgeführt, ist die charakteristische Beanspruchung der Geokunststoffbewehrung beim Dreieckraster (unter 45° gedrehtes Quadratraster der Tragglieder) mit einem fiktiv zurückgedrehten Quadratraster vorzunehmen. Die sich daraus ergebende Geokunststoffbewehrung ist dann wieder parallel zur x- und y-Achse über die Diagonalen der Raster zu verlegen.

Abschätzung der Bettungsmoduln der gering tragfähigen Schichten (Weichschichten)

Für eine homogene Weichschicht kann unter Vernachlässigung der Spannungsabnahme mit der Tiefe (unendliche Spannungsfläche) der Bettungsmodul der Weichschicht nach Gl. (9.26) aus dem Steifemodul der Weichschicht E_s und ihrer Mächtigkeit t_W abgeschätzt werden.

$$k_s = \frac{E_{s,k}}{t_W} \qquad \text{Gl. (9.26)}$$

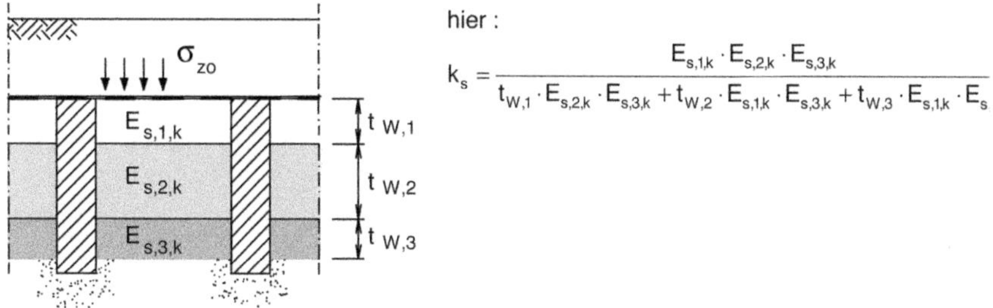

Bild 9.19 Abschätzung des Bettungsmoduls bei geschichtetem Untergrund unter der Bewehrungsebene

Mehrere Bodenschichten i unter der Bewehrung können näherungsweise durch einen im Verhältnis der Schichtdicken t_{Wi} gewichteten mittleren Bettungsmodul k_s entsprechend Gl. (9.27) erfasst werden (Bild 9.19).

$$k_s = \frac{\prod_{n=1}^{i} E_{s,n}}{\sum_{n=1}^{i} t_{W,n} \cdot \prod_{m=1}^{i} E_{s,m}}, \quad m \neq n \qquad \text{Gl. (9.27)}$$

Anmerkung 1: *Bei stark unterschiedlichen Steifigkeiten der vorhandenen Schichten kann ein gewichteter Bettungsmodul nach Gl. (9.27) zu einer maßgeblichen Über- oder Unterschätzung der Bettungswirkung führen.*

Anmerkung 2: *Bezüglich der Bettungsansätze reagiert das Bemessungsverfahren empfindlich. Genauere Untersuchhungen zur Bettungswirkung können zweckmäßig sein.*

Bei der Festlegung des Bettungsmoduls ist zu prüfen, ob weitere Setzungen der Weichschichten (z. B. infolge Grundwasserschwankungen) auftreten können, die zu einer Abnahme der Bettungswirkung in der Aufstandsebene führen können.

Beanspruchungen infolge Spreizwirkung

Bei der Ermittlung der Beanspruchung der Geokunststoffbewehrung infolge Spreizwirkung werden zwei Verfahrenswege unterschieden.

Verfahrensweg 1

Die Spreizkraft wird aus einem angenommenen aktiven Erddruck, der sich von der Oberkante des bewehrten Erdkörpers bis zur Bewehrung aufgebaut hat, abgeleitet und als Beanspruchung ΔE_k der Bewehrung zugewiesen. Der aktive Erddruck ist unter Berücksichtigung der vorhandenen Auflasten p_k nach DIN 4085 zu ermitteln.

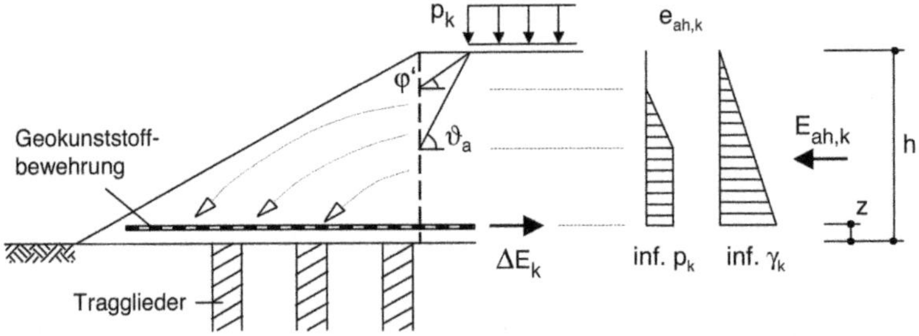

Bild 9.20 Zusätzliche Beanspruchungen in der Geokunststoffbewehrung im Böschungsbereich von Dämmen nach Verfahren 1 ohne bzw. mit gering mächtiger Deckschicht

Wenn die Weichschicht bis zur Aufstandsebene des bewehrten Erdkörpers reicht (Bild 9.20) oder nur eine geringmächtige nichtbindige Deckschicht vorliegt, ergibt sich die Spreizkraft aus Gln. (9.28) und (9.29).

$$\Delta E_{G,k} = E_{ah,G,k} \qquad \text{Gl. (9.28)}$$

$$\Delta E_{G+Q,k} = E_{ah,G+Q,k} \qquad \text{Gl. (9.29)}$$

Wird die Weichschicht nach Bild 9.21 von einer nichtbindigen Deckschicht überlagert, dann darf der Erdwiderstand $E_{ph,k}$ der Deckschicht bei der Ermittlung der Beanspruchung der Bewehrung infolge Spreizwirkung nach Gln. (9.30) und (9.31) berücksichtigt werden. Der Ansatz des Erdwiderstands ist jedoch nur zulässig, wenn folgende Bedingungen erfüllt sind:

- Die Deckschicht muss mindestens eine mitteldichte Lagerung aufweisen.
- Der charakteristische Erdwiderstand der Deckschicht darf höchstens mit 50 % des nach DIN 4085 berechneten Erdwiderstands angesetzt werden.
- Die Dicke der Deckschicht muss mindestens 20 % der Dammhöhe, jedoch wenigstens 1 m betragen.

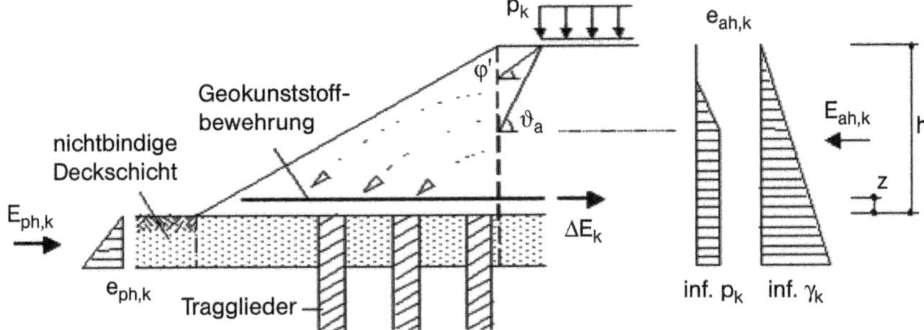

Bild 9.21 Zusätzliche Beanspruchungen in der Geokunststoffbewehrung im Böschungsbereich von Dämmen nach Verfahren 1 unter Berücksichtigung der mittragenden Wirkung einer nichtbindigen Deckschicht

$$\Delta E_{G,k} = E_{ah,G,k} - 0,5 \cdot E_{ph,k} \qquad \text{Gl. (9.30)}$$

$$\Delta E_{G+Q,k} = E_{ah,G+Q,k} - 0,5 \cdot E_{ph,k} \qquad \text{Gl. (9.31)}$$

Mit den Berechnungen nach dem Verfahrensweg 1 kann davon ausgegangen werden, dass die Geokunststoffbewehrung ausreichend bemessen wird und die vertikalen Tragglieder keine unzulässigen Verformungen aufweisen. Eine Verformungsberechnung der Tragglieder ist in der Regel nicht notwendig.

Verfahrensweg 2

Alternativ zu Verfahrensweg 1 kann die Ermittlung der Beanspruchung der Geokunststoffbewehrung infolge Spreizwirkung auch nach Bild 9.22 und Gln. (9.32) und (9.33) vorgenommen werden. Dabei wird nach [11] der Geokunststoffbewehrung entweder nur die Beanspruchung infolge Membranwirkung oder infolge Spreizwirkung aus Erddruckansatz nach Verfahrensweg 1 zugewiesen, wobei der Maximalwert maßgebend ist.

Bei Verfahrensweg 2 kann nicht mehr davon ausgegangen werden, dass die vertikalen Tragglieder keine unzulässigen Verformungen aufweisen. Deshalb wird ein Nachweis der Formänderungen der vertikalen Tragglieder, z. B. durch numerische Verfahren, empfohlen.

$$E_{G,k} = \max \begin{cases} E_{ah,G,k} \\ E_{M,G,k} \end{cases} \qquad \text{Gl. (9.32)}$$

$$E_{G+Q,k} = \max \begin{cases} E_{ah,G+Q,k} \\ E_{M,G+Q,k} \end{cases} \qquad \text{Gl. (9.33)}$$

mit:

$E_{ah,G,k}$ und

$E_{ah,G+Q,k}$ Resultierende des aktiven Erddruckes, der sich von der Oberkante des bewehrten Erdkörpers bis zur Bewehrung aufgebaut hat, unter Berücksichtigung der vorhandenen Auflasten p_k nach DIN 4085, siehe auch Bild 9.22,

$e_{M,G,k}$ bzw.

$E_{M,G+Q,k}$ nach Gln. (9.24) und (9.25).

In Bild 9.22 und Gln. (9.32) und (9.33) ist die Vorgehensweise für den Fall angegeben, dass die Weichschicht bis zur Aufstandsebene des bewehrten Erdkörpers reicht bzw. nur eine gering mächtige Deckschicht vorliegt.

Wird die Weichschicht von einer nichtbindigen Deckschicht überlagert, dann ist wie bei Verfahrensweg 1 vorzugehen. Die Beanspruchung der Geokunststoffbewehrung infolge Spreizwirkung ergibt sich nach Gln. (9.34) und (9.35).

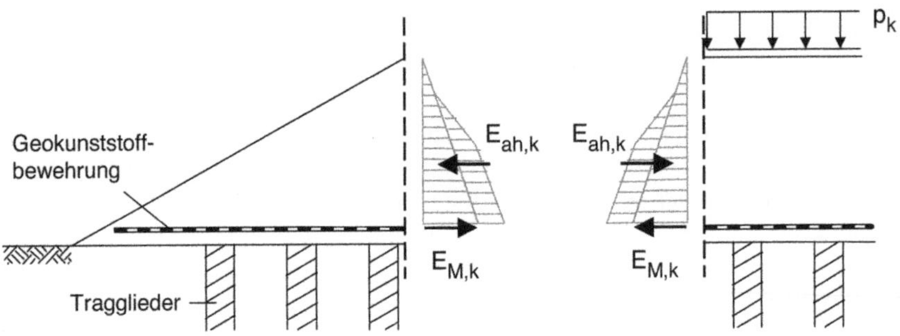

Bild 9.22 Maßgebende Beanspruchungen in der Geokunststoffbewehrung im Böschungsbereich von Dämmen nach Verfahren 2

$$E_{G,k} = \max\begin{cases} E_{ah,G,k} - 0,5 \cdot E_{ph,k} \\ E_{M,G,k} \end{cases} \qquad \text{Gl. (9.34)}$$

$$E_{G+Q,k} = \max\begin{cases} E_{ah,G+Q,k} - 0,5 \cdot E_{ph,k} \\ E_{M,G+Q,k} \end{cases} \qquad \text{Gl. (9.35)}$$

mit:

$E_{ah,G,k}$ bzw.
$E_{ah,G+Q,k}$ Resultierende des aktiven Erddruckes, der sich von der Oberkante des bewehrten Erdkörpers bis zur Unterkante der nichtbindigen Deckschicht aufgebaut hat, unter Berücksichtigung der vorhandenen Auflasten p_k nach DIN 4085, siehe auch Bild 9.21,

$E_{ph,k}$ Resultierende des Erdwiderstandes der nichtbindigen Deckschicht, siehe auch Bild 9.21,

$E_{M,G,k}$ bzw.
$E_{M,G+Q,k}$ nach Gln. (9.24) und (9.25).

9.6.4 Berechnung der Beanspruchung der Geokunststoffbewehrung mit numerischen Verfahren

Vergleichende Untersuchungen zwischen Versuch und Berechnung haben ergeben, dass bei einem bewehrten Erdkörper auf punktförmigen Traggliedern und üblicher Abbildung der Bewehrungselemente numerische Berechnungen, z. B. nach der Methode der Finiten Elemente, deutlich zu niedrige charakteristische Zugbeanspruchungen in der Geokunststoffbewehrung ergeben.

Da die Ursachen und Zusammenhänge derzeit noch nicht abschließend geklärt sind, darf die Beanspruchung der Geokunststoffbewehrung und die Bemessung dieser Systeme nicht auf den Grundlagen numerischer Berechnungen durchgeführt werden.

Demgegenüber liefern numerische Berechnungen bei zutreffender Modellbildung realistische Ergebnisse bei den Verformungen der Tragglieder (Kapitel 9.7.2.3) und bezüglich der Gesamtverformungen (Kapitel 9.7.2.4).

9.6.5 Berechnung der Beanspruchung der Geokunststoffbewehrung bei nicht ruhenden Einwirkungen

Hohe veränderliche Beanspruchungen können die Gewölbeausbildung oberhalb der Tragglieder negativ beeinflussen. Zur Berücksichtigung veränderlicher Beanspruchungen werden in Kapitel 9.3 geometrische Empfehlungen, wie z. B. Grenzwerte für das geometrische Verhältnis h / (s – d), angegeben. Werden diese Grenzwerte eingehalten, kann davon ausgegangen werden, dass das Gewölbe unter nicht ruhenden Einwirkungen erhalten bleibt. Sofern diese Grenzwerte unterschritten werden, kann es in Abhängigkeit vom geometrischen Verhältnis h / (s – d), der Größe der nicht ruhenden Einwirkungen (Lastamplitude und Lastfrequenz) und deren Häufigkeit zu einer Gewölberückbildung und gleichzeitig zu erhöhten Beanspruchungen in der Geokunststoffbewehrung kommen. Die Gewölberückbildung und die Zusatzbeanspruchung der Geokunststoffe können mithilfe eines vereinfachten Ansatzes (Gewölbereduktionsfaktor-Verfahren) näherungsweise beschrieben werden, wozu in [12] weitere Hinweise gegeben werden.

9.7 Nachweise und Bemessung

9.7.1 Nachweise der Tragfähigkeit

9.7.1.1 Allgemeines

Die Nachweise der Tragfähigkeit sind nach DIN 1054 für den Grenzzustand 1B und 1C zu führen.

Für Nachweise des Grenzzustandes 1B werden die Beanspruchungen nach Kapitel 6.3, die hier allgemein mit E bezeichnet sind, als charakteristische Werte E_k zugrunde gelegt und daraus durch Multiplikation mit den Teilsicherheitsbeiwerten γ für die Einwirkungen nach DIN 1054, Tabelle 2 die Bemessungswerte der Beanspruchungen E_d nach Gl. (9.36) bestimmt.

$$E_d = E_{G,k} \cdot \gamma_G + (E_{G+Q,k} - E_{G,k}) \cdot \gamma_Q \qquad \text{Gl. (9.36)}$$

Die Nachweise der Tragfähigkeit für die einzelnen Bauteile sind im Grenzzustand 1B mit der Grenzzustandsgleichung Gl. (9.37) zu erbringen, wobei R_d die Bemessungswerte der Widerstände sind.

$$E_d \le R_d \qquad \text{Gl. (9.37)}$$

Der Nachweis des Grenzzustandes 1C beinhaltet eine Untersuchung des Gesamtsystems, bei dem die Einwirkungen und Widerstände von vornherein als Bemessungswerte in die Berechnung eingeführt werden. Näheres dazu kann DIN 1054 entnommen werden.

9.7.1.2 Nachweis der Geokunststoffbewehrung

Der Nachweis der Tragfähigkeit der Geokunststoffbewehrung für den Grenzzustand 1B ist unter Berücksichtigung von Kapitel 9.6.3.5 bei Verwendung von Verfahrensweg 1 mit Gl. (9.38) bzw. bei Verwendung von Verfahrensweg 2 mit Gl. (9.39) zu führen:

$$\Delta E_d + E_{M,d} \leq R_{B,d} \qquad \text{Gl. (9.38)}$$

$$\max \begin{cases} E_{ah,d} \\ E_{M,d} \end{cases} \leq R_{B,d} \quad \text{bzw.} \quad \max \begin{cases} E_{ah,d} - 0,5 \cdot E_{ph,d} \\ E_{M,d} \end{cases} \leq R_{B,d} \qquad \text{Gl. (9.39)}$$

mit:

ΔE_d Bemessungswert der Beanspruchung infolge Spreizwirkung nach Verfahrensweg 1 unter Berücksichtigung von Kapitel 9.6.3.5. Bei Linienbauwerken (Verkehrsdämme usw.) kann ΔE_d in Längsrichtung gleich Null gesetzt werden. Das gilt auch für die Querrichtung, falls der bewehrte Erdkörper vorwiegend unter der Geländeoberfläche liegt und von einer ausreichenden seitlichen Stützung ausgegangen werden kann.

$E_{M,d}$ Bemessungswert der Beanspruchung infolge Membranwirkung nach Gl. (9.36) unter Berücksichtigung von Kapitel 9.6.3.5,

$E_{ah,d}$ Bemessungswert der aktiven Erddruckkraft nach Verfahrensweg 2 unter Berücksichtigung von Kapitel 9.6.3.5,

$E_{ph,d}$ Bemessungswert der passiven Erddruckkraft nach Verfahrensweg 2 unter Berücksichtigung von Kapitel 9.6.3.5,

$R_{B,d}$ Bemessungswiderstand der Geokunststoffbewehrung.

Der Bemessungswiderstand der Geokunststoffbewehrung wird nach Kapitel 3.3 ermittelt und für den vorliegenden Anwendungsfall wie folgt modifiziert:

$$R_{B,d} = \frac{R_{B,k,5\%}}{\gamma_M} \cdot \eta_M \qquad \text{Gl. (9.40)}$$

Hierbei ist $\eta_M = 1,1$ der Anpassungsfaktor zur Modifizierung des Sicherheitsniveaus im GZ 1B.

9.7.1.3 Nachweis der Tragglieder

Der Nachweis der Tragfähigkeit der Tragglieder für den Grenzzustand 1B ist mit Gl. (9.41) zu führen:

$$E_{S,d} \leq R_d \qquad \text{Gl. (9.41)}$$

mit:

R_d Bemessungswert der Tragfähigkeit der Tragglieder entsprechend der jeweiligen Normen/Zulassungsbescheide,

$E_{S,d}$ Bemessungswert der Beanspruchung nach Gl. (9.36) unter Berücksichtigung von Kapitel 9.6.3.3.

Mit dem Nachweis der Tragfähigkeit der Geokunststoffbewehrung nach den Gln. (9.28), (9.29), (9.30), (9.31) und (9.38) (Verfahrensweg 1 nach Kapitel 9.6.3.5) kann erfahrungsgemäß auf einen Nachweis der horizontalen Tragfähigkeit der Tragglieder verzichtet werden. Wenn von dieser Nachweisführung abgewichen wird, dann sind gesonderte Nachweise für die horizontale Beanspruchung der Tragglieder zu führen.

9.7.1.4 Nachweis der Gesamtstandsicherheit

Die Standsicherheit des Gesamtsystems ist nach DIN 1054 und nach Kapitel 3 für den Grenzzustand 1C nachzuweisen. Hierbei sind mögliche Gleitlinien, welche die Bewehrungslagen und die Tragglieder schneiden, bzw. lokale Bruchmechanismen im Böschungs- und Fußbereich bei Dammbauwerken zu untersuchen. Bei Gleitflächen, welche die Tragglieder bzw. die Geokunststoffbewehrung schneiden, dürfen die Widerstände der Geokunststoffbewehrung als zurückhaltende Kräfte berücksichtigt werden. Wenn keine weitergehenden Nachweise zur Aufnahme möglicher horizontaler Einwirkungen durch die Tragglieder vorgenommen werden, dürfen die vertikalen Tragglieder dafür nicht angesetzt werden. Dabei sind die Beanspruchungen mit den Bemessungswerten der Einwirkungen zu ermitteln und den Bemessungswerten der Widerstände gegenüberzustellen (DIN 1054 und Kapitel 3).

9.7.2 Nachweis der Gebrauchstauglichkeit

9.7.2.1 Allgemeines

Die Grenzzustände der Gebrauchstauglichkeit beziehen sich auf die einzuhaltenden Verformungen im System. Die Gesamtverformungen des Systems setzen sich dabei zusammen aus den

- Verformungen im bewehrten Erdkörper,
- Verformungen der Tragglieder und des Untergrundes.

Diese Verformungen können einzeln oder insgesamt betrachtet bzw. für einen Nachweis zugrunde gelegt werden.

Der Nachweis der Gebrauchstauglichkeit ist von besonderer Bedeutung, wenn von den geometrischen Empfehlungen in Kapitel 9.3 abgewichen wird.

9.7.2.2 Verformungen im bewehrten Erdkörper

Während der schichtweisen Herstellung des bewehrten Erdkörpers entstehen insbesondere beim Einbau und der Verdichtung der ersten Bodenlagen Dehnungen in der Bewehrung, die zu Setzungsmulden zwischen den Aufstandsflächen führen können. Bei diesem lagenweisen Aufbau des Erdkörpers werden die Setzungsmulden aber mit jeder Bodenlage ausgeglichen, wodurch schließlich die Oberkante des Erdkörpers eben hergestellt werden kann. Die Geokunststoffbewehrung erhält dadurch eine bleibende Vordehnung, die aber für die Beurteilung der Gebrauchstauglichkeit nicht maßgebend ist. Für den Nachweis der Gebrauchstauglichkeit sind in der Regel nur die zusätzlichen Verformungen im bewehrten Erdkörper maßgebend, die **nach** der Herstellung unter den Einwirkungen nach Kapitel 9.4 auftreten.

Diese zusätzlichen Dehnungen nach der Herstellung des bewehrten Erdkörpers bis Ende der Gebrauchsdauer (in der Regel 100 Jahre) sollen dabei die Bedingung nach Gl. (9.42) erfüllen,

$$\Delta\varepsilon_{kr} \leq 2\,\% \qquad \text{Gl. (9.42)}$$

wobei $\Delta\varepsilon_{kr}$ die zusätzliche Kriechdehnung der Bewehrung für den betrachteten Zeitraum ist. Für bestimmte Anwendungsformen (z. B. verformungsempfindliche Verkehrsbauwerke oder Bauwerke mit geringer Überdeckungshöhe h) kann es erforderlich sein, die zusätzlichen Dehnungen $\Delta\varepsilon_{kr}$ mit Bezug auf den Durchhang Δf weiter zu begrenzen.

9.7.2.3 Verformungen der Tragglieder

Die Verformungen der Tragglieder können aus Ergebnissen von Probebelastungen, Aufzeichnungen bei der Herstellung oder Erfahrungswerten bei vergleichbaren Baugrundverhältnissen und Einwirkungen abgeschätzt werden. Darüber hinaus stehen traggliedspezifische analytische Methoden zur Verfügung, um die Verformungen abzuschätzen. Ferner kann eine Absicherung durch die Anwendung

- der Beobachtungsmethode nach DIN 1054 oder
- durch numerische Verfahren

erfolgen.

9.7.2.4 Nachweis der Gesamtverformungen

Derzeit liegen abgesicherte analytische Verfahren für eine Prognose der Gesamtverformungen des Systems nicht vor. Die Gesamtverformungen können näherungsweise durch numerische Verfahren ermittelt werden. Für die Absicherung der Gebrauchstauglichkeit wird die Anwendung der Beobachtungsmethode nach DIN 1054 empfohlen.

9.8 Hinweise für die Bauausführung

9.8.1 Vorbereitende Arbeiten

Für die späteren Arbeiten ist das Baufeld mit einem tragfähigen Arbeitsplanum auszustatten. Wenn der anstehende Boden für die Aufnahme der Lasten aus dem Trägergerät und dem Baustellenverkehr nicht ausreichend tragfähig ist, sind besondere Maßnahmen zur Herstellung eines tragfähigen Arbeitsplanums festzulegen und auszuführen.

Die planmäßige Lage der punkt- bzw. linienförmigen Tragglieder ist durch geeignete Verfahren einzumessen.

Bei Bauvorhaben, die in unmittelbarer Nähe bestehender Bauwerke mit hoher Sicherheitsrelevanz (Eisenbahnstrecken, Straßen) ausgeführt werden müssen und deren Tragfähigkeits- und Verformungsverhalten beeinflussen, sind die Beeinflussungen so zu begrenzen, dass keine Schäden an den bestehenden Bauwerken auftreten.

9.8.2 Punkt- und linienförmige Tragglieder

Alle Tragglieder sind bis in den tragfähigen Untergrund einzubringen. Die planmäßige Einbindung der Tragglieder in den tragfähigen Untergrund ist durch geeignete Methoden nachzuweisen.

Die Stützflächen der Tragglieder sind nach Form, Abmessung und Höhenlage planmäßig herzustellen. Es ist sicherzustellen, dass die eingebrachten Tragglieder nicht durch Einwirkungen aus dem Baubetrieb beschädigt werden.

9.8.3 Bewehrter Erdkörper

Nach dem Herstellen der Tragglieder und ihrem höhenmäßigen Abgleich sollte eine 10 bis 15 cm dicke Ausgleichsschicht aus verdichteten nichtbindigen Böden oder eine vergleichbare Schutzlage (z. B. Vliesstoff) über der Aufstandsebene des bewehrten Erdkörpers aufgebracht werden. Die Ausgleichsschicht ist eben zu planieren.

Auf dem Planum der Ausgleichsschicht werden die Bewehrungsgeokunststoffe nach einem Verlegeplan, der vom Planer aufzustellen ist, verlegt. Die Geokunststoffe sind eben sowie falten- und wellenfrei auf dem Planum zu verlegen, zu straffen und ggf. zu sichern.

Überlappungen in Hauptzugrichtung sind zu vermeiden. Sind in Ausnahmefällen Überlappungen nicht zu vermeiden, dann ist vom Planer ein rechnerischer Nachweis der ausreichenden Zugkraftübertragung zu führen. Der vertikale Abstand der Geokunststoffbewehrungslagen muss bei mehrlagigem Einbau $\geq$ 15 cm betragen.

Die ausgelegten und noch nicht überschütteten Geokunststoffe dürfen nicht befahren werden. Die Überschüttung soll so erfolgen, dass die Beanspruchungen der Bewehrungen gering bleiben und dass deren planmäßige Lage nicht verändert wird.

Ein Befahren der Geokunststoffe darf erst dann vorgenommen werden, wenn der Geokunststoff mindestens 15 cm überschüttet worden ist.

Falls keine höheren Anforderungen an den bewehrten Erdkörper vorliegen, ist mindestens ein Verdichtungsgrad von $D_{Pr} \geq 0{,}97$ einzuhalten.

Erfahrungsgemäß ist eine sorgfältige Verdichtung der ersten Bodenschichten über der untersten Bewehrungslage vorteilhaft für das spätere Verhalten des bewehrten Erdkörpers („Vordehnung" der Bewehrung, geringe Verformbarkeit und hoher Scherwiderstand des Dammbodens). Die Beanspruchung aus den Verdichtungsgeräten ist dann bei der Bemessung der Geokunststoffe zu berücksichtigen. Weiterhin ist dabei zu beachten, dass die Traggliedern nicht beschädigt werden.

9.9 Literatur

[1] Hewlett, W. J., Randolph, M. F., Aust, M. I. E. (1988): Analysis of piled embankments. Ground Engineering Vol. 21, pp. 12–17.

[2] Kempfert, H.-G., Stadel, M., Zaeske, D. (1997): Berechnung von geokunststoffbewehrten Tragschichten über Pfahlelementen. Bautechnik Jahrgang 75, Heft 12, pp. 818–825.

[3] Zaeske, D. (2001): Zur Wirkungsweise von unbewehrten und bewehrten mineralischen Tragschichten über pfahlartigen Gründungselementen. Schriftenreihe Geotechnik, Universität Kassel, Heft 10.

[4] Zaeske, D., Kempfert, H.-G. (2002): Berechnung und Wirkungsweise von unbewehrten und bewehrten mineralischen Tragschichten auf punkt- und linienförmigen Traggliedern. Bauingenieur, Band 77, Februar 2002.

[5] Kempfert, H.-G., Zaeske, D., Alexiew, D. (1999): Interactions in reinforced bearing layers over partial supported underground. Proc. of the 12th ECSMGE, Amsterdam, 1999. Balkema, Rotterdam, 1999. S. 1527–1532.

[6] Alexiew, D., Gartung, E. (1999): Geogrid reinforced railway embankment on piles – performance monitoring 1994–1998. Proc. 1st South American Symposium on Geosynthetics, Rio de Janeiro, 1999. S. 403–411.

[7] Alexiew, D., Vogel, W. (2001): Railroads on piled embankments in Germany: Milestone projects, in: Landmarks in Earth Reinforcement, Swets & Zeitlinger, S. 185–190.

[8] Alexiew, D. (2004): Geogitterbewehrte Dämme auf pfahlähnlichen Elementen: Grundlagen und Projekte. Die Bautechnik 81, Heft 9/2004.

[9] Kempfert, H.-G., Göbel, C., Alexiew, D., Heitz, C. (2004): German Recommendations for Soil Reinforcement above Pile-Elements. EuroGeo3, Third Geosynthetics Conference, München, Band I, S. 279–283.

[10] Geduhn, M., Vollmert, L. (2005): Verformungsabhängige Spannungszustände bei horizontalen Geokunststoffbewehrungen über Pfahlelementen in der Dammbasis. Bautechnik 82, Heft 9/2005.

[11] Love, J., Milligan, G. (2003): Design methods for basally reinforced pile-supported embankments over soft ground. Ground engineering, March 2003, pp. 39–43.

[12] Heitz, C. (2006): Bodengewölbe unter ruhender und nichtruhender Belastung bei Berücksichtigung von Bewehrungseinlagen aus Geogittern. Schriftenreihe Geotechnik, Universität Kassel, Heft 19.

[13] Kempfert, H.-G., Lüking, J., Gebreselassie, B. (2009): Dimensionierung von bewehrten Erdkörpern auf punktförmigen Traggliedern bei besonderen Randbedingungen. 11. Informations- und Vortragstagung über „Kunststoffe in der Geotechnik", München Februar 2009, Geotechnik Sonderheft 2009, S. 35–43.

9.10 Bemessungsbeispiel: Bewehrte Erdkörper auf punkt- oder linienförmigen Traggliedern

9.10.1 Geometrie, Belastung, bodenmechanische Kennwerte, Kennwerte der Bewehrung und Beanspruchungssituationen

Geometrie und Belastung:

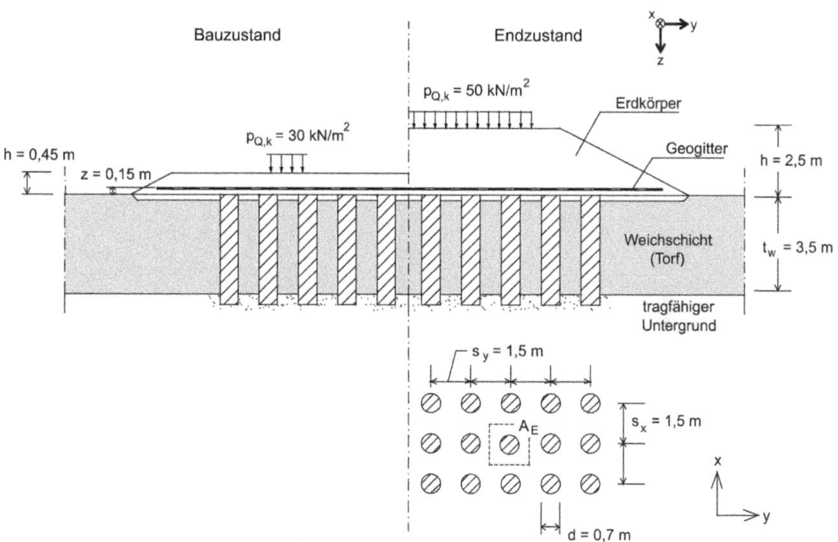

Bild 9.23 Geometrie und Belastung

Bodenmechanische Kennwerte:

		Weichschicht	Erdkörper
E_s	[kN/m²]	500	–
γ_k	[kN/m³]	–	18
φ'_k	[°]	–	35

Kennwerte der Bewehrung:

Für die Berechnung müssen die Kurzzeit-Zugkraft-Dehnungs-Linie und die Isochronen für beide Richtungen der gewählten Bewehrung bekannt sein. Aus diesen Kennlinien werden die zeitabhängigen Dehnsteifigkeiten $J_{x,t}$ und $J_{y,t}$ ermittelt. Dabei ist eine vereinfachende Linearisierung der Kennlinien zulässig (vgl. Kapitel 9.10.2.2). In diesem Beispiel wird empfohlen, die Linearisierung auf die Dehnung $\varepsilon = 2{,}5\ \%$ zu beziehen (Bild 9.24). Außerdem müssen die Abminderungsfaktoren A_1 bis A_5 bekannt sein.

Dynamischer Bemessungsfall:

Es wird näherungsweise angenommen, dass ein dynamischer Bemessungsfall 1 nach Kapitel 12 vorliegt. Damit ist $A_5 = 1{,}0$.

Es wird ein Geogitter mit einer Kurzzeitfestigkeit längs der Ausrollrichtung von 400 kN/m und quer zur Ausrollrichtung von 200 kN/m gewählt. Für das gewählte Geogitter sind die Kurzzeit-Zugkraft-Dehnungs-Linie und die Isochronen in Bild 9.24 angegeben.

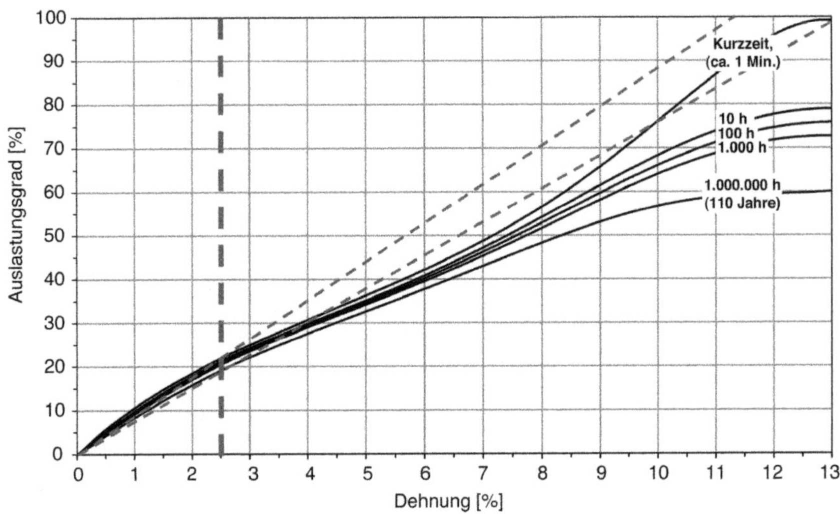

Bild 9.24 Kurzzeit-Zugkraft-Dehnungs-Linie mit Isochronen

Die Abminderungsfaktoren sind:

$A_1 = 1{,}26$ (t = 10 h $\varepsilon_{Bruch} = 13\ \%$),
$A_1 = 1{,}34$ (t = 500 h $\varepsilon_{Bruch} = 13\ \%$),
$A_1 = 1{,}36$ (t = 1.000 h $\varepsilon_{Bruch} = 13\ \%$),
$A_1 = 1{,}65$ (t = 1.000.000 h $\varepsilon_{Bruch} = 13\ \%$),
$A_2 = 1{,}10$ $A_3 = 1{,}00$ $A_4 = 1{,}00$ $A_5 = 1{,}00$.

Das gewählte Geogitter wird quer zur x-Richtung (Dammachse) ausgerollt. Dies bedeutet eine Kurzzeitfestigkeit in x-Richtung von 200 kN/m und in y-Richtung (quer zur Dammachse) von 400 kN/m und eine Bruchdehnung von 13 % in beiden Richtungen.

Beanspruchungssituationen:

Für die Berechnung werden drei Beanspruchungssituationen betrachtet:

Situation 1: Bauzustand mit einer Dammhöhe von h = 0,45 m (z = 0,15 m, d. h. Dammoberkante ist 0,3 m oberhalb der Geokunststoffbewehrung) und einer Belastung durch Verdichtung und Verkehr $p_k = 30\ kN/m^2$,
(„vorübergehende Bemessungssituation");
geschätzte Zeit: $t_1 = 10$ h.

Situation 2: Bauzustand mit einer Dammhöhe von h = 2,5 m und einer Belastung durch Verdichtung und Verkehr $p_{Q,k} = 30\ kN/m^2$,
(„vorübergehende Bemessungssituation");
geschätzte Zeit: $t_2 = 500$ h.

Situation 3: Endzustand mit einer Dammhöhe von h = 2,5 m und einer Verkehrsbelastung $p_{Q,k} = 50\ kN/m^2$,
(„ständige Bemessungssituation");
geschätzte Zeit: $t_3 = 1.000.000$ h (~ 110 a).

Im vorliegenden Fall ist nach dem Baugrundgutachten zu einem späteren Zeitpunkt eine Absenkung des Grundwassers vorgesehen. Deshalb muss als Sonderfall der Ausfall oder die Abminderung der stützenden Bettungswirkung aus dem Untergrund nach Kapitel 9.6.2 zusätzlich untersucht werden.

Sonderfall: Ausfall der entlastend wirkenden Reaktionsspannung aus dem Untergrund,
(„außergewöhnliche Bemessungssituation");
angenommene Zeit: $t_4 = 1.000.000$ h (~ 110 a).

Allgemeine Hinweise:

- Auf der sicheren Seite wird eine Verteilung der Verkehrslast über die Tiefe nicht berücksichtigt. Sollte diese berücksichtigt werden, so ist die verteilte Verkehrslast auf Höhe der Gewölbespitze anzusetzen, d. h. in Höhe h_g. Die Verteilung gilt jedoch **nicht** für den Ansatz der Spreizkraft!
- In den charakteristischen veränderlichen Einwirkungen $p_{Q,k}$ sollen im vorliegenden Fall ggf. erforderliche Lasterhöhungsfaktoren zur Berücksichtigung von Verkehrlasten nach Kapitel 12 bereits enthalten sein.
- Im Endzustand gilt: $h/(s-d) = 2{,}5/(2{,}12-0{,}7) = 1{,}75$. Die Bedingung $h/(s-d) \geq 2{,}0$ nach Kapitel 9.3 für eine Vernachlässigung eines negativen Einflusses infolge der veränderlichen Beanspruchung für den Endzustand sei im vorliegenden Beispiel im Einvernehmen mit dem Bauherrn zu vernachlässigen.
- Es ist nachzuweisen, dass die berechnete Dehnung die Bruchdehnung der gewählten Bewehrung nicht überschreitet. Falls dies eintritt, muss eine andere Bewehrung gewählt werden, bis die berechnete Dehnung die Bruchdehnung unterschreitet.

In diesem Berechnungsbeispiel werden die Bemessungswerte der Beanspruchungen der Geokunststoffbewehrung nach Kapitel 9.7.1.2 ermittelt.

9.10.2 Beanspruchungssituation 1: Bauzustand (t_1 = 10 h)

9.10.2.1 Lastumlagerung im bewehrten Erdkörper

Eingangswerte für die Berechnung nach Gl. (9.5) ff.:

maßgeblicher Achsabstand der Tragglieder:

$$s = \sqrt{1,50^2 + 1,50^2} = \sqrt{4,50} = 2.1213 \text{ m}$$

Gewölbehöhe: $h = 0{,}45 \text{ m} < s/2 = 1{,}06 \text{ m} \rightarrow h_g = h = 0{,}45 \text{ m}$

Tragschichtmaterial: $K_{krit} = 3{,}69$ ($\varphi'_k = 35°$)

Erddruckbeiwert: $K_{ah} = 0{,}271$

$$\lambda_1 = \frac{1}{8} \cdot (s-d)^2 = \frac{1}{8} \cdot (2,1213 - 0,70)^2 = 0,2525$$

$$\lambda_2 = \frac{s^2 + 2 \cdot d \cdot s - d^2}{2 \cdot s^2} = \frac{4,5 + 2 \cdot 0,70 \cdot 2,1213 - 0,70^2}{2 \cdot 4,5} = 0,7755$$

$$\chi = \frac{d \cdot (K_{krit} - 1)}{\lambda_2 \cdot s} = \frac{0,70 \cdot (3,690 - 1)}{0,7755 \cdot 2,1213} = 1,1447$$

Berechnung der Spannung $\sigma_{zo,k}$ zwischen den vertikalen Traggliedern:

Charakteristischer Wert der Spannung $\sigma_{zo,G,k}$ infolge ständiger Lasten:

$$\sigma_{zo,G,k} = 0,2525^{1,1447} \cdot 18 \cdot \left\{ 0,45 \cdot (0,2525 + 0,45^2 \cdot 0,7755)^{-1,1447} + 0,45 \right.$$
$$\left. \cdot \left[\left(0,2525 + \frac{0,45^2 \cdot 0,7755}{4} \right)^{-1,1447} - (0,2525 + 0,45^2 \cdot 0,7755)^{-1,1447} \right] \right\}$$
$$= 6,87 \text{ kN/m}^2$$

bzw. aus Bild 9.12 für $\varphi'_k = 35°$ und $h/s = 0{,}45/2{,}1213 = 0{,}212$ und $d/s = 0{,}70/2{,}1213 = 0{,}33$.

$$\frac{\sigma_{zo,G,k}}{\gamma_k \cdot h} = 0,85 \quad \rightarrow \quad \sigma_{zo,G,k} = 6,89 \text{ kN/m}^2$$

Charakteristischer Wert der Spannung $\sigma_{zo,G+Q,k}$ infolge ständiger und veränderlicher Lasten:

$$\sigma_{zo,G+Q,k} = 0,2525^{1,1447} \cdot \left(18 + \frac{30}{0,45}\right) \cdot \left\{0,45 \cdot (0,2525 + 0,45^2 \cdot 0,7755)^{-1,1447} + 0,45 \right.$$

$$\left. \cdot \left[\left(0,2525 + \frac{0,45^2 \cdot 0,7755}{4}\right)^{-1,1447} - (0,2525 + 0,45^2 \cdot 0,7755)^{-1,1447}\right]\right\}$$

$$= 32,29 \text{ kN/m}^2$$

bzw. aus Bild 9.11 ff.:

$$\frac{\sigma_{zo,G+Q,k}}{\gamma_k \cdot h + p_{Q,k}} = 0,85 \quad \rightarrow \quad \sigma_{zo,G+Q,k} = 32,39 \text{ kN/m}^2 .$$

Berechnung der Spannung $\sigma_{zs,k}$ auf die vertikalen Tragglieder:

Charakteristischer Wert der Spannung $\sigma_{zs,G,k}$ infolge ständiger Lasten:

$$A_E = s_x \cdot s_y = 1,5 \cdot 1,5 = 2,25 \text{ m}^2$$

$$A_S = \pi \cdot \frac{d^2}{4} = \pi \cdot \frac{0,7^2}{4} = 0,385 \text{ m}^2$$

$$\sigma_{zs,G,k} = [(\gamma_k \cdot h) - \sigma_{zo,G,k}] \cdot \frac{A_E}{A_S} + \sigma_{zo,G,k} =$$

$$= [(18 \cdot 0,45) - 6,87] \cdot \frac{2,25}{0,385} + 6,87 = 14,06 \text{ kN/m}^2$$

Lastumlagerungsfaktor

$$E_L = \frac{\sigma_{zs,G,k} \cdot A_s}{\gamma_k \cdot h \cdot A_E} = \frac{14,06 \cdot 0,385}{18 \cdot 0,45 \cdot 2,25} = 0,297$$

Das bedeutet, dass 29,7 % der Gesamtlast direkt in die Tragglieder eingeleitet werden.

Charakteristischer Wert der Spannung $\sigma_{zs,G+Q,k}$ infolge ständiger und veränderlicher Lasten:

$$\sigma_{zs,G+Q,k} = [(\gamma_k \cdot h + p_{Q,k}) - \sigma_{zo,G+Q,k}] \cdot \frac{A_E}{A_S} + \sigma_{zo,G+Q,k}$$

$$= [(18 \cdot 0,45 + 30) - 32,29] \cdot \frac{2,25}{0,385} + 32,29 = 66,24 \text{ kN/m}^2$$

(Lastumlagerungsfaktor:

$$E_L = \frac{\sigma_{zs,G+Q,k} \cdot A_s}{(\gamma_k \cdot h + p_{Q,k}) \cdot A_E} = 0,297\ )$$

9.10.2.2 Charakteristische Beanspruchungen in der Geokunststoffbewehrung

Die Bettungswirkung des Untergrundes wird nach Gl. (9.26) durch einen Bettungsmodul $k_{s,k}$ beschrieben.

$$k_{s,k} = \frac{E_s}{t_w} = \frac{500}{3,5} = 143\ \text{kN/m}^3$$

Das gewählte Geogitter besitzt eine Kurzzeitfestigkeit von 200 kN/m in x-Richtung (Dammachse) und 400 kN/m in y-Richtung (quer zur Dammachse).

Zuerst wird die vereinfachende Linearisierung der Kennlinie bei $\varepsilon = 2{,}5$ % durchgeführt. Dadurch werden folgende Dehnsteifigkeiten erhalten:

Zeit t	**Dehnsteifigkeit**	
	$J_{x,t}$ [kN/m]	**$J_{y,t}$ [kN/m]**
Kurzzeit	1.756	3.512
10 h	1.688	3.376
100 h	1.660	3.320
500 h	1.648	3.296
1.000 h	1.632	3.264
1.000.000 h	1.520	3.040

Erläuterung: Die Dehnsteifigkeiten $J_{x,10h}$ und $J_{y,10h}$ im Bruchzustand ergeben sich aus Bild 9.25 für $\varepsilon = 2{,}5$ % zu:

$$J_{x,10h} = \frac{21,1}{2,5} \cdot 200 = 1.688\ \text{kN/m} \quad \text{und} \quad J_{y,10h} = \frac{21,1}{2,5} \cdot 400 = 3.376\ \text{kN/m}$$

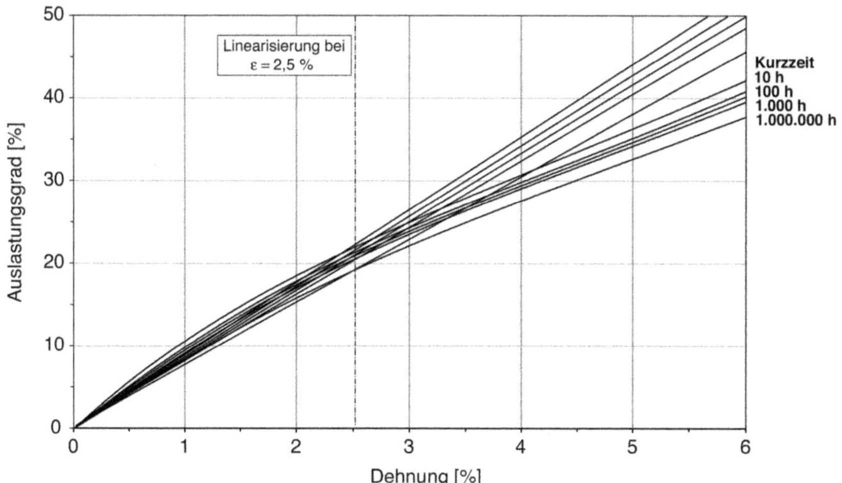

Bild 9.25 Linearisierung für ε = 2,5 %

Die Berechnung wird nachfolgend in x- und y-Richtung vorgenommen.

<table>
<tr><th>x-Richtung</th><th>y-Richtung</th></tr>
<tr><td colspan="2">Ersatzbreite und lichte Weite:</td></tr>
<tr><td colspan="2">$b_{Ers.} = \frac{1}{2} \cdot d \cdot \sqrt{\pi} = \frac{1}{2} \cdot 0,7 \cdot \sqrt{\pi} = 0,62\ m$</td></tr>
<tr><td>$L_{w,x} = s_x - b_{Ers.} = 1,50 - 0,62 = 0,88\ m$</td><td>$L_{w,y} = s_y - b_{Ers.} = 1,50 - 0,62 = 0,88\ m$</td></tr>
<tr><td colspan="2">Lasteinzugsfläche:</td></tr>
<tr><td>$A_{Lx} = \frac{1}{2} \cdot s_x \cdot s_y - \frac{d^2}{2} \cdot atn\left(\frac{s_y}{s_x}\right) \cdot \frac{\pi}{180}$
$= \frac{1}{2} \cdot 1,5 \cdot 1,5 - \frac{0,7^2}{2} \cdot atn\left(\frac{1,5}{1,5}\right) \cdot \frac{\pi}{180}$
$= 0,933\ m^2$</td><td>$A_{Ly} = \frac{1}{2} \cdot s_x \cdot s_y - \frac{d^2}{2} \cdot atn\left(\frac{s_x}{s_y}\right) \cdot \frac{\pi}{180}$
$= \frac{1}{2} \cdot 1,5 \cdot 1,5 - \frac{0,7^2}{2} \cdot atn\left(\frac{1,5}{1,5}\right) \cdot \frac{\pi}{180}$
$= 0,933\ m^2$</td></tr>
</table>

x-Richtung	y-Richtung
Beanspruchungen infolge ständiger Lasten	
resultierende Last auf einen Bewehrungsstreifen der Breite $b_{Ers.}$:	
$F_{x,G,k} = A_{Lx} \cdot \sigma_{zo,G,k} = 0{,}933 \cdot 6{,}87$ $= 6{,}41$ kN/m	$F_{y,G,k} = A_{Ly} \cdot \sigma_{zo,G,k} = 0{,}933 \cdot 6{,}87$ $= 6{,}41$ kN/m
Ermittlung der maximalen Dehnungen:	
$\frac{k_{s,k} \cdot L_{w,x}^2}{J_{x,10h}} = \frac{143 \cdot 0{,}88^2}{1.688} = 0{,}0656$ $\frac{F_{x,G,k} / b_{Ers.}}{J_{x,10h}} = \frac{6{,}41/0{,}62}{1.688} = 0{,}0061$ aus Bild 9.16: $\max \varepsilon_{x,G,k} = 0{,}96\,\%$	$\frac{k_{s,k} \cdot L_{w,y}^2}{J_{y,10h}} = \frac{143 \cdot 0{,}88^2}{3.376} = 0{,}0328$ $\frac{F_{y,G,k} / b_{Ers.}}{J_{y,10h}} = \frac{6{,}41/0{,}62}{3.376} = 0{,}0031$ aus Bild 9.16: $\max \varepsilon_{y,G,k} = 0{,}65\,\%$
Zugkräfte aus Membranwirkung:	
$E_{M,x,G,k} = \max \varepsilon_{x,G,k} \cdot J_{x,10h}$ $= \frac{0{,}96}{100} \cdot 1.688 = 16{,}20$ kN/m	$E_{M,y,G,k} = \max \varepsilon_{y,G,k} \cdot J_{y,10h}$ $= \frac{0{,}65}{100} \cdot 3.376 = 21{,}94$ kN/m
Beanspruchung durch Spreizkräfte:	
–	$\Delta E_{y,G,k} = \frac{1}{2} \cdot \gamma_k \cdot (h - z)^2 \cdot K_{agh}$ $= \frac{1}{2} \cdot 18 \cdot 0{,}30^2 \cdot 0{,}271$ $= 0{,}22$ kN/m
Gesamtbeanspruchung im Geokunststoff:	
$\max E_{x,G,k} = E_{M,x,G,k}$ $= 16{,}20$ kN/m	$\max E_{y,G,k} = E_{M,y,G,k} + \Delta E_{y,G,k}$ $= 22{,}16$ kN/m

x-Richtung	y-Richtung
Beanspruchungen infolge ständiger und veränderlicher Lasten	
resultierende Last auf einen Bewehrungsstreifen der Breite $b_{Ers.}$:	
$F_{x,G+Q,k} = A_{Lx} \cdot \sigma_{zo,G+Q,k}$ $= 0{,}933 \cdot 32{,}29 = 30{,}13$ kN/m	$F_{y,G+Q,k} = A_{Ly} \cdot \sigma_{zo,G+Q,k}$ $= 0{,}933 \cdot 32{,}29 = 30{,}13$ kN/m
Ermittlung der maximalen Dehnungen:	
$\frac{k_{s,k} \cdot L_{w,x}^2}{J_{x,10h}} = \frac{143 \cdot 0{,}88^2}{1.688} = 0{,}0656$ $\frac{F_{x,G+Q,k} / b_{Ers.}}{J_{x,10h}} = \frac{30{,}13/0{,}62}{1.688} = 0{,}0288$ aus Bild 9.16: $\max \varepsilon_{x,G+Q,k} = 3{,}47\ \%$	$\frac{k_{s,k} \cdot L_{w,y}^2}{J_{y,10h}} = \frac{143 \cdot 0{,}88^2}{3.376} = 0{,}0328$ $\frac{F_{y,G+Q,k} / b_{Ers.}}{J_{y,10h}} = \frac{30{,}13/0{,}62}{3.376} = 0{,}0144$ aus Bild 9.16: $\max \varepsilon_{y,G+Q,k} = 2{,}22\ \%$
Zugkräfte aus Membranwirkung:	
$E_{M,x,G+Q,k} = \max \varepsilon_{x,G+Q,k} \cdot J_{x,10h}$ $= \frac{3{,}47}{100} \cdot 1.688 = 58{,}57$ kN/m	$E_{M,y,G+Q,k} = \max \varepsilon_{y,G+Q,k} \cdot J_{y,10h}$ $= \frac{2{,}22}{100} \cdot 3.376 = 74{,}95$ kN/m
Beanspruchung durch Spreizkräfte:	
–	$\Delta E_{y,G+Q,k} = \frac{1}{2} \cdot \gamma_k \cdot (h-z)^2 \cdot K_{agh}$ $+ p_{Q,k} \cdot (h-z) \cdot K_{aph}$ $= \frac{1}{2} \cdot 18 \cdot 0{,}30^2 \cdot 0{,}271$ $+ 30 \cdot 0{,}30 \cdot 0{,}271$ $= 2{,}66$ kN/m
Gesamtbeanspruchung im Geokunststoff:	
$\max E_{x,G+Q,k} = E_{M,x,G+Q,k}$ $= 58{,}57$ kN/m	$\max E_{y,G+Q,k} = E_{M,y,G+Q,k} + \Delta E_{y,G+Q,k}$ $= 77{,}61$ kN/m

9.10.3 Beanspruchungssituation 2: Bauzustand (t_2 = 500 h)

9.10.3.1 Lastumlagerung im bewehrten Erdkörper

Gewölbehöhe: h = 2,50 m > s / 2 = 2,12 / 2 = 1,06 m ⇒ h_g = s / 2 = 1,06 m

Berechnung der Spannung $\sigma_{zo,k}$ zwischen den vertikalen Traggliedern

Charakteristischer Wert der Spannung $\sigma_{zo,G,k}$ infolge ständiger Lasten:

$$\sigma_{zo,G,k} = 0,2525^{1,1447} \cdot 18 \cdot \left\{ 2,50 \cdot (0,2525 + 1,06^2 \cdot 0,7755)^{-1,1447} + 1,06 \right.$$

$$\left. \cdot \left[\left(0,2525 + \frac{1,06^2 \cdot 0,7755}{4} \right)^{-1,1447} - (0,2525 + 1,06^2 \cdot 0,7755)^{-1,1447} \right] \right\}$$

$$= 14,05 \text{ kN/m}^2$$

bzw. aus Bild 9.9 für φ'_k = 35° und h / s = 2,50 / 2,1213 = 1,179 und d / s = 0,70 / 2,1213 = 0,33

$$\frac{\sigma_{zo,G,k}}{\gamma_k \cdot h} = 0,31 \quad \rightarrow \quad \sigma_{zo,G,k} = 13,95 \text{ kN/m}^2.$$

Charakteristischer Wert der Spannung $\sigma_{zo,G+Q,k}$ infolge ständiger und veränderlicher Lasten:

$$\sigma_{zo,G+Q,k} = 0,2525^{1,1447} \cdot \left(18 + \frac{30}{2,50} \right) \cdot \left\{ 2,50 \cdot (0,2525 + 1,06^2 \cdot 0,7755)^{-1,1447} + 1,06 \right.$$

$$\left. \cdot \left[\left(0,2525 + \frac{1,06^2 \cdot 0,7755}{4} \right)^{-1,1447} - (0,2525 + 1,06^2 \cdot 0,7755)^{-1,1447} \right] \right\}$$

$$= 23,41 \text{ kN/m}^2$$

bzw. aus Bild 9.9:

$$\frac{\sigma_{zo,G+Q,k}}{\gamma_k \cdot h + p_{Q,k}} = 0,31 \quad \rightarrow \quad \sigma_{zo,G+Q,k} = 23,25 \text{ kN/m}^2.$$

Berechnung der Spannung $\sigma_{zs,k}$ auf die vertikalen Tragglieder

Charakteristischer Wert der Spannung $\sigma_{zs,G,k}$ infolge ständiger Lasten:

$$\sigma_{zs,G,k} = [(\gamma_k \cdot h) - \sigma_{zo,G,k}] \cdot \frac{A_E}{A_S} + \sigma_{zo,G,k}$$

$$= [(18 \cdot 2,50) - 14,05] \cdot \frac{2,25}{0,385} + 14,05 = 194,93 \text{ kN/m}^2$$

Lastumlagerungsfaktor:

$$E_L = \frac{\sigma_{zs,G,k} \cdot A_s}{\gamma_k \cdot h \cdot A_E} = \frac{194,93 \cdot 0,385}{18 \cdot 2,50 \cdot 2,25} = 0,741$$

Das bedeutet, dass 74,1 % der Gesamtlast direkt in die Tragglieder eingeleitet werden.

Charakteristischer Wert der Spannung $\sigma_{zs,G+Q,k}$ infolge ständiger und veränderlicher Lasten:

$$\sigma_{zs,G+Q,k} = [(\gamma_k \cdot h + p_{Q,k}) - \sigma_{zo,G+Q,k}] \cdot \frac{A_E}{A_S} + \sigma_{zo,G+Q,k}$$

$$= [(18 \cdot 2,50 + 30) - 23,41] \cdot \frac{2,25}{0,385} + 23,41 = 324,91 \text{ kN/m}^2$$

(Lastumlagerungsfaktor:

$$E_L = \frac{\sigma_{zs,G+Q,k} \cdot A_s}{(\gamma_k \cdot h + p_{Q,k}) \cdot A_E} = 0,741)$$

9.10.3.2 Charakteristische Beanspruchungen in der Geokunststoffbewehrung

Bettungsmodul $k_{s,k}$: $k_{s,k} = 143$ kN/m³

Die Berechnung wird nachfolgend in x- und y-Richtung vorgenommen.

x-Richtung	y-Richtung
Beanspruchungen infolge ständiger Lasten	
resultierende Last auf einen Bewehrungsstreifen der Breite $b_{Ers.}$:	
$F_{x,G,k} = A_{Lx} \cdot \sigma_{zo,G,k} = 0{,}933 \cdot 14{,}05$ $= 13{,}11$ kN/m	$F_{y,G,k} = A_{Ly} \cdot \sigma_{zo,G,k} = 0{,}933 \cdot 14{,}05$ $= 13{,}11$ kN/m
Ermittlung der maximalen Dehnungen:	
$\frac{k_{s,k} \cdot L_{w,x}^2}{J_{x,500h}} = \frac{143 \cdot 0{,}88^2}{1.648} = 0{,}0672$ $\frac{F_{x,G,k} / b_{Ers.}}{J_{x,500h}} = \frac{13{,}11 / 0{,}62}{1.648} = 0{,}0128$ aus Bild 9.16: $\max \varepsilon_{x,G,k} = 1{,}82\,\%$	$\frac{k_{s,k} \cdot L_{w,y}^2}{J_{y,500h}} = \frac{143 \cdot 0{,}88^2}{3.296} = 0{,}0336$ $\frac{F_{y,G,k} / b_{Ers.}}{J_{y,500h}} = \frac{13{,}11 / 0{,}62}{3.296} = 0{,}0064$ aus Bild 9.16: $\max \varepsilon_{y,G,k} = 1{,}19\,\%$
Zugkräfte aus Membranwirkung:	
$E_{M,x,G,k} = \frac{1{,}82}{100} \cdot 1.648 = 29{,}99$ kN/m	$E_{M,y,G,k} = \frac{1{,}19}{100} \cdot 3.296 = 39{,}22$ kN/m
Beanspruchung durch Spreizkräfte:	
–	$\Delta E_{y,G,k} = \frac{1}{2} \cdot 18 \cdot 2{,}35^2 \cdot 0{,}271$ $= 13{,}47$ kN/m
Gesamtbeanspruchung im Geokunststoff:	
$\max E_{x,G,k} = E_{M,x,G,k}$ $= 29{,}99$ kN/m	$\max E_{y,G,k} = E_{M,y,G,k} + \Delta E_{y,G,k}$ $= 52{,}69$ kN/m

x-Richtung	**y-Richtung**
Beanspruchungen infolge ständiger und veränderlicher Lasten	
resultierende Last auf einen Bewehrungsstreifen der Breite $b_{Ers.}$:	
$F_{x,G+Q,k} = 0{,}933 \cdot 23{,}41 = 21{,}84$ kN/m	$F_{y,G+Q,k} = 0{,}933 \cdot 23{,}41 = 21{,}84$ kN/m
Ermittlung der maximalen Dehnungen:	
$\frac{k_{s,k} \cdot L_{w,x}^2}{J_{x,500h}} = \frac{143 \cdot 0{,}88^2}{1.648} = 0{,}0672$ $\frac{F_{x,G+Q,k} / b_{Ers.}}{J_{x,500h}} = \frac{21{,}84 / 0{,}62}{1.648} = 0{,}0214$ aus Bild 9.16: $\max \varepsilon_{x,G+Q,k} = 2{,}74\,\%$	$\frac{k_{s,k} \cdot L_{w,y}^2}{J_{y,500h}} = \frac{143 \cdot 0{,}88^2}{3.296} = 0{,}0336$ $\frac{F_{y,G+Q,k} / b_{Ers.}}{J_{y,500h}} = \frac{21{,}84 / 0{,}62}{3.296} = 0{,}0107$ aus Bild 9.16: $\max \varepsilon_{y,G+Q,k} = 1{,}77\,\%$
Zugkräfte aus Membranwirkung:	
$E_{M,x,G+Q,k} = \frac{2{,}74}{100} \cdot 1.648 = 45{,}16$ kN/m	$E_{M,y,G+Q,k} = \frac{1{,}77}{100} \cdot 3.296 = 58{,}34$ kN/m
Beanspruchung durch Spreizkräfte:	
–	$\Delta E_{y,G+Q,k} = \frac{1}{2} \cdot 18 \cdot 2{,}35^2 \cdot 0{,}271$ $+ 30 \cdot 2{,}35 \cdot 0{,}271$ $= 32{,}57$ kN/m
Gesamtbeanspruchung im Geokunststoff:	
$\max E_{x,G+Q,k} = 45{,}16$ kN/m	$\max E_{y,G+Q,k} = 58{,}34 + 32{,}57$ $= 90{,}91$ kN/m

9.10.4 Beanspruchungssituation 3: Endzustand (t_3 = 1.000.000 h)

9.10.4.1 Lastumlagerung im bewehrten Erdkörper

Gewölbehöhe: h = 2,50 m > s / 2 = 2,12 / 2 = 1,06 m $\Rightarrow h_g$ = s / 2 = 1,06 m

Berechnung der Spannung $\sigma_{zo,k}$ zwischen den vertikalen Traggliedern

Charakteristischer Wert der Spannung $\sigma_{zo,G,k}$ infolge ständiger Lasten:

siehe Kapitel 9.10.3.1: $\sigma_{zo,G,k} = 14,05 \text{ kN/m}^2$

Charakteristischer Wert der Spannung $\sigma_{zo,G+Q,k}$ infolge ständiger und veränderlicher Lasten:

$$\sigma_{zo,G+Q,k} = 0,2525^{1,1447} \cdot \left(18 + \frac{50}{2,50}\right) \cdot \left\{2,50 \cdot (0,2525 + 1,06^2 \cdot 0,7755)^{-1,1447} + 1,06 \right.$$

$$\left. \cdot \left[\left(0,2525 + \frac{1,06^2 \cdot 0,7755}{4}\right)^{-1,1447} - (0,2525 + 1,06^2 \cdot 0,7755)^{-1,1447}\right]\right\}$$

$$= 29,65 \text{ kN/m}^2$$

bzw. aus Bild 9.8:

$$\frac{\sigma_{zo,G+Q,k}}{\gamma_k \cdot h + p_{Q,k}} = 0,31 \quad \rightarrow \quad \sigma_{zo,G+Q,k} = 29,45 \text{ kN/m}^2$$

Berechnung der Spannung $\sigma_{zs,k}$ auf die vertikalen Tragglieder

Charakteristischer Wert der Spannung $\sigma_{zs,G,k}$ infolge ständiger Lasten:

siehe Kapitel 9.10.3.1: $\sigma_{zs,G,k}$ = 194,93 kN/m^2

Lastumlagerungsfaktor E_L = 0,741

Das bedeutet, dass 74,1 % der Gesamtlast direkt in die Tragglieder eingeleitet werden.

Charakteristischer Wert der Spannung $\sigma_{zs,G+Q,k}$ infolge ständiger und veränderlicher Lasten:

$$\sigma_{zs,G+Q,k} = [(\gamma_k \cdot h + p_{Q,k}) - \sigma_{zo,G+Q,k}] \cdot \frac{A_E}{A_S} + \sigma_{zo,G+Q,k}$$

$$= [(18 \cdot 2,50 + 50) - 29,65] \cdot \frac{2,25}{0,385} + 29,65 = 411,57 \text{ kN/m}^2$$

(Lastumlagerungsfaktor:

$$E_L = \frac{\sigma_{zs,k} \cdot A_s}{(\gamma_k \cdot h + p_{Q,k}) \cdot A_E} = 0,741\,)$$

9.10.4.2 Charakteristische Beanspruchungen in der Geokunststoffbewehrung

Bettungsmodul $k_{s,k}$: $k_{s,k} = 143\ \text{kN/m}^3$

Die Berechnung wird nachfolgend in x- und y-Richtung vorgenommen.

x-Richtung	**y-Richtung**
Beanspruchungen infolge ständiger Lasten	
resultierende Last auf einen Bewehrungsstreifen der Breite $b_{Ers.}$:	
$F_{x,G,k} = A_{Lx} \cdot \sigma_{zo,G,k} = 0,933 \cdot 14,05$ $= 13,11\ \text{kN/m}$	$F_{y,G,k} = A_{Ly} \cdot \sigma_{zo,G,k} = 0,933 \cdot 14,05$ $= 13,11\ \text{kN/m}$
Ermittlung der maximalen Dehnungen:	
$\frac{k_{s,k} \cdot L_{w,x}^2}{J_{x,110a}} = \frac{143 \cdot 0,88^2}{1.520} = 0,0729$ $\frac{F_{x,G,k} / b_{Ers.}}{J_{x,110a}} = \frac{13,11/0,62}{1.520} = 0,014$ aus Bild 9.16: $\max \varepsilon_{x,G,k} = 1,91\ \%$	$\frac{k_{s,k} \cdot L_{w,y}^2}{J_{y,110a}} = \frac{143 \cdot 0,88^2}{3.040} = 0,0364$ $\frac{F_{y,G,k} / b_{Ers.}}{J_{y,110a}} = \frac{13,11/0,62}{3.040} = 0,007$ aus Bild 9.16: $\max \varepsilon_{y,G,k} = 1,25\ \%$
Zugkräfte aus Membranwirkung:	
$E_{M,x,G,k} = \frac{1,91}{100} \cdot 1.520 = 29,03\ \text{kN/m}$	$E_{M,y,G,k} = \frac{1,25}{100} \cdot 3.040 = 38,00\ \text{kN/m}$
Beanspruchung durch Spreizkräfte:	
–	$\Delta E_{y,G,k} = \frac{1}{2} \cdot 18 \cdot 2,35^2 \cdot 0,271$ $= 13,47\ \text{kN/m}$
Gesamtbeanspruchung im Geokunststoff:	
$\max E_{x,G,k} = E_{M,x,G,k} = 29,03\ \text{kN/m}$	$\max E_{y,G,k} = 38,00 + 13,47 = 51,47\ \text{kN/m}$

<table>
<tr><th>x-Richtung</th><th>y-Richtung</th></tr>
<tr><td colspan="2">Beanspruchungen infolge ständiger und veränderlicher Lasten</td></tr>
<tr><td colspan="2">resultierende Last auf einen Bewehrungsstreifen der Breite $b_{Ers.}$:</td></tr>
<tr><td>$F_{x,G+Q,k} = 0,933 \cdot 29,65 = 27,66$ kN/m</td><td>$F_{y,G+Q,k} = 0,933 \cdot 29,65 = 27,66$ kN/m</td></tr>
<tr><td colspan="2">Ermittlung der maximalen Dehnungen:</td></tr>
<tr><td>$\frac{k_{s,k} \cdot L_{w,x}^2}{J_{x,110a}} = \frac{143 \cdot 0,88^2}{1.520} = 0,0729$
$\frac{F_{x,G+Q,k} / b_{Ers.}}{J_{x,110a}} = \frac{27,66 / 0,62}{1.520} = 0,0294$
aus Bild 9.16: $\max \varepsilon_{x,G+Q,k} = 3,47\,\%$</td><td>$\frac{k_{s,k} \cdot L_{w,y}^2}{J_{y,110a}} = \frac{143 \cdot 0,88^2}{3.040} = 0,0364$
$\frac{F_{y,G+Q,k} / b_{Ers.}}{J_{y,110a}} = \frac{27,66 / 0,62}{3.040} = 0,0147$
aus Bild 9.16: $\max \varepsilon_{y,G+Q,k} = 2,23\,\%$</td></tr>
<tr><td colspan="2">Zugkräfte aus Membranwirkung:</td></tr>
<tr><td>$E_{M,x,G+Q,k} = \frac{3,47}{100} \cdot 1.520 = 52,74$ kN/m</td><td>$E_{M,y,G+Q,k} = \frac{2,23}{100} \cdot 3.040 = 67,79$ kN/m</td></tr>
<tr><td colspan="2">Beanspruchung durch Spreizkräfte:</td></tr>
<tr><td>–</td><td>$\Delta E_{y,G+Q,k} = \frac{1}{2} \cdot 18 \cdot 2,35^2 \cdot 0,271$
$+ 50 \cdot 2,35 \cdot 0,271$
$= 45,31$ kN/m</td></tr>
<tr><td colspan="2">Gesamtbeanspruchung im Geokunststoff:</td></tr>
<tr><td>$\max E_{x,G+Q,k} = 52,74$ kN/m</td><td>$\max E_{y,G+Q,k} = 67,79 + 45,31$
$= 113,10$ kN/m</td></tr>
</table>

9.10.5 Sonderfall: Ausfall der Bettungswirkung (t_4 = 1.000.000 h)

9.10.5.1 Lastumlagerung in der Tragschicht

Die Lastumlagerung in der Tragschicht und die Spannung $\sigma_{zo,k}$ und $\sigma_{zs,k}$ entsprechen den Werten aus Kapitel 9.10.4.1.

9.10.5.2 Charakteristische Beanspruchungen in der Geokunststoffbewehrung

Bettungsmodul $k_{s,k}$: $k_{s,k} = 0$ kN/m^3

Zeit: t_4 = 1.000.000 h (~ 110 a)

Die Berechnung wird nachfolgend in x- und y-Richtung vorgenommen.

x-Richtung	**y-Richtung**
Beanspruchungen infolge ständiger Lasten	
resultierende Last auf einen Bewehrungsstreifen der Breite $b_{Ers.}$:	
$F_{x,G,k} = 13{,}11$ kN/m	$F_{y,G,k} = 13{,}11$ kN/m
Ermittlung der maximalen Dehnungen:	
$\frac{k_{s,k} \cdot L_{w,x}^2}{J_{x,110a}} = 0$ $\frac{F_{x,G,k} / b_{Ers.}}{J_{x,110a}} = \frac{13{,}11 / 0{,}62}{1.520} = 0{,}014$ aus Bild 9.16: $\max \varepsilon_{x,G,k} = 2{,}4\ \%$	$\frac{k_{s,k} \cdot L_{w,y}^2}{J_{y,110a}} = 0$ $\frac{F_{y,G,k} / b_{Ers.}}{J_{y,110a}} = \frac{13{,}11 / 0{,}62}{3.040} = 0{,}007$ aus Bild 9.16: $\max \varepsilon_{y,G,k} = 1{,}50\ \%$
Zugkräfte aus Membranwirkung:	
$E_{M,x,G,k} = \frac{2{,}4}{100} \cdot 1.520 = 36{,}48$ kN/m	$E_{M,y,G,k} = \frac{1{,}5}{100} \cdot 3.040 = 45{,}60$ kN/m
Beanspruchung durch Spreizkräfte:	
–	$\Delta E_{y,G,k} = 13{,}47$ kN/m
Gesamtbeanspruchung im Geokunststoff:	
$\max E_{x,G,k} = 36{,}48$ kN/m	$\max E_{y,G,k} = 45{,}60 + 13{,}47$ $= 59{,}07$ kN/m

x-Richtung	y-Richtung
Beanspruchungen infolge ständiger und veränderlicher Lasten	
resultierende Last auf einen Bewehrungsstreifen der Breite $b_{Ers.}$:	
$F_{x,G+Q,k} = 27{,}66$ kN/m	$F_{y,G+Q,k} = 27{,}66$ kN/m
Ermittlung der maximalen Dehnungen:	
$\frac{k_{s,k} \cdot L_{w,x}^2}{J_{x,110a}} = 0$ $\frac{F_{x,G+Q,k} / b_{Ers.}}{J_{x,110a}} = \frac{27{,}66/0{,}62}{1.520} = 0{,}0294$ aus Bild 9.16: $\max \varepsilon_{x,G+Q,k} = 4{,}0\,\%$	$\frac{k_{s,k} \cdot L_{w,y}^2}{J_{y,110a}} = 0$ $\frac{F_{y,G+Q,k} / b_{Ers.}}{J_{y,110a}} = \frac{27{,}66/0{,}62}{3.040} = 0{,}0147$ aus Bild 9.16: $\max \varepsilon_{y,G+Q,k} = 2{,}48\,\%$
Zugkräfte aus Membranwirkung:	
$E_{M,x,G+Q,k} = \frac{4{,}0}{100} \cdot 1.520 = 60{,}80$ kN/m	$E_{M,y,G+Q,k} = \frac{2{,}48}{100} \cdot 3.040 = 75{,}39$ kN/m
Beanspruchung durch Spreizkräfte:	
–	$\Delta E_{y,G+Q,k} = 45{,}31$ kN/m
Gesamtbeanspruchung im Geokunststoff:	
$\max E_{x,G+Q,k} = 60{,}80$ kN/m	$\max E_{y,G+Q,k} = 75{,}39 + 45{,}31$ $= 120{,}70$ kN/m

9.10.6 Bemessungswerte der Beanspruchungen in der Geokunststoffbewehrung

Die Bemessungswerte der Beanspruchungen werden aus den charakteristischen Werten der Beanspruchungen infolge ständiger Einwirkungen $E_{k,G}$ sowie infolge ständiger und veränderlicher Einwirkungen $E_{k,G+Q}$ unter Beachtung der Teilsicherheitsbeiwerte für den Grenzzustand 1B nach DIN 1054, Tabelle 2 abgeleitet.

Allgemein gilt:

$$E_d = E_{k,G} \cdot \gamma_G + (E_{k,G+Q} - E_{k,G}) \cdot \gamma_Q \cdot$$

In Abhängigkeit von den Einwirkungskombinationen (EK) in DIN 1054, die den Bemessungssituationen 1 bis 4 zugeordnet werden, sind die Bemessungswerte der Beanspruchungen E_d unter Berücksichtigung von DIN 1054, Tabelle 2 nachfolgend zusammengefasst:

	Lastfall	**x-Richtung**	**y-Richtung**
Situation 1* (Bauzustand)	2	$16{,}20 \cdot 1{,}20$ $+ (58{,}57 - 16{,}20) \cdot 1{,}30$ $E_{x,d}$ = **74,52 kN/m**	$22{,}16 \cdot 1{,}20$ $+ (77{,}61 - 22{,}16) \cdot 1{,}30$ $E_{y,d}$ = **98,68 kN/m**
Situation 2* (Bauzustand)	2	$29{,}99 \cdot 1{,}20$ $+ (45{,}16 - 29{,}99) \cdot 1{,}30$ $E_{x,d}$ = **55,71 kN/m**	$52{,}69 \cdot 1{,}20$ $+ (90{,}91 - 52{,}69) \cdot 1{,}30$ $E_{y,d}$ = **112,91 kN/m**
Situation 3 (Endzustand)	1	$29{,}03 \cdot 1{,}35$ $+ (52{,}74 - 29{,}03) \cdot 1{,}50$ $E_{x,d}$ = **74,76 kN/m**	$51{,}47 \cdot 1{,}35$ $+ (113{,}10 - 51{,}47) \cdot 1{,}50$ $E_{y,d}$ = **161,93 kN/m**
Sonderfall (ohne Bettung)	3	$36{,}48 \cdot 1{,}1$ $+ (60{,}80 - 36{,}48) \cdot 1{,}1$ $E_{x,d}$ = **66,88 kN/m**	$59{,}07 \cdot 1{,}1$ $+ (120{,}70 - 59{,}07) \cdot 1{,}1$ $E_{x,d}$ = **132,77 kN/m**

* ggf. sind weitere Bauzustände mit unterschiedlichen Dammhöhen nachzuweisen

9.10.7 Bemessungswerte der Widerstände

Die Bemessungswerte der Widerstände ergeben sich zu:

allgemein:

$$R_{B,d} = \frac{\eta_M}{\gamma_M} \cdot \frac{R_{B,k0,5\%}}{A_1 \cdot A_2 \cdot A_3 \cdot A_4 \cdot A_5} \text{ [kN/m]}$$

mit:

$\gamma_M = 1{,}40$ (LF 1) $\gamma_M = 1{,}30$ (LF 2) $\gamma_M = 1{,}20$ (LF 3),
$\eta_M = 1{,}10$,
$A_1 = 1{,}26$ (t = 10 h $\varepsilon_{Bruch} = 13\ \%$),
$A_1 = 1{,}34$ (t = 500 h $\varepsilon_{Bruch} = 13\ \%$),
$A_1 = 1{,}65$ (t = 1.000.000 h $\varepsilon_{Bruch} = 13\ \%$),
$A_2 = 1{,}10$ $A_3 = 1{,}00$ $A_4 = 1{,}00$ $A_5 = 1{,}00$ (siehe Kapitel 9.10.1).

	Last-fall	**x-Richtung** $R_{B,k0,5\%} = 200$ kN/m	**y-Richtung** $R_{B,k0,5\%} = 400$ kN/m
Situation 1* (Bauzustand) (t = 10 h)	2	$R_{x,B,d} = \frac{1{,}1}{1{,}3} \cdot \frac{200}{1{,}26 \cdot 1{,}1 \cdot 1 \cdot 1 \cdot 1} = 122{,}10$ kN/m	$R_{y,B,d} = \frac{1{,}1}{1{,}3} \cdot \frac{400}{1{,}26 \cdot 1{,}1 \cdot 1 \cdot 1 \cdot 1} = 244{,}20$ kN/m
Situation 2* (Bauzustand) (t = 500 h)	2	$R_{x,B,d} = \frac{1{,}1}{1{,}3} \cdot \frac{200}{1{,}34 \cdot 1{,}1 \cdot 1 \cdot 1 \cdot 1} = 114{,}81$ kN/m	$R_{y,B,d} = \frac{1{,}1}{1{,}3} \cdot \frac{400}{1{,}34 \cdot 1{,}1 \cdot 1 \cdot 1 \cdot 1} = 229{,}62$ kN/m
Situation 3 (Endzustand) (t = 1.000.000 h)	1	$R_{x,B,d} = \frac{1{,}1}{1{,}4} \cdot \frac{200}{1{,}65 \cdot 1{,}1 \cdot 1 \cdot 1 \cdot 1} = 86{,}58$ kN/m	$R_{y,B,d} = \frac{1{,}1}{1{,}4} \cdot \frac{400}{1{,}65 \cdot 1{,}1 \cdot 1 \cdot 1 \cdot 1} = 173{,}16$ kN/m
Sonderfall (ohne Bettung) (t = 1.000.000 h)	3	$R_{x,B,d} = \frac{1{,}1}{1{,}2} \cdot \frac{200}{1{,}65 \cdot 1{,}1 \cdot 1 \cdot 1 \cdot 1} = 101{,}01$ kN/m	$R_{y,B,d} = \frac{1{,}1}{1{,}2} \cdot \frac{400}{1{,}65 \cdot 1{,}1 \cdot 1 \cdot 1 \cdot 1} = 202{,}02$ kN/m

* ggf. sind weitere Bauzustände mit unterschiedlichen Dammhöhen nachzuweisen

9.10.8 Nachweis der Tragfähigkeit

Der Nachweis der Geokunststoffbewehrung für den Grenzzustand GZ 1B ist nach Kapitel 9.7.1.2 zu führen.

Allgemein:

$R_{B,d} \geq \Delta E_d + E_{M,d}$.

	Lastfall	x-Richtung $R_{B,k0,5\%}$ = 200 kN/m	y-Richtung $R_{B,k0,5\%}$ = 400 kN/m
Situation 1* (Bauzustand)	2	**122,10 kN/m > 74,52 kN/m**	**244,20 kN/m > 98,68 kN/m**
Situation 2* (Bauzustand)	2	**114,81 kN/m > 55,71 kN/m**	**229,62 kN/m > 112,91 kN/m**
Situation 3 (Endzustand)	1	**86,58 kN/m > 74,76 kN/m**	**173,16 kN/m > 161,93 kN/m**
Sonderfall (ohne Bettung)	3	**101,01 kN/m > 66,88 kN/m**	**202,02 kN/m > 132,77 kN/m**

* ggf. sind weitere Bauzustände mit unterschiedlichen Dammhöhen nachzuweisen

Damit ist der Nachweis der Tragfähigkeit erbracht.

Wenn die Tragfähigkeit nicht nachgewiesen werden kann, dann ist die Berechnung mit höherer Kurzzeitfestigkeit und der daraus resultierenden Dehnsteifigkeit zu wiederholen, bis der Tragfähigkeitsnachweis erfüllt ist.

Anmerkung: Nachweis der Verankerung und der Überlappung siehe Kapitel 9.3.

10 Gründungssystem mit geokunststoffummantelten Säulen

10.1 Begriffe

Beim Gründungssystem mit geokunststoffummantelten Säulen werden Säulen aus nichtbindigem Material zur Abtragung von statischen und veränderlichen Lasten über wenig tragfähigen Böden (Weichschichten) bis auf eine tragfähige Schicht abgeteuft, wobei unterschiedliche Einbauverfahren zur Anwendung kommen. Diese Säulen sind mit einem Geokunststoff ummantelt, welcher auch die Filterstabilität zwischen Säulenfüllung und dem umgebenden Boden sicherstellt. Durch die Geokunststoffummantelung wird die Säule im Verbund mit dem umgebenden weichen Boden radial gestützt, wobei die Ummantelung durch Ringzugkräfte beansprucht wird. Am Beispiel einer Dammgründung wird in Bild 10.1 eine schematische Darstellung gegeben.

Das zu gründende Bauwerk (z. B. Dammschüttung) stellt neben der Verkehrslast die Belastung auf das Gründungssystem dar.

Die Säulen werden in einem gleichmäßigen Säulenraster angeordnet. In der Regel werden Rechteckraster oder Dreieckraster ausgeführt. Dreieckraster können sowohl durch ein unter 45° gedrehtes Quadratraster als auch durch andere Rasterformen (z. B. 60°-Raster, wobei jeweils drei Säulen ein gleichseitiges Dreieck bilden und alle Säulen gleiche Abstände aufweisen) gebildet werden. Die Rasterabstände werden mit s_x und s_y (Bild 10.1) und die Säulenfläche wird mit A_S bezeichnet (Bild 10.2).

Die Einflussfläche A_E einer Säule beschreibt die jeder Säule zugeordnete Teilfläche der Gesamtfläche in der Säulenkopfebene (Bild 10.2).

Die Einheitszelle ergibt sich dadurch, dass die Einflussfläche A_E in einen flächengleichen zylindrischen Körper mit dem Durchmesser D_E umgewandelt wird (Bild 10.2).

Das Flächenverhältnis a_S beschreibt das Verhältnis zwischen der Säulenfläche A_S und der der einzelnen Säule zugeordneten Einflussfläche A_E. Es gilt: $a_S = A_S / A_E$ (Bild 10.2).

Die Säulenfüllung besteht aus einem nichtbindigen, hochscherfesten Material (z. B. Kies, Sand, Schotter, Splitt).

Die Geokunststoffummantelung besteht aus Geogeweben, Geogittern oder Geoverbundstoffen, wobei die endgültige Hülle durch unterschiedliche Techniken entsteht (z. B. Rundwebung, Vernähen, Verkleben, Verschweißen usw.) Diese Hülle wird, je nach Einbauverfahren und Anwendungsbereich, an den Einbaudurchmesser der Säulen angepasst (Konfektionsdurchmesser) und umhüllt die Säule auf ihrer gesamten Länge in der Weichschicht.

Empfehlungen für den Entwurf und die Berechnung von Erdkörpern mit Bewehrungen aus Geokunststoffen (EBGEO). 2. Auflage. Deutsche Gesellschaft für Geotechnik e. V.

ISBN: 978-3-433-02950-3

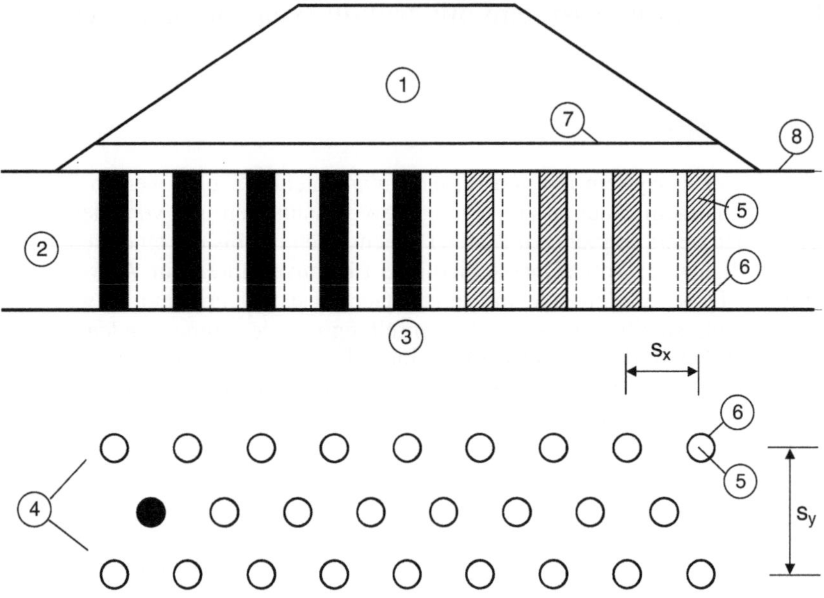

1 Damm
2 Weichschichten
3 Tragfähiger Untergrund
4 Säulenraster (z. B. Dreiecksraster)
5 Säulenfüllung (nichtbindig)
6 Geokunststoffummantelung
7 Horizontale Geokunststoffbewehrung
8 Säulenkopfebene

Bild 10.1 Schematische Darstellung des Gründungssystems „Geokunststoffummantelte Säulen"

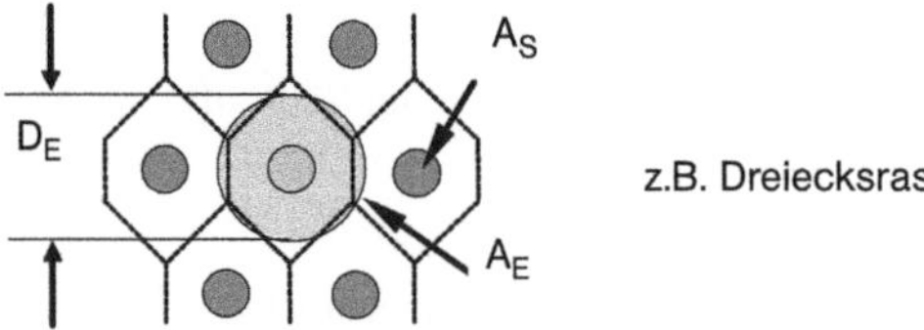

Bild 10.2 Definition von A_S, A_E und D_E

Die Aktivierungsaufweitung stellt die Differenz zwischen dem Konfektionsdurchmesser der Geokunststoffummantelung D_{geo} und dem Einbaudurchmesser der Säule $D_{Säule}$ (ohne Belastung) dar (Bild 10.4). Unter Belastung findet vor der Aktivierung von Ringzugkräften die entsprechende Vergrößerung des Durchmessers der Säule statt, bis diese dem Durchmesser der Ummantelung D_{geo} entspricht.

Die Ringzugkraft wird ab dem Erreichen der Aktivierungsaufweitung in der Geokunststoffummantelung mobilisiert.

Der Lastumlagerungsfaktor E beschreibt die Spannungskonzentration über den Säulenköpfen und steht für das Verhältnis des Lastanteils Q_S, welcher über die Säule abgetragen wird, zur Gesamtlast Q_E im gesamten Einflussbereich einer Säule. Es gilt: $E = Q_S / Q_E$.

Das Steifigkeitsverhältnis $k_{s,T} / k_s$ beschreibt das Verhältnis der Steifigkeit der ummantelten Säule (Tragglied) $k_{s,T}$ zur Steifigkeit der umgebenden Weichschicht k_s. Entsprechend dem sich ergebenden Steifigkeitsverhältnis ist zu entscheiden, ob die horizontale Bewehrung über den Säulenköpfen nur konstruktiv anzuordnen oder nach Kapitel 9.6.3 auf Membrankräfte zu bemessen ist. Für die Ermittlung des Steifigkeitsverhältnisses gelten die Regelungen nach Kapitel 9.2.1, wobei die Spannungskonzentration über den Säulenköpfen bzw. der Lastumlagerungsfaktor E zu berücksichtigen ist.

Die horizontale Geokunststoffbewehrung liegt nahe über den Säulenköpfen und wird zur globalen Geländebruchsicherheit, zur Aufnahme von Spreizkräften oder zur Unterstützung der Lasteinleitung in die geokunststoffummantelten Säulen nach Kapitel 10.1 und zum Setzungsausgleich eingesetzt.

10.2 Wirkungsweise und Anwendungsbereiche

10.2.1 Wirkungsweise

Durch den Einsatz von geokunststoffummantelten Säulen werden

- die Absolutsetzungen und Setzungsunterschiede reduziert,
- der Setzungsverlauf und der Porenwasserüberdruckabbau beschleunigt und
- die Standsicherheit im Bau- und Endzustand erhöht.

Durch die Spannungskonzentration über den Säulenköpfen wird in den Säulen zusätzlich eine nach außen gerichtete radiale Horizontalspannung bzw. ein erhöhter Erddruck hervorgerufen. Je nach Belastung der Säulen bzw. Spannungskonzentration über den Säulenköpfen ist in der Weichschicht eine entsprechende horizontale Stützwirkung in gleicher Größe erforderlich.

Bei nicht ummantelten Säulen wird diese Stützwirkung in voller Größe durch den Erdwiderstand in den Weichschichten infolge der Durchmesservergrößerung (Ausbauchung) der Säulen mobilisiert. Dies bedingt bei sehr weichen Böden erhebliche Verformungen. Beim System der geokunststoffummantelten Säulen wird die radiale horizontale Stützung der Säulen durch die Geokunststoffummantelung im Verbund mit der Stützwirkung der umgebenden Weichschicht sichergestellt.

Die Durchmesservergrößerung der Säule führt bei Belastung in der Geokunststoffummantelung (nach dem Erreichen der etwaigen Aktivierungsaufweitung) zu

Dehnungen und damit zu Ringzugkräften. Die jeweilige Größe der auftretenden Ringzugkraft wird u. a. durch das Materialverhalten des Geokunststoffes bestimmt und ändert sich proportional zur weiteren Horizontal- bzw. Radialverformung der Säule.

Die Größe der Stützwirkung des umgebenden Bodens ist ebenfalls an die Durchmesservergrößerung der Säulen gebunden, die durch die Ringzugkräfte im Geokunststoff stark beschränkt wird. Durch die damit mögliche Reduktion der erforderlichen Stützwirkung der Weichschicht wird zudem nur ein Bruchteil des passiven Erddrucks als Stützwirkung im Boden aktiviert. Infolge der dadurch möglichen Verringerung der Auflastspannungen über der Weichschicht wird eine Setzungsreduktion der Weichschichten bewirkt.

Da das Steifigkeitsverhältnis der Säulen zu der umgebenden Weichschicht im Regelfall geringer ist als vergleichsweise bei Anwendung der in Kapitel 10.1 beschriebenen punktförmigen Tragglieder, kann bei der Bemessung der Säulen näherungsweise Setzungsgleichheit zwischen Säule und umgebender Weichschicht vorausgesetzt werden. Die Lasteinleitung in die ummantelten Säulen erfolgt durch die Ausbildung von Spannungsgewölben in der Überschüttung. Hierbei ergibt sich ein flexibles und selbst regulierendes Tragverhalten, da sich bei einem Nachgeben der Säulen die Lasten zunächst auf die Weichschichten umlagern, wodurch sich der die Säule stützende Bodenwiderstand erhöht und eine interaktive Rückumlagerung erfolgt.

Die Wirksamkeit des Systems (u. a. zur Setzungsreduktion und zur Erhöhung der Geländebruchsicherheit) und die Entlastung der Weichschichten erhöht sich somit bei

- zunehmendem Flächenverhältnis,
- zunehmender Dehnsteifigkeit der Ummantelung,
- zunehmender Scherfestigkeit der Säulenfüllung.

Im Regelfall kann auf eine Bemessung der über den Säulenköpfen angeordneten horizontalen Bewehrungslagen auf Membrankräfte verzichtet werden (siehe Tabelle 10.2). Bei Verringerung der Aktivierungsaufweitung, Vergrößerung der Ummantelungssteifigkeit und Erhöhung der Scherfestigkeit der Säulenfüllung nimmt das Steifigkeitsverhältnis zu, und das Tragverhalten nähert sich dem der punktförmigen Tragglieder nach Kapitel 9 an, wodurch die Anordnung und Bemessung von horizontalen Bewehrungslagen nach Kapitel 9.6.3 erforderlich werden kann (Kapitel 10.6.3).

Insgesamt ergeben sich nach der Bauzeit nur noch geringe Setzungen, was einerseits auf die Setzungsreduktion durch die Spannungskonzentration über den Säulen und die damit verbundene Reduktion der Spannungen über den Weichschichten, andererseits auf die Setzungsbeschleunigung durch die Wirkung der Säulen als Vertikaldräns zurückzuführen ist, so dass im Regelfall ein Großteil der Setzungen schon während der Bauzeit ausgeglichen werden kann.

10.2.2 Anwendungsbereiche

Geokunststoffummantelte Säulen sind als Gründungssystem zur Abtragung von statischen und veränderlichen Lasten bei wenig tragfähigen Böden (Weichschichten) anwendbar. Ein spezieller Anwendungsbereich und Vorteil gegenüber nicht ummantelten Säulen ergibt sich aufgrund der Stützwirkung der Geokunststoffummantelung in sehr weichen Böden ($c_u < 15\ kN/m^2$), z. B. in Torf oder in breiigen Schluffen/Tonen, wie Schlick und Klei.

Die Eignung des Verfahrens ist für den einzelnen Anwendungsfall zu überprüfen. Allgemein gültige Anwendungsgrenzen können aufgrund der Flexibilität des Gründungsystems nicht angegeben werden.

Nachfolgend sind solche Rahmenbedingungen zusammengestellt, die erfahrungsgemäß Grenzbereiche des Gründungssystems darstellen:

- Bei Bodenschichten mit hohen Steifigkeiten können in der Geokunststoffummantelung keine maßgebenden Ringzugkräfte aktiviert werden, da die Stützwirkung des umgebenden Bodens sehr viel höher sein kann als die erforderliche Stützwirkung der Ummantelung. Daher ist nur die Anwendung in weichen Böden wirtschaftlich. Bei extrem weichen Böden müssen Sonderverfahren eingesetzt werden (z. B. um die Säulen während des Herstellungsvorganges und danach zu stabilisieren). Der übliche Anwendungsbereich lässt sich in Abhängigkeit von den Steifemoduln der Weichschichten, bei einer Referenzspannung von $100\ kN/m^2$, wie folgt angeben:
  $0{,}5\ MN/m^2 < E_{s,100\ kN/m^2} < 3{,}0\ MN/m^2$.
  Bezogen auf die undränierte Scherfestigkeit c_u werden folgende Anwendungsgrenzen empfohlen:
  $3\ kN/m^2 < c_u < 30\ kN/m^2$
  Bei Anwendung von technologischen Sondermaßnahmen sind der Einsatz und die Herstellung von geokunststoffummantelten Säulen auch in Weichschichten mit $c_u < 3\ kN/m^2$ bzw. auch in festeren Schichten mit $c_u > 30\ kN/m^2$ möglich.
- Die geokunststoffummantelten Säulen sind, um die beschriebene Wirkungsweise des Gründungssystems sicherzustellen, bis auf einen tragfähigen Untergrund abzusetzen. Die Steifigkeit der tragfähigen Schicht sollte mindestens um den Faktor 10 höher sein als die Vergleichswerte in der überlagernden Weichschicht. Der tragfähige Untergrund kann somit durch folgende Kennwerte vereinfacht definiert werden:
  $E_{s,\ Untergrund} > 5{,}0\ MN/m^2$ (bei Referenzspannung $100\ kN/m^2$)
  zur Begrenzung der Setzungen aus dem tragfähigen Untergrund und
  $\varphi'_{s,k,\ Untergrund} > 30°$
  zur Vermeidung von Grundbrüchen im Fußbereich der Säulen.
- Die Säulenlängen $l_{Säule}$ und die im Anwendungsfall maximal beherrschbare Weichschichtmächtigkeit ergeben sich aus den maschinentechnischen Grenzbedingungen.

Übliche Herstellungslängen $l_{Säule}$ sind:
3 m < $l_{Säule}$ < 20 m.

- Der Säulendurchmesser $D_{Säule}$ hängt u. a. auch vom Herstellungsverfahren ab. Mit steigendem Säulendurchmesser nehmen bei gleichbleibendem Flächenverhältnis die Ringzugkräfte zu. Zur sicheren Aktivierung von maßgebenden Ringzugkräften wird ein Säulen-Mindestdurchmesser von 0,4 m empfohlen.
  Übliche Grenzen für den Säulendurchmesser sind:
  0,5 m ≤ $D_{Säule}$ ≤ 1,5 m.
  Die Aktivierungsaufweitung infolge Auflast sollte ca. 3 % des Durchmessers nicht überschreiten, um die bis zur Aktivierung der Ummantelung eintretenden Verformungen zu begrenzen. Vorlaufende, d. h., während der Herstellung und vor Belastung des Systems stattfindende Aktivierungsaufweitungen können in der Regel vernachlässigt werden.

- Die Größe der Dehnsteifigkeit der Ummantelung ist theoretisch nicht begrenzt, hat aber einen maßgeblichen Einfluss auf das Steifigkeitsverhältnis zwischen Säulen und umgebenden Weichschichten, vgl. Kapitel 10.2.1. Falls auf eine Bemessung der horizontalen Bewehrungen auf Membrankräfte nach Kapitel 9.6.3 verzichtet werden soll (vgl. Kapitel 10.2.1), ist die Steifigkeit der Säulen auf die Steifigkeit der umgebenden Weichschichten abzustimmen, wobei die Dehnsteifigkeit der Ummantelung einen wesentlichen Einfluss hat.
  Im Regelfall beträgt die Dehnsteifigkeit der Ummantelung J zwischen 1.000 kN/m und 4.000 kN/m.

- Die Wirksamkeit der Säulengründung wird durch das Verhältnis zwischen der Steifigkeit der Säulenfüllung und der umgebenden Weichschicht bestimmt. Es wird empfohlen, dass der Steifemodul der Säulenfüllung mindestens um das Zehnfache größer als der Steifemodul der Weichschichten ist ($E_{s,\,Säule} > 10 \cdot E_{s,\,Weichschicht}$).

10.3 Herstellungsverfahren

10.3.1 Allgemeines

Nachfolgend werden verschiedene Verfahren zur Herstellung der geokunststoffummantelten Säulen nach Bild 10.3 vorgestellt. Diese werden im Grundsatz als Aushubverfahren und Verdrängungsverfahren bezeichnet. Der Hauptunterschied der Verfahren besteht in der Herstellung des von den Säulen im Untergrund einzunehmenden Hohlraumes.

Die einzelnen Verfahren werden zunächst erläutert. Anschließend werden Hinweise zur Verfahrensauswahl, auch unter Berücksichtigung von verfahrensbedingten Risiken, im Hinblick auf die Qualität der Gründung bzw. auf die Umgebung gegeben.

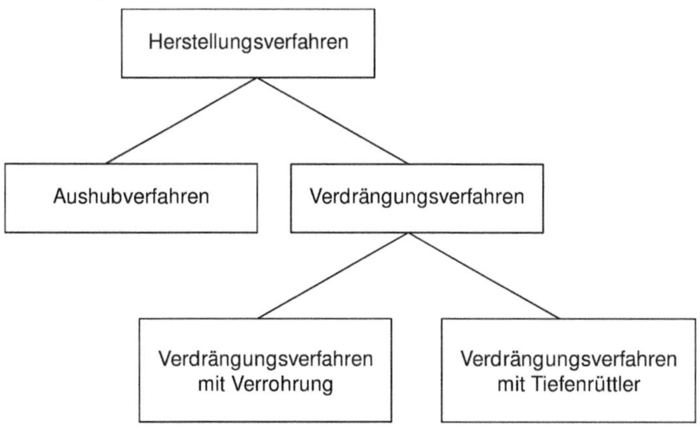

Bild 10.3 Herstellungsverfahren

10.3.2 Aushubverfahren

Beim Aushubverfahren wird in der Regel eine nach unten offene Verrohrung (Stützrohr) mit einem Durchmesser von D ≈ 0,5 bis 1,5 m mithilfe eines mäklergeführten Rüttlers bis in den anstehenden tragfähigen Untergrund eingebracht, anschließend werden die im Rohr vorhandenen Weichschichten ausgehoben.

Nach dem Bodenaushub wird die nach den Erfordernissen konfektionierte und abgelängte Ummantelung in das Rohr eingelegt und die Säule verfüllt. Abschließend erfolgt das Ziehen der Verrohrung mit dem Rüttler, wobei durch die Vibration die Verdichtung der Säulenfüllung erfolgt.

10.3.3 Verdrängungsverfahren

Beim Verdrängungsverfahren wird der anstehende Baugrund bei der Säulenherstellung verdrängt, so dass kein Boden gefördert werden muss. Die sich dabei ergebenden vertikalen und horizontalen Verdrängungswirkungen und deren Folgen sind bei der Planung und bei den Berechnungsansätzen zu berücksichtigen. Zur Verdrängung sind spezielle Geräte bzw. Verrohrungen notwendig, deren Anwendung verfahrensspezifische Vor- und Nachteile aufweist.

Verdrängungsverfahren mit Verrohrung

Bei diesem Verfahren wird eine Verrohrung mithilfe eines mäklergeführten Rüttlers bis auf den anstehenden tragfähigen Untergrund eingebracht, wobei der Boden durch am Rohrfuß konisch angeordnete Doppelklappen zur Seite verdrängt wird. Anschließend wird analog zum Aushubverfahren die Ummantelung eingelegt, die Säule verfüllt und die Verrohrung nach Öffnung der Klappen unter Vibration gezogen.

Verdrängungsverfahren mit Tiefenrüttler

Bei diesem Verfahren erfolgt die Herstellung der geokunststoffummantelten Säulen unter Verwendung eines Tiefenrüttlers. Hierbei wird über die Außenhülle des Tiefenrüttlers ein Geokunststoff gezogen, und anschließend wird bis auf tragfähige Schichten abgeteuft. Das Verfüllen der Säulenumhüllung erfolgt durch kontinuierliche Materialzugabe während des beim Herausfahren des Tiefenrüttlers erfolgenden Verdichtungsvorganges.

10.3.4 Verfahrensauswahl

Das Aushubverfahren ist bei Böden mit hohen Eindringwiderständen zu bevorzugen bzw. wenn Erschütterungseinwirkungen auf angrenzende Bauten, Verkehrsanlagen usw. minimiert werden müssen.

Der Vorteil der Verdrängungsverfahrens gegenüber dem Aushubverfahren beruht auf der schnelleren und wirtschaftlicheren Herstellung der Säulen und der Einleitung einer Vorspannung in der Weichschicht, außerdem müssen keine Böden ausgebaut und entsorgt werden.

Ein wirtschaftlicher Nachteil der Verdrängungsverfahren besteht im Mehrverbrauch an Geokunststoffen aufgrund der geringeren Säulendurchmesser, dem erfahrungsgemäß eine schnellere Säulenherstellung gegenübersteht. Bei Anwendung von Verdrängungsverfahren sind die in den Weichschichten auftretenden Porenwasserüberdrücke, Erschütterungen und Verformungen zu berücksichtigen. Insgesamt bestehen bei Anwendung des Verdrängungsverfahrens erhöhte Anforderungen an Erfahrung und Sorgfalt bei Bemessung und Ausführung, um die Tragfähigkeit bzw. Qualität der Gründung sicherzustellen.

Bei Anwendung des Verdrängungsverfahrens mit Verrohrung ist besondere Sorgfalt auf die genaue Anpassung des Ummantelungsdurchmessers zum Durchmesser der Verrohrung zu legen, da die Säulen bei Anwendung dieses Verfahrens durch die unter Spannung gesetzten Weichschichten bis unter den Innendurchmesser des Verdrängungsrohres während der Ausführung und vor dem Aufbringen der Belastung eingeschnürt werden können. Die korrekte Einbeziehung der ggf. durch eine Einschnürung bedingten Aktivierungsaufweitung erfordert besondere Erfahrungen bei Ausführung und Bemessung, da diese im Berechnungsmodell (vgl. Bild 10.4) zur Bemessung und Setzungsabschätzung zu berücksichtigen ist.

Bei Anwendung von Tiefenrüttlern zur Herstellung der Säulen kann die Aktivierungsaufweitung im Regelfall beim Ausstopfen erfolgen, so dass diese dann vernachlässigt werden kann. Im Vergleich zu anderen Verfahren treten dann bereits im Bauzustand höhere Ringzugkräfte auf, da die Ummantelung beim Ausstopfen vorgedehnt wird. Deshalb sind bei der Bemessung der Ummantelung die bei der Herstellung zu erwartenden Beanspruchungen (u. a. Vordehnungen und Vorbelastungen im Geokunststoff und entsprechender A_2-Wert nach Kapitel 2) neben der aus dem Bauwerk resultierenden Belastung zu berücksichtigen.

Sofern nach Herstellung des Gründungssystems nicht sichergestellt ist, dass keine Einschnürung vorhanden bzw. die Aktivierungsaufweitung schon erfolgt ist, ist z. B. durch Messungen zu überprüfen, ob zusätzliche Verformungen infolgedessen weiterhin vernachlässigbar oder zu berücksichtigen sind.

Die charakteristischen Merkmale und beschriebenen Vor- und Nachteile der Herstellungsverfahren sind in Tabelle 10.1 zusammengestellt.

Es wird grundsätzlich empfohlen, das gewählte Verfahren vor der Ausführung durch die Herstellung von Probesäulen ggf. mit begleitender messtechnischer Überwachung auf seine Anwendbarkeit zu überprüfen.

Tabelle 10.1 Merkmale der Verfahren zur Herstellung von Säulen

	Aushub-verfahren	**Verdrängungsverfahren**	
		mit Verrohrung	**mit Tiefenrüttler**
mögliche Herstellungsdurchmesser	bis über 1,5 m	i. d. R. bis 0,8 m	i. d. R. bis 0,6 m
Förderung und Entsorgung von Bodenmaterial	erforderlich	nicht erforderlich	nicht erforderlich
Zeitbedarf der Säulenherstellung	höher	geringer	geringer
Herstellung bei sehr hohen Eindringwiderständen[1)]	möglich	i. d. R. nicht möglich	i. d. R. nicht möglich
Erschütterungen – und Porenwasserüberdrücke infolge Säulenherstellung	gering	höher[2)]	höher[2)]
Einschnürung der Säule während der Herstellung	nicht vorhanden	i. d. R. vorhanden[2)]	i. d. R. nicht vorhanden[2)]
horizontale und vertikale Verdrängungswirkungen infolge Säulenherstellung	nicht vorhanden	vorhanden[2)]	vorhanden[2)]
Vorspannung der Weichschicht beim Einbau	nicht vorhanden	vorhanden[2)]	vorhanden[2)]
Beanspruchungen der Ummantelung beim Einbau	gering	gering	i. d. R. hoch
Kontrolle der Schichtung und der Absetztiefe	augenscheinlich möglich	über Maschinenparameter	über Maschinenparameter

[1)] z. B. dicht gelagerte Sandzwischenschichten
[2)] je nach Bodensteifigkeit und Rasterabstand

10.4 Entwurfsempfehlungen und Konstruktionshinweise

Beim Entwurf einer Gründung mit geokunststoffummantelten Säulen ist zunächst zu berücksichtigen, dass das Tragsystem zur Aktivierung der erforderlichen Ringzugkräfte Verformungen aufweisen muss und somit systemimmanent bei sehr setzungsempfindlichen Bauwerken nicht oder nur unter Berücksichtigung von bestimmten Randbedingungen (z. B. längere Liegezeiten, temporäre Überschüttungen) angewendet werden sollte.

Folgende Empfehlungen und Erfahrungen sind zu beachten:

- Über den Säulen sollte eine Mindestüberdeckung aus nichtbindigem Boden vorhanden sein. Die Höhe der Mindestüberdeckung sollte hierbei ca. dem lichten Säulenabstand entsprechen, mindestens jedoch ca. 1 m betragen.
- Ein Mindestsäulendurchmesser von 0,4 m sollte nicht unterschritten werden.
- Ein Flächenverhältnis von $a_s = 10\ \%$ (vgl. Kapitel 10.1) sollte nicht unterschritten werden.
- Direkt oder in der Regel bis 0,3 m über den Säulenköpfen sollte eine horizontale Geokunststoffbewehrung zur globalen Geländebruchsicherheit, zur Aufnahme von Spreizkräften oder zur Unterstützung der Lasteinleitung in die geokunststoffummantelten Säulen und zum Setzungsausgleich (siehe auch Kapitel 10.6.3) angeordnet werden.
- Beim Vorliegen von Setzungsanforderungen sollten Liegezeiten unter Belastung eingeplant werden, da die Setzungen des Gründungssystems entsprechend der Konsolidation (Vertikaldräns) zeitverzögert eintreten.
- Bei hohen Dämmen werden Verformungen zur Aktivierung der Ummantelung in der Regel bereits im Zuge der Dammschüttungen ausgeglichen.
- Während der Bauzeit sollten Überschüttungen des Systems mindestens in Höhe der späteren Belastung vorgenommen werden. Die notwendigen Liegezeiten können weiter verkürzt werden, wenn temporäre Überschüttungen mit zusätzlichen Auflasten erfolgen.
- Im Einzelfall ist zu überprüfen, ob das Verformungsverhalten der Gründung während und nach dem Aufbringen der Belastung durch ein angepasstes Messprogramm überwacht bzw. kontrolliert werden sollte.

10.5 Baustoffe

Baustoffe für die geokunststoffummantelten Säulen sind Geokunststoffe und nichtbindiger Boden. Das Gründungssystem wird darüber hinaus durch die Überschüttung (z. B. Damm) mit horizontaler Geokunststoffbewehrung vervollständigt (siehe Bild 10.1). Bei der Dammschüttung ist zwischen dem bewehrten Erdkörper nach Kapitel 9.1 und den darüber liegenden Bereichen zu unterscheiden. Für die Baustoffe gelten folgende Anforderungen, sofern sich durch die Berechnung und Bemessung oder aus verfahrensspezifischen Gründen nicht höhere Anforderungen ergeben:

Geokunststoffe der Ummantelung (inkl. Nähte, Verbindungen usw.):

- Gewebe, Geogitter oder Geoverbundstoff,
- höhere oder vergleichbare Wasserdurchlässigkeit in Bezug auf die Mindestanforderungen an die Säulenfüllung,
- axialer Bemessungswiderstand der Geokunststoffe (vertikale Richtung nach dem Einbau)
  $R_{Bd} \geq 20$ kN/m und Kurzzeitzugfestigkeit $R_{B,k0} \geq 60$ kN/m,
- radialer Bemessungswiderstand der Geokunststoffe (in Ringrichtung)
  $R_{Bd} \geq 30$ kN/m und Kurzzeitzugfestigkeit $R_{B,k0} \geq 80$ kN/m,
- radiale Dehnsteifigkeit $J \geq 700$ kN/m (in Ringrichtung).

Säulenfüllung:

- nichtbindiger, grobkörniger Boden nach DIN 18196 in Abhängigkeit von der Kornverteilung des anstehenden Bodens (sofern ein Filterkriterium einzuhalten ist),
- effektiver Reibungswinkel $\varphi'_k \geq 30°$,
- Durchlässigkeit größer als $k_f = 10^{-5}$ m/s, jedoch mindestens zwei Zehnerpotenzen durchlässiger als die umgebende Weichschicht,
- nach Säulenherstellung mindestens lockere bis mitteldichte Lagerung.

Horizontale Geokunststoffbewehrung (inkl. Nähte, Verbindungen usw.):

- Bemessungswiderstand $R_{Bd} \geq 30$ kN/m und Kurzzeitzugfestigkeit
  $R_{B,k0} \geq 80$ kN/m.

Bewehrter Erdkörper:

- Anforderungen nach Kapitel 9.3.

Bei Verwendung von anderen Materialien (z. B. Recyclingbaustoffen) ist die verfahrens- und umgebungsbezogene Eignung nachzuweisen.

10.6 Hinweise zur Berechnung und Bemessung

10.6.1 Allgemeines

Die Berechnung bzw. Bemessung einer Gründung mit ummantelten Säulen ist grundsätzlich mittels eines analytischen Verfahrens nach [3] und [4] oder mittels numerischer Verfahren möglich und erfordert seitens des Anwenders vertiefte Kenntnisse bei der Berücksichtigung der Interaktion zwischen Säule und umgebender Weichschicht sowie bei der Berücksichtigung der verfahrensspezifischen Randbedingungen.

Die Bemessung ist abhängig von örtlichen Gegebenheiten, den Verfahrensrandbedingungen bzw. den spezifischen Belastungen in Abhängigkeit vom Herstellungsverfahren usw. Im Folgenden werden die Grundgedanken und Grundzüge der Bemessung erläutert. Die Hinweise bezüglich der zu berücksichtigenden

Randbedingungen, der Erfordernisse an die Bemessung und an die zu führenden Nachweise sind zu beachten.

10.6.2 Einwirkungen und Widerstände

Zu den Einwirkungen auf das Gründungssystem gehören ständige und veränderliche Lasten entsprechend Kapitel 1.2 und DIN 1054. Besondere Einwirkungen während der Herstellung (z. B. Vordehnungen der Ummantelung, Verdichtung der Säulenfüllung usw., vgl. Kapitel 10.3.4) sind zu berücksichtigen. Soweit keine entsprechenden Erfahrungen für vergleichbare Verhältnisse vorliegen, sind an Probesäulen entsprechende Proben zu entnehmen und der A_2-Wert zu bestimmen.

Zu den Widerständen zählen:

- Scherfestigkeit und Steifigkeit der Säulenfüllung und der Dammschüttung,
- Scherfestigkeit und Steifigkeit der Weichschichten und des tragfähigen Untergrundes,
- Festigkeit und Dehnsteifigkeit der Säulenummantelung,
- Festigkeit und Dehnsteifigkeit der horizontalen Geokunststoffbewehrung.

10.6.3 Bemessung der horizontalen Geokunststoffbewehrung

Wie in Kapitel 10.2.1 erläutert, kann im Regelfall (Bereich I nach Tabelle 10.2) näherungsweise Setzungsgleichheit zwischen Säule und umgebender Weichschicht vorausgesetzt werden, und zur Lasteinleitung in die ummantelten Säulen ist die Gewölbewirkung in der Überschüttung ausreichend. Die Anordnung der horizontalen Bewehrung erfolgt dann konstruktiv zur Gewährleistung der Geländebruchsicherheit oder zur Aufnahme von Spreizkräften nach Kapitel 9.6.3.

In Abhängigkeit von den Systemparametern können aber Steifigkeitsverhältnisse zwischen den Säulen und dem umgebenden Boden auftreten, die auch eine Bemessung der horizontalen Bewehrungen auf Membrankräfte nach Kapitel 9.6.3 erfordern.

Aufgrund des auch im Bereich II (nach Tabelle 10.2 im Übergang zwischen den Bereichen I und III) noch vorhandenen selbstregulierenden Tragverhaltens der Säulen sind größere Setzungszunahmen und Veränderungen des Tragverhaltens nicht zu erwarten. Aufgrund der in diesem Fall möglicherweise geringeren Spannungskonzentration in den Säulenköpfen können jedoch etwas größere Setzungen als berechnet auftreten, wodurch in Einzelfällen eine Bemessung der horizontalen Bewehrungslagen zur Sicherstellung der Lasteinleitung sinnvoll sein kann. Die Bemessung kann hierbei nach Kapitel 9.6.3 erfolgen, wobei die Zugkräfte in der horizontalen Bewehrung unter Einbeziehung der Steifigkeit der Säule bzw. des Steifigkeitsverhältnisses zwischen Säule und umgebendem Boden berechnet werden.

Tabelle 10.2 Erfordernis der Bemessung einer horizontalen Geokunststoffbewehrung auf Membrankräfte nach Kapitel 9 in Abhängigkeit vom Steifigkeitsverhältnis

Bereich	Steifigkeitsverhältnis	Bemessung der horizontalen Geokunststoffbewehrung[1)]
I	$k_{s,T}/k_s \leq 50$	Bemessung nicht erforderlich
II	$50 < k_{s,T}/k_s \leq 75$	Bemessung empfohlen
III	$k_{s,T}/k_s > 75$	Bemessung erforderlich

[1)] Die Mindestbewehrung mit Bemessungswiderstand R_{Bd} nach Kapitel 10.5 ist für alle Bereiche erforderlich!

Bei noch höheren Steifigkeitsverhältnissen (Bereich III nach Tabelle 10.2) ist die Wirksamkeit des Gründungssystems ohne Bemessung der horizontalen Bewehrung auf Membrankräfte nicht mehr sichergestellt. Daher ist in solchen Fällen eine Bemessung nach Kapitel 9.6.3 erforderlich.

Beim Erfordernis einer Bemessung der horizontalen Bewehrung auf Membrankräfte sind bei Dreieckrastern die Rasterabstände ggf. zu einem Rechteckraster oder einem unter 45° gedrehten Quadratraster zu verändern, vgl. Kapitel 9.1.

10.6.4 Säulenbemessung

10.6.4.1 Berechnungsmodell

Das nachfolgend dargestellte Berechnungsmodell nach [3] und [4] beruht auf der Interaktion zwischen den Säulen und den umgebenden Weichschichten, wobei näherungsweise Setzungsgleichheit in der Säulenkopfebene (Bild 10.1) vorausgesetzt wird. Unabhängig von der Wahl des Berechnungsverfahrens sind Mindestanforderungen an das Berechnungsmodell (Bild 10.4) zu stellen:

- Das interaktive Tragverhalten, d. h., die zeit- und belastungsabhängige Spannungskonzentration über den Säulenköpfen, muss erfasst sein.
- Für die Berechnung des zeitlichen Setzungsverlaufes muss die Konsolidierung der Weichschichten unter Berücksichtigung der Säule als Vertikaldrän erfasst werden.
- Die Steifigkeit der Weichschicht muss in Abhängigkeit von der herrschenden effektiven Spannung berücksichtigt werden (spannungsabhängiger Steifemodul).
- Bei Vorliegen einer Aktivierungsaufweitung muss die Aktivierung der Ummantelung in Abhängigkeit von der Belastung und der Zeit korrekt erfasst werden.
- Bei Anwendung des Verdrängungsverfahrens muss die Wirkung der Verdrängung auf das Spannungsniveau der Weichschicht berücksichtigt werden.

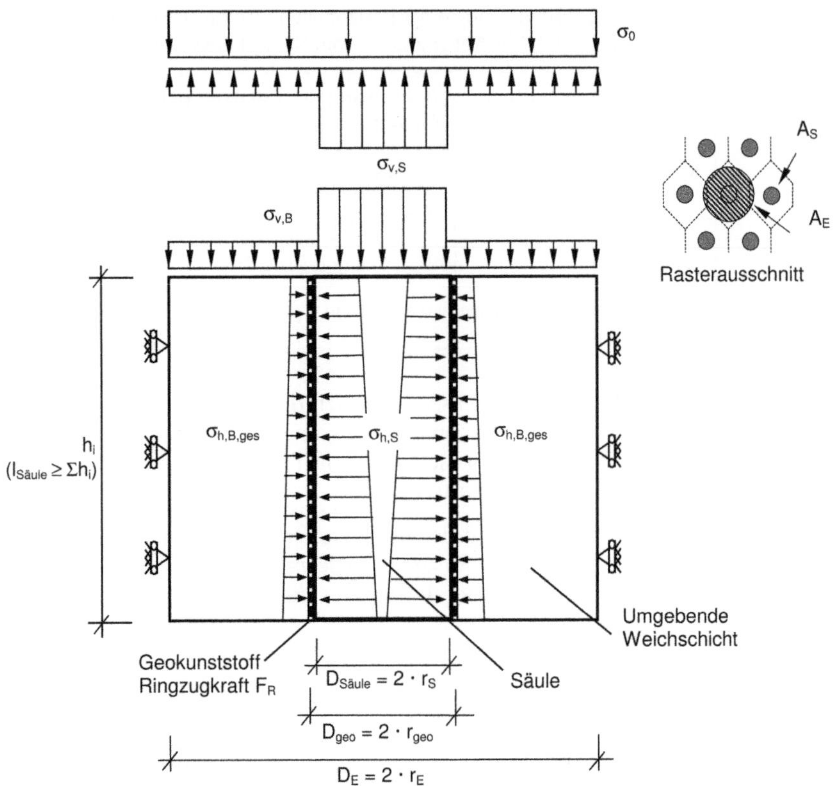

Bild 10.4 Tragsystem und Berechnungsmodell „geokunststoffummantelte Säule"

- Bei geschichteten Untergrundverhältnissen sind alle maßgebenden Bodenschichten getrennt mit ihren jeweiligen Bodenkenngrößen zu berücksichtigen (kein Zusammenfassen bzw. Mitteln von Kennwerten einzelner Bodenschichten).
- Falls im Zuge der Herstellung Verdichtungswirkungen innerhalb der Ummantelung ohne stützende Außenverrohrung der Säulenfüllung erzeugt werden (z. B. Ausstopfen durch Tiefenrüttler), ist die dadurch stattfindende Belastung der Ummantelung zu berücksichtigen.
- Die folgenden Größen mit maßgebendem Einfluss auf die zu berechnenden Ringzugkräfte und Setzungen sind in die Berechnungen einzuführen:
  - Flächenverhältnis a_s,
  - Radius der Säule r_s und der Geokunststoffummantelung r_{geo},
  - zeitabhängige radiale Dehnsteifigkeit der Geokunststoffummantelung J,
  - Mächtigkeit der maßgebenden Weichschichten h_i,
  - spannungsabhängige Steifigkeiten der Weichschichten (z. B. Steifemodul $E_{s,i}$),

- Scherparameter der Weichschichten φ'_B, c'_B und der Säulenfüllung φ'_S,
- Wichten der Weichschichten γ_B, γ'_B und der Säulenfüllung γ_S, γ'_S,
- Erdruhedruckbeiwerte $K_{O,B}$ bzw. Primärspannungszustand der Weichschicht (ggf. aufgrund einer Verdrängungswirkung erhöht),
- mittlere Auflastspannung σ_0 in Säulenkopfebene der Einheitszelle,
- Wasserdurchlässigkeit des Bodens $k_{f,B}$ und der Säulen $k_{f,S}$.

In Bild 10.4 ist das rotationssymmetrische Berechnungsmodell schematisch für eine Einheitszelle dargestellt.

10.6.4.2 Berechnungsverfahren

Als Ergebnis der Berechnungen werden die maximale Ringdehnung und Ringzugkraft der Ummantelung und die Primärsetzungen der Säulenkopfebene ermittelt.

Die nachfolgend dargestellte Herleitung wurde aus [3] entnommen und zeigt die Berechnung an einer Bodenscheibe. Bei der Berechnung sollte eine einzelnen Bodenscheibe möglichst nicht dicker als $h_i = 1$ m gewählt werden. Je nach geologischem Aufbau der Weichschicht ergibt sich somit ein Berechnungsmodell aus mehreren Bodenscheiben, wobei die einzelnen Bodenscheiben auch entsprechend den geologischen Schichtgrenzen gewählt werden müssen. Die Gesamtsetzung ergibt sich dann näherungsweise durch Aufsummieren der Setzungen der einzelnen Bodenscheiben. Nähere Hinweise sind in [3] enthalten.

Unter der Zugrundelegung des Gleichgewichtes zwischen der Belastung in Säulenkopfebene σ_0 und den entsprechenden Vertikallasten über der Säule $\Delta\sigma_{v,S}$ und der Weichschicht $\Delta\sigma_{v,B}$ ergibt sich:

$$\sigma_0 \cdot A_E = \sigma_{v,S} \cdot A_S + \sigma_{v,B} \cdot (A_E - A_S) \,. \qquad \text{Gl. (10.1)}$$

Aus den Vertikalspannungen infolge der Auflast und der Bodeneigengewichte ergeben sich Horizontalspannungen, wobei $\sigma_{ü,S}$ und $\sigma_{ü,B}$ für die Überlagerungsspannung in der Säule bzw. in der Weichschicht stehen:

$$\sigma_{h,S} = \sigma_{v,S} \cdot K_{a,S} + \sigma_{ü,S} \cdot K_{a,S} \qquad \text{Gl. (10.2)}$$

$$\sigma_{h,B} = \sigma_{v,B} \cdot K_{0,B} + \sigma_{ü,B} \cdot K^*_{0,B} \qquad \text{Gl. (10.3)}$$

Die Geokunststoffummantelung (Einbauradius r_{geo}) zeichnet sich durch ein linearelastisches Materialverhalten mit der Dehnsteifigkeit J aus:

$$F_R = J \cdot \Delta r_{geo} / r_{geo} \qquad \text{Gl. (10.4)}$$

Über die Kesselformel lässt sich die Ringzugkraft in eine radiale Horizontalspannung $\Delta\sigma_{h,geo}$ umrechnen, die dem Geokunststoff zugewiesen wird:

$$\sigma_{h,geo} = F_R / r_{geo} \qquad \text{Gl. (10.5)}$$

Aus den einzelnen Horizontalspannungen ergibt sich eine Differenzspannung $\Delta\sigma'$. Diese entspricht der Mobilisierung einer zusätzlichen Erdruckkomponente in der Weichschicht, bis ein Gleichgewicht der Horizontalspannungen erreicht wird.

$$\sigma_{h,Diff} = \sigma_{h,S} - (\sigma_{h,B} + \sigma_{h,geo}) \qquad \text{Gl. (10.6)}$$

Aus der Differenzspannung resultiert die Ausdehnung der Säule. Die radiale Horizontalverformung Δr_S und die Setzung der Weichschicht s_B mit dem Steifemodul $E_{S,B}$ werden nach [5] abgeleitet für einen radial und longitudinal belasteten Hohlzylinder der Höhe h_0 (ν_B = Querdehnzahl der Weichschicht):

$$\Delta r_S = \frac{\sigma_{h,Diff}}{E^*} \cdot \left(\frac{1}{a_S} - 1 \right) \cdot r_S \qquad \text{Gl. (10.7)}$$

$$s_B = \left(\frac{\sigma_{v,B}}{E_{s,B}} - 2 \cdot \frac{1}{E^*} \cdot \frac{\nu_B}{1-\nu_B} \cdot \sigma_{h,Diff} \right) \cdot h\,0 \qquad \text{Gl. (10.8)}$$

mit:

$$E^* = \left(\frac{1}{1-\nu_B} + \frac{1}{1+\nu_B} \cdot \frac{1}{a_S} \right) \cdot \frac{(1+\nu_B)\cdot(1-2\,\nu_B)}{(1-\nu_B)} \cdot E_{s,B} \qquad \text{Gl. (10.9)}$$

und

$$a_S = A_S / A_E \,. \qquad \text{Gl. (10.10)}$$

Zwischen der Setzung der Säule s_S und der radialen Verformung am Säulenrand Δr_S ergibt sich bei Volumenkonstanz des Säulenmaterials in Abhängigkeit vom Ausgangsradius r_0 (in der Regel Einbauradius der Säule) bzw. der Ausgangshöhe h_0 (in der Regel Einbauhöhe) folgende Beziehung:

$$s_S = \left[1 - \frac{{r_0}^2}{(r_0 + \Delta r_S)^2} \right] \cdot h_0 \qquad \text{Gl. (10.11)}$$

Es muss die Verträglichkeit der horizontalen Verformungen gegeben sein, wobei die Aktivierungsaufweitung zu berücksichtigen ist:

$$\Delta r_S = \Delta r_{geo} + (r_{geo} - r_S) \qquad \text{Gl. (10.12)}$$

Zwischen der Säule und der umgebenden Weichschicht treten näherungsweise keine Relativsetzungen auf:

$$s_S = s_B \qquad \text{Gl. (10.13)}$$

Unter Ansatz der vorgenannten 11 Gleichungen kann dann für die horizontale Verformung am Säulenrand abgeleitet werden:

$$\Delta r_S = \frac{K_{a,S} \cdot \left(\frac{1}{a_S} \cdot \sigma_0 - \frac{1-a_S}{a_S} \cdot \sigma_{v,B} + \sigma_{ü,S} \right) - K_{0,B} \cdot \sigma_{v,B} - K_{0,B}^* \cdot \sigma_{ü,B} + \frac{(r_{geo} - r_S)\cdot J}{r_{geo}^2}}{\frac{E^*}{(1/a_S - 1)\cdot r_S} + \frac{J}{r_{geo}^2}} \qquad \text{Gl. (10.14)}$$

Unter Ansatz dieser Verformung enthält die nachstehende Berechnungsgleichung für eine Bodenscheibe als unbekannte Größe nur noch $\sigma_{v,B}$. Die Bestimmungsgleichung kann iterativ, durch Vorschätzen von $\sigma_{v,B}$ gelöst werden. Aufgrund des relativ großen Rechenaufwandes empfiehlt sich hierbei der Einsatz von Rechenprogrammen.

$$\left\{\frac{\sigma_{v,B}}{E_{s,B}} - \frac{2}{E^*} \cdot \frac{\nu_B}{1-\nu_B} \left[\begin{array}{l} K_{a,S} \cdot \left(\frac{1}{a_S} \cdot \sigma_0 - \frac{1-a_S}{a_S} \cdot \sigma_{v,B} + \sigma_{ü,S}\right) - \\ K_{0,B} \cdot \sigma_{v,B} - K^*_{0,B} \cdot \sigma_{ü,B} + \frac{(r_{geo} - r_S) \cdot J}{r_{geo}^2} - \frac{\Delta r_S \cdot J}{r_{geo}^2} \end{array}\right]\right\} \cdot h \qquad \text{Gl. (10.15)}$$

$$= \left[1 - \frac{r_S{}^2}{(r_S + \Delta r_S)^2}\right] \cdot h$$

Zur Erfassung der Aktivierungsaufweitung ist es dabei erforderlich, zunächst eine Aktivierungsbelastung vorzuschätzen und anschließend die horizontale Verformung am Säulenrand unter Ansatz von J = 0 zu berechnen. Durch Iteration bis zur Bedingung $\Delta r_S = r_{geo} - r_S$ kann die Aktivierungsbelastung bestimmt und anschließend die Berechnung für die darüber hinaus gehende Belastung des Gründungssystems mit aktivierter Geokunststoffummantelung vervollständigt werden. Die Setzungen vor und nach der Aktivierung sind anschließend zu addieren.

Der Steifemodul der Weichschicht $E_{S,B}$ muss bei der Berechnung möglichst wirklichkeitsnah in Abhängigkeit von der in der Weichschicht herrschenden mittleren, effektiven Spannung p* eingeführt werden, da die Steifigkeit der Weichschichten in der Regel eine hohe Abhängigkeit vom Spannungszustand aufweist. Dies bedingt bei Berechnungen unter Ansatz einer Aktivierungsaufweitung die Ermittlung des ansetzbaren Steifemoduls im Spannungsbereich zwischen Primärspannung bis zur Aktivierungsbelastung und nachfolgend im Spannungsbereich zwischen Aktivierungsbelastung und Endbelastung.

In der Regel wird zur Erfassung der Spannungsabhängigkeit eine einfache Potenzfunktion nach Ohde, mit einem Referenzsteifemodul $E_{s,B,ref}$ bei einer Bezugsspannung p_{ref} und einem Steifeexponent m (bei normal konsolidierten bindigen und organischen Böden ≈ 1), verwendet.

$$E_{s,B} = E_{s,B,ref} \cdot \left(\frac{p^* + c'_B \cdot \cot\varphi'_B}{p_{ref}}\right) m \qquad \text{Gl. (10.16)}$$

Der Ausdruck $c'_B \cdot \cot\varphi'_B$ berücksichtigt den Einfluß der Kohäsion und wird analog zu den Stoffgesetzen bei numerischen Berechnungen verwendet, da ohne diesen Term in einem unbelasteten Bodenelement (Geländeoberkante) keine Steifigkeit vorhanden wäre, was der Realität widerspricht. Bei einer Belastungsänderung sind die in der Weichschicht vor (p1*) und nach (p2*) der entsprechenden Belastung herrschenden wirksamen Spannungen zu ermitteln. Die einzusetzende Spannung ist dann mit p* = (p2* – p1*)/ln (p2*/p1*) zu berechnen, oft ist hierbei der Mittelwert (p1* + p2*)/2 ausreichend genau. Es sei darauf hingewiesen, dass im eindimensionalen Kompressionsversuch die Horizontalspannung durch den Erdruhedruckbeiwert definiert wird, während in der umgebenden Weichschicht bei einer geokunststoffummantelten Sandsäule eine um die Differenzspannung $\sigma_{h,Diff}$ erhöhte horizontale Spannung wirkt. Die Vernachlässigung dieser Erhöhung führt zu einer Berechnung auf der sicheren Seite. Eine näherungsweise Erfassung der Auswirkungen auf die jeweilige Größe des Steifemoduls und die Berücksichtigung der Kohäsion wird in [3] beschrieben.

Zur praktischen Berechnung nach dem vorgestellten analytischen Verfahren kann ein Berechnungsprogramm entwickelt werden, welches eine inkrementelle Lastaufbringung simuliert und somit die vollständige Last-Setzungs-Linie bzw. Last-Dehnungs-Linie eines gewählten Systems berechnet. Dabei wird die horizontale Verformung des Säulenrandes während der Laststeigerung kontinuierlich bestimmt und die Ummantelung genau nach dem Erreichen der entsprechenden Aufweitung infolge Auflast aktiviert. Nähere Angaben sind in [3] enthalten.

Das Berechnungsmodell nach [3] und [4] kann ggf. zur Ringzugkraftbemessung nach Kapitel 10.6.4.3 vereinfacht werden, indem die seitliche Stützwirkung der Weichschicht $\sigma_{h,B}$ vernachlässigt wird. Damit ergeben sich die Gleichungen gemäß [6]. Hierbei wird eine höhere Ringzugkraft ermittelt, und es ergibt sich eine Bemessung auf der sicheren Seite. Für die Ermittlung der Setzungen des Gründungssystems ist diese Vereinfachung nicht geeignet.

10.6.4.3 Nachweis der Aufnahme der Ringzugkräfte

Der Nachweis zur Aufnahme der Ringzugkraft in der Ummantelung muss für den Grenzzustand GZ 1B geführt werden. Dabei müssen Beanspruchungen aus ständigen (Eigengewichte) und veränderlichen Einwirkungen (Verkehr) berücksichtigt werden.

Bei geokunststoffummantelten Säulen ist zu berücksichtigen, dass ein nicht lineares Tragverhalten vorliegt, wobei sich bei steigender Auflast immer geringere Zunahmen der Ringzugkraft einstellen.

Da die charakteristischen Beanspruchungen nicht proportional zu den Einwirkungen sind, kann das Superpositionsprinzip, d. h. die separate Ermittlung der Ringzugkräfte für einzelne Belastungskomponenten und nachfolgend die Addition der Beanspruchungen bzw. Ringzugkräfte, nicht angewendet werden. Stattdessen müssen die Beanspruchungen jeweils für die ständigen sowie für die Gesamteinwirkungen (ständige und veränderliche) unter Berücksichtigung der zeitlichen und lastabhängigen Nichtlinearität getrennt ermittelt werden. Die Zunahme der Beanspruchung aus nur veränderlichen Einwirkungen kann dann aus der Differenz ermittelt werden.

Für den Nachweis im Grenzzustand GZ 1B werden die berechneten Ringzugkräfte als Beanspruchung mit E bezeichnet.

Durch Multiplikation mit den Teilsicherheitsbeiwerten ergibt sich für die Einwirkungen aus ständigen und veränderlichen Lasten der Bemessungswert der Beanspruchungen E_d:

$$E_d = E_{G,k} \cdot \gamma_G + (E_{G+Q,k} - E_{G,k}) \cdot \gamma_Q \qquad \text{Gl. (10.17)}$$

Der Nachweis der Geokunststoffummantelung ist dann im Grenzzustand 1B unter Zugrundelegung der Bemessungszugfestigkeit zu erbringen, die als Bemessungswert eines Bauteilwiderstands als $R_{B,d}$ bezeichnet wird.

$$E_d \leq R_{B,d} \qquad \text{Gl. (10.18)}$$

Der Bemessungswiderstand der Geokunststoffummantelung $R_{B,d}$ wird hierbei nach Kapitel 2.2 unter Ansatz der entsprechenden Abminderungsfaktoren A_i bestimmt und für den vorliegenden Anwendungsfall wie folgt modifiziert:

$$R_{B,d} = \frac{R_{B,k,5\%} \cdot \eta_M}{\gamma_M} \qquad \text{Gl. (10.19)}$$

mit:

η_M Anpassungsfaktor zur Modifizierung des Sicherheitsniveaus im GZ 1B $\eta_M = 1{,}1$.

Falls die Ummantelung mittels einer Naht oder anderen Verbindungen gefertigt wird, ist eine entsprechende Abminderung der Festigkeit zu berücksichtigen.

Sofern größere zyklisch/dynamische Einwirkungen auf das Gründungssystem zu erwarten sind, sind diese nach Kapitel 10.6.6.2 zu berücksichtigen.

10.6.5 Nachweis der Gesamtstandsicherheit

Die Standsicherheit des Gesamtsystems ist für den Grenzzustand 1C nachzuweisen. Sofern Gleitlinien hierbei die geokunststoffummantelten Säulen und/oder die horizontale Geokunststoffbewehrung über den Säulenköpfen schneiden, dürfen die Standsicherheit erhöhende Widerstände dieser Elemente grundsätzlich in Ansatz gebracht werden. Soweit nicht besondere Untersuchungen vorliegen, wird beim Nachweis der Gesamtsicherheit im GZ 1C jedoch empfohlen, die Standsicherheit erhöhende Wirkung der Geokunststoffummantelung in Säulenlängsrichtung (axial bzw. vertikal) nicht anzusetzen.

Die horizontale Geokunststoffbewehrung ist hierbei mit dem Bemessungswiderstand entsprechend Kapitel 1.2 in das Berechnungsmodell einzuführen (zur Definition des charakteristischen Wertes und Bemessungswertes des Herausziehwiderstandes siehe Definition in Kapitel 2.2.4.11).

Die ummantelten Säulen führen zu einer Erhöhung des Scherwiderstandes entlang der Gleitlinie. Diese Erhöhung beruht auf der Spannungskonzentration über den Säulenköpfen und dem hohen Reibungswinkel der Säulenfüllung.

Zur Ermittlung der zu berücksichtigenden Widerstände sind folgende Hinweise zu beachten:

- Für die analytische Berechnung der Gesamtstandsicherheit (Geländebruch) können die in der Literatur (z. B. [1] und [2]) beschriebenen Verfahren für nicht ummantelte Säulengründungen verwendet werden, welche die erreichte Spannungskonzentration über der Säule und damit die Erhöhung der Scherfestigkeit durch mittlere Kennwerte, d. h. Ersatzwerte für Wichte, Kohäsion und Reibungswinkel, für einen homogenen Untergrund berücksichtigen. Neben einer Berechnung mit mittleren Scherparametern für den gesamten Untergrund können aber auch die in der Literatur [3] beschriebenen Ersatzparameter für die Säulenfüllung bestimmt werden.
- Die Ersatzscherparameter sind als Widerstände mit den entsprechenden Teilsicherheitsbeiwerten abzumindern.
- Die zeit- und belastungsabhängige Spannungskonzentration bzw. Lastumlagerung ergibt sich für zu untersuchende Zustände (Anfangszustände, Bauzustände, Endzustände) unter Zugrundelegung der Anforderungen an das Berechnungsmodell der Säulengründung nach Kapitel 10.6.4.1.
- Für die Untersuchung von Anfangs- und Bauzuständen (z. B. c_u-Analyse) sollte zur Bestimmung der Scherfestigkeitserhöhung nur die eingebrachte nichtbindige Säulenfüllung unter Ansatz des Flächenverhältnisses a_S angesetzt werden, sofern nicht besondere Untersuchungen zur Konsolidierung des Systems zum betrachteten Zeitpunkt vorliegen.
- Mit Zunahme der effektiven Spannungen in den Weichschichten infolge Konsolidation kann die ebenfalls steigende Lastumlagerung auf die Säulen durch entsprechende last- und zeitabhängige Erhöhung der Widerstände im Berechnungsmodell der Gesamtstandsicherheit erfasst werden.

10.6.6 Nachweis der Gebrauchstauglichkeit

10.6.6.1 Setzungsermittlung

Für die praktische Bemessung des Gründungsverfahrens und für die Prognose des Erfolgs ist die Größe der Nachsetzungen von ausschlaggebender Bedeutung. Die während der Bauzeit eintretenden Setzungen werden erfahrungsgemäß (z. B. im Zuge von Schüttungen) ausgeglichen, während Nachsetzungen zu einer Bauzeitverzögerung oder zu Schäden an der Überbauung führen können. Demzufolge hat der zeitliche Bauablauf einen erheblichen Einfluss auf die Gebrauchstauglichkeit.

Die Setzung einer Gründung mit geokunststoffummantelten Säulen kann unter Zugrundelegung des rotationssymmetrischen Berechnungsmodells nach Kapitel 10.6.4.1 berechnet werden. Die Setzungen des tragfähigen Untergrundes können in der Regel vernachlässigt werden.

Vereinfacht können hierbei zunächst die Last-Setzungs-Linie und die Endsetzung und anschließend, über eine getrennte Berechnung, der Konsolidationsverlauf bei

Ansatz der geokunststoffummantelten Säule als Vertikaldrän ermittelt werden. Die Nichtlinearität der Last-Setzungs-Linie ist hierbei zu berücksichtigen, d. h., die Setzung ist in Abhängigkeit von der jeweils auskonsolidierten Spannung zu ermitteln.

Beim Vorliegen von weichen bindigen und organischen bzw. organogenen Böden ist mit Sekundärsetzungen (Kriechsetzungen) zu rechnen. Kriechsetzungen können bei der Anwendung von geokunststoffummantelten Säulen, im Vergleich zum unverbesserten Baugrund, reduziert werden. Bislang sind keine allgemein anerkannten Berechnungsverfahren zum Kriechverhalten einer Gründung mit geokunststoffummantelten Säulen (einige Hinweise sind in [3] dargestellt) bekannt. Eine überschlägige Abschätzung kann in der Regel unter Zugrundelegung einer Reduktion der für unverbesserte Untergrundverhältnisse ermittelten Kriechsetzungsgrößen um ca. 50 % erfolgen. Sind hohe Kriechsetzungen zu erwarten, wird die Anwendung einer messtechnischen Überwachung und in Einzelfällen der Beobachtungsmethode nach DIN 1054 empfohlen.

10.6.6.2 Zyklisch-dynamische Einwirkungen

Beim Vorliegen von größeren zyklisch-dynamischen Einwirkungen (Verkehrslasten) auf das Gründungssystem werden erfahrungsgemäß höhere Setzungen im Vergleich zu statischen Lasten ausgelöst. Allgemein anerkannte Berechnungsverfahren sind in diesem Zusammenhang nicht bekannt. Daher wird eine temporäre Überschüttung des Gründungssystems mit höherem Lastniveau gegenüber der später zu erwartenden Verkehrsbelastung empfohlen.

Bei Systemen mit maßgebenden zyklisch-dynamischen Belastungen sowie bei Systemen der Geotechnischen Kategorie GK 3 nach DIN 1054 sollte grundsätzlich eine messtechnische Überwachung zur Absicherung der Verformungsprognosen oder in Einzelfällen auch die Beobachtungsmethode zur Anwendung kommen. Des Weiteren sind die Angaben und Empfehlungen nach Kapitel 12 zu beachten.

10.6.6.3 Gesamtverformungen

Im Allgemeinen ist die Verformungsprognose auf Basis des rotationssymmetrischen Modells der Einheitszelle (Ausschnitt aus einem als unendlich angenommenen Säulenfeld) als ausreichend zu bewerten, um die maximal zu erwartenden Setzungen abzuschätzen.

Sofern aber größere Belastungsunterschiede im Bereich der Gründung, besondere Anforderung an Setzungsdifferenzen oder größere horizontale Belastungen zu erwarten sind, können zusätzliche Verformungsbetrachtungen und Prognosen erforderlich werden.

Derzeit sind abgesicherte analytische Berechnungsverfahren für die Prognose der Gesamtverformungen, inklusive der horizontalen Verformungen, nicht bekannt. Eine überschlägige Abschätzung der zu erwartenden Horizontalverformungen kann anhand von Erfahrungswerten unter vergleichbaren Bedingungen vorgenommen werden.

Die Gesamtverformungen können näherungsweise durch numerische Verfahren ermittelt werden. Hierbei sind der Einbauvorgang und die Besonderheiten des angewendeten Herstellungsverfahrens sowie die in Kapitel 10.6.4.1 genannten Anforderungen zu berücksichtigen. Sofern hierbei ein zweidimensionales Berechnungsmodell verwendet wird, können die Säulen durch Scheiben unter Wahrung des Flächenverhältnisses a_S ersetzt werden. Das Verformungsverhalten der Gründung mit geokunststoffummantelten Säulen kann dann mit definierten Ersatzparametern für die Säulenfüllung näherungsweise erfasst werden. Weitere Angaben sind der Literatur [3] zu entnehmen.

Grundsätzlich kann für die Absicherung der Prognose eine messtechnische Überwachung oder in Einzelfällen die Beobachtungsmethode nach DIN 1054 zur Anwendung kommen.

10.7 Prüfkriterien, Toleranzen und Qualitätssicherung

Planung und Herstellung von Gründungssystemen mit geokunststoffummantelten Säulen bedingen entsprechende Prüfkriterien sowie spezielle Anforderungen hinsichtlich vertretbarer Toleranzen wie auch hinsichtlich der Qualitätssicherung.

Besonderes Augenmerk ist bei der Qualitätssicherung auf die Kontrolle des Erreichens des tragfähigen Baugrundes zu richten. Bei Anwendung des Aushubverfahrens kann dies in der Regel durch direkte Überprüfung des Aushubmaterials erfolgen. Bei Anwendung des Verdrängungsverfahrens muss durch die Aufzeichnung geeigneter Maschinenparameter sichergestellt werden, dass der tragfähige Untergrund erreicht ist. Ggf. muss die Anbindung an den tragfähigen Baugrund durch Einbringkriterien sichergestellt werden, die vor Ort, unter Berücksichtigung der jeweiligen Baugrundschichtung, aufgestellt und als Einbauanweisung verbindlich vorgegeben werden.

Bei frei hängenden Verrohrungen mit aufsitzendem Rüttler bedarf es zur Gewährleistung des ausreichend störungsfreien Absetzvorganges der besonderen Überwachung.

Zu jeder Säule ist ein Protokoll zu führen. In diesem Säulenprotokoll sind grundsätzlich mindestens die folgenden Angaben aufzunehmen, einzutragen, zu kontrollieren und zu dokumentieren:

- Säulenkennung und laufende Nummer der Herstellung,
- Herstellungsverfahren,
- Typ und maßgebende Daten des verwendeten Rüttlers,
- Herstellungszeit,
- Säulendurchmesser,
- Konfektionsdurchmesser der Geokunststoffummantelung,
- Art der Geokunststoffummantelung (Typ und Festigkeit),

- Kennzeichnung der Säulenfüllung,
- Absetztiefe,
- Höhe des Säulenkopfes,
- bei Anwendung des Aushubverfahrens:
  - Länge des verwendeten Stützrohres,
  - Angabe über den Aushub (u. a. tragfähiger Baugrund erreicht und kontrolliert),
- bei Anwendung des Verdrängungsverfahrens:
  - Länge des verwendeten Verdrängungsrohres bzw. Tiefenrüttlers,
  - Aufzeichnung der Maschinenparameter zum Nachweis des Erreichens des tragfähigen Baugrundes bzw. Bestätigung, dass das Einbringkriterium eingehalten wurde.

Daneben sind zur Gewährleistung der Wirksamkeit des Gründungsverfahrens im Einzelfall die folgenden Toleranzen bzw. Anforderungen bei der Gründungsherstellung einzuhalten.

Folgende Größen sind werkseitig zu überprüfen:

- Konfektionsdurchmesser der Geokunststoffummantelung:
  ±1 % von D_{geo} aber maximal ±1 cm,
- Einbaudurchmesser der Säule (Stütz- oder Verdrängungsrohr):
  ±0,5 % von $D_{Säule}$ aber maximal ±0,5 cm.

Folgende Größen sind stichprobenartig an mindestens drei Säulen, bzw. an mindestens 3 % aller Säulen, bauseits zu überprüfen:

- Aufsetzen bzw. Einbinden des Säulenfußes in den tragfähigen Baugrund,
- Einbindung des Säulenkopfes in die Überschüttung,
- Lagekoordinate der Säule: max. Abweichung von der planmäßigen Position 15 cm
  (bei voraussichtlicher Überschreitung dieses Wertes ist die verfahrensbedingte Abweichung in der Bemessung zu berücksichtigen),
- Lagerungsdichte der Säulenfüllung.

Neben den o. g. Toleranzen sind die Anforderungen an die Säulenfüllung und an die Geokunststoffummantelung (inkl. der Mindestanforderungen nach Kapitel 10.5) durch entsprechende Eignungs-, Eigenüberwachungs und Kontrollversuche zu überprüfen. Bei besonderen Anforderungen, z. B. Verformungsbeschränkungen, sind die o. g. Werte ggf. weiter einzuengen.

Bei besonderen verfahrensspezifischen Beanspruchungen der Ummantelung bei der Säulenherstellung ist der im Zuge der Bemessung gewählte Abminderungsfaktor A_2 für die Einbaubeschädigung im Rahmen der Qualitätssicherung (bzw. Eigenüberwachung/Kontrollprüfung) durch die Entnahme von entsprechenden Proben an Probesäulen zu überprüfen.

Unter Berücksichtigung der oben genannten Angaben ist vor der Herstellung ein an den Anwendungsfall angepasstes Qualitätssicherungsprogramm zu erstellen.

10.8 Literatur

[1] Priebe, H. (1976): Abschätzung des Setzungsverhaltens eines durch Stopfverdichtung verbesserten Baugrundes. Die Bautechnik 5, S. 160–162.

[2] Soyez, B. (1987): Bemessung von Stopfverdichtungen. Ingénieur des TPE Section des ouvrages en terre, Laboratoire Central des Ponts et Chaussées, Paris, ins Deutsche übertragen von H. Priebe, Baumaschine + Bautechnik BMT, S. 170–185.

[3] Raithel, M. (1999): Zum Trag- und Verformungsverhalten von geokunststoffummantelten Sandsäulen. Schriftenreihe Geotechnik, Heft 6, Universität Kassel.

[4] Raithel, M., Kempfert H.-G. (1999): Bemessung von geokunststoffummantelten Sandsäulen. Die Bautechnik, 76, Heft 12.

[5] Ghionna, V., Jamiolkowski, M. (1981): Colonne di ghiaia, X Ciclo di conferenze dedicate ai problemi di meccanica dei terreni e ingegneria delle fondazioni metodi di miglioramento dei terreni. Politecnico di Torino Ingegneria, atti dell'istituto di scienza delle costruzioni, n° 507, nov. 1981.

[6] Van Impe, W. (1986): Improving of the Bearing Capacity of Weak Hydraulic Fills by Means of Geotextile. Third International Conference on Geotextiles, Vienna.

10.9 Berechnungsbeispiel: Geokunststoffummantelte Säulen

10.9.1 Eingangswerte

Geokunststoffummantelte Säulen:

10 %-Raster
→ $a_S = A_S / A_E = 0{,}1$

$r_S = 0{,}4$ m

Verdrängungsverfahren

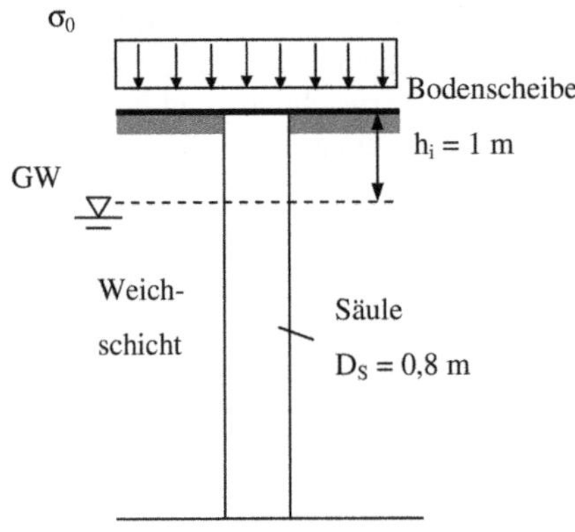

Ummantelung:

$J = 1.500$ kN/m

$r_{geo} = 0,4$ m (keine Aktivierungsaufweitung)

Weichschicht:

$h_{B,i} = 1,0$ m, d. h. es wird die oberste Bodenscheibe bis 1 m Tiefe unter GOK betrachtet.

Der Grundwasserstand liegt dabei unterhalb der betrachteten Scheibe.

$\varphi'_B = 15°$

$c'_B = 10 \text{ kN/m}^2$

$\gamma_B / \gamma'_B = 15/5 \text{ kN/m}^3$

$K_{0,B} = 1 - \sin\varphi'_B = 1 - \sin 15° = 0,741$

$K^*_{0,B} = 1,0$ bei Verdrängungsverfahren

$\nu_B = 0,4$

$$E_{s,B} = E_{s,B,ref} \cdot \left(\frac{p^*}{p_{ref}} \right) m$$

mit:

$p_{ref} = 100,0 \text{ kN/m}^2$

$E_{s,B,ref} = 750 \text{ kN/m}^2$

$m = 1$

Säulenmaterial:

$\varphi'_S = 32,5°$

$\gamma_S / \gamma'_S = 20/10 \text{ kN/m}^3$

$K_{a,S} = K_{agh} = 0,301$ für $\alpha = \beta = \delta_a = 0$

Belastung:

Einwirkungen in Säulenkopfebene:

$\sigma_0 = 100 \text{ kN/m}^2$

10.9.2 Berechnung

10.9.2.1 Ermittlung der Primärspannungen

in der Mitte der betrachteten Bodenscheibe:

$$\sigma_{ü,B} = 0,5 \cdot 1,0 \cdot 15 = 7,5 \text{ kN/m}^2$$

$$\sigma_{ü,S} = \gamma_S \cdot h = 0,5 \cdot 1,0 \cdot 19,0 = 9,5 \text{ kN/m}^2$$

10.9.2.2 Annahme des Lastumlagerungsfaktor E

hier: vorermittelt nach Abschluss der Iteration

E = 0,66

$$\sigma_{v,B} = \frac{\sigma_0 - E \cdot \sigma_0}{(1 - a_S)} = \frac{100 - 0,66 \cdot 100}{(1 - 0,1)} = 37,8 \text{ kN/m}^2$$

10.9.2.3 Ermittlung der Steifigkeitsparameter

$$p^* = \frac{p_2 - p_1}{\ln(p_2/p_1)}$$

mit:

$$p_1 = \sigma_{ü,B} = 7,5 \text{ kN/m}^2$$

$$p_2 = \sigma_{v,B} + \sigma_{ü,B} = 37,8 + 7,5 = 45,3 \text{ kN/m}^2$$

$$p^* = \frac{37,8}{\ln(45,3/7,5)} = 21,0 \text{ kN/m}^2$$

$$p^* + c'_B \cdot \cot \varphi'_B = 21,0 + 10 \cdot \cot\ 15° = 58,3 \text{ kN/m}^2$$

$$E_{s,B} = E_{s,B,ref} \cdot \left(\frac{p^* + c'_B \cdot \cot \varphi'_B}{p_{ref}} \right) m = 750 \cdot \left(\frac{58,3}{100} \right) 1,0 = 437 \text{ kN/m}^2$$

$$E^* = \left(\frac{1}{1 - \nu_B} + \frac{1}{1 + \nu_B} \cdot \frac{1}{a_S} \right) \cdot \frac{(1 + \nu_B) \cdot (1 - 2\,\nu_B)}{(1 - \nu_B)} \cdot E_{s,B}$$

$$= \left(\frac{1}{1 - 0,4} + \frac{1}{1 + 0,4} \cdot \frac{1}{0,1} \right) \cdot \frac{(1 + 0,4) \cdot (1 - 2 \cdot 0,4)}{(1 - 0,4)} \cdot 437 = 1.797 \text{ kN/m}^2$$

10.9.2.4 Verformung am Säulenrand

$$\Delta r_S = \frac{K_{a,S} \cdot \left(\frac{1}{a_S} \cdot \sigma_0 - \frac{1-a_S}{a_S} \cdot \sigma_{v,B} + \sigma_{ü,S} \right) - K_{0,B} \cdot \sigma_{v,B} - K_{0,B}{}^* \cdot \sigma_{ü,B} + \frac{(r_{geo} - r_S) \cdot J}{r_{geo}^2}}{\frac{E^*}{(1/a_S - 1) \cdot r_S} + \frac{J}{r_{geo}^2}}$$

$$= \frac{0{,}301 \cdot \left(\frac{1}{0{,}1} \cdot 100{,}0 - \frac{1-0{,}1}{0{,}1} \cdot 37{,}8 + 9{,}5 \right) - 0{,}741 \cdot 37{,}8 - 1{,}0 \cdot 7{,}5 + 0}{\frac{1.797}{(1/0{,}1-1) \cdot 0{,}4} + \frac{1.500}{0{,}4^2}}$$

$$= 0{,}0168 \text{ m}$$

10.9.2.5 Setzungsermittlung

$s_B = s_S$

$$\left\{ \frac{\sigma_{v,B}}{E_{s,B}} - \frac{2}{E^*} \cdot \frac{\nu_B}{1-\nu_B} \left[\begin{array}{l} K_{a,S} \cdot \left(\frac{1}{a_S} \cdot \sigma_0 - \frac{1-a_S}{a_S} \cdot \sigma_{v,B} + \sigma_{ü,S} \right) - \\ K_{0,B} \cdot \sigma_{v,B} - K_{0,B}{}^* \cdot \sigma_{ü,B} + \frac{(r_{geo} - r_S) \cdot J}{r_{geo}^2} - \frac{\Delta r_S \cdot J}{r_{geo}^2} \end{array} \right] \right\} \cdot h$$

$$= \left[1 - \frac{r_S{}^2}{(r_S + \Delta r_S)^2} \right] \cdot h$$

$$\left\{ \frac{37{,}8}{437} - \frac{2}{1797} \cdot \frac{0{,}4}{1-0{,}4} \left[\begin{array}{l} 0{,}301 \cdot \left(\frac{1}{0{,}1} \cdot 100{,}0 - \frac{1-0{,}1}{0{,}1} \cdot 37{,}8 + 9{,}5 \right) - \\ 0{,}741 \cdot 37{,}8 - 1{,}0 \cdot 7{,}5 + 0 - \frac{0{,}0168 \cdot 1.500}{0{,}4^2} \end{array} \right] \right\} \cdot 1{,}0$$

$$= \left[1 - \frac{0{,}4^2}{(0{,}4 + 0{,}0168)^2} \right] \cdot 1{,}0$$

$$\underline{\underline{0{,}080 \text{ m} \approx 0{,}079 \text{ m}}}$$

(Setzungsgleichheit bei Berechnungsgenauigkeit von 1 mm gegeben. Wenn nicht erfüllt, dann Berechnung mit anderem Lastumlagerungsfaktor wiederholen, bis Iteration abgeschlossen.)

Anmerkung: Diese Setzung entspricht nur der Setzung der betrachteten Bodenscheibe, die Gesamtsetzung des Systems ergibt sich aus der Addition der jeweiligen Setzungen der einzelnen Bodenscheiben.

10.9.2.6 Ringzugkraftberechnung

$$F_r = J \cdot \frac{\Delta r_{geo}}{r_{geo}} = J \cdot \frac{\Delta r_S - (r_{geo} - r_S)}{r_{geo}} = 1{,}500 \cdot \frac{0{,}0168}{0{,}40} = 63 \text{ kN/m}$$

Anmerkung: Der Maximalwert der Ringzugkraft aller jeweils betrachteten Bodenscheiben ist für die Bemessung maßgebend!

11 Überbrückung von Erdeinbrüchen

11.1 Allgemeines

Erdeinbrüche sind **kraterförmige Einsenkungen** an der Erdoberfläche, die meist schlagartig auftreten. Sie entstehen durch den Einsturz unterirdischer Hohlräume, die sich im Laufe der Zeit immer weiter nach oben entwickeln, bis sie schließlich bis zur Erdoberfläche durchbrechen. Nach der Art, wie die Hohlräume entstanden sind, wird zwischen Erdfällen, Tagesbrüchen, Pingen und Schachtverbrüchen unterschieden.

Bei den **Erdfällen**, auch Dolinen genannt, sind die Hohlräume durch natürliche Lösungs- und Subrosionsvorgänge von lösungs- oder erosionsempfindlichen Gesteinen entstanden (siehe Bild 11.1).

Tagesbrüche und **Pingen** bilden sich durch den Hochbruch untertägiger, unzureichend verwahrter Bergwerksanlagen, wie Strecken, Stollen und Kammern. Tagesbrüche weisen im Unterschied zu Pingen einen auf wenige Meter begrenzten Einbruchdurchmesser auf.

Schachtverbrüche entstehen durch ein meist schlagartiges Abgehen von Versatz- oder Verbruchmassen in Schächten oder von Abbühnungen und überlagernden Verfüllmassen im Kopfbereich von Schächten.

Anmerkung: *Neben den hier beschriebenen kraterförmigen Einsenkungen sind auch spaltenförmige Erdeinbrüche und Erdversätze bekannt (z. B. Hangzerreißungsspalten oder Erdstufen). Die Überbrückung solcher Einsenkungen mit Geokunststoffen wird hier nicht behandelt.*

Das Erkennen der generellen **Einbruchgefahr** für ein regionales Gebiet, das **Einschätzen des Gefährdungsgrades**, das Abgrenzen des **einbruchgefährdeten Bereiches** sowie die Angabe von **Art, Form und Abmessungen** der potenziellen Erdeinbrüche erfolgt in der Regel durch Geologische Landesämter, Bergämter und örtliche Baugrundinstitute. Diese sollten diesbezüglich über langjährige Erfahrungen und statistisch abgesicherte Kenntnisse verfügen. Vorgenannte Angaben sind unverzichtbare Eingangsgrößen für den Entwurf und die Berechnung von Überbrückungskonstruktionen mit Geokunststoffen. Die Ausbildung

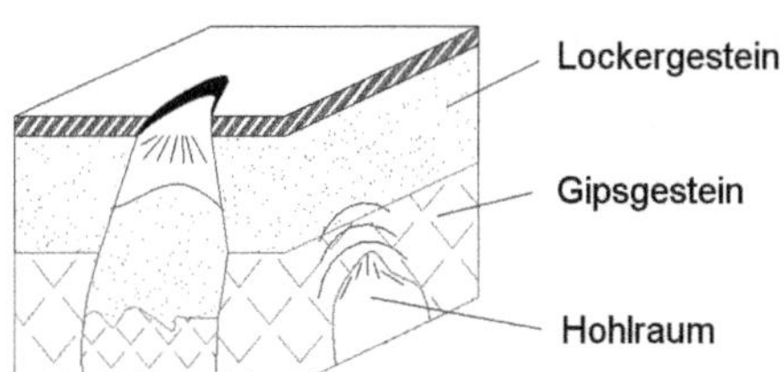

Bild 11.1 Entstehung eines Erdfalls

Empfehlungen für den Entwurf und die Berechnung von Erdkörpern mit Bewehrungen aus Geokunststoffen (EBGEO). 2. Auflage. Deutsche Gesellschaft für Geotechnik e. V.

ISBN: 978-3-433-02950-3

des Bruchschlotes über bergbauinduzierten Hohlräumen kann in Abhängigkeit von den Baugrundeigenschaften prognostiziert, mindestens jedoch eingeschätzt werden. Auf die Arbeiten von FENK (z. B. [1]) wird verwiesen.

Müssen beim Neubau von Verkehrswegen **einbruchgefährdete Gebiete** gequert werden, so ist eine **präventive Sicherung** erforderlich. Da eine vollständige Verwahrung der unterirdischen Hohlräume meist nicht sinnvoll ist, besteht diese in der Regel aus Überbrückungskonstruktionen, die den Verkehrsweg über die gesamte Länge der einbruchgefährdeten Gebiete hinwegführen. Als solche kommen in Betracht:

- brückenartige Stahlbetonkonstruktionen über oder auf dem Gelände,
- Stahlbetonplatten unter- oder innerhalb des Oberbaus des Verkehrsweges,
- geokunststoffbewehrte Erdkörperkonstruktionen unter dem Unterbau des Verkehrsweges.

Tritt an einem bestehenden Verkehrsweg ein **lokal begrenzter Erdeinbruch** auf, so sind folgende Sicherungsvarianten bekannt, die häufig auch in kombinierter Form zur Anwendung kommen:

- Verwahren des unterirdischen Hohlraums,
- Verfüllen des Einbruchkraters,
- Verplomben des oberen Randes des Einbruchkraters,
- Überbrücken des Erdeinbruchs mittels einer Stahlbetonkonstruktion (Brücke, Platte),
- Überbrücken des Erdeinbruchs mittels geokunststoffbewehrter Erdkörper.

Alle vorgenannten Sicherungsvarianten können durch **Mess- und Warnanlagen** ergänzt werden, mit denen ein Erdeinbruch während der gesamten Nutzungsdauer des Bauwerks zu jedem beliebigen Zeitpunkt lokalisiert werden kann.

11.2 Entwurf

11.2.1 Grundsätze und Begriffe

Hinsichtlich des Umfangs der Sicherungsmaßnahmen sind zwei Sicherungsprinzipien zu unterscheiden:

- Das Prinzip der **Vollsicherung** geht davon aus, dass während der gesamten **Nutzungsdauer t_b** (t_b = Funktionszeit = Betriebsdauer) des Verkehrsbauwerkes die Standsicherheit gewährleistet ist und im Falle von Erdeinbrüchen im Untergrund keine Nutzungseinschränkungen am Verkehrsweg auftreten. Die an der Fahrbahnoberfläche zugelassenen Einsenkungen sind dementsprechend nur sehr gering. Eine Sanierung des Verkehrsweges infolge von Erdeinbrüchen ist nicht eingeplant. Ist die Verwendung von Geokunststoffen vorgesehen, so stellen diese in der Regel nicht das alleinige Sicherungselement dar; meist werden sie mit anderen Sicherungselementen kombiniert, wie z. B. einer Verfestigung der überlagernden Bodenschichten.

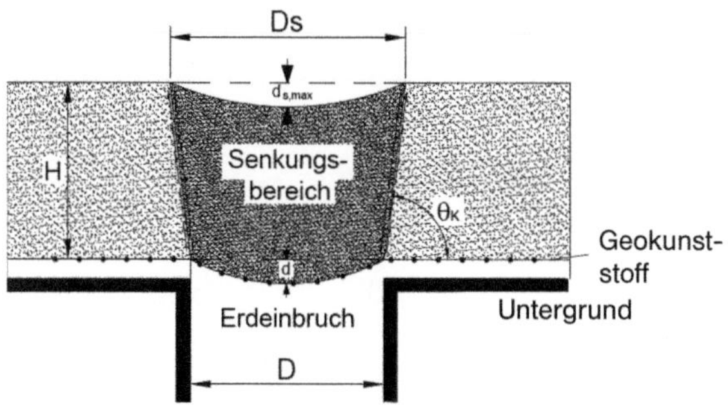

Bild 11.2 Bezeichnungen

- Das Prinzip der **Teilsicherung** geht davon aus, dass an der Fahrbahnoberfläche eine lokale Einsenkung zugelassen wird, die allerdings innerhalb einer vorzugebenden **Beanspruchungsdauer t_d** (t_d = Mindestbelastungszeit) einen festzulegenden Grenzwert für die Maximaleinsenkung $d_{s,max}$ bzw. für das Verhältnis $d_{s,max} / D_S$ ($d_{s,max}$ = Maximaleinsenkung; D_S = Durchmesser der Einsenkungsmulde) nicht überschreiten darf (Bezeichnungen: siehe (Bild 11.2). Der Einsenkungsgrenzwert ist auf die Art des Fahrzeugs und der Verkehrsbelastung abzustimmen. Die Beanspruchungsdauer ist projektbezogen so zu wählen, dass in dieser Zeit die Fahrbahneinsenkung oder der im Untergrund aufgetretene Erdeinbruch mit den installierten Messeinrichtungen oder in Folge regelmäßiger Bauwerkskontrollen mit Sicherheit erkannt wird. Sie beträgt im Straßenbau wenige Wochen. Unmittelbar nach dem Erkennen einer Einsenkung werden planmäßig Maßnahmen zur Verkehrssicherung und zur Sanierung des Einbruchbereiches eingeleitet. Das Prinzip der Teilsicherung begünstigt den Einsatz von Geokunststoffen.

Für Überbrückungskonstruktionen mit Geokunststoffen werden in der Regel hochzugfeste und kriecharme Geogitter, Geogewebe oder Verbundstoffe verwendet, deren tragende Kunststoffelemente (Bänder, Stränge, Fasern) orthogonal zueinander angeordnet sind.

Geokunststoffe werden meist in parallelen und überlappenden Bahnen zu einer **Geokunststofflage** verlegt. Müssen hohe Zugkräfte aufgenommen werden, so ist auch eine **doppelte Verlegung** möglich. Die Geokunststofflage besteht dann aus zwei unmittelbar übereinander liegenden Bahnen, die in Querrichtung ebenfalls mit Überlappung verlegt sind.

Die **Geokunststoffbewehrung** besteht aus mindestens einer Geokunststofflage (**einlagige Bauweise**). Bei **zwei- oder mehrlagiger Bauweise** können die Lagen **gleichgerichtet** oder **kreuzweise** verlegt werden. In Bild 11.3 ist beispielhaft auf der rechten Bildhälfte eine einlagige, nur in Längsrichtung verlegte Geokunststoffbewehrung und auf der linken Bildhälfte eine zweilagige, in Längs- und Querrichtung verlegte Geokunststoffbewehrung dargestellt.

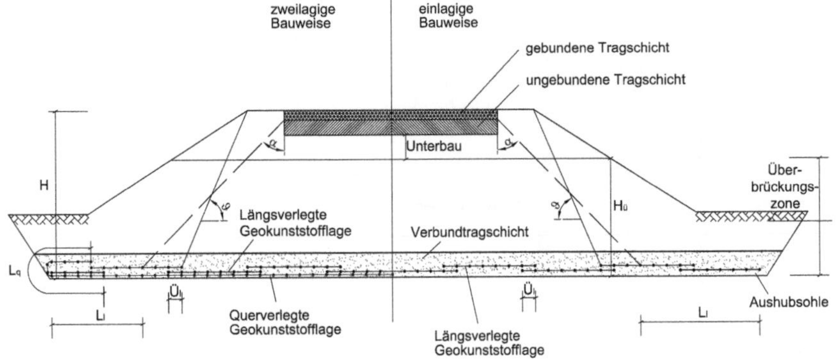

Bild 11.3 Zwei Beispiele von Geokunststoffbewehrungen

Auch bei der Geokunststoffbewehrung sind isotrope und anisotrope Verhältnisse zu unterscheiden. Eine **isotrope Geokunststoffbewehrung** wird z. B. bei folgenden Bauweisen vorausgesetzt:

- einlagige Bewehrung, bestehend aus einem isotropen Geokunststoff (J_L gleich J_Q),
- zweilagige Bewehrung, bestehend aus zwei gleichen anisotropen Geokunststoffen (J_L ungleich J_Q), kreuzweise verlegt.

Eine **anisotrope Geokunststoffbewehrung** wird z. B. bei folgenden Bauweisen vorausgesetzt:

- einlagige Bewehrung, bestehend aus einem anisotropen Geokunststoff (J_L ungleich J_Q),
- zweilagige Bewehrung, bestehend aus zwei anisotropen Geokunststoffen (J_L ungleich J_Q), gleichgerichtet verlegt.

Eine extrem anisotrope Geokunststoffbewehrung wird dann als gegeben vorausgesetzt, wenn die Dehnsteifigkeit in Produktionsrichtung (J_L) mindestens 10-mal größer ist als diejenige in Querrichtung (J_Q) und die Grenzdehnung in der Querrichtung mindestens doppelt so groß ist wie die Grenzdehnung in der Produktionsrichtung.

Die Geokunststoffbewehrung wird innerhalb eines Erdkörpers verlegt, der **Verbundtragschicht** genannt wird. Die Verbundtragschicht wird nach Aushub einer Baugrube und nach Stabilisierung der **Aushubsohle** auf den anstehenden **Untergrund** eingebaut. Die Aushubsohle befindet sich in konstruktiv erforderlicher Tiefe unter dem Gelände (siehe z. B. Bild 11.3).

Die Verbundtragschicht ist Teil der **Überbrückungszone**. Die Höhe der Überbrückungszone ist vom gewählten Tragwerksmodell abhängig und kann die Höhe der Verbundtragschicht überschreiten. Der Bereich oberhalb der Überbrückungszone entspricht dem Unterbau des jeweiligen Verkehrsträgers.

Die Geokunststoffbewehrung ist sowohl in Längsrichtung als auch in Querrichtung des Verkehrsweges ausreichend zu **verankern**. In Längsrichtung muss hierzu die Geokunststoffbewehrung bis außerhalb des einbruchgefährdeten Bereiches verlegt werden. In Querrichtung ist die Geokunststoffbewehrung soweit seitlich herauszuführen, dass die Verankerung zwar noch innerhalb des einbruchgefährdeten Bereiches, aber außerhalb jenes Bereiches liegt, der Auswirkungen auf den Verkehrsweg haben könnte (siehe Kapitel 11.2.2.2). Die Verankerung wird meist als **ebene Verankerung** (siehe z. B. Bild 11.3, rechte Bildhälfte) ausgeführt; zur Verringerung der seitlichen Aushubbreite sind auch **Umschlagverankerungen** gebräuchlich (siehe z. B. Bild 11.3, linke Bildhälfte). **Verankerungslängen** in Längsrichtung des Verkehrsweges werden mit L_L bezeichnet. In Querrichtung werden die Verankerungslängen von längsverlegten Geokunststofflagen mit L_l und solche von querverlegten Geokunststofflagen mit L_q bezeichnet (siehe z. B. Bild 11.3).

Die längsverlegten Geokunststofflagen sind in Querrichtung des Verkehrsweges und – bei größeren Bahnlängen – auch in Längsrichtung des Verkehrsweges mit **Überlappung** herzustellen. Die querverlegten Geokunststofflagen werden in der Regel nur in Längsrichtung des Verkehrsweges überlappt. Bei den längsverlegten Geokunststofflagen wird die **Überlappungslänge** in Längsrichtung des Verkehrsweges mit $Ü_L$ und diejenige in Querrichtung des Verkehrsweges mit $Ü_l$ bezeichnet. Bei den querverlegten Geokunststofflagen wird die Überlappungslänge in Längsrichtung des Verkehrsweges mit $Ü_Q$ gekennzeichnet (siehe z. B. Bild 11.3).

11.2.2 Hinweise für den Entwurf

Der Entwurf besteht aus den erforderlichen Plänen, allen Standsicherheitsnachweisen und einem Erläuterungsbericht mit einem Qualitätssicherungsplan. Im Erläuterungsbericht sollen die geotechnische und bautechnische Situation und die Anforderungen an das Bauwerk und die Bauausführung erläutert werden. Das Tragwerk wird gewählt. Das System und die Lastannahmen sind darzustellen. Zur Frage von Mess- und Warnanlagen ist Stellung zu nehmen.

11.2.2.1 Erläuterungsbericht

Der Erläuterungsbericht soll folgende Punkte enthalten:

1. Ergebnisse der geotechnischen, historischen und bautechnischen Erkundung mit Angaben
   - zu Ursache, Form und Größe des zu überbrückenden Erdeinbruches,
   - zu den wirksamen Bruch auslösenden Einflüssen (geogen, anthropogen),
   - zu den Baugrundeigenschaften der Überbrückungskonstruktion.

   Diese Angaben sind in der Regel dem geotechnischen Gutachten zu entnehmen.

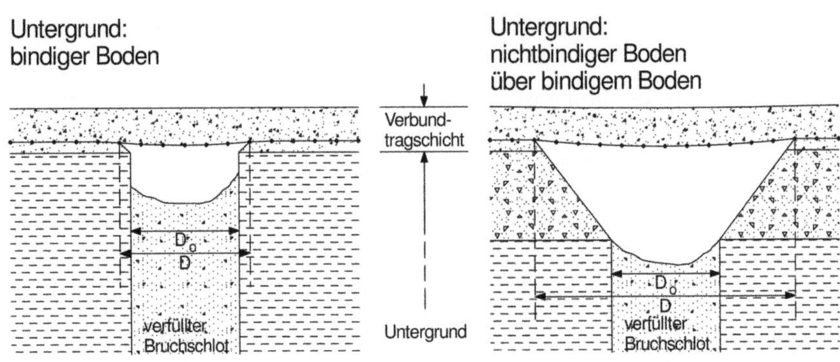

Bild 11.4 Zwei Beispiele für Kraterrandausbildungen

2. Angaben zu
   - den Abmessungen des maßgebenden Erdeinbruches im Grundriss,
   - der Form des Erdeinbruches im Schnitt,
   - den geotechnischen Eigenschaften des Auflagers (Baugrund) im Randbereich des Erdeinbruches.

   Aus den Erkenntnissen (Ziffer 1) ist ein geometrisches Modell des Erdeinbruchs für den Entwurf des Überbrückungsbauwerkes zu entwickeln. Hierbei ist auch die Form des Kraterrandes anzugeben. Zwei Beispiele für Kraterrandausbildungen zeigt Bild 11.4. Aus dem geotechnischen Gutachten kann im Regelfall der Wert für D_0 entnommen werden. Der Wert für den Bemessungsdurchmesser D ist vom Entwurfsverfasser festzulegen. Hinweise hierzu finden sich in [1], [2].

3. Angaben
   - zu den Anforderungen an das Bauwerk im Hinblick auf erforderliche Bauwerkssicherheit (Versagenswahrscheinlichkeit),
   - zur Gebrauchstauglichkeit,
   - zur geforderten Gebrauchsdauer (Voll- oder Teilsicherung, siehe Kapitel 11.2.1).

4. Entwicklung des Tragwerksmodells
   Aus den Anforderungen (Ziffer 3) ist das Überbrückungsbauwerk unter Beachtung der Auflagerbedingungen auf dem Baugrund (Ziffer 2) im Zusammenhang mit dem gewählten Tragwerksmodell für den Standsicherheitsnachweis zu entwerfen (siehe Kapitel 11.2.6).

5. Überwachung des fertig gestellten Bauwerks
   Zur Beurteilung der Sicherheit und Gebrauchstauglichkeit des Überbrückungsbauwerkes sind Maßnahmen zur Überwachung vorzusehen (siehe Kapitel 11.4).

Die Erfassung, Registrierung und Auswertung von Messdaten im und unter dem Überbrückungsbauwerk bildet die Grundlage für ggf. zusätzlich erforderliche Maßnahmen.

6. Planung von Sicherungs- und Sanierungsmaßnahmen nach Eintritt eines Erdeinbruches
   Gemäß dem Vorgehen bei der Beobachtungsmethode (DIN 1054) sind im Falle eines Erdeinbruchs planmäßig Sicherungsmaßnahmen (z. B. Sperrung des Verkehrsweges) und Sanierungsmaßnahmen (z. B. Verfüllung des erkannten Erdeinbruches) durchzuführen (siehe Kapitel 11.4).

11.2.2.2 Ermittlung der Breite des zu sichernden Bereiches

Die Aushubsohle, auf der die Verbundtragschicht aufgebracht wird, muss in konstruktiv erforderlicher Tiefe angeordnet werden. Wenn sich der Verkehrsweg in Dammlage befindet, sollte die Geokunststoffbewehrung in oder unter der Dammaufstandsfläche angeordnet werden. Bei Verkehrswegen in geländegleicher Lage und im Einschnittbereich ergibt sich die erforderliche Aushubtiefe aus dem gewählten Tragwerksmodell.

Die Verbundtragschicht erstreckt sich unter dem Verkehrsweg über eine **Verlegebreite B_{ges}**, die sich aus den **Einwirkungsbreiten B** und aus den Verankerungslängen der Geokunststoffbewehrung L_l auf beiden Seiten des Verkehrsweges ergibt (siehe Bild 11.5):

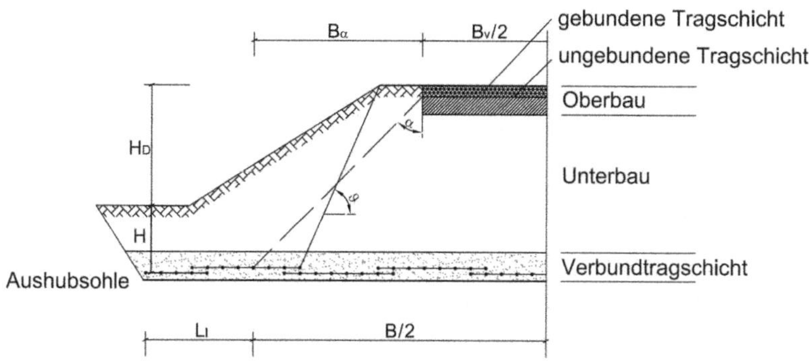

Legende

L_l	Verankerungslänge in Querrichtung
H	Überlagerungshöhe
H_D	Dammhöhe
B/2	Einwirkungsbreite (Hälfte)
$B_V/2$	Breite Verkehrsweg (Hälfte)
B_α	Breite der Lastausbreitung
α	Lastausbreitungswinkel
ϑ	$45 + \varphi / 2$

Bild 11.5 Anordnung der Verbundtragschicht am Beispiel eines Straßendammes

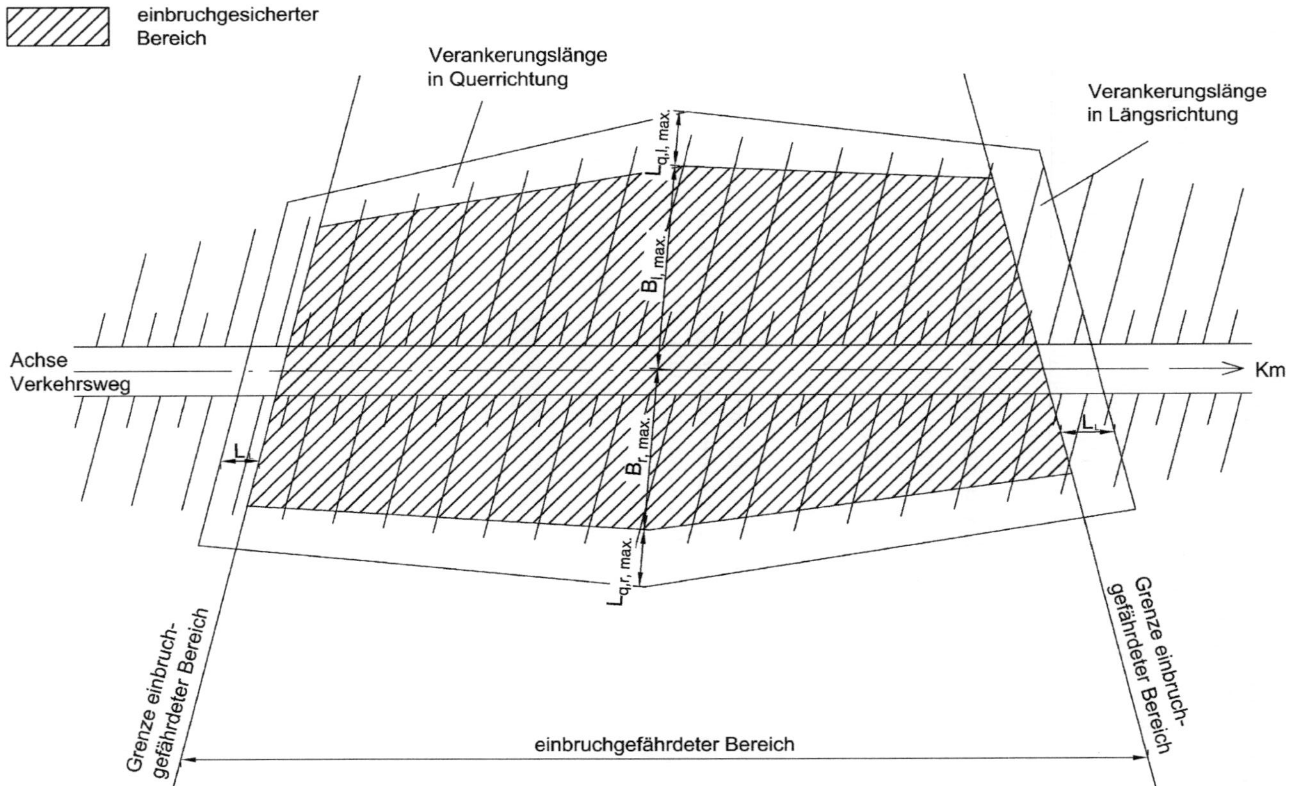

Bild 11.6 Beispiel einer zweilagigen Einbruchsicherung unter einem Damm quer durch eine Talaue im Grundriss

$$B_{ges} = B + L_1 + 2\,.$$ Gl. (11.1)

Die gegen Einbruch zu sichernde Breite B ergibt sich hierbei aus:

$$B = B_V + 2 \cdot B_\alpha = B_V + 2 \cdot (H_D + H) \cdot \tan\alpha\,,$$ Gl. (11.2)

wobei für die **seitliche Lastausbreitung B_α** je nach Bodenart ein Ausbreitungswinkel von $45^\circ < \alpha < 60^\circ$ und ein Ansatzpunkt zwischen ungebundener und gebundener Tragschicht (Straßenbau) bzw. zwischen ungebundener Tragschicht und Gleisschotterschicht (Eisenbahnbau) gewählt wird. Bei Dammlage (siehe Bild 11.5) muss der Endpunkt der seitlichen Lastausbreitungslinie außerhalb der fiktiven Gleitlinie liegen, die unter einer Neigung von $\vartheta = 45^\circ + \varphi/2$ durch die obere Böschungskante hindurchgeht.

Bild 11.6 zeigt beispielhaft die Einbruchsicherung unter einem Damm im Grundriss. Die Verlegebreite ergibt sich hier aus der Breite des einbruchgesicherten Bereiches und aus den Verankerungslängen in Querrichtung.

Für den Fall, dass die Geokunststoffbewehrung aus einem längsverlegten, extrem anisotropen Geokunststoff besteht, wird die Verlegebreite konstruktiv vergrößert (siehe Tabelle 11.4).

Zur Gewährleistung des horizontalen Kraftschlusses parallel verlegter Geokunststoffbahnen ist der Nachweis einer ausreichenden Überlappungsbreite bzw. -länge in Querrichtung und evtl. auch in Längsrichtung zu führen (siehe Kapitel 11.3.2.6). Quer zur Ausrollrichtung ist in Abhängigkeit vom statischen Modell konstruktiv eine minimale Überlappungslänge von 50 cm einzuhalten. Bei Überlappungen längs der Ausrollrichtung und längs der Trassenführung ($Ü_L$) ist die Überlappungslänge generell für den jeweiligen Anwendungsfall nachzuweisen. Bei parallel verlegten Geokunststoffbahnen sind die Überlappungen versetzt anzuordnen.

Für Oberbaukonstruktionen sind Bauweisen besonders geeignet, mit denen unvermeidbare Deformationen der Überbrückungskonstruktion kompensiert werden können (z. B. bituminöser Oberbau bei Straßen, Schotteroberbau bei Schienen).

11.2.3 Baugrund und Baustoffe

11.2.3.1 Aushubsohle

Die Aushubsohle muss zur Gewährleistung des Baustellenverkehrs eine ausreichende Tragfähigkeit aufweisen und die geforderte Verdichtung der Verbundtragschicht (siehe Kapitel 11.2.3.2) ermöglichen sowie die Lasten aus dem Überbrückungsbauwerk aufnehmen können (siehe Kapitel 11.5).

11.2.3.2 Baustoffe der Verbundtragschicht

Die Baustoffe der Verbundtragschicht sind Füllboden und Geokunststoffe.

Als Füllboden kommen Materialien gemäß Kapitel 2.1.2 sowie mit Bindemitteln verbesserte und verfestigte Böden und Mineralstoffe in Betracht. Die Verdichtung dieser Füllböden muss den aus der Tragwerksplanung entwickelten Anforderungen entsprechen. Mindestanforderungen ergeben sich aus den Regelwerken der Verkehrsträger (z. B. ZTVT-StB, RIL 836).

11.2.3.3 Geokunststoffbewehrung

Vor Eintritt eines Erdeinbruchs ist die Bewehrung voraussetzungsgemäß nicht auf Zug beansprucht. Nach Eintritt des Erdeinbruchs muss die Bewehrung im Zusammenwirken mit dem Füllboden den Bruch des Bauwerks verhindern und die eingetretene Oberflächenverformung bis zu einem vorgegebenen Wert begrenzen. Beide Forderungen müssen für einen vorgegebenen Zeitraum (Beanspruchungsdauer t_d für Teilsicherung, Nutzungsdauer t_b für Vollsicherung) erfüllt werden.

Für die Bemessung und Produktauswahl werden für die zu verwendenden Geokunststoffe die in Kapitel 2.2 bzw. 3 aufgeführten Angaben benötigt.

11.2.3.4 Baustoffe der Überbrückungszone

Die Eigenschaften der Baustoffe der Überbrückungszone richten sich nach dem gewählten Tragwerksmodell (siehe Kapitel 11.2.6). Soll die Überbrückungszone Zugfestigkeitseigenschaften aufweisen, so wird diese häufig aus bindemittelverfestigten Böden hergestellt. Werden andere Böden verwendet, so müssen diese mindestens die Schereigenschaften der Verbundtragschicht aufweisen.

11.2.3.5 Unterbau

Der Unterbau über der Überbrückungszone wird nach den Vorschriften der jeweiligen Verkehrsträger hergestellt.

11.2.4 Lastannahmen und Lastfälle

Die Bemessungsansätze sind in Bezug auf DIN 1054 zu definieren, insbesondere hinsichtlich der Einwirkungskombinationen (EK), Sicherheitsklassen (SK) und Lastfälle.

Die charakteristischen Werte der Verkehrslasten sind nach DIN Fachbericht 101 [13] festzulegen.

11.2.5 Zulässige Verformungen

Die zulässigen Verformungen an der Fahrbahnoberfläche des Verkehrsweges richten sich nach den projektspezifischen Anforderungen des Verkehrsträgers und sind fallweise festzulegen.

Für Straßen wurden beispielsweise folgende Kriterien verwendet:

- Autobahnen, Bundesstraßen und vergleichbare Strecken, außerorts:
  $0{,}01 \leq d_s / D_s \leq 0{,}017$,
- Bundesstraßen und vergleichbar belastete Strecken innerorts und andere Straßen außerorts:
  $0{,}017 \leq d_s / D_s \leq 0{,}025$,
- andere Straßen innerorts und Verkehrsflächen (z. B. Parkplätze, Zufahrten, Rettungswege)
  $0{,}025 \leq d_s / D_s \leq 0{,}07$

mit:

d_s max. Einsenkung der Fahrbahnoberkante,
D_s max. Durchmesser der Einsenkungsmulde an der Fahrbahnoberfläche.

Bei Schienenwegen mit Schottergleis auf Strecken mit einer zulässigen Maximalgeschwindigkeit von 200 km/h kann für Vorentwürfe von Teilsicherungen von folgenden Werten ausgegangen werden:

- $d_s / D_s \leq 0{,}002$ und
- $d_s \leq 1$ cm.

Für Entwürfe und Ausführungen werden im Übrigen die erforderlichen Angaben im Rahmen des Genehmigungsverfahrens vorgegeben.

Wahl, Art und Anordnung von ergänzenden Mess- und Warneinrichtungen zur frühzeitigen Erkennung und Sperrung des Verkehrsweges sind auf das gewählte Tragwerksmodell und die Projektrandbedingungen abzustimmen.

11.2.6 Tragwerksmodelle

Innerhalb der Überbrückungszone soll sich bei einem Erdeinbruch ein Tragwerk ausbilden. Die Art und Form des Tragwerkes wird u. a. durch folgende Merkmale bestimmt:

- Öffnungsweite und Form des Erdeinbruches,
- Dehnsteifigkeit der Geokunststoffbewehrung,
- Scherfestigkeit und Steifigkeit der Böden/Mineralstoffe der Überbrückungszone,
- Systemsteifigkeit des Überbrückungsbauwerkes,
- Auflagerbedingungen des Tragwerkes (Steifigkeit und Scherfestigkeit des Auflagers).

Die Tragwerksbildung über dem Erdeinbruch hängt von den Baustoffeigenschaften der Geokunststoffbewehrung und des Erdkörpers in der Überbrückungszone, von der Anordnung der Bewehrungslagen und vom Verhältnis H/D (Höhe der Überbrückungszone und des ggf. darüber befindlichen Erdkörpers zum Bemessungsdurchmesser) ab.

Einbruch-Modell	
ohne Seitenreaktion	**mit Seitenreaktion**
nichtbindiger Boden vollständiger Bruch volle Auflast auf Membran H / D < 1	nichtbindiger Boden vollständiger Bruch teilweise Lastabtrag über Seitenreaktion reduzierte Auflast auf Membran 1 < H / D < 3
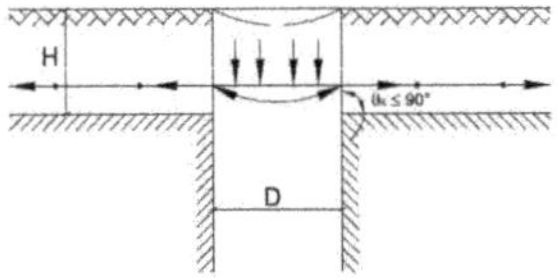	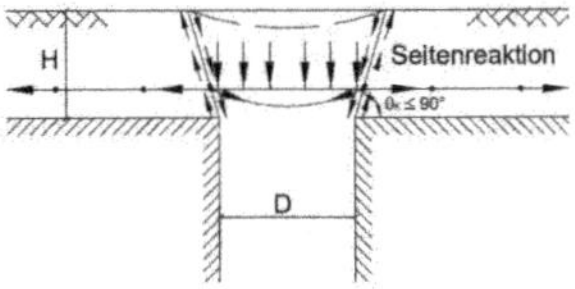
Bild 1a)	Bild 1b)

Gewölbemodell	
zeitabhängig begrenzte Auflast	**dauerhaft begrenzte Auflast**
nichtbindiger Boden mit hoher Lagerungsdichte zeitlich verzögerter Hochbruch zeitabhängig begrenzte Auflast auf Membran H / D > 3	verfestigter Boden dauerhaft begrenzter Hochbruch dauerhaft begrenzte Auflast auf Membran H / D beliebig
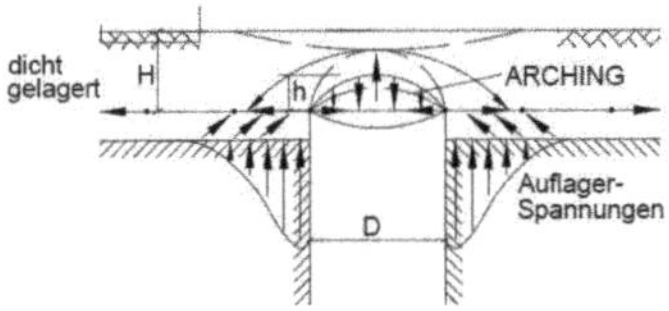	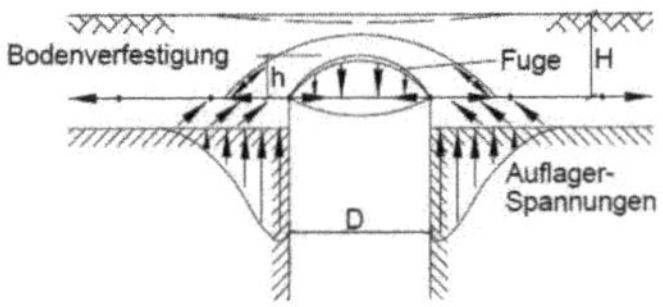
Bild 2a)	Bild 2b)

Bild 11.7 Tragwerksmodelle

Mit dem Hochbrechen des Erdeinbruches werden in der Überbrückungszone Verformungen sowie ggf. teilweise oder vollständige Bruchzustände provoziert. Es wurden im wesentlichen die in Bild 11.7 dargestellten physikalischen Modelle beobachtet.

In Böden ohne oder mit geringer Kohäsion und tiefliegender Anordnung der Geokunststoffbewehrung (sog. Membrane) werden zwei Bildungen beobachtet:

- Bei geringer Lagerungsdichte des Bodenbaustoffes in der Überbrückungszone treten oberhalb des Erdeinbruches große plastische Bereiche auf. Die seitliche Begrenzung der Bruchzone hängt, außer von der Lagerungsdichte, auch von der Scherfestigkeit des Bodenbaustoffes ab; sie verläuft meist sehr steil. Es werden Modelle ohne und mit Ansatz der Seitenreaktion (Reibung an der Bruchfläche) unterschieden (siehe Bild 11.7, 1a und 1b).
- Bei großer Lagerungsdichte (hoher Verdichtungsgrad) nichtbindiger Böden kann sich bei ausreichender Dicke in der Überbrückungszone zunächst ein Gewölbe- bzw. Kuppeltragwerk ausbilden (sog. „arching"). Das unterhalb der Druckzone zerscherte Material belastet zunehmend die Geokunststoffbewehrung mit seiner Eigenlast und evtl. Auflast (Bild 11.7, 2a). Im Laufe der Zeit kann das Gewölbe, insbesondere bei Einwirken von dynamischen Lasten, zusammenbrechen, so dass dann die Bewehrung voll durch die Auflast belastet wird (analog Bild 11.7, 1a).

Bei Konstruktionen aus bindemittelverfestigten Böden mit hochzugfesten Geokunststoffen entwickelt sich ebenfalls ein Gewölbe bzw. ein Kuppel-Tragwerk (Bild 11.7, 2b). Das zerscherte Material unter dem Gewölbe belastet ebenfalls zunehmend die Geokunststoffbewehrung. Bei Geokunststoffen mit sehr hoher Dehnsteifigkeit werden dabei Zugkräfte aktiviert, welche das Tragverhalten im Scheitel des Gewölbes bzw. der Kuppel begünstigen. Das Tragwerk gleicht dann einem Bogen mit einem hochzugfesten Zugband. Schließlich wird die Geokunststoffbewehrung mit einer dauerhaft gleich bleibenden Auflast belastet.

Zu den physikalischen Modellen wurden analytische Berechnungsverfahren entwickelt. Tabelle 11.1 zeigt eine Übersicht über die von den bekanntesten Berechnungsverfahren verwendeten physikalischen Merkmale (siehe auch Kapitel 11.6).

Tabelle 11.1 Physikalische Merkmale der bekanntesten Berechnungsverfahren

Benennung des Tragwerksmodells	**Form des Einbruchkörpers**	**Benennung des Verfahrens, Literaturbezeichnung**	**Merkmale des Verfahrens**			**Tragwerksmodell nach Bild 11.7**
			mit Gewölbewirkung	mit Seitenreaktion	mit Auflockerung	
Einbruchmodell	Kegelstumpf	BS 8006	nein	nein	nein	1a
		B.G.E.	ja	ja	ja	1a/1b
	Zylinder	GIROUD	nein	möglich	nein	1a/1b
		R.A.F.A.E.L.	nein	ja	ja	1b
Gewölbemodell	Kugelkalotte	A.S.T.	ja	nein	nein	2b
		BGE	Ja	Nein	Ja	2a

11.3 Nachweise

11.3.1 Grundlagen der Nachweisführung

Nachweisverfahren für Einbruchüberbrückungen mit Geokunststoffbewehrungen unterliegen einer ständigen ingenieurwissenschaftlichen Fortentwicklung. Nachfolgend können deshalb nur der derzeitige Kenntnisstand dargestellt und einige ausgewählte Ansätze und Nachweisverfahren beschrieben werden. Es bleibt dem Nachweisführenden überlassen, das für den konkreten Anwendungsfall geeignete Verfahren auszuwählen. Die Auswahl ist hierbei so zu treffen, dass ein möglichst realitätsnahes Modell gewählt wird (siehe Kapitel 11.2.6) und alle nachfolgend beschriebenen Nachweise unter Abwägung der erforderlichen Genauigkeit und Wirtschaftlichkeit geführt werden können.

Nach DIN 1054 muss der Nachweis der Standsicherheit von geokunststoffbewehrten Überbrückungssystemen die Nachweise für den Grenzzustand der Tragfähigkeit (GZ 1) und für den Grenzzustand der Gebrauchstauglichkeit (GZ 2) umfassen.

Für die Nachweise der Tragfähigkeit sind bei geokunststoffbewehrten Einbruchüberbrückungen in der Regel nur Bruchflächen im Grenzzustand 1B zu untersuchen, die die Bewehrungslagen schneiden (Nachweise der Tragfähigkeit der Bewehrung) oder die Bewehrungslagen unmittelbar umschließen (Nachweise der Verankerung der Bewehrung). Die Untersuchung von großräumigen Bruchflächen, wie z. B. solche, die vom tieferen Einbruchhohlraum diagonal nach oben um die Geokunststoffbewehrung herum bis zur Geländeoberfläche verlaufen, ist in der Regel nicht erforderlich. Dies ist einerseits damit zu begründen, dass die Aushubsohle für die Auflagerung der Verbundtragschicht als ausreichend standfest vorausgesetzt wird. Ferner muss der Bemessungsdurchmesser des Erdeinbruchs von vornherein so gewählt werden, dass mögliche Kantenabbrüche oder Aufweitungsbrüche am oberen Rand des Einbruchkraters hierin bereits enthalten sind. Schließlich wird vorausgesetzt, dass die Verankerungslängen der Geokunststofflagen ausreichend dimensioniert werden, so dass ein Herausziehen der Geokunststoffverankerung und ein Hineingleiten in den Einbruchschlot ausgeschlossen werden kann.

Der Nachweis der Gebrauchstauglichkeit umfasst den Nachweis der zulässigen Oberflächenverformungen infolge einer Deformation der Geokunststoffbewehrung unmittelbar über dem Erdeinbruch. Die Gesamtverformungen des Systems können darüber hinaus auch Setzungen des Untergrundes sowie Eigensetzungen aus der Verbundtragschicht und aus den überlagernden Schichten umfassen.

Abweichend von der in der Geotechnik üblichen Vorgehensweise hat es sich bei Einbruchüberbrückungen bewährt, eine zulässige charakteristische Verformung an der Fahrbahnebene vorzugeben und erst dann die Nachweise der Tragfähigkeit im GZ 1B bruch- und dehnungsbezogen zu führen. Der Nachweis des GZ 2 ist somit erfüllt. Bild 11.8 zeigt das Ablaufschema der Nachweisführung.

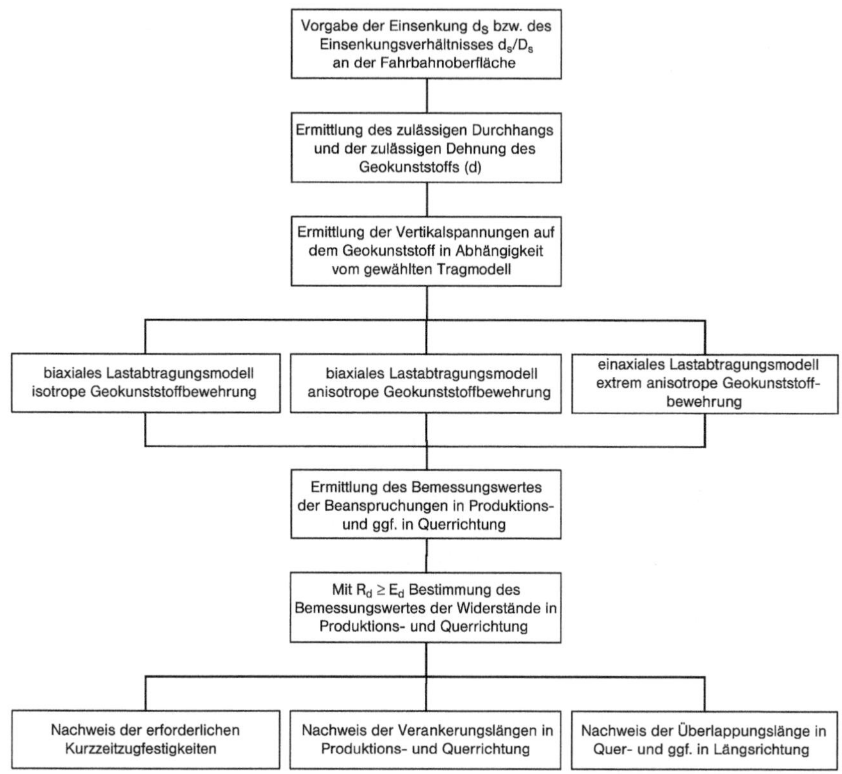

Bild 11.8 Ablaufschema der Nachweisführung

Unter Zugrundelegung des Grenzwertes für die Maximaleinsenkung $d_{s,max}$ an der Geländeoberfläche und des gewählten Tragwerksmodells (siehe Kapitel 11.2.6) wird für einen vorgegebenen Einbruchdurchmesser zunächst der maximale Durchhang d_{max} der gewählten Geokunststoffbewehrung ermittelt und beurteilt. Daraus wird die maximale geometrische Dehnung der Kunststoffelemente in Längs- und Querrichtung ermittelt ε_{geom}. Dies stellt einen Anhaltswert für die Vorauswahl der Geokunststoffbewehrung dar.

Unter Ansatz der Dehnsteifigkeit der gewählten Bewehrung wird nachgewiesen, dass die geometrische Dehnung ε_{geom} nicht größer ist als die zulässige Dehnung ε_B des ausgewählten Geokunststoffs während des Bemessungszeitraums. Die zulässige Dehnung ε_B ergibt sich aus dem nachfolgenden Spannungsnachweis in Abhängigkeit vom Tragwerksmodell und der Beanspruchungsdauer aus den Isochronen für den gewählten Geokunststoff. Der kleinere der beiden Werte ε_{geom} oder ε_B ist als Bemessungsdehnung ε_d maßgebend.

Ausgehend von den auf die Geokunststoffbewehrung einwirkenden Vertikalspannungen infolge Bodeneigenlast und Verkehrslast werden durch Multiplikation mit den Teilsicherheitsbeiwerten γ für die Einwirkungen nach DIN 1054, Tabelle 2 gemäß Gleichung (11.3) zunächst die Bemessungswerte der vertikalen Spannungen berechnet:

$$\sigma_{v,d} = \sigma_{v,G,k} \cdot \gamma_G + \sigma_{v,Q,k} \cdot \gamma_Q \qquad \text{Gl. (11.3)}$$

Bei der Ermittlung der Zugbeanspruchungen E_d sind in Abhängigkeit vom zu wählenden Lastabtragungsmodell und von der Art der Geokunststoffbewehrung drei Fälle zu unterscheiden (siehe Tabelle 11.2):

- Lastabtragungsmodell biaxial, Geokunststoffbewehrung isotrop,
- Lastabtragungsmodell biaxial, Geokunststoffbewehrung anisotrop,
- Lastabtragungsmodell einaxial, Geokunststoffbewehrung extrem anisotrop.

Bei „biaxialem Lastabtragungsmodell" und „isotroper Geokunststoffbewehrung" ist die Ermittlung der charakteristischen Zugbeanspruchung E_k mithilfe mehrerer analytischer Bemessungsverfahren möglich. Die Beanspruchung in der Bewehrung wird hierbei in Produktions- und Querrichtung als gleich groß vorausgesetzt. In dieser Empfehlung wird nur das Berechnungsverfahren nach B.G.E. eingehend beschrieben (siehe Kapitel 11.3.2.1). Das Verfahren nach A.S.T. wird als Sonderverfahren nur kurz behandelt (siehe Kapitel 11.3.2.3).

Bei „biaxialem Lastabtragungsmodell" und „anisotroper Geokunststoffbewehrung" ergeben sich in Abhängigkeit von den Dehnsteifigkeiten in Produktions- und Querrichtung unterschiedliche Zugbeanspruchungen. Für diesen Fall steht als analytisches Bemessungsverfahren nur das B.G.E.-Verfahren zur Verfügung (siehe Kapitel 11.3.2.2).

Tabelle 11.2 Arten von Bemessungsverfahren

Lastabtragungs-modell	**biaxial**	**biaxial**	**einaxial**
Bewehrung	isotrop	anisotrop	extrem anisotrop
Prinzipdarstellung			
Berechnungs-verfahren	BS 8006 [3] Giroud et al. [4] B.G.E. [5] A.S.T. [6]	B.G.E. [5]	Giroud et al. [4] R.A.F.A.E.L. [8] BS 8006 [3]

Der Fall „einaxiales Lastabtragungsmodell" und „extrem anisotrope Geokunststoffbewehrung" wird dann als gegeben vorausgesetzt, wenn die Bewehrung in Längsrichtung des Verkehrsweges ausgerollt wird und die Dehnsteifigkeit in Produktionsrichtung mindestens 10-mal größer ist als diejenige in Querrichtung und die Grenzdehnung in der Querrichtung mindestens doppelt so groß ist wie die Grenzdehnung in der Produktionsrichtung. Die Lastabtragung erfolgt dann überwiegend in Produktionsrichtung und nur untergeordnet in Querrichtung. Auch für diesen Fall stehen mehrere analytische Bemessungsverfahren zur Verfügung. Die Nachweisführung erfolgt hierbei nur in Produktionsrichtung. In Querrichtung wird aus Gründen der Strukturerhaltung der Geokunststoffbewehrung nur eine Mindestzugfestigkeit vorausgesetzt. In dieser Empfehlung wird nur das Verfahren nach R.A.F.A.E.L. näher beschrieben (siehe Kapitel 11.3.2.2).

Anmerkung: Die Zugkräfte können auch mithilfe numerischer Berechnungsmethoden (z. B. Methode der Finiten Elemente) ermittelt werden. Solche sind nicht Gegenstand dieser Empfehlung; hier werden nur analytische Methoden behandelt.

Nach Ermittlung der verschiedenen Bemessungswerte der Zugbeanspruchung E_d werden die Nachweise der Tragfähigkeit entsprechend der allgemeinen Grenzzustandsgleichung (Gl. (11.4))

$$E_d < R_d \qquad \text{Gl. (11.4)}$$

geführt, wobei R_d den jeweiligen Bemessungswert der verschiedenen Widerstände darstellt.

Je nach Lastabtragungsmodell und Geokunststoffbewehrung können im Extremfall somit folgende Nachweise erforderlich werden:

- Nachweis der Tragfähigkeit der Geokunststoffbewehrung in Längsrichtung des Verkehrsweges,
- Nachweis der Tragfähigkeit der Geokunststoffbewehrung in Querrichtung des Verkehrsweges,
- Nachweis der Tragfähigkeit der Geokunststoffbewehrung im Überlappungsbereich in Querrichtung des Verkehrsweges,
- Nachweis der Tragfähigkeit der Geokunststoffbewehrung im Überlappungsbereich in Längsrichtung des Verkehrsweges,
- Nachweis der Verankerung der Geokunststoffbewehrung in Längsrichtung des Verkehrsweges,
- Nachweis der Verankerung der Geokunststoffbewehrung in Querrichtung des Verkehrsweges.

Für die Nachweise der Tragfähigkeit in den Überlappungen ist der Bemessungswert der Reibungswiderstände (siehe Kapitel 11.3.2.6) und für die Nachweise der Verankerungen der Bemessungswert der Herausziehwiderstände (siehe Kapitel 11.3.2.5) maßgebend.

11.3.2 Bemessung

11.3.2.1 Ermittlung des Bemessungswertes der Zugbeanspruchung mithilfe des B.G.E.-Verfahrens

Für die Ermittlung des Bemessungswertes der Zugbeanspruchung bei biaxialem Lastabtragungsmodell wird hier das Verfahren zur **B**emessung von **G**eokunststoffbewehrungen zur **E**rdeinbruchüberbrückung (B.G.E.-Verfahren, in Anlehnung an [4]) beschrieben, das sowohl für isotrope als auch für anisotrope Geokunststoffbewehrungen anwendbar ist. In Bild 11.9 ist das Ablaufschema der Nachweisführung dargestellt.

a) Vorgabe der Einsenkungskontur und Ermittlung der max. Einsenkung der Fahrbahnoberfläche $d_{s,max}$

Bei Einbruchmodellen wird über dem Rand des Einbruches eine trichterförmige Einsenkungsmulde angesetzt, die bis zur Fahrbahnoberfläche reicht. Sollten keine genaueren Untersuchungen vorliegen, ist ein Wert von $\theta = 85°$ in die Berechnung einzuführen. Der Durchmesser der Einsenkungsmulde D_S an der Fahrbahnoberfläche errechnet sich mithilfe von Gl. (11.5) aus

$$D_S = D + \frac{2 \cdot H}{\tan \theta}. \qquad \text{Gl. (11.5)}$$

$d_{s,max}$ ergibt sich aus dem Verhältniswert d_s / D_s, der im Regelfall als Vorgabe in die Berechnung eingeht (siehe Kapitel 11.2.5).

Beim Ansatz des Gewölbemodells wird die Einsenkung d_s an der Fahrbahnoberfläche für den Nachweis im GZ 1B gleich Null gesetzt. In diesem Fall ist eine zusätzliche Verformungsberechnung für den Nachweis des GZ 2 an der Fahrbahnoberfläche notwendig. Dies kann beispielsweise durch numerische Berechnung erfolgen.

b) Ermittlung der zulässigen Einsenkung der Geokunststoffbewehrung

Für die Einbruchmodelle wird die Einsenkung mithilfe der Gl. (11.5), die aus dem R.A.F.A.E.L.-Verfahren [8] (siehe Kapitel 11.3.2.2) entnommen wurde, bestimmt:

$$d_{max} = d_{s.max} + 2 \cdot H \cdot (C_e - 1) \qquad \text{Gl. (11.6)}$$

Der Auflockerungsfaktor C_e kann für nichtbindige Böden, unter Berücksichtigung eines Mindestverdichtungsgrades $D_{pr} \geq 98$ %, für Rundkornmaterial mit $C_e = 1{,}03$ und für Brechkornmaterial mit $C_e = 1{,}05$ angenommen werden.

Soll von diesen Vorgaben abgewichen werden, so ist der Auflockerungsfaktor aus Großversuchen abzuleiten.

Für das zeitlich begrenzte Gewölbemodell kann folgende Formel verwendet werden:

$$d_{max} = h \cdot (C_e - 1) \qquad \text{Gl. (11.7)}$$

mit:

h	Abstand zwischen der Bewehrungsebene und der Unterkante des Traggewölbes nach Bild 11.7, 2a),

C_e	Auflockerungsfaktor.

Unter Ansatz einer parabelförmigen Einsenkung kann der Nachweis mithilfe folgender Beziehung geführt werden:

$$d_B = \sqrt{\frac{3}{8} \cdot \varepsilon_B \cdot D^2} \qquad \text{Gl. (11.8)}$$

mit:

d_B	maximal zulässiger Durchhang,

ε_B	zulässige Dehnung des Geokunststoffes.

Der Nachweis ist geführt, wenn $d_B \leq d_{max}$.

Hinweis: *Der maximal zulässige Durchhang ist so zu wählen, dass die zulässige Dehnung des Geokunststoffes nicht überschritten wird.*

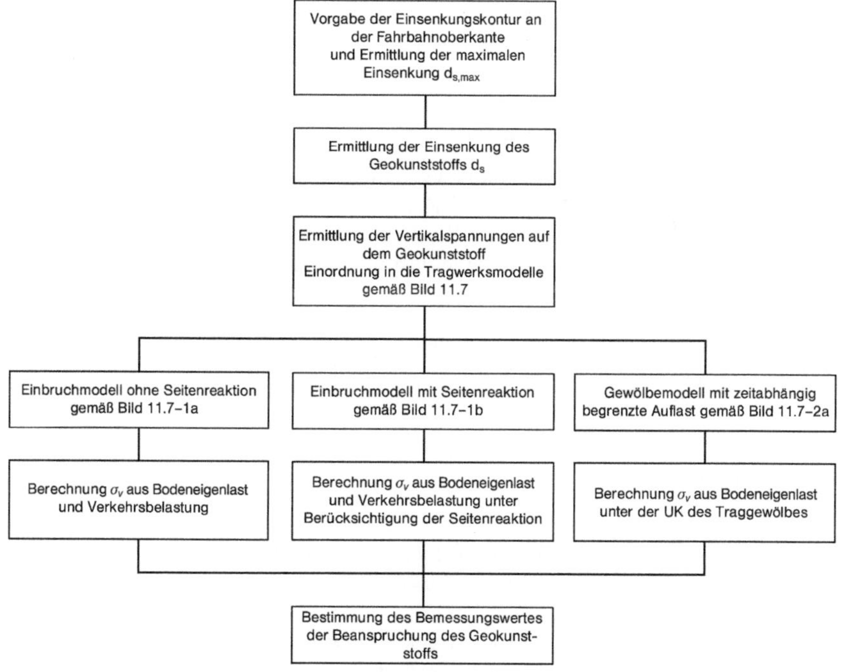

Bild 11.9 Flussdiagramm zur Ermittlung der Einwirkungen mit dem B.G.E.-Verfahren

c) Ermittlung der Vertikalspannungen

Für die Ermittlung der Vertikalspannungen wird von den in Bild 11.7 dargestellten drei Modellen ausgegangen. Liegen keine genaueren Informationen vor, so werden diese Modelle nach folgenden Verhältniswerten unterschieden:

- $H/D < 1$ Einbruchmodell ohne Seitenreaktion,
- $1 \leq H/D \leq 3$ Einbruchmodell mit Seitenreaktion,
- $H/D > 3$ Zeitlich begrenztes Gewölbemodell.

Von diesen Mindestwerten kann abgewichen werden, wenn für das gewählte System aus Einbruchdurchmesser, Überdeckungsverhältnis, Geokunststoffbewehrung und Tragschichtaufbau ausreichende Erfahrungen vorliegen. Dies können praktische Erfahrungen oder großmaßstäbliche Versuche sein.

Einbruchmodell ohne Seitenreaktion

Die Berechnung der charakteristischen Werte der vertikalen Spannungen erfolgt getrennt für die Anteile aus Bodeneigenlast und Verkehrslast.

$$\sigma_{v,G,k} = \gamma_K \cdot H \qquad \text{Gl. (11.9)}$$

$$\sigma_{v,Q,k} = q_k \qquad \text{Gl. (11.10)}$$

mit:

γ_k charakteristische Wichte der überlagernden Bodenschichten,
q_k charakteristischer Wert der Verkehrsbeanspruchung.

Einbruchmodell mit Seitenreaktion

Die auf den Geokunststoff wirkende Vertikalspannung wird in diesem Fall in Anlehnung an das Verfahren nach TERZAGHI [9] bzw. [8] abgemindert. Die Berechnung der charakteristischen Werte der vertikalen Spannungen erfolgt getrennt für die Anteile aus Bodeneigenlast und Verkehrslast.

$$\sigma_{v,G,k} = \frac{\frac{D}{2}\cdot\left(\gamma_k - \frac{4\cdot c_k}{D}\right)}{2\cdot K_{ak}\cdot\tan\varphi_k}\cdot\left[1-e^{-K_{ak}\cdot\tan\varphi_k\cdot\left(\frac{4\cdot H}{D}\right)}\right] \qquad \text{Gl. (11.11)}$$

$$= q_k \cdot e^{-K_{ak}\cdot\tan\varphi_k\cdot\left(\frac{4\cdot H}{D}\right)}$$

mit:

γ_k charakteristische Wichte der Bodenschichten über dem Geokunststoff,
c_k charakteristischer Wert der Kohäsion,
D Durchmesser des Erdeinbruchs,
K_{ak} charakteristischer aktiver Erddruckbeiwert ($\delta_a = 0$),
q_k charakteristischer Wert der Verkehrslast,
φ_k charakteristischer Wert des Reibungswinkels.

Beim Ansatz der Kohäsion muss sichergestellt sein, dass diese dauerhaft und in der angenommenen Größe aktiviert werden kann. Der Wert darf in keinem Fall größer sein als

$$c_k = \frac{\gamma_k \cdot D}{4}. \qquad \text{Gl. (11.12)}$$

Zeitlich begrenztes Gewölbemodell

Wenn sichergestellt ist, dass das Traggewölbe im Bemessungszeitraum stabil bleibt und ein „Hochwandern" des aufgelockerten Bereiches, z. B. infolge dynamischer oder hydrologischer Einflüsse, ausgeschlossen werden kann, kann σ_v aus der Bodeneigenlast unter dem Gewölbe berechnet werden. Die Höhe des maßgebenden Bodenbereiches unter dem Traggewölbe kann für eine gleichmäßig wirkende Verkehrslast von $q_k = 33{,}3\ kN/m^2$ aus Diagrammen abgelesen werden [9].

Es wird ein Mindestwert von h/D = 1,0 empfohlen. Von dieser Empfehlung kann abgewichen werden, wenn durch Großversuche unter repräsentativen Versuchsbedingungen kleinere Verhältniswerte nachgewiesen wurden.

$$\sigma_{v,G,k} = \gamma_K \cdot h \qquad \text{Gl. (11.13)}$$

Ermittlung des Bemessungswertes der Beanspruchung in der Geokunststoffbewehrung

Zunächst ist eine Geokunststoffbewehrung mit bekannten Dehnsteifigkeiten in Produktions- und Querrichtung zu wählen. Aus diesen lässt sich das Verhältnis der Dehnsteifigkeiten ω ermitteln.

$$\omega = \frac{J_{cmd}}{J_{md}} \qquad \text{Gl. (11.14)}$$

mit:

J_{cmd} Dehnsteifigkeit in Querrichtung für eine vorausgesetzte Dehnung und Belastungsdauer,
J_{md} Dehnsteifigkeit in Produktionsrichtung für eine vorausgesetzte Dehnung und Belastungsdauer,
md Herstellrichtung des Geokunststoffes (machine direction),
cmd Richtung quer zur Herstellrichtung des Geokunststoffes (cross machine direction).

Bei isotroper Geokunststoffbewehrung wird $\omega = 1{,}0$.

Mit ω ergeben sich die Lastanteilsfaktoren für die Produktions- und Querrichtung wie folgt:

$$X_{md} = \frac{1}{1+\omega} \qquad \text{Gl. (11.15)}$$

$$X_{cmd} = 1 - X_{md} \qquad \text{Gl. (11.16)}$$

Die Bemessungswerte der Horizontalzugkräfte ergeben sich aus:

$$H_{md,d} = \frac{X_{md} \cdot (\gamma_G \cdot \sigma_{v,G,k} + \gamma_Q \cdot \sigma_{v,Q,k}) \cdot D^2}{8 \cdot d_{max}} \qquad \text{Gl. (11.17)}$$

$$H_{cmd,d} = \frac{X_{cmd} \cdot (\gamma_G \cdot \sigma_{v,G,k} + \gamma_Q \cdot \sigma_{v,Q,k}) \cdot D^2}{8 \cdot d_{max}} \qquad \text{Gl. (11.18)}$$

Die Ermittlung des Bemessungswertes der Einwirkungen erfolgt mithilfe der nachfolgenden Gleichungen:

$$E_{md,d} = F_{md,d} = \frac{H_{md,d}}{\cos \alpha_{md}} \qquad \text{Gl. (11.19)}$$

$$E_{cmd,d} = F_{cmd,d} = \frac{H_{cmd,d}}{\cos \alpha_{cmd}} \qquad \text{Gl. (11.20)}$$

mit:

α Neigungswinkel im Randbereich des Geokunststoffs, abhängig von Geokunststoffart, Einbruchradius, Ausbildung des Einbruchrandes und Durchhang in der Mitte.

Ermittlung des Neigungswinkels α

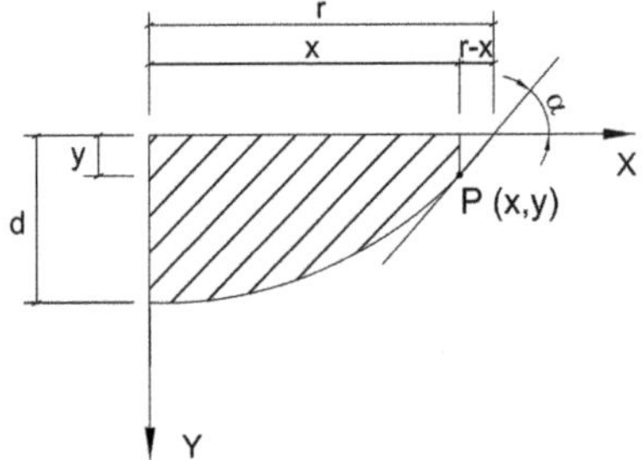

Bild 11.10 Durchhang der Geokunststoffbewehrung

Die Neigung α am Rand des Erdeinbruchs wird für ein Wertepaar x, y ermittelt, bei dem der Abstand zum Einbruchrand $(r - x) = 0{,}1 \cdot r$ beträgt:

$$\alpha = \arctan\left(\frac{y}{0{,}1 \cdot r}\right) \qquad \text{Gl. (11.21)}$$

mit:

r Radius der Einsenkungsmulde $r = \frac{D}{2}$.

In der Regel kann davon ausgegangen werden, dass der Durchhang des Geokunststoffs parabelförmig erfolgt. Die Ordinate y zur Berechnung der Neigung α kann dann wie folgt ermittelt werden:

$$y = a \cdot x^2 + d \qquad \text{Gl. (11.22)}$$

mit:

d Durchhang des Geokunststoffs,

a Koeffizient der Parabel: $a = \frac{-d}{r^2}$.

Bei anisotropen Geokunststoffbewehrungen ab einem Dehnsteifigkeitsverhältnis $J_{md} / J_{cmd} \geq 2$ wird die Einsenkungsmulde zutreffender mit einer elliptischen Funktion beschrieben.

$$y = \frac{d}{r} \cdot \sqrt{r^2 - x^2} \qquad \text{Gl. (11.23)}$$

mit:

d Durchhang des Geokunststoffs,

r Radius der Einsenkungsmulde.

11.3.2.2 Ermittlung des Bemessungswertes der Zugbeanspruchung in Anlehnung an das R.A.F.A.E.L.-Verfahren [8]

Bei der Berechnung „extrem anisotroper" Geokunststoffbewehrungen wird davon ausgegangen, dass die Zugkräfte nur in einer Richtung abgetragen werden. Dies gilt für Bewehrungen, die aufgrund ihrer materialspezifischen Ausstattung die Kräfte überwiegend in einer Richtung aufnehmen. Diese Bedingung gilt als gegeben, wenn

- das Dehnsteifigkeitsverhältnis $J_{md} / J_{cmd} \geq 10$
  und
- das Verhältnis der Grenzdehnungen bei Kurzzeitzugfestigkeit $\varepsilon_{md} / \varepsilon_{cmd} \leq 0{,}5$

sind. Das Bemessungsverfahren beinhaltet keinen Nachweis der Zugkräfte in Querrichtung. Die Anwendung dieses Verfahren kann vor allem für Geokunststoffbewehrungen empfohlen werden, für die Ergebnisse praktischer Erprobungen vorliegen.

Die Bezeichnungen können Bild 11.11 entnommen werden. Bei der Berechnung wird davon ausgegangen, dass sich über der Geokunststoffbewehrung ein zylindrischer Einbruchkörper ausbildet.

Mit der zulässigen Einsenkung der Fahrbahnoberkante errechnet sich der zulässige Durchhang der Geokunststoffbewehrung aus Gl. (11.24):

$$d_{max} = d_{s.max} + 2 \cdot H \cdot (C_e - 1) \qquad \text{Gl. (11.24)}$$

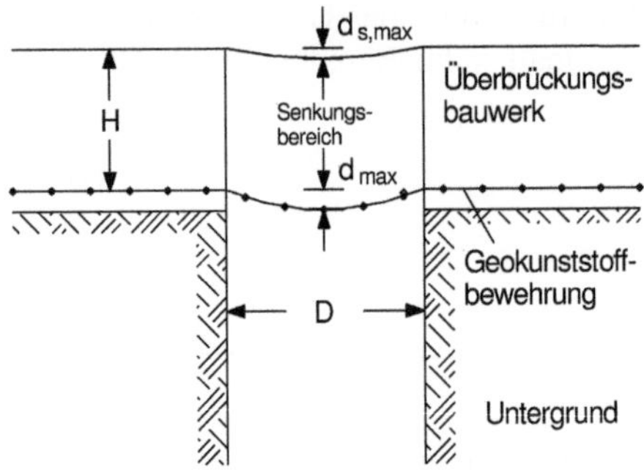

Bild 11.11 Berechnungsmodell nach R.A.F.A.E.L. [8]

mit:

C_e Auflockerungsfaktor (C_e = 1,03 für Rundkornmaterial; C_e = 1,05 für Brechkornmaterial; größere Werte dürfen verwendet werden, wenn sie in großmaßstäblichen Versuchen ermittelt wurden). Die Größe der vorgeschlagenen Auflockerungsfaktoren resultieren aus Erfahrungen im Tunnelbau (siehe [10]).

H Überdeckungshöhe siehe Bild 11.2.

Mit dem zulässigen Durchhang d_{max} lässt sich die geometrisch zulässige Dehnung des Geokunststoffs mit folgender Gleichung bestimmen:

$$\varepsilon_{geom} = \frac{8}{3} \cdot \left(\frac{d_{max}}{D} \right)^2 \qquad \text{Gl. (11.25)}$$

Die auf den Geokunststoff einwirkenden Vertikalspannungen berechnen sich analog Kapitel 11.3.2.1 mithilfe der Gl. (11.11).

Der Bemessungswert der Einwirkungen wird mit Gl. (11.26) berechnet. ε_d ist der kleinere der beiden Werte ε_{geom} und ε_B (vgl. Kapitel 11.3.1).

$$E_d = F_d = (\gamma_G \cdot \sigma_{v,G,k} + \gamma_Q \cdot \sigma_{v,Q,k}) \cdot \frac{D}{2} \cdot \sqrt{1 + \frac{1}{6 \cdot \varepsilon_d}} \qquad \text{Gl. (11.26)}$$

11.3.2.3 Sonderverfahren

Das Verfahren zur Konstruktion und Bemessung der <u>A</u>rmierten <u>S</u>tabilisierten <u>T</u>ragschicht (A.S.T.-Verfahren) über Erdeinbrüchen [5], [11] ist für isotrope wie anisotrope Geokunststoffbewehrungen anwendbar. Eine anisotrope Bewehrung muss zweilagig kreuzweise verlegt werden. In Bild 11.7, 2b, ist das Tragsystem schematisch dargestellt.

Voraussetzung für die Anwendung dieses Berechnungsverfahrens ist die Herstellung einer mit Bindemitteln stabilisierten Tragschicht über der Geokunststoff-

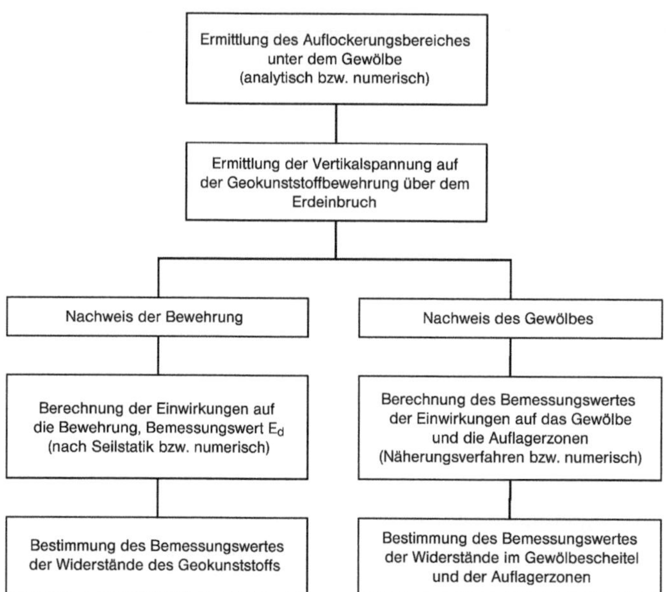

Bild 11.12 Flussdiagramm zum A.S.T.-Verfahren

bewehrung. Die Bewehrung selbst ist in einer Verbundtragschicht aus grobkörnigen Böden bzw. Mineralstoffen eingebettet.

Die Dicke der bindemittelstabilisierten Tragschicht ist so zu bemessen, dass sich beim Eintreten des Erdeinbruches ein Gewölbe (Kuppeltragwerk) einstellt. Die Druckfestigkeit der Tragschicht muss hierzu so hoch sein, dass die Aufnahme der Druckspannungen im Scheitel, wie auch in den Kämpfern, gewährleistet ist.

Die Deformation der Oberfläche der stabilisierten Tragschicht über dem Erdeinbruch kann wegen deren Steifigkeit praktisch vernachlässigt werden.

Das Bild 11.12 zeigt den Berechnungsablauf im Flussdiagramm.

11.3.2.4 Ermittlung der erforderlichen Kurzzeitzugfestigkeit

Nachdem die Bemessungswerte der Beanspruchungen in den Kapiteln 11.3.2.1 bis 11.3.2.3 berechnet wurden, ist nun der Nachweis des vorhandenen Bemessungswiderstandes des Geokunststoffes zu führen.

Dieser besteht aus zwei unterschiedlichen Einzelnachweisen:

- festigkeitsbezogene Ermittlung der erforderlichen Kurzzeitzugfestigkeit (siehe Kapitel 3)
  Bei anisotropen Geokunststoffbewehrungen ist dieser Nachweis getrennt für die Produktions- und die Querrichtung zu führen.

– dehnungsbezogene Ermittlung der erforderlichen Kurzzeitzugfestigkeit mit dem langfristig zulässigen Ausnutzungsgrad (siehe Kapitel 3)
  Die in Abhängigkeit von den betrachteten Zeitpunkten größte ermittelte Kurzzeitzugfestigkeit $F_{B,k0}$ wird maßgebend.

Der Maximalwert aus beiden Einzelnachweisen wird für die Bemessung herangezogen.

11.3.2.5 Nachweis der Verankerungslängen

Die Geokunststoffbewehrung muss in Längsrichtung des Verkehrsweges außerhalb des einbruchgefährdeten Bereiches verankert werden. In Querrichtung sind die Lastausbreitung von der Geländeoberfläche sowie, in Abhängigkeit vom verwendeten Bemessungsverfahren, der Bemessungsdurchmesser des potenziellen Erdeinbruches zu berücksichtigen. Erst am Rand dieses fiktiven Erdeinbruches kann die Verankerungslänge beginnen (siehe Kapitel 11.2.2.2).

Die mit den in den Kapiteln 11.3.2.1 bis 11.3.2.3 beschriebenen Verfahren bestimmten Bemessungszugkräfte E_d müssen im Füllboden gegen Herausziehen gesichert werden. Wenn die Platzverhältnisse beengt sind, kann zur Verankerung ein Umschlagen des Geokunststoffes oder die Verlegung in einem Verankerungsgraben vorgesehen werden.

Tabelle 11.3 Mindestanforderungen an die Verankerungslängen

Lastabtragungs-modell	**biaxial**	**biaxial**	**einaxial**
Bewehrung	isotrop	anisotrop	extrem anisotrop
	1	2	3
Prinzipdarstellung			
Verankerungs-länge	$L_L \geq L_{A,md}$ $L_l \geq L_{A,cmd} + D$	$L_L \geq L_{A,md}$ $L_l \geq L_{A,cmd}$ (+ D)	$L_L \geq L_{A,md}$ $L_l \begin{cases} \geq 0{,}5\ \text{m} \\ \geq 0{,}1 \cdot B \\ \geq 2{,}0 \cdot \varepsilon_d \cdot D \end{cases}$ (Der größte der drei Werte ist maßgebend.)

Die erforderliche Verankerungslänge für die jeweils zu verankernde Zugrichtung ergibt sich nach Umstellung der Gleichung für den Herausziehwiderstand nach Kapitel 2.2.4.11 mit n = 2 zu:

$$L_A \geq \frac{E_d \cdot \gamma_B}{\sigma_{v,k} \cdot f_{sg,k} \cdot 2} \qquad \text{Gl. (11.27)}$$

Bei biaxial anisotropen Geokunststoffen braucht der Einbruchdurchmesser D nicht zur Verankerung der Querrichtung hinzugerechnet werden, wenn durch konstruktive Maßnahmen sichergestellt ist, dass eine Lastabtragung in Querrichtung nicht erfolgt. Die Mindestanforderungen der Spalte 3 in Tabelle 11.3 sind sinngemäß einzuhalten.

Für extrem anisotrope Bewehrungen sind zur Verankerung in Querrichtung die Mindestanforderungen der Überlappungslängen in Tabelle 11.4 zu beachten.

11.3.2.6 Nachweis der Überlappungslängen

Die Überlappungslängen in Produktions- und Querrichtung (siehe Kapitel 11.2.1) sind so zu bemessen, dass die in dem jeweiligen Schnitt auftretenden Zugkräfte mit einer ausreichenden Sicherheit weitergeleitet werden können. Die maßgebende Zugkraft E_d wird mit den unter 11.3.2.1 bis 11.3.2.3 beschriebenen Verfahren berechnet.

Die Nachweisführung der Überlappungslängen erfolgt analog zum Nachweis der Verankerungslänge (siehe Kapitel 11.3.2.5). Die Anzahl der ansetzbaren Reibungsflächen n ergibt sich zu n = 1 für den vollständigen Bruch des Bodenverbundes der oberhalb des Geokunststoffes liegenden Bodenschichten und zu n = 2 für das Herausziehen aus dem Verankerungsbereich. Mit Gleichung (11.28) ergibt sich die erforderliche Überlappungslänge in Produktionsrichtung ($Ü_L$) und in Querrichtung ($Ü_l$) zu:

$$Ü_L(Ü_l) \geq \frac{E_d \cdot \gamma_B}{\sigma_{v,k} \cdot f_{sg,k} \cdot n} \qquad \text{Gl. (11.28)}$$

Im Bereich der Überlappung ist als charakteristischer Wert des Reibungskoeffizienten $f_{sg,k}$ der kleinere Wert aus dem Reibungswinkel zwischen Geokunststoffbewehrung und Füllboden oder zwischen Geokunststoff und Geokunststoff anzusetzen. Der Reibungsverbund wird erhöht, wenn in der Bewehrungsebene Füllböden mit höherem Reibungswinkel eingesetzt werden. Ist für die Kontaktfläche Geokunststoff/Geokunststoff von einem ungünstigen Reibungskoeffizienten auszugehen, so kann der Reibungsverbund durch das Zwischenschalten einer dünnlagigen Mineralstoffschicht verbessert werden.

Bei längsverlegten Geokunststoffen ist zum berechneten Wert für die Überlappungslänge in Längsrichtung des Verkehrsweges ($Ü_L$) nach Gleichung (11.28) der Bemessungsdurchmesser D hinzuzurechnen. Bei der Berechnung der Überlappungslänge in Querrichtung ($Ü_l$) ist eine Vergrößerung um D nicht erforderlich,

Tabelle 11.4 Mindestanforderungen an die Überlappungen

Lastabtragungsmodell	**biaxial**	**biaxial**	**einaxial**
Bewehrung	isotrop	anisotrop	extrem anisotrop
Prinzipdarstellung			
Überlappungslänge	$Ü_L \geq Ü_{A,md} + D$ $Ü_l \geq Ü_{A,cmd}$	$Ü_L \geq Ü_{A,md} + D$ $Ü_l \geq Ü_{A,cmd}$	$Ü_L \geq Ü_{A,md} + D$ $Ü_l \begin{cases} \geq 0{,}5\ m \\ \geq 0{,}1 \cdot B \\ \geq 2{,}0 \cdot \varepsilon_d \cdot D \end{cases}$ (Der größte der drei Werte ist maßgebend.)

da davon ausgegangen werden kann, dass im Falle eines Erdeinbruchs um die Einbruchstelle herum eine Lastumlagerung in Längsrichtung stattfindet.

Demnach ergeben sich in Abhängigkeit zum gewählten Bemessungsverfahren folgende Mindestanforderungen an die Überlappungslänge (Tabelle 11.4):

Anisotrope, kreuzweise verlegte Geokunststoffbewehrungen, mit denen eine biaxiale Lastabtragung gewährleistet wird, sind wie in Spalte 3 der Tabelle 11.4 dargestellt zu behandeln.

11.3.3 Sicherheitstheoretische Analyse

Das mit Geokunststoffen bewehrte Überbrückungssystem weist eine ausgeprägte Duktilität auf. Das System kann deshalb für kurzzeitige Zustände und für den Fall, dass größere Verformungen zugelassen werden, einen Erdeinbruch mit größerem Durchmesser als dem im Entwurf festgelegten Bemessungsdurchmesser (D) überbrücken. Die Zugfestigkeit der Bewehrung ist erst im Zustand der Grenzdehnung erreicht, die weit von der zulässigen Dehnung des GZ 2 entfernt ist. Somit weist das Überbrückungssystem Restsicherheiten bzw. Reserven in der Tragfähigkeit auf, die beim Auftreten von unerwartet größeren Erdeinbrüchen als prognostiziert in Anspruch genommen werden können. Im Entwurf können die Restsicherheiten im Rahmen einer zusätzlichen Analyse ermittelt und in einem Gefährdungsszenario berücksichtigt werden.

Es wird empfohlen, zunächst die Bewehrung für den vorher festgelegten Bemessungszustand, d. h. für den Bemessungsdurchmesser (D) und die Überbrückungsdauer (t_d), zu ermitteln. Hierbei ist die Bemessung sowohl für den GZ 2 und den GZ 1B (Vollsicherung: Lastfall 1; Teilsicherung: Lastfall 2) durchzuführen. In bestimmten Fällen kann eine Analyse der Restsicherheiten sinnvoll sein. Dies ist beispielsweise der Fall, wenn der prognostizierte Einbruchdurchmesser nicht hinreichend statistisch gesichert erscheint. Für eine vorgegebene Überbrückungsdauer t_d (z. B. 1 Woche, 1 Tag) wird der maximal überbrückbare Einbruchdurchmesser im LF 3 ermittelt. Hierbei kann die maximale Einsenkung auf der Fahrebene im GZ 2 in Abweichung von der zulässigen Bemessungseinsenkung in Abstimmung mit dem Auftraggeber (Schiene, Straße, etc.) festgelegt werden.

Im Rahmen der Sicherheitsanalyse sind für jeden betrachteten Zustand auch die erforderlichen Verankerungslängen und Überlappungslängen der Bewehrung zu ermitteln, denn mit zunehmendem Nutzungsgrad der Bewehrung nimmt auch die erforderliche Verankerungslänge und Überlappungslänge zu. Wenn im Entwurf die Verankerungs- bzw. Überlappungslänge auf den max. zu überbrückenden Durchmesser des Erdeinbruchs bemessen wird, können die ermittelten Restsicherheiten notfalls genutzt werden. Bei einer Verankerung bzw. Überlappung, die lediglich für den Bemessungsdurchmesser des Erdeinbruchs ausgelegt ist, sind die Restsicherheiten sehr gering, da die Tragfähigkeit der Verankerungen maßgebend wird.

11.4 Anwendung der Beobachtungsmethode

Bei der Beobachtungsmethode werden die rechnerischen Nachweise durch visuelle und/oder messtechnische Kontrollen ergänzt, die sowohl in der Bauphase als auch während der Nutzungsdauer der Baumaßnahme durchgeführt werden. Einbrüche im Untergrund und kritische Situationen an der Fahrbahnoberfläche werden dadurch rechtzeitig erkannt.

Die Grundlage der Beobachtungsmethode bildet DIN 1054. Die hierbei eingesetzten Messsysteme können auch Warnsysteme beinhalten.

Die Mess- und Warnsysteme sollten in folgenden Fällen zum Einsatz kommen:

- Bemessung nach dem Prinzip der Teilsicherung:
  Je nach Beanspruchungsdauer der Teilsicherung kann hier eine visuelle Beobachtung der Fahrbahnoberfläche ausreichend sein, sofern die Beobachtungsintervalle gewährleisten, dass etwaige Verformungen der Fahrbahnoberfläche rechtzeitig erkannt werden.
- Bemessung unter Berücksichtigung eines Traggewölbes:
  In diesem Fall sind die Verformungen innerhalb oder unterhalb der Geokunststoffebene messtechnisch zu erfassen.
- Bei planmäßiger Ausnutzung von Sicherheitsreserven:
  Hier ist ebenfalls eine messtechnische Beobachtung in der Geokunststoffebene erforderlich.

Folgende Verfahren können zur Kontrolle oder in Verbindung mit einem Warnsystem verwendet werden:

- Messsysteme an der Fahrbahnoberfläche:
  - Visuelle Kontrolle der Straßenoberfläche einschließlich Einsenkungen und Rissbildungen durch regelmäßige Begehung und Befahrung durch – möglichst dieselben – Kontrollpersonen,
  - Fahrbahn-Einsenkungsmessungen mithilfe fahrbarer Ebenheitsmessgeräte,
  - geodätische Messsysteme mithilfe von Bereichsmarkierungen oder rasterförmig angeordneten Höhenmesspunkten durch automatisch anzeigende elektronische Messsysteme (z. B. in Asphalt eingebettete Messgitter oder Dehnmessstreifen),
- Messsysteme innerhalb oder unterhalb der Geokunststoffebene:
  - Signalvliesstoff,
  - Horizontalextensometer,
  - hydrostatische Verformungsmesseinrichtungen,
  - Geokunststoffe mit integrierter Verformungsmesseinrichtung.

11.5 Hinweise zur Bausführung

Bei der Herstellung von Überbrückungskonstruktionen sind ergänzend zu den Ausführungen des Kapitels 11.2.3 folgende Hinweise zu beachten:

- Die Aushubsohle muss vor Aufbringen der Verbundtragschicht eine ausreichende Tragfähigkeit aufweisen; ferner muss sie eben und mit Gefälle hergestellt sein.
- Die unterste Lage der Geokunststoffbewehrung ist auf einer mindestens 10 cm dicken und ausreichend verdichteten Füllbodenlage aufzubringen.
- Die Geokunststoffe sind glatt und faltenfrei zu verlegen.
- Zur Erreichung einer hohen Verlegeeffizienz und zur Minimierung der Überlappungen sind Bahnenabmessungen hinsichtlich der Objektrandbedingungen durch einen Verlegeplan zu optimieren.
- Die Anforderungen der Statik an die Geokunststoffe, Böden, Verdichtungsgrade, Schichtmächtigkeiten, Verankerungs- und Überlappungslängen in Längs- und Querrichtung sowie ggf. Messsysteme sind in einem Verlegeplan, in Querschnitten und Regelprofilen sowie ergänzend durch einen Qualitätssicherungsplan festzuhalten und bauseitig zu kontrollieren.
- Abweichungen von den Ausführungsplänen sind zu protokollieren.
- Bei anisotropen Geokunststoffbewehrungen ist auf die richtige Verlegung der Bahnen besonders zu achten (z. B. Hauptzugrichtung in Längs- oder Querrichtung, obere oder untere Lage in Längs- oder Querrichtung).
- Parallel verlegte Geokunststoffbahnen sind vorzugsweise in Längsrichtung versetzt zu verlegen.

- Zum Schutz der Geokunststoffe gegen mechanische Beschädigung und Witterungseinflüsse sind sie nach ihrer Verlegung rasch abzudecken oder mit Füllboden zu überdecken. Das direkte Befahren von nicht abgedeckten Geokunststoffen ist nicht zulässig. Ein Überfahren der Geokunststoffe mit schwerem Gerät ist nur zulässig, nachdem eine mindestens 25 cm dicke, durchdrücksichere Füllbodenlage aufgebracht wurde. Geringere Schichtdicken sind möglich, wenn dies bei der Festlegung des A_2-Wertes berücksichtigt wurde.
- Bei der Anordnung von querenden Leitungen sind Durchdringungen der Geokunststoffbewehrungen möglichst zu vermeiden. Wenn sie dennoch erforderlich sind, sind sie in der statischen Berechnung und im Verlegeplan zu berücksichtigen.
- Die Füllbodenlagen sind vor Kopf aufzubringen, zu planieren und zu verdichten. Hierbei darf der Füllboden nicht direkt auf ausgelegte Geokunststofflagen abgekippt werden. Das Maß der Verdichtung der Verbundtragschicht ist in der statischen Berechnung festgelegt. Anzustreben ist ein Verdichtungsgrad von D_{pr} = 100 %. Der ereichte Verdichtungsgrad ist nachzuweisen.
- Die Überlappungslänge in Ausrollrichtung $Ü_L$ von in Längsrichtung des Verkehrsweges verlegten Geokunststoffbahnen ist generell nachzuweisen.

11.6 Literatur

[1] Fenk, J., Ast, W. (2004): Geotechnische Einschätzung bruchgefährdeten Baugrunds. In: Geotechnik, 27, Nr. 1, S. 59–65.

[2] Heckner, J., Herold, U., Strobel, G., Schönberg, G. (1998): Zum Baugrund und Subrosionsgeschehen in Sachsen-Anhalt. Mitteilungen des Geologischen Landesamtes Sachsen-Anhalt Nr. 4, S. 101–121.

[3] BS 8006 (1995), BSI – British Standard Institution: Code of practice for strengthened/reinforced soils and other fills. London.

[4] Giroud, J. P., Bonaparte, R., Beech, J. F. (1990): Design of Soil Layer – Geosynthetic Systems overlying Voids. In: Geotextiles und Geomembranes, 9. Jg. (1990), H. 1, S. 11–50.

[5] Schwerdt, S., Meyer, N., Paul, A. (2004): Die Bemessung von Geokunststoffbewehrungen zur Überbrückung von Erdeinbrüchen (B.G.E.-Verfahren). Bauingenieur 79, H. 9.

[6] Ast, W., Hubal, H., Schollmeier, P. (2001): Bewehrter Erdkörper mit Erdfall-Warnanlage für den Eisenbahnknoten Gröbers. Sonderveröffentlichung der Eisenbahntechnischen Rundschau, Edition ETR Ingenieurbauwerke, 2001.

[7] Alexiew, D., Ast, W., Elsing, A., Sobolewski, J. (2003): Erdfallüberbrückungssystem Eisenbahnknoten Gröbers – zur Bemessungsplanung und Bauausführung. 8. Informations- und Vortragstagung über „Kunststoffe in der Geotechnik“, München. Februar 2003, Geotechnik, Sonderheft 2003, S. 235–248.

[8] Blivet, et.al.(2002): Design method for geosynthetics as reinforcement for embankment subjected to localized subsidence. In: Delmas, Gourc, Girard (Ed.): 7. ICG, 2002 Swets & Zeitlinger.

[9] Therzaghi, K. (1943): Theoretical Soil Mechanics. John Wiley and Sons, Inc., New York, 1943.

[10] Schwerdt, S. (2004): Untersuchungen zur Ableitung eines Bemessungsverfahrens für die Überbrückung von Erdeinbrüchen unter Verwendung von Geokunststoffbewehrungen. Diss. TU Clausthal.

[11] Maidl, B. (1995): Handbuch des Tunnel- und Stollenbaus, Band II: Grundlagen und Zusatzleistungen für Planung und Ausführung. Verlag Glückauf Essen, 2. Auflage, 1995.

[12] Alexiew, D., Elsing, A., Ast, W. (2002): FEM-analysis and dimensioning of a sinkhole overbridging system for high speed trains at Gröbers in Germany. In: Delmas, Gourc, Girard (Ed.): 7. ICG, 2002 Swets & Zeitlinger.

[13] DIN Fachbericht 101: Einwirkungen auf Brücken. 2003.

11.7 Berechnungsbeispiel 1

Präventive Sicherung einer Verkehrsfläche gegen Erdeinbruch mit einer einlagigen Geokunststoffbewehrung,

Bemessung nach dem B.G.E.-Verfahren:

- Lastabtragung biaxial,
- Geokunststoffbewehrung anisotrop.

11.7.1 Vorgaben

Höhe der Überlagerung über der Bewehrung	$H = 2{,}0$ m
Durchmesser des kreisförmigen Erdeinbruches in der Bewehrungsebene gemäß Vorgabe	$D = 1{,}0$ m
Feuchtwichte des Schüttmaterials über der Bewehrung (einschließlich Oberbau)	$\gamma_k = 22{,}0$ kN/m^3
Reibungswinkel des Einbaubodens der Überbrückungszone	$\varphi_k = 35°$
Kohäsion des Einbaubodens der Überbrückungszone	$c_k = 0{,}0$ kN/m^2
Verkehrslast SLW 60	$q_k = 33{,}3$ kN/m^2
Nutzungsdauer	$t_b = 60$ Jahre
Beanspruchungsdauer	$t_d = 1$ Woche
Verformungskriterium an der Fahrbahnoberfläche gemäß Abstimmung mit dem Verkehrsträger	$d_s \leq \frac{1}{60} \cdot D_s \leq 0{,}017 \cdot D_s$

Lastfall gemäß Abstimmung mit dem Verkehrsträger	LF 2
maximal zulässige Dehunung der Bewehrung für die Beanspruchungsdauer t_d = 1 Woche	$\varepsilon_{md,max} = 6\ \%$

11.7.2 Zulässiger Durchhang und zulässige Dehnung der Bewehrung

gewählter Einbruchwinkel: $\theta_k = 80°$

Durchmesser der Einsenkungsmulde an der Fahrbahnoberfläche:

$$D_s = D + \frac{2 \cdot H}{\tan(\theta_k)} = 1{,}71\ \text{m}$$

maximal zulässige Einsenkung der Fahrbahnoberfläche:

$$d_{s,max} = 0{,}017 \cdot D_s = 0{,}029\ \text{m}$$

Auflockerungsfaktor für den Einbauboden im Bereich der Überbrückungszone (geschätzt): $C_e = 1{,}05$

Durchhangmaß der Bewehrung bei der maximal zulässigen Einsenkung auf der Fahrbahnebene:

$$d_{max} = d_{s,max} + 2 \cdot H \cdot (C_e - 1) = 0{,}23\ \text{m}$$

geometrisch zulässige Dehnung der Bewehrung, resultierend aus der maximal zulässigen Einsenkung der Fahrbahnoberfläche:

$$\varepsilon_{md,geom} = \left(\frac{8}{3}\right) \cdot \left(\frac{d_{max}}{D}\right)^2 = 0{,}141 = 14\ \%$$

maximal zulässige Dehnung der Bewehrung für die Beanspruchungsdauer von 1 Woche:

$$\varepsilon_{md,zul} = \min(\varepsilon_{md,geom}, \varepsilon_{md,max}) = 0{,}06$$

Durchhangmaß der Bewehrung bei der maximal zulässigen Dehnung:

$$d_{max} = D \cdot \sqrt{\frac{3}{8} \cdot \varepsilon_{md,zul}} = 0{,}15\ \text{m}$$

11.7.3 Vorauswahl des Geokunststoffes

	Produktionsrichtung	**Querrichtung**
Kurzzeitfestigkeit	$F_{md,B,k0}$ = 200 kN/m	$F_{cmd,B,k0}$ = 50 kN/m
Dehnung bei Kurzzeitfestigkeit	$\varepsilon_{md,k0}$ = 10,0 %	$\varepsilon_{cmd,k0}$ = 10,0 %
Dehnsteifigkeit	$J_{md} = \frac{F_{md,B,k0}}{\varepsilon_{md,k0}} = 2.000\ \text{kN/m}$	$J_{cmd} = \frac{F_{cmd,B,k0}}{\varepsilon_{cmd,k0}} = 500\ \text{kN/m}$

11.7.4 Ermittlung der Einwirkungen

11.7.4.1 Vertikalspannungen

partielle Sicherheitsbeiwerte für den Lastfall 2 gemäß DIN 1054 (GZ 1B): $\gamma_G = 1{,}20, \quad \gamma_Q = 1{,}30$

charakteristischer Neigungswinkel des Erddruckes: $\delta_k = 0$

Geländeneigung: $\beta = 0°$

charakteristischer Erdruckbeiwert: $K_{agh,k} = K_{a,k} = \dfrac{1-\sin(\varphi_k)}{1+\sin(\varphi_k)}$

$= 0{,}271$

Da $H/D = 2{,}0/1{,}0 = 2{,}0$, erfolgt die Ermittlung der einwirkenden Vertikalspannungen nach dem „Einbruchmodell mit Seitenreaktion" $\left(1 \leq \dfrac{H}{D} \leq 3\right)$:

$$\sigma_{v,G,k} = \frac{D \cdot \left(\gamma_k - \dfrac{4 \cdot c_k}{D}\right) \cdot \left\{1 - \left[\exp\left(-K_{a,k} \cdot \tan(\varphi_k) \cdot \dfrac{4 \cdot H}{D}\right)\right]\right\}}{4 \cdot K_{a,k} \cdot \tan(\varphi_k)} = 22{,}63 \text{ kN/m}^2$$

$$\sigma_{v,Q,k} = q_k \cdot \exp\left(-K_{a,k} \cdot \tan(\varphi_k) \cdot \frac{4 \cdot H}{D}\right) = 7{,}30 \text{ kN/m}^2$$

11.7.4.2 Lastanteilsfaktoren

$$\omega_{vorh.} = \frac{J_{cmd}}{J_{md}} = 0{,}250$$

$$X_{md} = \frac{1}{1+\omega_{vorh.}} = 0{,}80 \qquad X_{cmd} = 1 - X_{md} = 0{,}20$$

11.7.4.3 Bemessungswerte der Horizontalzugkräfte

Mit $d_{max} = 0{,}15$ m ergibt sich:

$$H_{md,d} = \frac{X_{md} \cdot (\gamma_G \cdot \sigma_{v,G,k} + \gamma_Q \cdot \sigma_{v,Q,k}) \cdot D^2}{8 \cdot d_{max}} = 24{,}43 \text{ kN/m}$$

$$H_{cmd,d} = \frac{X_{cmd} \cdot (\gamma_G \cdot \sigma_{v,G,k} + \gamma_Q \cdot \sigma_{v,Q,k}) \cdot D^2}{8 \cdot d_{max}} = 6{,}11 \text{ kN/m}$$

11.7.4.4 Bemessungswerte der Einwirkungen

Die Bemessungswerte der Einwirkungen sind eine Funktion des Neigungswinkels α des Geokunststoffes im Randbereich des Erdeinbruches. Dieser ist von der Geokunststoffart, dem Einbruchradius r und dem Durchhang in der Mitte d_{max} abhängig.

Mit r = 0,5 m und d_{max} = 0,15 m ergibt sich unter der Annahme, dass die Einsenkungsmulde sowohl in Produktions- als auch in Querrichtung parabelförmig verläuft, der Neigungswinkel α am Rand der Geokunststoffbewehrung zu:

$$\alpha = a\tan\left[\frac{\frac{-d_{max}}{r^2}\cdot(r-0{,}1\cdot r)^2 + d_{max}}{0{,}1\cdot r}\right] = 32{,}66°$$

Die Einwirkungen in Produktions- und Querrichtung betragen dann:

$$E_{md,d} = \frac{H_{md,d}}{\cos\alpha} = 29{,}02 \text{ kN/m}$$

$$E_{cmd,d} = \frac{H_{cmd,d}}{\cos\alpha} = 7{,}26 \text{ kN/m}\,.$$

11.7.5 Ermittlung der Bemessungswerte der Widerstände in Produktions- und Querrichtung

11.7.5.1 Gewählte Bewehrung

Geogitter A 200/50, einlagig in Längsrichtung der Verkehrsfläche verlegt:

$F_{md,B,k0}$ = 200 kN/m $F_{cmd,B,k0}$ = 50 kN/m

11.7.5.2 Bemessungswert der Zugfestigkeit, Kriterium 1: Kriechbruch der Bewehrung

Beiwert für Kriechen, Beanspruchungsdauer bis zu 1 Monat, gemäß Angabe Geokunststoffhersteller: A_1 = 1,5

Beiwert für Beschädigung der Bewehrung beim Transport, beim Einbau und bei der Verdichtung, gemäß Angabe Geokunststoffhersteller: A_2 = 1,05

Beiwert für Anschlüsse (keine Verbindungen und Anschlüsse): A_3 = 1,00

Beiwert für Umgebungseinflüsse (pH 2 bis 12), gemäß Angabe Geokunststoffhersteller für 60 Jahre Nutzungsdauer: A_4 = 1,00

Beiwert für dynamische Einwirkungen (keine Einwirkungen): A_5 = 1,00

Teilsicherheitsbeiwert für flexible Bewehrungselemente, LF 2: $\gamma_B = 1{,}30$

$$R_{md,B,d} = \frac{F_{md,B,k0}}{A_1 \cdot A_2 \cdot A_3 \cdot A_4 \cdot A_5 \cdot \gamma_B} = 97{,}68 \text{ kN/m}$$

$$R_{cmd,B,d} = \frac{F_{cmd,B,k0}}{A_1 \cdot A_2 \cdot A_3 \cdot A_4 \cdot A_5 \cdot \gamma_B} = 24{,}42 \text{ kN/m}$$

11.7.5.3 Bemessungswert der Zugfestigkeit, Kriterium 2: Kriechdehnung der Bewehrung

Zulässiger Ausnutzungsgrad der Bewehrung für $\varepsilon_{max} = 6{,}0$ %
(über eine Beanspruchungszeit von 1 Monat),
gemäß Isochronendarstellung: $\beta = 0{,}30$

$$R_{md,D,d} = \frac{F_{md,B,k0} \cdot \beta}{A_2 \cdot A_3 \cdot A_4 \cdot A_5 \cdot \gamma_B} = 43{,}96 \text{ kN/m}$$

$$R_{cmd,D,d} = \frac{F_{cmd,B,k0} \cdot \beta}{A_2 \cdot A_3 \cdot A_4 \cdot A_5 \cdot \gamma_B} = 10{,}99 \text{ kN/m}$$

11.7.5.4 Maßgebender Bemessungswert der Zugfestigkeit der Bewehrung

$R_d = \min (R_{B,d}; R_{D,d})$

$R_{md,d} = 43{,}96$ kN/m $\quad R_{cmd,d} = 10{,}99$ kN/m

11.7.6 Nachweis der ausreichenden Zugfestigkeit

$R_{md,d} = 43{,}96 \text{ kN/m} > E_{md,d} = 29{,}02 \text{ kN/m}$

$R_{cmd,d} = 10{,}99 \text{ kN/m} > E_{cmd,d} = 7{,}26 \text{ kN/m}$

11.7.7 Nachweis der Verankerungen

11.7.7.1 Vorgaben

zu verankernde Kräfte, Lastfall GZ 1B, LF 2: $E_{md,d} = 19{,}05$ kN/m
$E_{cmd,d} = 4{,}76$ kN/m

Verbundbeiwert Geokunststoff/Boden: $\alpha = 0{,}9$

Teilsicherheitsbeiwert für den Herausziehwiderstand
nach DIN 1054, GZ 1B, LF 2: $\gamma_B = 1{,}30$

11.7.7.2 Erforderliche Verankerungslänge der Bewehrung in der Produktionsrichtung außerhalb des einbruchgefährdeten Bereiches

$$L_{Lerf} = \frac{E_{md,d} \cdot \gamma_B}{2 \cdot \gamma_k \cdot \alpha \cdot H \cdot \tan(\varphi_k)} = 0,68 \text{ m} \qquad \text{gewählt: } L_{Lvorh} = 0,7 \text{ m}$$

11.7.7.3 Erforderliche Verankerungslänge der Bewehrung in Querrichtung außerhalb des einbruchgefährdeten Bereiches

ohne Erdfalldurchmesser:

$$L_{Qerf,ohne} = \frac{E_{cmd,d} \cdot \gamma_B}{2 \cdot \gamma_k \cdot \alpha \cdot H \cdot \tan(\varphi_k)} = 0,17 \text{ m} \qquad \text{gewählt: } L_{Q,vorh,ohne} = 0,5 \text{ m}$$

11.7.7.4 Erforderliche Verankerungslänge der Bewehrung in Querrichtung innerhalb des einbruchgefährdeten Bereiches

Wenn außerhalb des Dammbereiches ebenfalls die Gefahr von Erdeinbrüchen besteht, muss der Erdfalldurchmesser hinzugerechnet werden:

$$L_{Q,erf} = L_{Q,erf,ohne} + D = 1,17 \text{ m} \qquad \text{gewählt: } L_{Q,vorh} = 1,2 \text{ m}$$

11.7.8 Nachweis der Überlappungen

11.7.8.1 Erforderliche Überlappungslänge in Produktionsrichtung

$$\ddot{U}_{L,erf} = L_{Lerf} + D = 1,68 \text{ m} \qquad \text{gewählt: } \ddot{U}_{L,vorh} = 1,5 \text{ m}$$

11.7.8.2 Erforderliche Überlappungsbreite in der Querrichtung

$$\ddot{U}_{l,erf} = \frac{E_{cmd,d} \cdot \gamma_B}{\gamma_k \cdot \alpha \cdot H \cdot \tan(\varphi_k)} = 0,34 \text{ m} \qquad \text{gewählt: } \ddot{U}_{l,vorh} = 0,5 \text{ m}$$

11.8 Berechnungsbeispiel 2

Präventive Sicherung einer Straße gegen Erdeinbruch mit einer einlagigen Geokunststoffbewehrung, Bemessung nach dem R.A.F.A.E.L.-Verfahren:

- Lastabtragung einaxial,
- Geokunststoffbewehrung extrem anisotrop.

11.8.1 Vorgaben

Höhe der Überlagerung über der Bewehrung: $H = 2,5$ m

Durchmesser des kreisförmigen Erdeinbruchs in der Bewehrungsebene, gemäß Vorgabe: $D = 3,0$ m

Feuchtwichte des Schüttmaterials über der Bewehrung (inkl. Oberbau): $\gamma_k = 22{,}0 \text{ kN/m}^3$

Reibungswinkel des Einbaubodens der Überbrückungszone: $\varphi_k = 35°$

Kohäsion des Einbaubodens der Überbrückungszone: $c_k = 0 \text{ kN/m}^2$

Verkehrslast SLW 60: $q_k = 33{,}3 \text{ kN/m}^2$

Nutzungsdauer: $t_b = 60$ Jahre

Beanspruchungsdauer: $t_d = 1$ Monat

Verformungskriterium an der Fahrbahnoberfläche gemäß Abstimmung mit dem Verkehrsträger: $d_s \leq 0{,}02\, D_s$

Lastfall gemäß Abstimmung mit dem Verkehrsträger: LF 2

11.8.2 Zulässiger Durchhang und zulässige Dehnung der Bewehrung

zulässige Einmuldung der Fahrbahn ($d_s/D \leq 0{,}02$): $d_{s,max} = 0{,}02 \cdot D = 0{,}06 \text{ m}$

Auflockerungsfaktor für den Einbauboden im Bereich der Überbrückungszone (geschätzt): $C_e = 1{,}05$

Durchhangmaß der Bewehrung bei der zulässigen Einsenkung auf der Fahrbahnebene $d_s/D \leq 0{,}02$:

$$d_{max} = d_{s,max} + 2 \cdot H \cdot (C_e - 1) = 0{,}31 \text{ m}$$

geometrisch zulässige Dehnung der Bewehrung, resultierend aus der zulässigen Einsenkung $d_s/D \leq 0{,}02$, (ε_{max} ist für die Beanspruchungsdauer von 1 Monat einzuhalten):

$$\varepsilon_{max} = \frac{8}{3} \cdot \frac{d_{max}^2}{D^2} = 0{,}0285$$

zulässige Dehnung der Bewehrung für die Beanspruchungsdauer $t_d = 1$ Monat: $\varepsilon_d = \varepsilon_{max}$

11.8.3 Ermittlung der Einwirkungen

11.8.3.1 Vertikalspannungen

partielle Sicherheitsbeiwerte für den Lastfall 2 gemäß DIN 1054 (GZ 1B): $\gamma_G = 1{,}20, \quad \gamma_Q = 1{,}30$

charakteristischer Neigungswinkel des Erddruckes: $\delta_k = 0°$

Geländeneigung: $\beta = 0°$

charakteristischer Erddruckbeiwert:

$$K_{agh,k} = K_{ak} = \tan\left(45° - \frac{\varphi_k}{2}\right)^2 = 0,271$$

vertikale Bodenpressung aus dem Gewicht des Einbaubodens:

$$\sigma_{vgk} = \frac{\frac{D}{2}\cdot\left(\gamma_k - 4\cdot\frac{c_k}{D}\right)}{2\cdot K_{ak}\cdot\tan(\varphi_k)}\cdot\left(1 - e^{-K_{ak}\cdot\tan(\varphi_k)\cdot\frac{4\cdot H}{D}}\right) = 40,76\ \text{kN/m}^2$$

vertikale Bodenpressung aus der Verkehrslast:

$$\sigma_{vqk} = q_k\cdot e^{(-K_{ak})\cdot\tan(\varphi_k)4\cdot\frac{H}{D}} = 17,69\ \text{kN/m}^2$$

Bemessungswert der Vertikalspannungen:

$$\sigma_{vd} = \sigma_{vgk}\cdot\gamma_G + \sigma_{vqk}\cdot\gamma_G = 71,91\ \text{kN/m}^2$$

11.8.3.2 Bemessungswert der Einwirkungen auf die Geokunststoffbewehrung

$$E_d = \sigma_{vd}\cdot 0,5\cdot D\cdot\sqrt{1 + \frac{1}{6\cdot\varepsilon_d}} = 282,27\ \text{kN/m}$$

11.8.4 Ermittlung der Bemessungswerte der Widerstände in Produktionsrichtung

11.8.4.1 Gewählte Bewehrung

Geogitter X 1000/100, einlagig, längs verlegt

	Produktionsrichtung	**Querrichtung**
Kurzzeitfestigkeit	$F_{md,B,k0}$ = 1000 kN/m	$F_{cmd,B,k0}$ = 100 kN/m
Dehnung bei Nennfestigkeit	$\varepsilon_{md,k0}$ = 6,0 %	$\varepsilon_{cmd,k0}$ = 12,0 %
Dehnsteifigkeit	$J_{md} = \frac{F_{md,B,k0}}{\varepsilon_{md,k0}} = 16.700$ kN/m	$J_{cmd} = \frac{F_{cmd,B,k0}}{\varepsilon_{cmd,k0}} = 833$ kN/m

Die Bahnbreite wird bei der Ermittlung der Überlappungsbreite in der Querrichtung benötigt: $B = 5$ m

11.8.4.2 Nachweis der extremen Anisotropie

Die beiden Bedingungen aus Kapitel 11.3.2.2

$$\frac{J_{md}}{J_{cmd}} = 20 > 10 \quad \text{und} \quad \frac{\varepsilon_{cmd}}{\varepsilon_{md}} = \frac{12}{6} = 2$$

sind eingehalten, daher ist die extreme Anisotropie nachgewiesen.

11.8.4.3 Bemessungswert der Zugfestigkeit, Kriterium 1: Kriechbruch der Bewehrung

Beiwert für Kriechen, Beanspruchungsdauer bis zu 1 Monat: $A_1 = 1{,}35$

Beiwert für Beschädigung der Bewehrung beim Transport, beim Einbau und bei der Verdichtung: $A_2 = 1{,}05$

Beiwert für Anschlüsse (keine Verbindungen und Anschlüsse): $A_3 = 1{,}00$

Beiwert für Umgebungseinflüsse (pH 2 bis 12), für 60 Jahre Nutzungsdauer: $A_4 = 1{,}00$

Beiwert für dynamische Einwirkungen (keine dynamische Einwirkungen): $A_5 = 1{,}00$

Teilsicherheitsbeiwert für flexible Bewehrungselemente, LF 2: $\gamma_M = 1{,}30$

$$R_{B,d} = \frac{F_{B,k0}}{A_1 \cdot A_2 \cdot A_3 \cdot A_4 \cdot A_5 \cdot \gamma_M} = 542{,}67 \text{ kN/m}$$

11.8.4.4 Bemessungswert der Zugfestigkeit, Kriterium 2: Kriechdehnung der Bewehrung

Zulässiger Ausnutzungsgrad der Bewehrung für $\varepsilon_{max} = 2{,}85$ % (über eine Beanspruchungszeit von 1 Monat) gemäß Isochronendarstellung, $\beta_d = 0{,}40$:

$$R_{D,d} = \frac{F_{B,k0} \cdot \beta_d}{A_2 \cdot A_3 \cdot A_4 \cdot A_5 \cdot \gamma_M} = 293{,}04 \text{ kN/m}$$

11.8.4.5 Maßgebender Bemessungswert der Zugfestigkeit der Bewehrung

$$R_d = \min(R_{B,d}, R_{D,d}) = 293{,}04 \text{ kN/m}$$

11.8.5 Nachweis der ausreichenden Zugfestigkeit

$$R_d = 293{,}04 \text{ kN/m} > E_d = 282{,}27 \text{ kN/m}$$

11.8.6 Nachweis der Verankerungen

zu verankernde Kraft, Lastfall LF 2: $E_d = 282{,}27$ kN/m

Teilsicherheitsbeiwert für den Herausziehwiderstand nach DIN 1054: $\gamma_B = 1{,}30$

Verbundbeiwert Geogitter/Boden: $\alpha = 0{,}9$

11.8.6.1 Erforderliche Verankerungslänge der Bewehrung in Produktionsrichtung außerhalb des einbruchgefährdeten Bereiches

$$L_{L,erf} = \frac{E_d \cdot \gamma_B}{2 \cdot \gamma_k \cdot \alpha \cdot H \cdot \tan(\varphi_k)} = 5{,}29 \text{ m}$$

gewählt: LL,vorh = 5,50 m

11.8.6.2 Erforderliche Verankerungslänge der Bewehrung in Querrichtung

Die Bewehrung ist in Querrichtung unterhalb der gesamten Dammbreite mit jeweils 0,5 m Überstand in den Randbereichen zu verlegen.

11.8.7 Nachweis der Überlappungen

11.8.7.1 Überlappungslänge in Produktionsrichtung

$Ü_L = L_{L,erf} + D = 8{,}29$ m gewählt: $Ü_L = 8{,}5$ m

11.8.7.2 Überlappungsbreite in Querrichtung

Bei der gewählten einaxialen extrem anisotropen Überbrückung ergeben sich für die Überlappungen in Querrichtung nach Tabelle 11.4 folgende Variantenwerte:

$Ü_{l,1} = 0{,}5$ m $Ü_{l,2} = 0{,}1 \cdot B = 0{,}5$ m $Ü_{l,3} = 2 \cdot \varepsilon_d \cdot D = 0{,}17$ m

Maßgebend ist der größte dieser Werte:

$\max Ü_l = \max(Ü_{l,1}, Ü_{l,2}, Ü_{l,3})$ $\max Ü_l = 0{,}5$ m gewählt: $Ü_l = 0{,}5$ m

12 Dynamische Einwirkungen auf geokunststoffbewehrte Systeme

12.1 Allgemeines

Der derzeitig gesicherte Kenntnisstand über das Verhalten von geokunststoffbewehrten Bauwerken unter dynamischen Einwirkungen wird vorgestellt. Einerseits sind hohe Tragreserven solcher Konstruktionen, z. B. unter Erdbebenbeanspruchungen, bekannt, andererseits erfolgt die Dimensionierung der Bauwerke, sofern dynamische Einwirkungen zu berücksichtigen sind, zur Zeit im Wesentlichen anhand empirischer Festlegungen und/oder Erfahrungen in speziellen Anwendungsfällen. Die Vielfalt der Einflüsse, die die Betrachtung dynamischer Einwirkungen auf das Tragverhalten der Konstruktion beinhalten, erschwert die Aufstellung allgemeingültiger Bemessungsansätze. Nachfolgend werden der derzeitige Kenntnisstand dargestellt und Ansätze zur Berücksichtigung der dynamischen Einwirkungen/Beanspruchungen zusammengefasst und erläutert. Die Empfehlungen beschränken sich auf die Betrachtung maßgebender Bemessungsansätze für eine praxisorientierte Anwendung.

12.2 Dynamische Einwirkungen

Als dynamische Einwirkungen sollen alle zeitlich veränderlichen Einwirkungen nach Kapitel 6.1.4 DIN 1054 betrachtet werden. Es handelt sich um Einwirkungen aus:

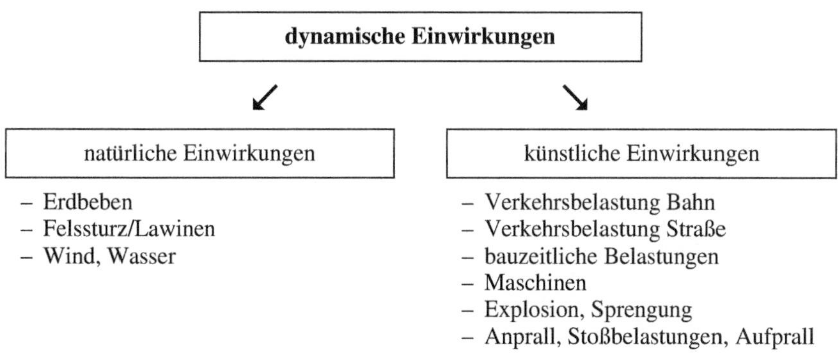

Die Einwirkungen im Sinne von DIN 1054 lassen sich in dynamische, zyklische und stoßartige Einwirkungen unterteilen.

– dynamische Einwirkungen:
  Darunter werden hochfrequente Einwirkungen verstanden. Trägheitskräfte sind hierbei nicht vernachlässigbar, sie können das Systemverhalten maßgebend bestimmen.

Empfehlungen für den Entwurf und die Berechnung von Erdkörpern mit Bewehrungen aus Geokunststoffen (EBGEO). 2. Auflage. Deutsche Gesellschaft für Geotechnik e. V.

ISBN: 978-3-433-02950-3

- zyklische Einwirkungen:
  Darunter werden niederfrequente Einwirkungen verstanden, bei denen Trägheitskräfte in der Regel vernachlässigt werden können (Frequenzen ≤ 1 bis 2 Hz).

- stoßartige Einwirkungen:
  Darunter werden Einwirkungen verstanden, die nur eine kurze Zeit wirksam sind. Die Einwirkzeit kann im Millisekundenbereich bis zu einigen Sekunden liegen, wobei die obere Grenze nicht eindeutig festliegt. Dabei können ebenfalls Trägheitskräfte wirksam sein.

Weitere Unterscheidungskriterien sind die Last-Zeit-Verlaufs-Charakteristik, die Wirkrichtung der Einwirkungen im Raum, die Quelle und die Häufigkeit des Auftretens der Einwirkungen:

- Last-Zeit-Verlauf (Bild 12.1):
  harmonisch, periodisch, transient, impulsartig,

- Wirkrichtung:
  Richtung der Einwirkung zur Lage des Geokunststoffes,

- Quelle:
  Erdbeben, Explosion, Schienenverkehr, Straßenverkehr, Verdichtungsvorgänge, Fahrzeuganprall, Felssturz, Maschinen,

- Häufigkeit der Einwirkung:
  Die Häufigkeit beschreibt die wahrscheinliche Anzahl des Auftretens der dynamischen Einwirkungen bezogen auf die betrachtete Lebensdauer des Bauwerkes.

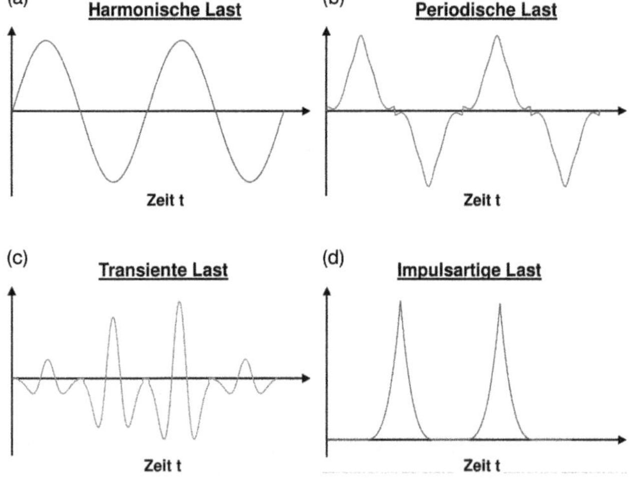

Bild 12.1 Zeitliche Verlaufsformen von dynamischen Einwirkungen [11]

12.3 Dynamische Beanspruchungen

Unter dynamischen Beanspruchungen sollen nur die Schnittgrößenanteile verstanden werden, die infolge dynamischer Einwirkungen gemäß Kapitel 12.2 entstehen. Diese sind, je nach Grenzzustand, nach Kapitel 12.7 zu ermitteln.

Anmerkung: Die dynamischen Einwirkungen führen zu dynamischen Beanspruchungen der Geokunststoffe, die von geometrischer Dämpfung und Materialdämpfung, Porenwasserdrücken und Resonanzerscheinungen maßgebend beeinflusst werden. Insbesondere bei wassergesättigten Böden können Teile des Systems oder das Gesamtsystem zu Schwingungen mit Eigenfrequenz angeregt werden (Resonanzerscheinungen). Ggf. müssen Massenträgheitseffekte aus dynamischen Einwirkungen bei der Ermittlung der dynamischen Beanspruchungen mit berücksichtigt werden.

12.4 Widerstände

Die bemessungsrelevanten Widerstände des Verbund-Systems Geokunststoff-Füllboden können sowohl einzeln als auch im Verbund unterschiedlich beeinflusst werden:

- Geokunststoff:
  Beeinflussung des Materialwiderstandes durch Ermüdung und/oder Beschädigung infolge dynamischer Einwirkungen,
- Füllboden:
  Beeinflussung des Materialwiderstandes (Scherfestigkeit) durch Nachverdichtung, Auflockerung, Veränderung von Porenwasserdrücken, Kornzertrümmerung, Kornumlagerung, Veränderung der Porenzahl, Verformungen,
- Verbundsystem Geokunststoff/Füllboden:
  Beeinflussung der Verbundwirkung zwischen Geokunststoff und Füllboden (denkbar z. B. durch Auflockerung, Entlastungsphasen und Kornzertrümmerung, Kornumlagerung etc.).

12.5 Dynamische Bemessungsfälle

Die Berücksichtigung dynamischer Einwirkungen in der Dimensionierung von geokunststoffbewehrten Bauwerken/Bauteilen ist je nach Häufigkeit und Größe der Einwirkung auf unterschiedlichen Wegen möglich. Um eine einheitliche Vorgehensweise in der Bemessung zu ermöglichen, werden drei dynamische Bemessungsfälle unterschieden. Diese erlauben eine Beurteilung, ob im jeweils betrachteten Fall die Bemessung nur mit statischen Einwirkungen ausreicht, ob mit quasi-statischen Verfahren zusätzliche dynamische Einwirkungen zu berücksichtigen sind, oder ob spezielle Betrachtungen der dynamischen Einwirkungen/

Beanspruchungen und Widerstände erforderlich sind. Als Unterscheidungskriterium können näherungsweise die Häufigkeit des Auftretens der dynamischen Einwirkung im Laufe der angenommenen Lebensdauer des Bauwerkes (Lastzyklus) und das Verhältnis von statischer Einwirkung zu dynamischer Einwirkung definiert werden.

Häufigkeit:

n Anzahl Lastzyklen [–]	$n < 10$	(selten)
	$10 \leq n < 10^6$	(häufig)
	$n \geq 10^6$	(ständig)

Verhältnis:

$$\zeta = \max F_{dyn,k} / \max F_{stat,k} \quad [-] \qquad \text{Gl. (12.1)}$$

$$\max F_{dyn,k} = 2 \cdot F_{Ampl,k} + \max F_{stat,k} \qquad \text{Gl. (12.2)}$$

mit:

ζ Verhältniswert,
$\max F_{stat,k}$ charakteristischer Wert der maximalen statischen Einwirkung,
$\max F_{dyn,k}$ charakteristischer Wert der maximalen dynamischen Einwirkung,
$F_{Ampl,k}$ charakteristischer Wert der dynamischen Lastamplitude.

Die Definition der dynamischen Lastkomponenten wird in Bild 12.2 exemplarisch für eine zyklische Einwirkung dargestellt (Beispiel Vertikalspannung).

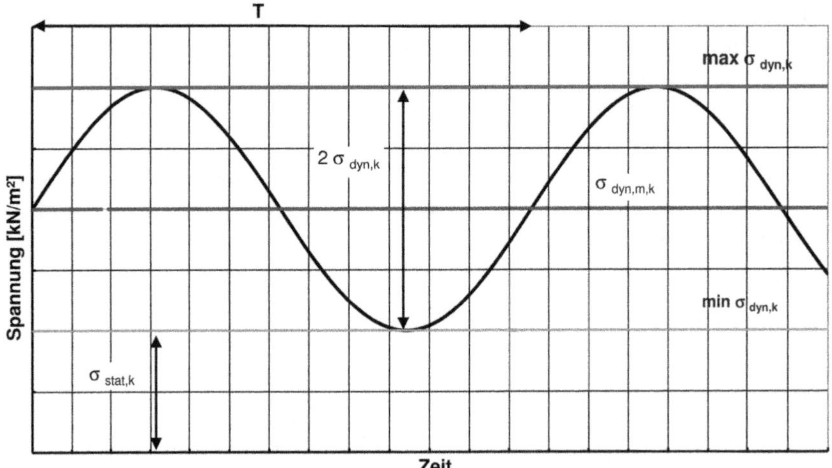

Bild 12.2 Definitionen

Erläuterung zu Bild 12.2:

max $\sigma_{dyn,k}$ maximale dynamische Spannung,
min $\sigma_{dyn,k}$ minimale dynamische Spannung,
$\sigma_{dyn,m,k}$ dynamische Mittelspannung,
$\sigma_{dyn,k}$ dynamische Spannungsamplitude,
$\sigma_{stat,k}$ maximale statische Spannung,
$f = 1/T$ Frequenz.

Sofern eine Berechnung mit statischen Einwirkungen die dynamischen Einwirkungen ausreichend im Sinne von DIN 1054 berücksichtigt, sind keine besonderen Berechnungsschritte erforderlich (dynamischer Bemessungsfall 1).

Treten dynamische Einwirkungen auf, die in Größe und Häufigkeit zu berücksichtigende Beanspruchungen erwarten lassen, wird als allgemeingültiges Näherungsverfahren die Methode der „quasi-statischen Ersatzlasten" vorgeschlagen (dynamischer Bemessungsfall 2).

Bei großen dynamischen Einwirkungen und/oder großer Häufigkeit der Einwirkungen bzw. zur Berücksichtigung bodendynamischer Effekte (z. B. Resonanz, Verflüssigung) ist die Bemessung von geokunstoffbewehrten Bauwerken unter Berücksichtigung der tatsächlichen Last-Zeit-Verläufe im Zeit- oder alternativ im Frequenzbereich vorzunehmen (dynamischer Bemessungsfall 3). Hierzu sind geeignete Berechnungsverfahren und Berechnungsmethoden sowie spezielle Programme notwendig, die in der Regel einen hohen Aufwand im Zuge der Berechnung und der Bestimmung der bodenmechanischen Parameter erfordern.

Nachfolgend werden die dynamischen Bemessungsfälle inhaltlich erläutert.

Dynamischer Bemessungsfall 1:

Keine gesonderte Betrachtung notwendig. Bei der Berechnung mit statischen Einwirkungen sind alle dynamischen Effekte ausreichend abgedeckt.

Anwendung für:

- einfache Fälle,
- nur eine maßgebende Lastkomponente orthogonal zur Geokunststofflage,
- ebene Anwendungsfälle,
- Anwendungen, bei denen keine bodendynamischen Effekte zu erwarten sind.

Dynamischer Bemessungsfall 2:

Dynamische Einwirkungen müssen berücksichtigt werden. Sie können über quasistatische Ersatzlasten und Näherungsverfahren erfasst werden oder genauer gemäß den Empfehlungen für den dynamischen Bemessungsfall 3 ermittelt werden.

Anwendung für:

- wie dynamischer Bemessungsfall 1
  und
- Bewehrung im Bereich dynamischer Einwirkungen.

Dynamischer Bemessungsfall 3:

Dynamische Einwirkungen haben Einfluss auf die Konstruktion. Diese Konstruktionen sind mit geeigneten Verfahren/Methoden im Zeit- oder Frequenzbereich einschließlich erforderlicher Laboruntersuchungen für das konkrete Objekt zu bemessen bzw. sind geeignete Feldversuche zur Bestimmung der erforderlichen Kenngrößen durchzuführen.

Anwendung für:

- wie dynamischer Bemessungsfall 2
  und
- mehrere maßgebende Lastkomponenten, nicht nur orthogonal zur Geokunststofflage,
- ebene/räumliche Anwendungsfälle,
- Anwendungen, bei denen Aussagen zu Beschleunigung, Schwinggeschwindigkeit, Verschiebung erforderlich und bodendynamische Effekte zu erwarten sind.

Der Bemessungsablauf wird im folgenden Organigramm (Bild 12.3) schematisch dargestellt. In den Folgekapiteln werden für die einzelnen Bemessungsgänge die erforderlichen Erläuterungen gegeben.

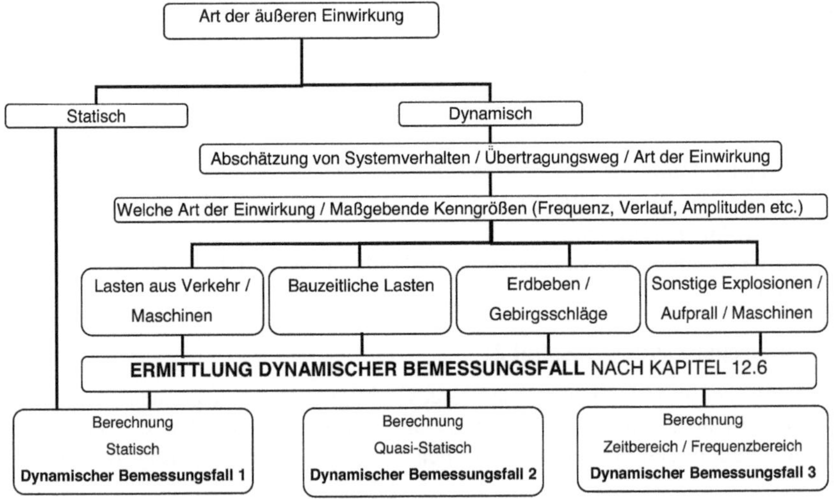

Bild 12.3 Bemessungsablauf

12.6 Dynamische Einwirkungen

12.6.1 Dynamische Einwirkungen – Verkehrsbelastungen

12.6.1.1 Berücksichtigung von Verkehrsbelastungen

Ein Hauptanwendungsfall sind dynamische Einwirkungen aus Verkehr. Zur Beurteilung, ob die dynamischen Bemessungsfälle 1, 2 oder 3 vorliegen, ist die Lage des Geokunststoffes in Bezug auf den Lasteintragungsort von entscheidender Bedeutung. Der Abstand von Geokunststofflage zum Lasteintragungsort wird als Wirktiefe z definiert. Die Größe der dynamischen Einwirkung hängt direkt von der Wirktiefe ab. Zur Ermittlung des dynamischen Bemessungsfalles sind daher die dynamischen Einwirkungen (hier Vertikalspannungen) und die Häufigkeit des Auftretens zu ermitteln.

Der Zusammenhang zwischen statischer und dynamischer Einwirkung wird gemäß Kapitel 12.5 für die Vertikalspannungen wie folgt definiert:

$$\zeta = 2 \cdot \sigma_{dyn,k} / \sigma_{stat,k} \qquad \text{Gl. (12.3)}$$

Als statisch wirksamer Lastanteil $\sigma_{stat,k}$ sind nur ständig wirkende Lastanteile in die Berechnung einzubeziehen. Der dynamische Vertikalspannungsanteil kann detailliert nach [16] ermittelt werden. Dieser Ansatz zur Abschätzung der Wirktiefe und der Größe dynamischer Vertikalspannungen wird unter Berücksichtigung der Ergebnisse und Messungen in [7], [9], [14] empfohlen. Die dem Ansatz zugrunde liegenden Kegelmodelle sind zur Bestimmung der im Baugrund zu erwartenden dynamischen Einwirkungen einsetzbar und können zur praktischen Ermittlung von dynamischen Zusatzbelastungen in jeder Geokunststofflage genutzt werden. Mithilfe eines äquivalenten Kegelstumpfes können Impedanzfunktionen für beliebige Lasteinleitungsflächen aus den dynamischen Eigenschaften des Baugrundes hergeleitet werden. Die Genauigkeit des Ergebnisses erfüllt die

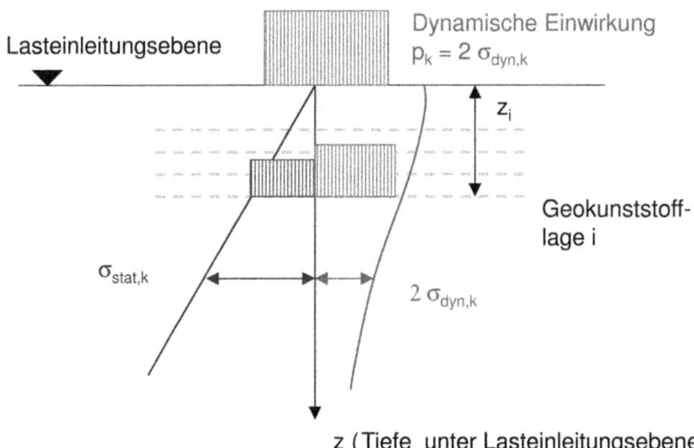

Bild 12.4 Dynamische und statische Vertikalspannungen

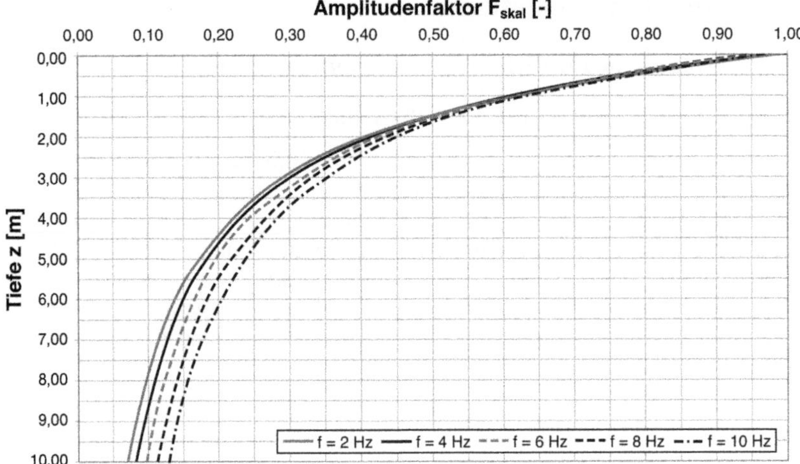

Bild 12.5 Tiefenwirkung mit Frequenzvariation für Recheckeinflussfläche (3 m · 1 m) und $\sigma = 52$ kN/m^2 bei $E_{s,k} = 100$ MN/m^2

im Rahmen der für ingenieurtechnische Anwendungen gestellten Forderungen [18]. Neuere Messungen im Rahmen von Großversuchen belegen dies [23]. Das nachfolgende Diagramm zeigt für verkehrstypische Frequenzen und kreisrunde Fundamentflächen die Tiefenabhängigkeit von dynamischen Einwirkungen aus Verkehr. Bei höheren Steifemoduln nehmen die Spannungen in Lastrichtung geringfügig schneller mit der Tiefe ab, so dass vereinfachend mit dem dargestellten Diagramm (Bild 12.5) gearbeitet werden kann [18]. In Kapitel 12.11 sind für unterschiedliche Spannungsamplituden und Frequenzen einige dynamischen Kenngrößen aufgetragen.

Zusätzlich können mit den Diagrammen nach Kapitel 12.11 nicht vorwiegend ruhende Horizontalspannungen und Schubspannungen in beliebigen Tiefenlagen überschlägig ermittelt werden.

Dynamische Vertikalspannungsamplitude:

$$\sigma_{dyn,k(z)} = F_{skal(z)} \cdot \max \sigma_{dyn,k(z=0)} \qquad \text{Gl. (12.4)}$$

mit:

$F_{skal(z)}$ Amplitudenfaktor nach Bild 12.5,
$\max \sigma_{dyn,k(z=0)}$ maximale dynamische Einwirkung in Lasteinleitungsebene.

Die Abschätzung der dynamischen Horizontalspannungsamplitude kann unter Zuhilfenahme folgender Gleichung erfolgen. Es gilt näherungsweise für die dynamische Horizontalspannungsamplitude:

$$\sigma_{dyn,h,k} = K_0 \cdot \sigma_{dyn,k} \,. \qquad \text{Gl. (12.5)}$$

12.6.1.2 Zuordnung zu den dynamischen Bemessungsfällen – Verkehrslasten

Die Zuordnung zu den dynamischen Bemessungsfällen erfolgt je nach Lage des Geokunststoffes nach Tabelle 12.1. Ausschlaggebend ist die Tiefenlage unter Lasteinleitungsebene und die dort anzusetzende Scherdehnung. Die Grenzwerte hängen maßgeblich von Frequenz, Form der Einwirkungsfläche und Belastung ab. Die anzusetzende Schubdehnungsamplitude wird als Unterscheidungskriterium für die dynamischen Bemessungsfälle genutzt. Die Unterscheidung basiert auf den Grundlagen nach [25]. Tabelle 12.1 zeigt die Unterteilung exemplarisch. In Kapitel 12.11 sind für diverse Lastamplituden die Scherdehnungsamplitudendiagramme beigegeben (Zwischenwerte können linear interpoliert werden).

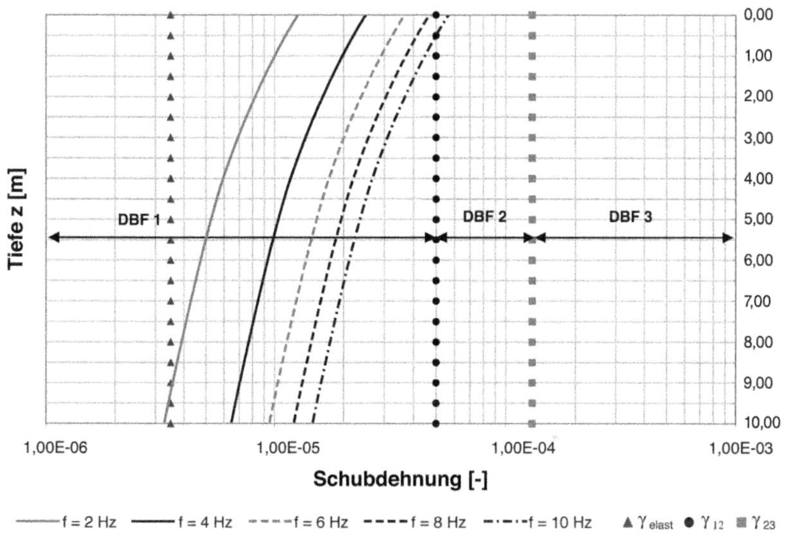

Bild 12.6 Dynamische Bemessungsfälle (DBF) exemplarisch für Rechteckeinflussfläche (3 m · 1 m) und $\sigma = 52$ kN/m² bei $E_{s,k} = 100$ MN/m²

Tabelle 12.1 Mindestabstände/Grenzkriterien zur Zuordnung zu den dynamischen Bemessungsfällen

Lastart:	Verkehrsbelastung	bauzeitliche Last/Verdichtung
dynamischer Bemessungsfall 1	$\gamma < 5 \cdot 10^{-5}$	$h_{min} > 0{,}30$, da keine ständige Belastung
dynamischer Bemessungsfall 2	$5 \cdot 10^{-5} < \gamma < 1{,}3 \cdot 10^{-4}$	–
dynamischer Bemessungsfall 3	$\gamma > 1{,}3 \cdot 10^{-4}$	–

mit:

γ Schubdehnung infolge dynamischer Lastamplitude,
h_{min} Abstand Lasteintragung zur ersten Geokunststofflage.

12.6.1.3 Bemessungsempfehlungen

Nachfolgend werden Empfehlungen für die Berechnungsverfahren bzw. Berechnungsansätze gegeben. Es werden sowohl quasi-statische Ersatzverfahren als auch Berechnungsmethoden im Zeit-/Frequenzbereich benannt.

Dynamischer Bemessungsfall 1:

Im dynamischen Bemessungsfall 1 werden die Einwirkungen über statische Ersatzlasten nach DIN FB 101, DIN 1054 bzw. RiL 836 berücksichtigt. Diese statischen Ersatzlasten berücksichtigen alle dynamischen Einflüsse ausreichend.

Dynamischer Bemessungsfall 2:

Die Einwirkungen aus dynamischen Belastungen können in der Berechnung im dynamischen Bemessungsfall 2 mit quasi-statischen Ansätzen nach Tabelle 12.2 abgebildet werden. Im Gegensatz zum dynamischen Bemessungsfall 1 werden die Lasten mit einem Lasterhöhungsfaktor κ in die Berechnung eingeführt, um die zusätzlich auftretenden dynamischen Lastanteile mit abzudecken.

Tabelle 12.2 Ermittlung der äußeren dynamischen Einwirkungen für Verkehrslasten

Lastart:	**Verkehr Straße**	**Verkehr Bahn**
Lastgröße max $\sigma_{k,dyn(z=0)}$	$\kappa \cdot$ Ersatzflächenlast (nach DIN FB 101)	$\kappa \cdot$ Flächenlast (nach RiL 836)
Lasterhöhungsfaktor κ	1,0[**)]	1,0[*)]
Frequenzbereich für Lasteintrag	0 bis 10 Hz	0 bis 10 Hz
Tiefenwirkung	Kapitel 12.11	Kapitel 12.11

Anmerkung: *) *Für Vorbemessungen kann $\kappa = 1{,}0$ gesetzt werden, Hinweise dazu siehe RiL 836 und [6], [23].*
**) *nach derzeitigem Kenntnisstand kann bei Ansatz der Ersatzflächenlast ein Wert von $\kappa = 1{,}0$ angesetzt werden.*
Für die Lastgröße wird hier auf der sicheren Seite liegend eine Ersatzflächenlast gewählt. Für die Untersuchung oberflächennaher Geokunststofflagen kann auch der Ansatz von Radlasten in Kombination mit Lasterhöhungsfaktoren erforderlich sein.

Für Maschinenfundamente sind die Berechnungen der Impedanzfunktionen und Scherdehnungsamplituden in Abhängigkeit von der Fundamentgeometrie nach [15] separat zu ermitteln.

Dynamischer Bemessungsfall 3:

Treten hohe dynamische Belastungen auf und liegt der Geokunststoff sehr dicht an der Lasteinleitungsebene, ist der dynamische Bemessungsfall 3 anzusetzen. Die Berechnung und Generierung beliebiger Last-Zeit-Funktionen für dynamische Einwirkungen aus Verkehrslasten zur Berücksichtigung in den Berechnungen im Zeit- oder Frequenzbereich sind in [14] beschrieben. Damit ist es möglich, nahezu jede dynamische Einwirkung abzuleiten und die Berechnungen durchzuführen. Für spezielle Fälle können auch normierte Last-Zeit-Funktionen aus Messungen verwendet werden. Massenträgheitseffekte und Entfestigungserscheinungen können berücksichtigt werden. Alternativ ist eine Berechnung mittels numerischer Verfahren im Zeit- oder Frequenzbereich möglich [16].

12.6.2 Dynamische Einwirkungen – Explosionen, Anprall, Lawinen

Die Berücksichtigung von Anpralllasten oder Explosionen ist, auch wenn die Häufigkeit mit „selten" einzustufen ist, dem dynamischen Bemessungsfall 3 zuzuordnen, da sehr hohe dynamische Einwirkungen zu erwarten sind. Die dynamischen Einwirkungen aus Explosionen oder Anprall auf geokunststoffbewehrte Konstruktionen sind weitestgehend unerforscht. Versuchstechnisch begründete Ansätze für Steinschlagwälle werden in [17] aufgezeigt. Ansätze zur Modellierung von impulsartigen Lasteinwirkungen auf geokunststoffbewehrte Systeme infolge Explosionen oder Steinschlag/Anprall finden sich in [24].

12.6.3 Dynamische Einwirkungen – Erdbebenbelastungen

Erdbebenbelastungen und deren Auswirkungen sind dann zu berücksichtigen, wenn Bauwerke in seismisch aktiven Gebieten liegen. Zur Berücksichtigung von Erdbebenbelastungen in Deutschland wird auf DIN 4149 verwiesen. In der Karte der Erdbebenzonen sind die seismisch aktiven Gebiete ausgewiesen. Sofern geokunststoffbewehrte Bauwerke außerhalb der Erdbebenzone 0 errichtet werden, sind Zusatzbelastungen bei der Dimensionierung einzurechnen. Für die Dimensionierung sind quasi-statische Ersatzverfahren (dynamischer Bemessungsfall 2) ausreichend. In speziellen Fällen sind detaillierte Untersuchungen und eine Berechnung im Zeit-/Frequenzbereich erforderlich (dynamischer Bemessungsfall 3). Erfahrungen aus der Praxis zeigen, dass sich geokunststoffbewehrte Bauwerke unter Erdbebenbeanspruchung aufgrund ihrer Flexibilität und hohen Reibungswinkel sehr günstig verhalten und hohe Tragreserven aufweisen [22]. Für die Berücksichtigung von Belastungen aus Erdbeben werden die folgenden Verfahren empfohlen:

Dynamischer Bemessungsfall 1:

nicht relevant.

Dynamischer Bemessungsfall 2:

Die aus seismischen Einwirkungen resultierenden Zusatzkräfte sind in angemessener Weise bei der Dimensionierung zu berücksichtigen. Hierbei sind speziell die Auswirkungen auf passiven bzw. aktiven Erddruck und die Böschungsbruch- oder Geländebruchsicherheit zu untersuchen. Die Berechnung erfolgt in der Regel im LF 3 nach DIN 1054 mit erhöhten Erdruckkräften bzw. Zusatzkräften in Abhängigkeit von der Erdbebenzone. Ein gesonderter Ansatz des Verbundreibungsbeiwertes oder die Berücksichtigung von Ermüdungs- und Dauerbeanspruchungen ist nicht erforderlich (Häufigkeit: $n < 10$ (selten)). Aussagen über zu erwartende Deformationen sind mit dieser Methodik nicht möglich. Als Berechnungsgrundlage ist DIN 4149, 12.2 zu berücksichtigen. Hierbei sind die Nachweise im Grenzzustand der Tragfähigkeit im LF 3 mit folgenden Erddruckbeiwerten zu führen:

$$K_e = K + a_g + \gamma_1 \qquad \text{Gl. (12.6)}$$

mit:

K Erddruckbeiwert,
K_e Erddruckbeiwert Erdbeben,
a_g maximale Bodenbeschleunigung nach DIN 4149:2005, Tabelle 2,
γ_1 Bedeutungsbeiwert nach DIN 4149:2005, Tabelle 3.

Alternative Ansätze:

Aktiver und passiver Erddruck können gemäß der Mononobe-Okabe-Methode (M-O-Methode) [12], [13], [18] berücksichtigt werden. Die Ermittlung der aktiven und passiven dynamischen Erddruckkomponenten sowie der Ansatzpunkt der Lastresultierenden für die Berechnung sind in [12] bzw. [13] erläutert. Besondere Berücksichtigung hat der Wasserdruck zu finden, sofern dieser im Einflussbereich des Bauwerkes vorhanden ist. Entsprechende Empfehlungen finden sich in [12].

Dynamischer Bemessungsfall 3:

Sollen Aussagen über zu erwartende Verformungen und/oder Wasserdrücke berücksichtigt werden bzw. handelt es sich um Bauwerke der Geotechnischen Kategorie 3, sind Berechnungen im Zeit- oder Frequenzbereich erforderlich, um Massenträgheitseffekte angemessen berücksichtigen zu können. Gleiches gilt, wenn Bodenverflüssigung oder Resonanzeffekte zu erwarten sind. Hinweise und Empfehlungen für die Berechnung finden sich dazu in [11], [12], [13] und [22]. Modell- und Laborversuche verbessern die Genauigkeit der Berechnung [18]. Die Nachweisführung kann mit geeigneten numerischen Programmsystemen erfolgen.

12.7 Ermittlung der dynamischen Beanspruchung der Geokunststoffe

12.7.1 Dynamischer Bemessungsfall 1

Eine gesonderte Berechung erfolgt nicht, die Bemessung unter Berücksichtigung der statischen Einwirkungen ist ausreichend.

12.7.2 Dynamischer Bemessungsfall 2

Die Ermittlung der dynamischen Beanspruchung in den Geokunststofflagen erfolgt je nach betrachtetem Grenzzustand. Hierbei wird der Anteil der dynamischen Beanspruchung als Differenz der Beanspruchungen unter Berücksichtigung der dynamischen Einwirkungen und nur der statischen Einwirkungen ermittelt. Hierzu sind zwei Rechengänge erforderlich. Es gilt:

Rechengang 1: Beanspruchungen ohne dynamische Einwirkungen $B_{stat,k}$,

Rechengang 2: Beanspruchungen mit dynamischen Einwirkungen $B_{ges,k}$.

Der dynamische Beanspruchungsanteil ergibt sich aus der Differenz und wird wie folgt für jede Bewehrungslage näherungsweise ermittelt:

$$B_{dyn,k(i)} = B_{ges,k(i)} - B_{stat,k(i)} \,. \qquad \text{Gl. (12.7)}$$

Auf der sicheren Seite liegend, wird diese Berechnung mit dem Verbundreibungsbeiwert $f_{s,k}$ durchgeführt. Die Beanspruchungen werden im Anschluss entsprechend dem Grenzzustand und dem Lastfall faktorisiert und in Bemessungsbeanspruchungen umgewandelt.

12.7.3 Dynamischer Bemessungsfall 3

Die Berechnung der auftretenden Zusatzbeanspruchungen erfolgt gesondert unter Zuhilfenahme spezieller Bemessungsverfahren und Programme (z. B. [14]). Die Ergebnisse sind durch Plausibilitätsprüfungen und Vergleichsrechnungen zu prüfen.

12.8 Ermittlung der Widerstände bei dynamischer Einwirkung

12.8.1 Herausziehwiderstand der Bewehrung

12.8.1.1 Dynamischer Bemessungsfall 1

Eine gesonderte Berücksichtigung der Beeinflussung des Herausziehwiderstandes durch dynamische Einwirkungen ist nicht erforderlich, die Berechnung erfolgt gemäß Kapitel 3.3.3.

12.8.1.2 Dynamischer Bemessungsfall 2

Der Herausziehwiderstand wird bei dynamischen Einwirkungen direkt beeinflusst [3], [4]. Dies ist rechnerisch zu berücksichtigen. Sofern keine Ermittlung der Beeinflussung des Herausziehwiderstandes im Versuch nach Kapitel 12.9 erfolgt, kann für die Dimensionierung folgender Ansatz verwendet werden:

Der Grenzflächenreibungsbeiwert zur Ermittlung des Herausziehwiderstandes wird näherungsweise wie folgt berechnet:

$$f_{s,k} = \lambda_{dyn} \cdot \lambda_{stat} \cdot \tan \varphi'_k \,. \qquad \text{Gl. (12.8)}$$

Auf der sicheren Seite liegend, kann mit dieser Beziehung die Veränderung des Reibungsbeiwertes abgeschätzt werden. Er berücksichtigt eine Verminderung des Reibungsverbundes infolge dynamischer Einwirkungen. Der Herausziehwiderstand wird nach Kapitel 3.3.3 unter Verwendung der o. g. Beziehung unter Zugrundelegung der Gesamtlast ($\sigma_{stat} + \sigma_{dyn}$) ermittelt.

Tabelle 12.3 Gültigkeitsbereich für λ_{Dyn}

λ_{dyn}	**Gültigkeitsbereich**	
1,0	$\zeta = 0{,}0$	statischer Fall
$1 - \zeta$	$0{,}0 < \zeta \leq 0{,}80$	
0,20	$0{,}80 < \zeta$	

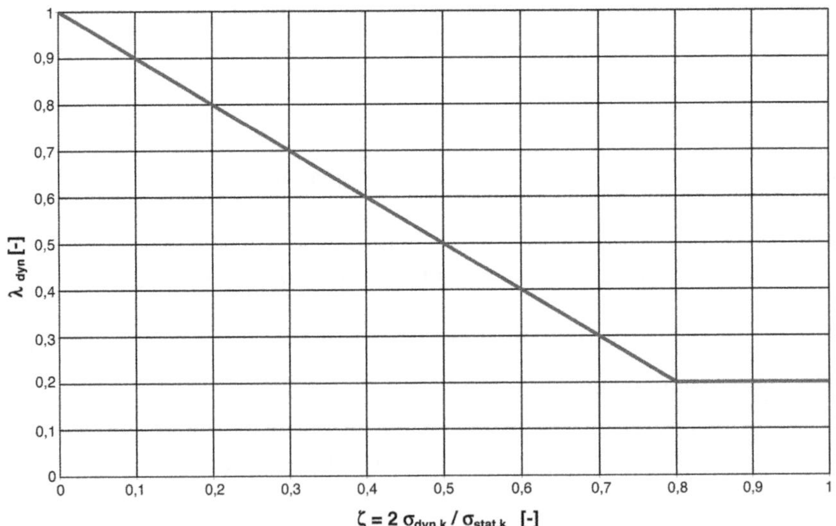

Bild 12.7 Bestimmung λ_{dyn}

12.8.1.3 Dynamischer Bemessungsfall 3

Zur Berücksichtigung des Herausziehwiderstandes im dynamischen Bemessungsfall 3 sind objektbezogene Versuche nach Kapitel 12.9 vorzusehen.

12.8.2 Materialwiderstand der Bewehrung

12.8.2.1 Dynamischer Bemessungsfall 1

Eine gesonderte Berücksichtigung der dynamischen Einwirkungen auf den Materialwiderstand der Bewehrung ist nicht erforderlich ($A_5 = 1{,}00$).

12.8.2.2 Dynamischer Bemessungsfall 2

Der Materialwiderstand der Bewehrung wird zur Berücksichtigung der dynamischen Einwirkungen mit dem Beiwert A_5 berechnet. Der Beiwert A_5 berücksichtigt Ermüdungserscheinungen und Beschädigungen infolge wiederholter Einwirkungen und ist nach Kapitel 12.9 in Laborversuchen zu ermitteln.

Tabelle 12.4 Gültigkeitsbereich für A_5

A_5	**Gültigkeitsbereich**	
1,0	$\zeta = 0{,}0$	statischer Fall
1,0 bis 1,5	$0{,}0 < \zeta \leq 1{,}00$	linear Interpolieren
1,50	$1{,}00 < \zeta$	

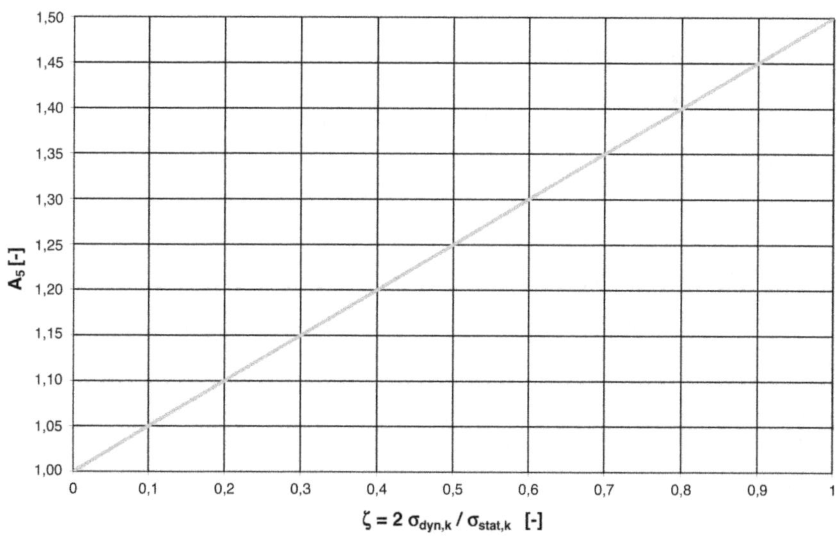

Bild 12.8 Bestimmung von A_5

Sind keine genaueren Angaben bekannt, ist für A_5 ein Wert A_5 = 1,0 bis 1,5 nach Bild 12.8 anzusetzen.

Anmerkung: *Für die Berücksichtigung der Ermüdung wurden für verschiedene Produkte bereits Untersuchungen durchgeführt. Die Berücksichtigung der Beschädigung im Bodenverbund ist bislang noch kaum untersucht.*

12.8.2.3 Dynamischer Bemessungsfall 3

Es sind gesonderte Untersuchungen des Ermüdungs- und Beschädigungsverhaltens der Geokunststoffe nach Kapitel 12.9 vorzusehen. Die Ermittlung des Materialwiderstandes darf nur anhand von Versuchen festgelegt werden.

12.9 Anforderungen an die Baustoffe bei dynamischer Beanspruchung

Die nachfolgenden Empfehlungen gelten nur für die Bereiche der dynamischen Bemessungsfälle 2 und 3.

12.9.1 Füllboden

Ergänzend zu den bodenmechanischen Anforderungen an den Füllboden gemäß EBGEO, Kapitel 2.1.2.1 sind für diese Konstruktionen besondere Anforderungen zu stellen.

12.9.1.1 Kornzusammensetzung

Anteil Korndurchmesser kleiner 0,063 mm:	< 7,0 Gewichts-% (im eingebauten Zustand)
Anteil Korndurchmesser größer 100 mm:	< 25,0 Gewichts-%
Größtkorn:	max d < 150 mm
Körnungslinie:	möglichst weit gestuft (nahe der Fuller-Parabel)

12.9.1.2 Kornform, Kornfestigkeit

Bei sehr hohen nicht ruhenden Lastkomponenten und geringer Kornfestigkeit kann es zu Kornbruch und Kantenverschleiß kommen. Dies führt zu Kornumlagerungen, Beeinflussungen des Reibungsverbundes und zu Verformungen. Um dem zu begegnen, sind folgende Empfehlungen hinsichtlich der Eigenschaften des Korns im Füllboden zu beachten:

Kornform:	gedrungen (Prüfung DIN 52114 (DIN 4226)),
Kornfestigkeit:	Schlagzertrümmerungsversuch/Zertrümmerungsversuch, Grenzwert nach (TL-Min StB/TL Mineralstoffe DB AG).

12.9.1.3 Reibungsbeiwert des Füllbodens

Es wird empfohlen, Böden einzusetzen, die im eingebauten Zustand bei dem geforderten Verdichtungsgrad einen Reibungswinkel von $\varphi_k' \geq 30{,}0°$ aufweisen.

12.9.1.4 Verdichtungsgrad

Abweichend von ZTV E-StB und Ril 836 wird für den zu erreichenden Verdichtungsgrad im geokunststoffbewehrten Erdkörper ein Verdichtungsgrad von

$D_{Pr} \geq 100\ \%$

gefordert.

12.9.2 Geokunststoffe

Die Grundanforderungen an die Bewehrung sind in Kapitel 2.2 definiert. Darüber hinaus sind folgende Materialeigenschaften für den dynamischen Bemessungsfall 3 mit Feld- und/oder Laborversuchen nachzuweisen:

- Ermüdungsverhalten,
- Beschädigung im eingebauten Zustand,
- Verbundverhalten.

12.9.2.1 Bestimmung Ermüdungsverhalten

Das Ermüdungsverhalten von Geokunststoffen unter dynamischer Beanspruchung kann nach [1] untersucht und beschrieben werden. Der Abminderungsfaktor A_5, der den Ermüdungseinfluss berücksichtigt, ist nach Kapitel 12.8.2 anzusetzen und wird im Schwelllastversuch ermittelt. Der Versuch ist unter Beachtung folgender Hinweise durchzuführen, ggf. sind klärende Vorversuche zur Festlegung der endgültigen Versuchsrandbedingungen erforderlich:

- Die im Versuch gewählten Lastzyklen müssen eine Aussage über die Häufigkeit des Auftretens der Einwirkungen über die gesamte Nutzungsdauer des Bauwerkes ermöglichen.
- Die Schwelllast wird sinusförmig aufgebracht. Die Prüffrequenz ist unter Berücksichtigung der Erwärmung des Materials festzulegen, ϑ_{Probe} = ca. 20 °C ± 5 °C (Proben sind im Bedarfsfall beim Versuch zu kühlen).
- Ggf. ist eine Frequenzabhängigkeit des Ermüdungsverhaltens zu prüfen.

Für die Ermittlung der dynamischen Beanspruchung von Geokunststoffen können Messungen von [7], [20] und [28] herangezogen werden, die einen Anteil der dynamischen Beanspruchung des Geokunststoffes bis zu 50 % der Beanspruchung aus der statischen Grundlast ausweisen.

Das führt zu folgendem extremen Lastkollektiv:

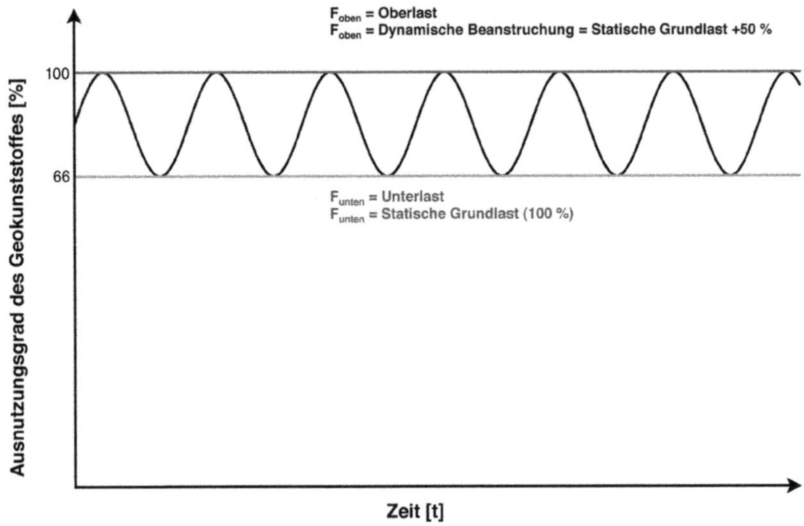

Bild 12.9 Lastkollektiv für die Versuchsdurchführung

Das für die Versuchsdurchführung empfohlene Lastkollektiv berücksichtigt entsprechend jetzigem Kenntnisstand die maximal zu erwartende dynamische Beanspruchung. Bei der Ermittlung des Belastungsgrades wird die Zeitstandfestigkeit des Geokunststoffes für den Versuchszeitraum berücksichtigt. Das heißt, es wäre für die beispielhafte Kombination von 10^7 Lastwechseln, die mit einer Frequenz von 10 Hz aufgebracht werden, ein Abminderungsbeiwert A_1 für 11 Tage zu berücksichtigen, da dies der Dauer des beispielhaften Versuches entspricht. Untersuchungen von [20] haben gezeigt, dass davon ausgegangen werden kann, dass eine Last zwischen der Mittellast und der Oberlast des dynamischen Anteils im beschriebenen Versuchsablauf dem Beanspruchungsgrad der statischen Zeitstandversuche entspricht. Dabei wird als Referenzwert der Mittelwert der Kurzzeitzugfestigkeit $R_{B,k0}$ verwendet. Somit kann davon ausgegangen werden, dass eine Oberlast F_{oben} entsprechend dem Beanspruchungsgrad bei der Ermittlung der Zeitstandfestigkeit mittels A_1 ausreichend ist und keine weiteren Auswirkungen der dynamischen Beanspruchung auf die Zeitstandfestigkeit berücksichtigt werden müssen.

Anmerkung: *Für die Bestimmung von A_5 kann $R_{B,k0}$ auch aus fünf Einzelmessungen eines Einzelstranges eines Geogitters, bzw. eines 5 cm breiten Streifens eines Geotextils, analog zu DIN EN ISO 10319 ermittelt werden.*

$R_{B,k,dyn}$ ist die Kraft, die über den Versuchszeitraum gesehen, einer 100 %-igen Beanspruchung des Geokunststoffes und somit der Oberlast F_{oben} während der versuchstechnischen Bestimmung entspricht.

Versuchsprogramm:

Drei Messproben werden bei Frequenzen bis 10 Hz (ggf. mit Kühlung) über 10^7 Lastwechsel mit einem Lastkollektiv gemäß Bild 12.9 beansprucht. Je niedriger die Versuchsfrequenz ist, desto stärker wird der Geokunststoff aufgrund seines Relaxationsverhaltens beansprucht. Deshalb ist eine Frequenz zu wählen, die unterhalb der tatsächlich auftretenden Beanspruchung liegt. Als allgemeiner Maximalwert ist eine Versuchsfrequenz von 10 Hz anzusehen, da diese bereits im Bereich der Erregerfrequenz durch Verkehrslasten liegen kann. Erdbebenlasten sind aufgrund ihrer geringen Anzahl von Beanspruchungsintervallen für diese Versuche nicht maßgebend.

In gleichartigen Zugversuchen wie für die Referenzwerte wird die Zeitstandfestigkeit R_f nach zyklischer Beanspruchung ermittelt. Aus dem Quotienten von Referenzwert $R_{B,k0}$ und R_f wird A_5 ermittelt:

$$A_5 = \frac{R_{B,k0}}{R_f}. \qquad \text{Gl. (12.9)}$$

Anmerkung: Bei hinreichender Erfahrung können drei Versuche bis 1×10^5 und ein Versuch bis 1×10^7 als Nachweis dienen.

Für temporäre Baumaßnahmen können die für die vorgegebene Betriebszeit ermittelten Lastspielzahlen als Prüfbeanspruchung verwendet werden.

Eine ausführliche Versuchsdarstellung und Erläuterung findet sich in [26].

12.9.2.2 Bestimmung Beschädigung

Die zusätzliche Beschädigung aus der dynamischen Einwirkung (nicht: Einbaubeschädigung) ist objektbezogen unter Berücksichtigung der zu erwartenden Lastwechselzahlen (Häufigkeit der Einwirkungen) zu hinterfragen und ggf. in Feld- oder Laborversuchen zu bestimmen.

Anmerkung: Diese Beschädigung wird mit den oben beschriebenen Untersuchungen des A_5-Beiwertes nicht erfasst. Ausgrabungen an einem Anwendungsfall zeigten keine zusätzlichen Beschädigungen des Geokunststoffes bei dynamischen Einwirkungen [27].

12.9.2.3 Bestimmung Verbundbeiwert Geokunststoff/Füllboden

Neuere Untersuchungen in [3], [4] und [15] zeigen jedoch eine Beeinflussung des Verbundbeiwertes durch die dynamischen Einwirkungen. Nach dem derzeitigen Stand der Forschungen ist eine Verminderung des Grenzflächenreibungsbeiwertes mit zunehmender Lastamplitude festzustellen. Gemäß [4], [16] lässt sich dieser im Labor für die jeweilige Füllboden-Geokunststoff-Kombination bestimmen, sofern die Ansätze nach Kapitel 12.8.1 nicht in Ansatz gebracht werden oder eine genaue Ermittlung erforderlich wird. Die Untersuchungen des Reibungsverbundes sollten in Anlehnung an DIN EN ISO 12957-1 bzw. DIN EN 13738/DIN 60009 unter Beachtung der dynamischen Lastkomponente erfolgen.

Die Versuche sind unter Beachtung folgender Hinweise durchzuführen:

- Die gewählten Lastwechselzahlen müssen eine Aussage für die Gebrauchsdauer des Bauwerkes ermöglichen.
- Die Schwelllast wird sinusförmig aufgebracht.
- Ggf. ist eine Frequenzabhängigkeit des Verbundreibungsbeiwertes zu prüfen.

Herausziehversuch:

- Der zyklische (oder sinusförmige) Lastanteil wird als Horizontalkomponente in die Geokunststofflage eingetragen.
- Die aufnehmbare Herausziehkraft ist vom Maximallastniveau max F_{dyn}, von der Größe des sinusförmigen Anteils und der Lastspielzahl abhängig und richtet sich nach den Einsatz- und Beanspruchungsbedingungen.
- Jedes sinusförmige Lastspiel verursacht in der Regel eine Verformung des Geokunststoffes. Die sich ergebende Verformung aus dem zyklischen Herausziehversuch soll bei der gewünschten Lastspielzahl nicht größer sein als die Verformung eines vergleichbaren statischen Herausziehversuches (Bruchwert).
- Eine Auswertung der Versuche kann nach DIN EN 13738/DIN 60009 erfolgen.

Direkter Scherversuch:

- Zu ermitteln ist der Grenzflächenreibungsbeiwert zwischen Geokunststoff und Füllboden in Anlehnung an DIN EN ISO 12957-1.
- Die vertikale Schwelllast wird sinusförmig aufgebracht. Die Frequenz ist anwendungsbezogen zu wählen.

12.10 Literatur

[1] Müller-Rochholz, J. (1999): Dynamisches Verhalten von HDPE Bewehrungsgittern. FS-KGeo 1999, München.

[2] Nimmesgern, M., Busch, D. (1991): The Effect of Repleated Loading on Geosynthetic Reinforcement Anchorage Resistance. Proc. of the Conference Geosynthetics 1991, Atlanta.

[3] Herold, A., Mannsbart, G. (1997): Dynamisches Kreisringschergerät zur Bestimmung des Grenzflächenscherverhaltens zwischen Geokunststoff und Lockergestein. FS-KGeo 1997, München.

[4] Herold, A. (1999): Geokunststoffe unter dynamischer Belastung II. FS-KGeo 1999, München.

[5] Martinek, M. (1976): Bodendruckmessungen bei den Schnellfahrversuchen zwischen Gütersloh und Neubeckum, ZEV-Glas.

[6] Göbel, C., Lieberenz, K., Richter, F. (1996): Der Eisenbahnunterbau. DB-Fachbuch, Band 8/20, Eisenbahnfachverlag, Mainz.

[7] Lieberenz, K., Weisemann, U. (2002): Geosynthetics in dynamically stressed earth structures of railway lines. 7th ICG Nizza, 2002.

[8] Gotschol, A. (2002): Veränderlich elastisches und plastisches Verhalten nichtbindiger Böden und Schotter unter zyklisch-dynamischer Beanspruchung. Schriftreihe Geotechnik Universität Gh Kassel, Heft 12.

[9] Stöcker, T. (2002): Zur Modellierung von granularen Materialien bei nichtruhenden Lasteinwirkungen. Schriftreihe Geotechnik, Universität Gh Kassel, Heft 13.

[10] Bauen in Bergschadengebieten. Herausgeber: Ledwon, J. A., erschienen im Verlag Ernst & Sohn, Berlin, 1983.

[11] Baudynamik praxisgerecht, Band 1: Berechnungsgrundlagen. Herausgeber: Flesch, R., erschienen im Bauverlag Wiesbaden und Berlin, 1993.

[12] Bodendynamik, Grundlagen, Kennziffern, Probleme. Herausgeber: Studer, J. A., Koller, M. G., erschienen im Verlag Springer, 2. Auflage, 1997.

[13] Grundbautaschenbuch, Teil 1: Geotechnische Grundlagen. Herausgeber: Smoltczyk, U., erschienen im Verlag Ernst & Sohn, Berlin, 2001.

[14] Herold, A., Müller-Borotau, F. (2003): Die Ermittlung von dynamischen Spannungen/Lasten innerhalb von kunststoffbewehrten Stützkonstruktionen. FS-KGeo 2003, München.

[15] Nernheim, A., Meyer, N. (2003): Verbundverhalten von Geokunststoff und Boden unter nichtruhender Belastung – Vorstellung eines Pull-Out-Gerätes. FS-KGeo 2003, München, S. 69–73.

[16] Herold, A., Tamaskovic, N. (2004): Bestimmung von dynamischen Spannungen in Kunststoff-bewehrte-Erde-Konstruktionen unter Zuhilfenahme von Kegelmodellen. Bautechnik, 09/2004.

[17] Blovsky, S. (2002): Bewehrungsmöglichkeiten mit Geokunststoffen. Dissertation TU Wien 04/2002.

[18] Klapperich, H. (1983): Untersuchungen zum dynamischen Erddruck. TU Berlin, Heft 14, Berlin.

[19] Popp, K., Schielen, W. (2003): System Dynamics and Long-Term Behaviour of Railway Vehicles, Track and Subgrade. Springer Verlag.

[20] Herold, A., Pachomow, D., Murray, H., Boones, B. (2006): Messung von statischen und dynamischen Dehnungen in KBE-kunststoffbewehrte-Erde-Konstruktionen mit faseroptischen Sensoren – Praxisbeispiele/Ergebnisse/numerische Simulationen und Rückrechnungen. Seminar Messen in der Geotechnik, 23./24. Februar 2006 an der TU Braunschweig.

[21] Harting, U. (1993): Kriechverhalten von Geogittern unter dynamischer Beanspruchung. Diplomarbeit an der Fachhochschule Münster.

[22] Herold, A. (2006): Bauen in Erdbebengebieten mit Geokunststoffen. Vortragsskript TU-Freiberg, Fachsektion Geotechnik, Stand 2006.

[23] Göbel, C., Lieberenz, K. (2004): Handbuch Erdbauwerke der Bahnen. 1. Auflage, Verlagsdruckerei Kessler, Boblingen.

[24] Peila, D., Oggeri, C., Casttiglia, C., Recalcati, P., Rimoldi, P., Magnus, M., Oehrl, M. (2005): Schutzwälle mit Geogitterbewehrung gegen Steinschlag – Erprobung und FEM Berechnung. In: Müller-Rochholz: Geokunststoffe im Erd- und Straßenbau, Werner Verlag, 1. Auflage 2005.

[25] Hu, Y., Gartung, E., Prühs, H., Müllner, B. (2003): Bewertung der dynamischen Stabilität von Erdbauwerken unter Eisenbahnverkehr. Geotechnik Heft 26, 2003, Seite 42–56.

[26] Retzlaff, J. (2007): Verhalten von Geokunststoffbewehrungen unter zyklischer Beanspruchung. Veröffentlichung des Institutes für Geotechnik der TU Freiberg, Heft 2007-3.

[27] Lieberenz, K., Nimmesgern, M. (2001): Geogitterbewehrter Bahndamm – Ausgrabung nach 10-jähriger dynamischer Belastung. FS-KGeo 2001, München, S. 173–176.

[28] Auersch, L., Rücker, W. (2005): Dynamic Loads of Railway Traffic. Proceedings of Geosynthetics 2004, ECI-Conference, Pillnitz/Germany, Glückauf Essen.

[29] Vucetic, M. (1994): Cyclic threshold shear strains in soils. Journal of Geotechnical Engineering, Vol. 120, No. 12, page 2008–2228.

[30] Zanzinger, H., Hangen, H., Alexiew, D. (2007): Ermüdungsverhalten von Geogittern unter dynamischer Belastung. FS-KGEO 2007, München.

12.11 Diagramme

Eingangsdaten:

Frequenz:	f = 2 bis 10 Hz	Grundfläche:	Rechteck mit:
			B · L: 3,0 · 1,0 m
Lastamplitude:	$2\ \sigma_{dyn} = 52{,}0\ kN/m^2$	Steifemodul:	$E_{s,k} = 50{,}0\ MN/m^2$

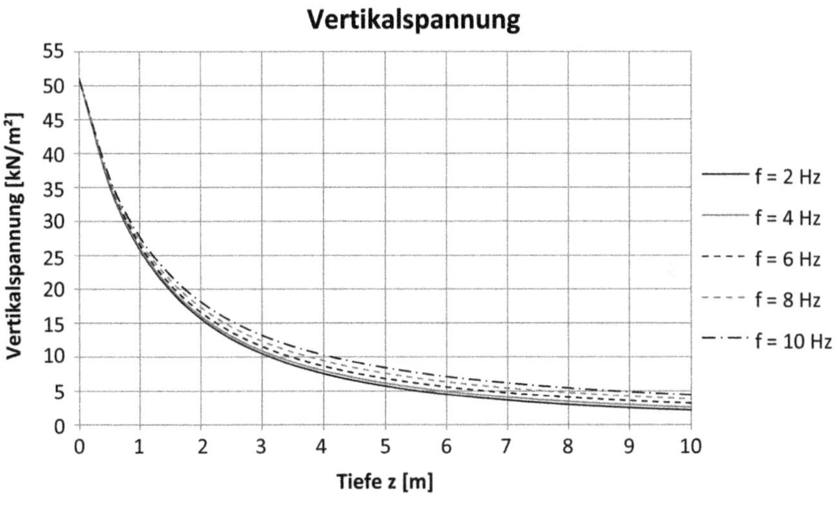

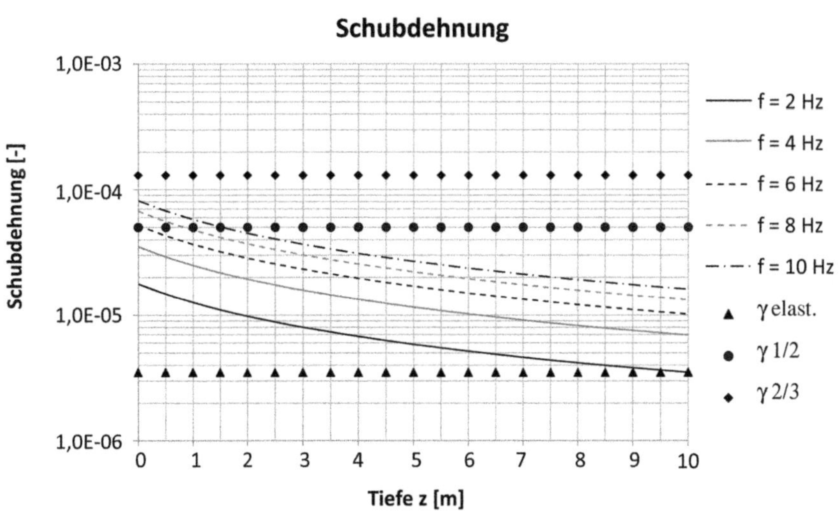

Eingangsdaten:

Frequenz:	$f = 2$ bis 10 Hz	Grundfläche:	Rechteck mit: $B \cdot L$: 3,0 · 1,0 m
Lastamplitude:	$2\,\sigma_{dyn} = 52{,}0\ \text{kN/m}^2$	Steifemodul:	$E_{s,k} = 75{,}0\ \text{MN/m}^2$

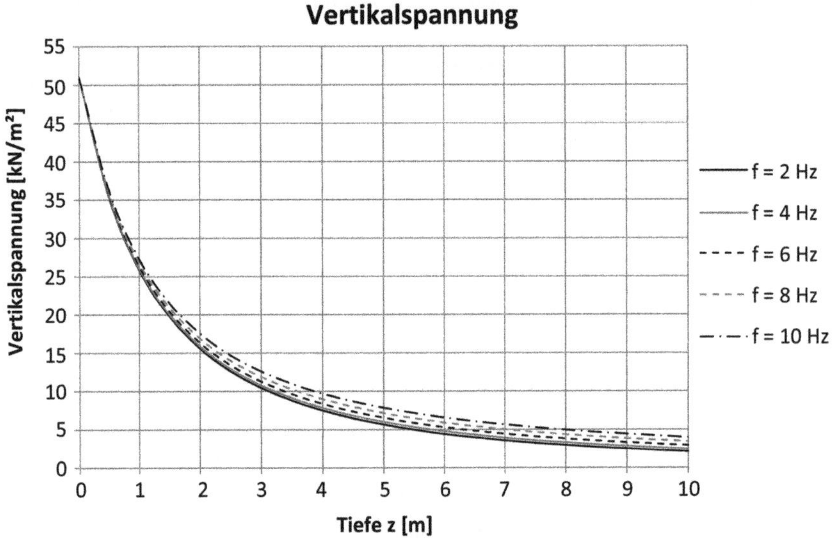

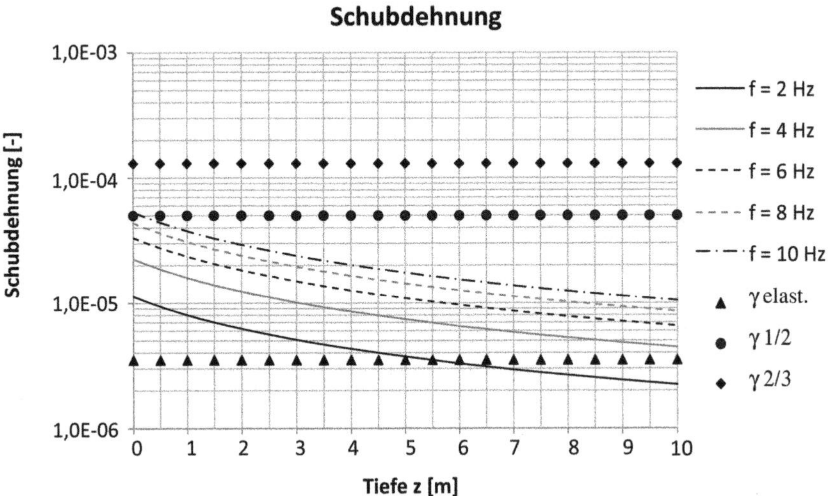

Eingangsdaten:

Frequenz:	$f = 2$ bis 10 Hz	Grundfläche:	Rechteck mit: $B \cdot L$: $3{,}0 \cdot 1{,}0$ m
Lastamplitude:	$2\,\sigma_{dyn} = 52{,}0\ kN/m^2$	Steifemodul:	$E_{s,k} = 150{,}0\ MN/m^2$

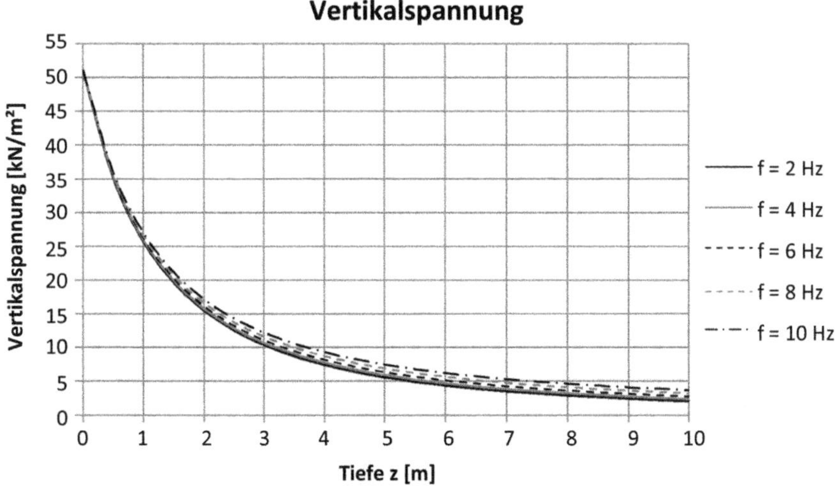

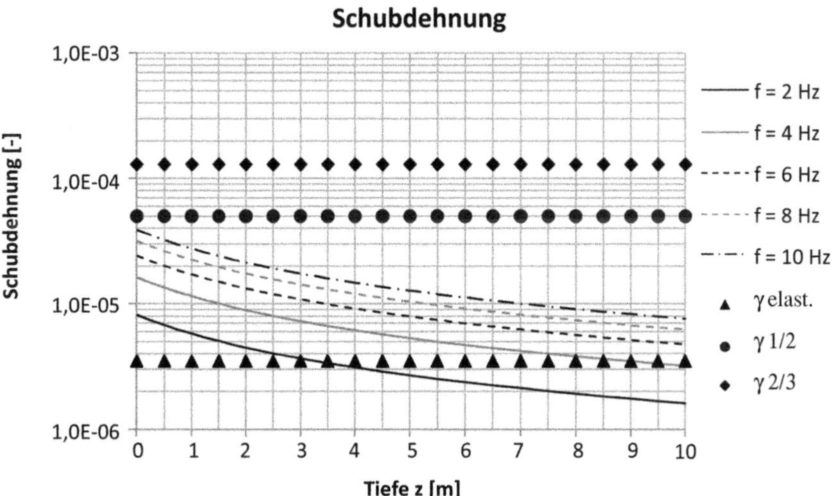

Eingangsdaten:

Frequenz:	f = 2 bis 10 Hz	Grundfläche:	Rechteck mit: B · L: 3,0 · 1,0 m
Lastamplitude:	$2\,\sigma_{dyn} = 41{,}0\ kN/m^2$	Steifemodul:	$E_{s,k} = 50{,}0\ MN/m^2$

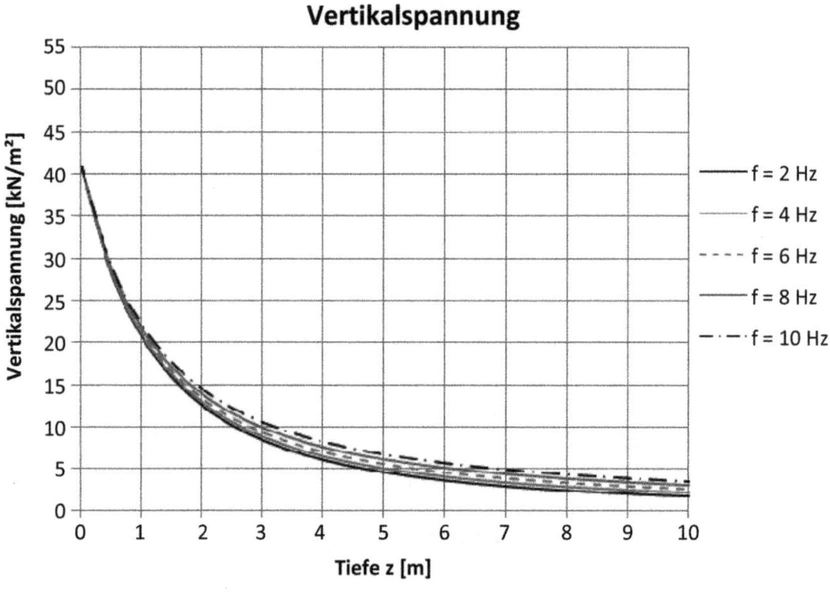

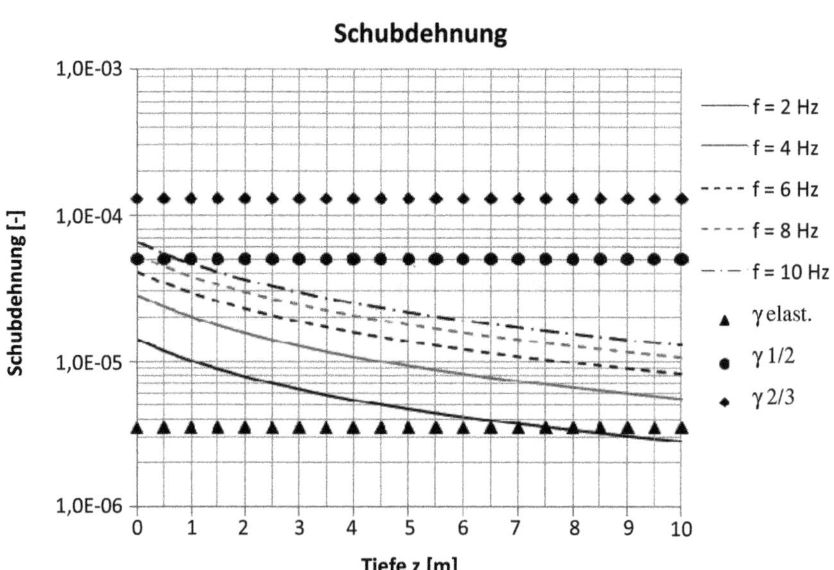

Eingangsdaten:

Frequenz:	f = 2 bis 10 Hz	Grundfläche:	Rechteck mit: B · L: 3,0 · 1,0 m
Lastamplitude:	$2\ \sigma_{dyn} = 41{,}0\ kN/m^2$	Steifemodul:	$E_{s,k} = 75{,}0\ MN/m^2$

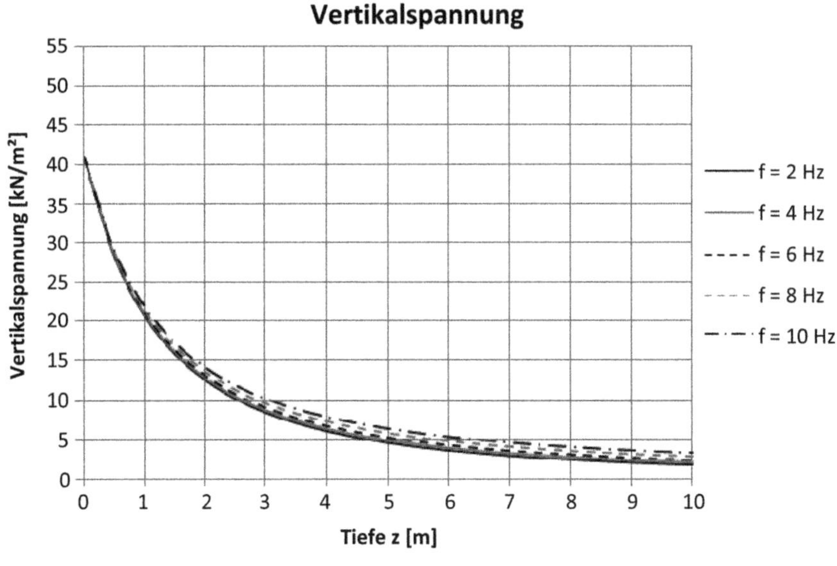

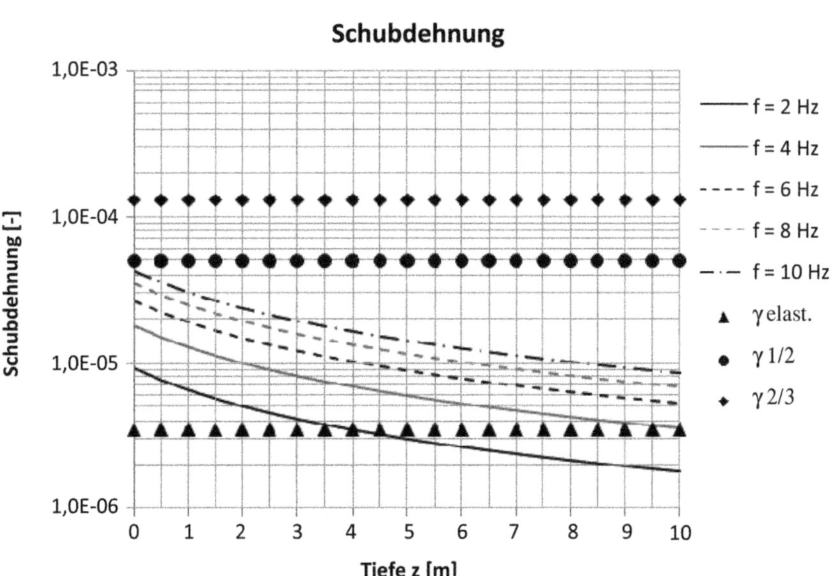

Eingangsdaten:

Frequenz:	f = 2 bis 10 Hz	Grundfläche:	Rechteck mit: B · L: 3,0 · 1,0 m
Lastamplitude:	$2\ \sigma_{dyn} = 41{,}0\ kN/m^2$	Steifemodul:	$E_{s,k} = 150{,}0\ MN/m^2$

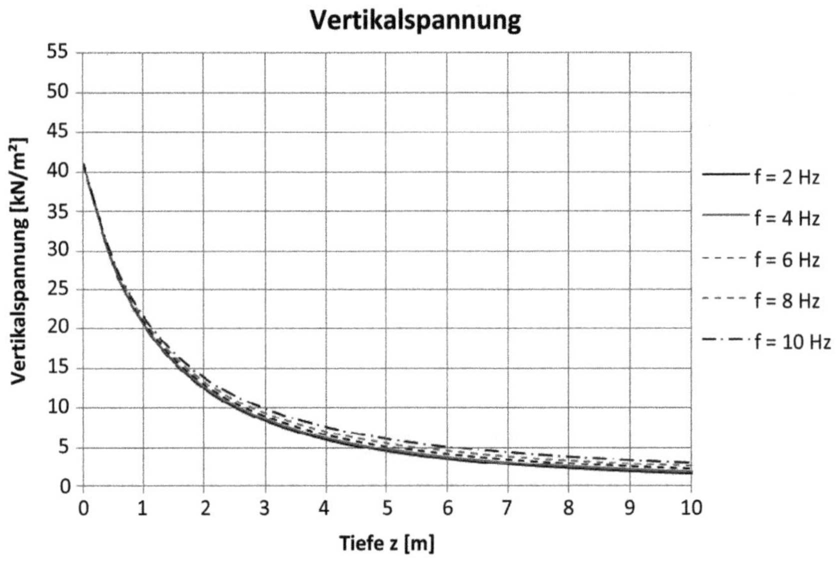

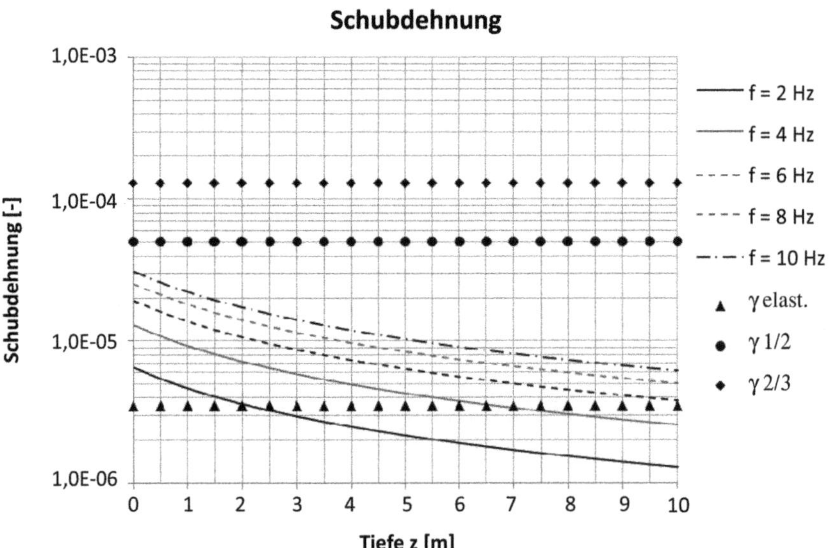

Eingangsdaten:

Frequenz:	f = 2 bis 10 Hz	Grundfläche:	Rechteck mit: B · L: 3,0 · 1,0 m
Lastamplitude:	$2\ \sigma_{dyn} = 23{,}8\ kN/m^2$	Steifemodul:	$E_{s,k} = 50{,}0\ MN/m^2$

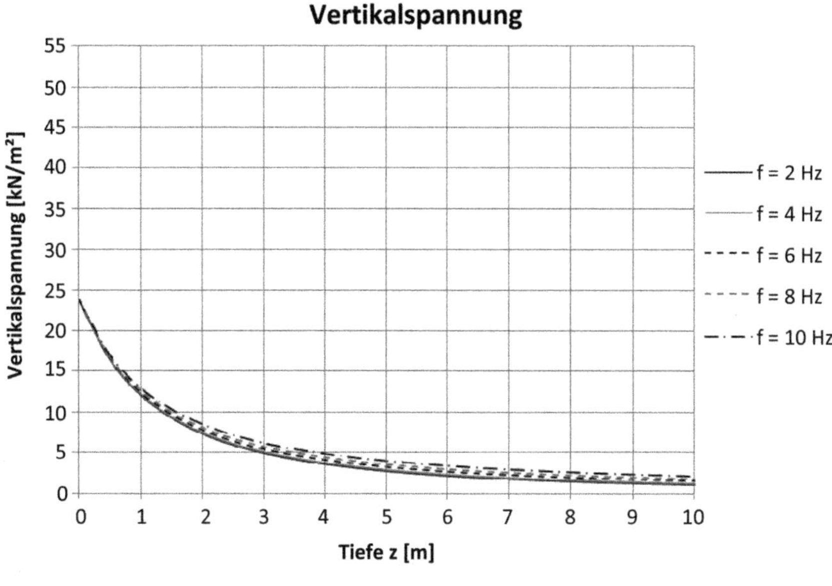

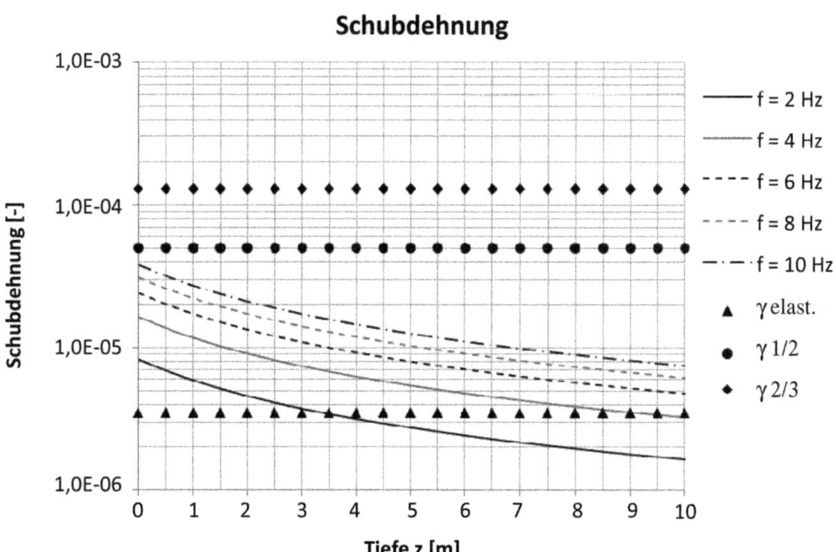

Eingangsdaten:

Frequenz:	f = 2 bis 10 Hz	Grundfläche:	Rechteck mit: B · L: 3,0 · 1,0 m
Lastamplitude:	$2\ \sigma_{dyn} = 23{,}8\ kN/m^2$	Steifemodul:	$E_{s,k} = 75{,}0\ MN/m^2$

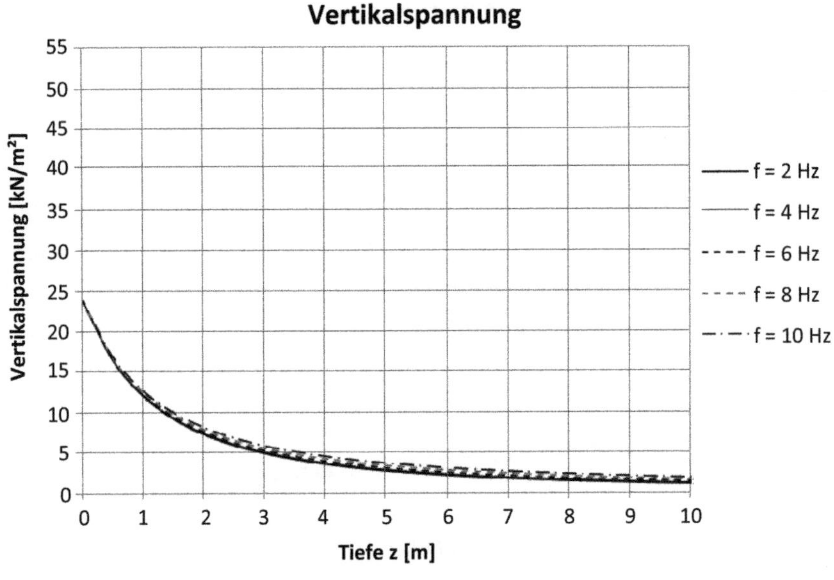

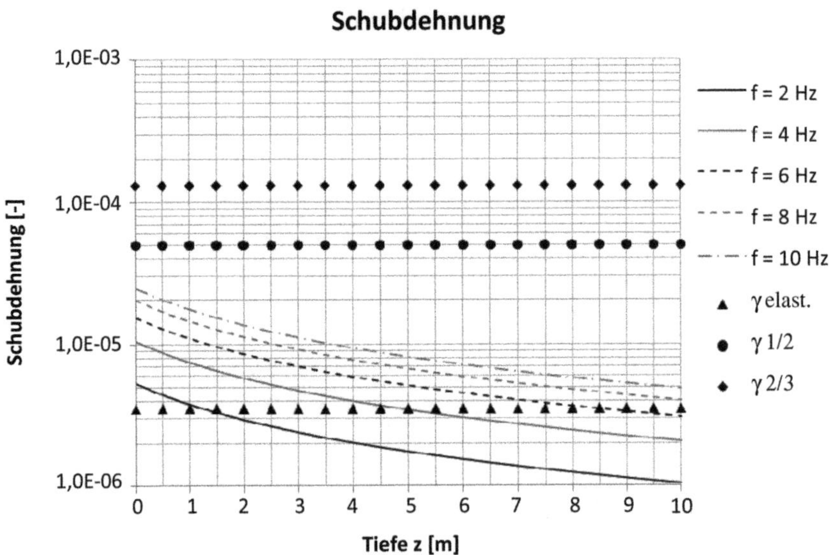

Eingangsdaten:

Frequenz:	f = 2 bis 10 Hz	Grundfläche:	Rechteck mit: B · L: 3,0 · 1,0 m
Lastamplitude:	$2\ \sigma_{dyn} = 23{,}8\ \text{kN/m}^2$	Steifemodul:	$E_{s,k} = 150{,}0\ \text{MN/m}^2$

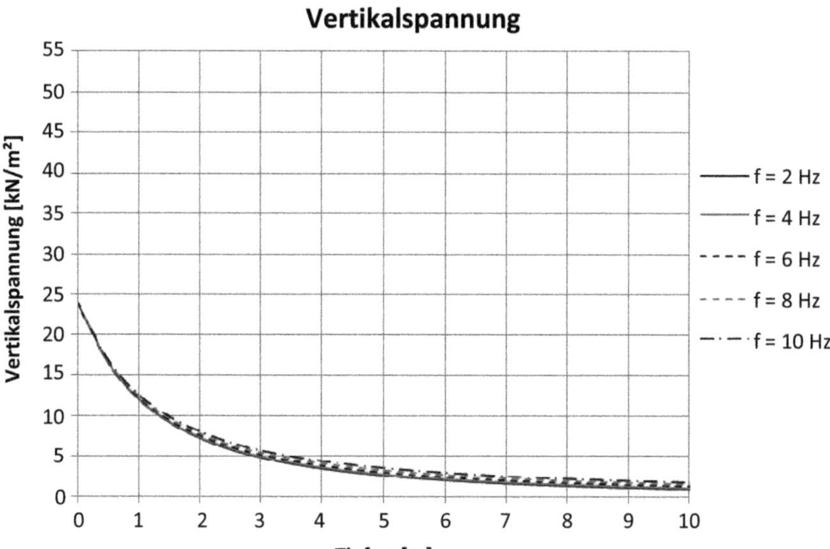

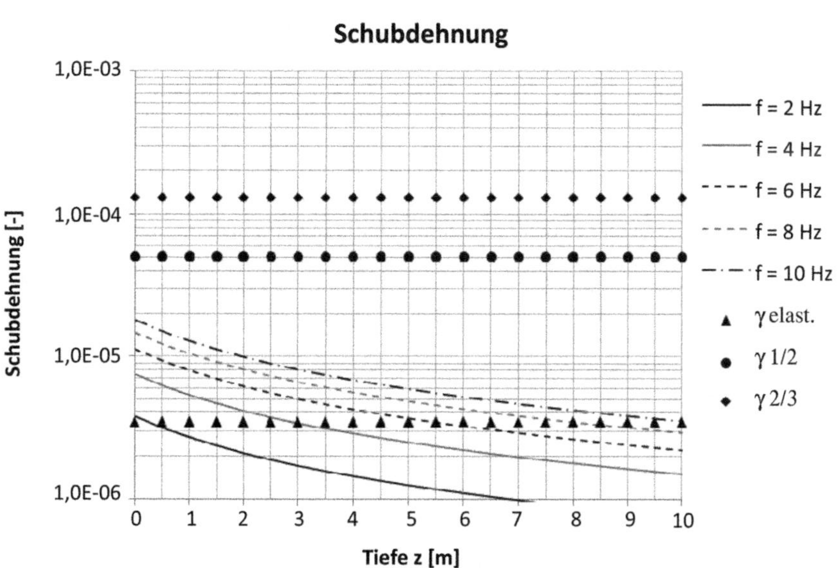

Eingangsdaten:

Frequenz:	f = 2 bis 10 Hz	Grundfläche:	Rechteck mit B · L: 3,0 · 10,0 m
Lastamplitude:	$2\ \sigma_{dyn} = 52{,}0\ kN/m^2$	Steifemodul:	$E_{s,k} = 50{,}0\ MN/m^2$

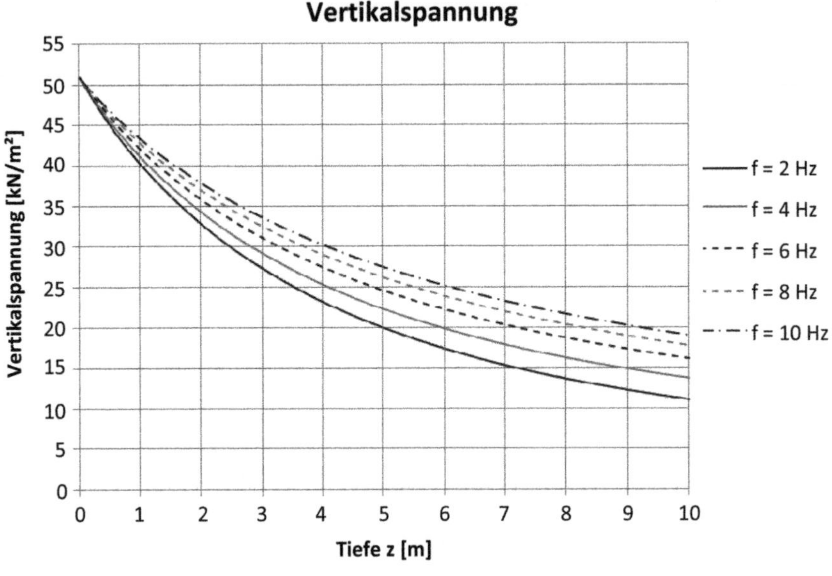

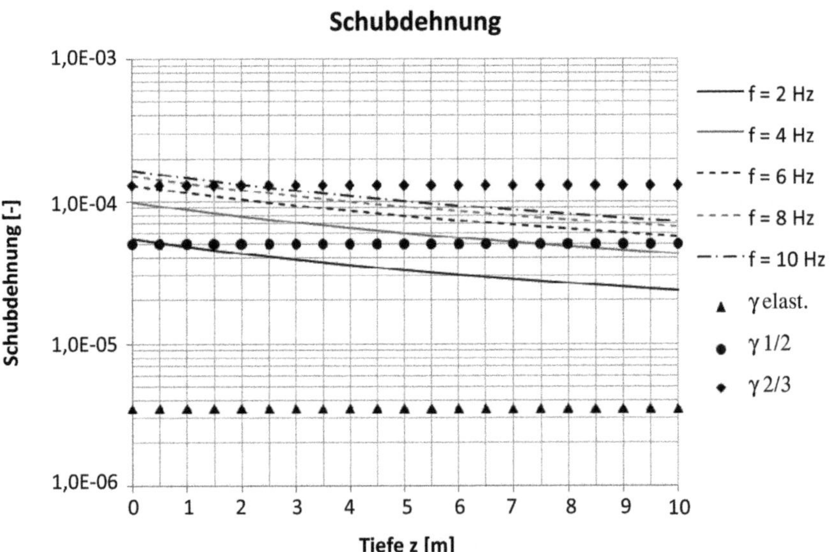

Eingangsdaten:

Frequenz:	f = 2 bis 10 Hz	Grundfläche:	Rechteck mit:
			B · L: 3,0 · 10,0 m
Lastamplitude:	$2\ \sigma_{dyn} = 52{,}0\ kN/m^2$	Steifemodul:	$E_{s,k} = 75{,}0\ MN/m^2$

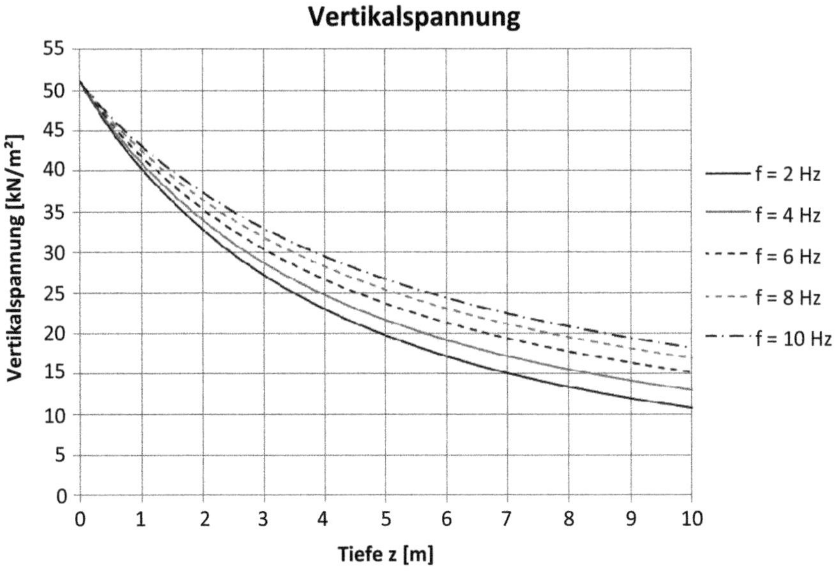

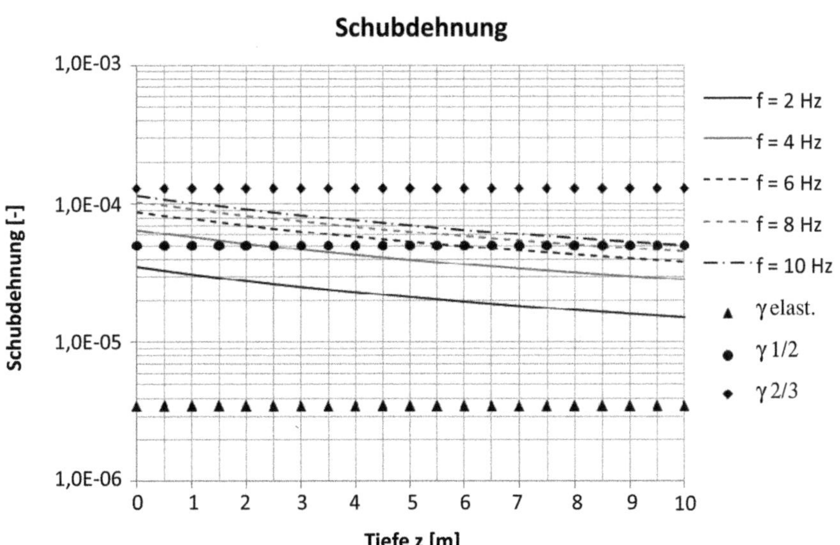

Eingangsdaten:

Frequenz:	f = 2 bis 10 Hz	Grundfläche:	Rechteck mit: B · L: 3,0 · 10,0 m
Lastamplitude:	$2\,\sigma_{dyn} = 52{,}0$ kN/m²	Steifemodul:	$E_{s,k} = 150{,}0$ MN/m²

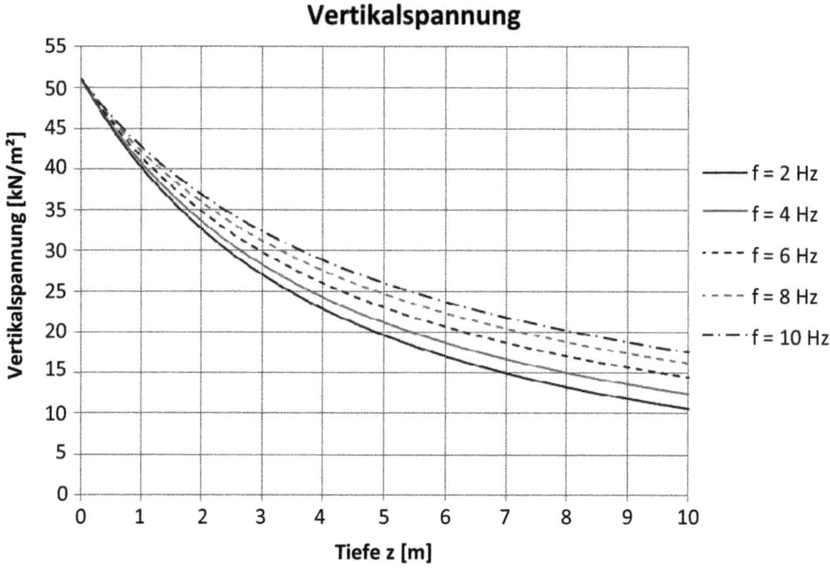

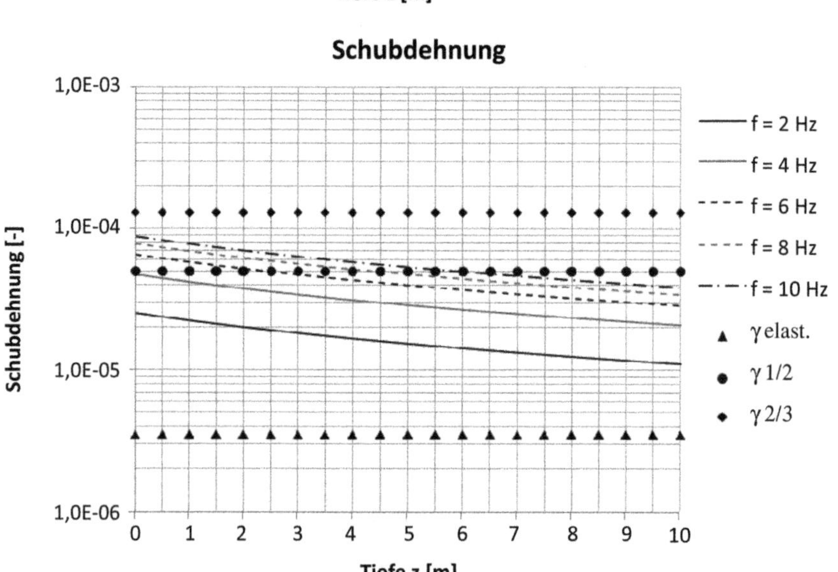

Eingangsdaten:

Frequenz:	f = 2 bis 10 Hz	Grundfläche:	Rechteck mit: B · L: 3,0 · 10,0 m
Lastamplitude:	$2\,\sigma_{dyn} = 41{,}0\ \text{kN/m}^2$	Steifemodul:	$E_{s,k} = 50{,}0\ \text{MN/m}^2$

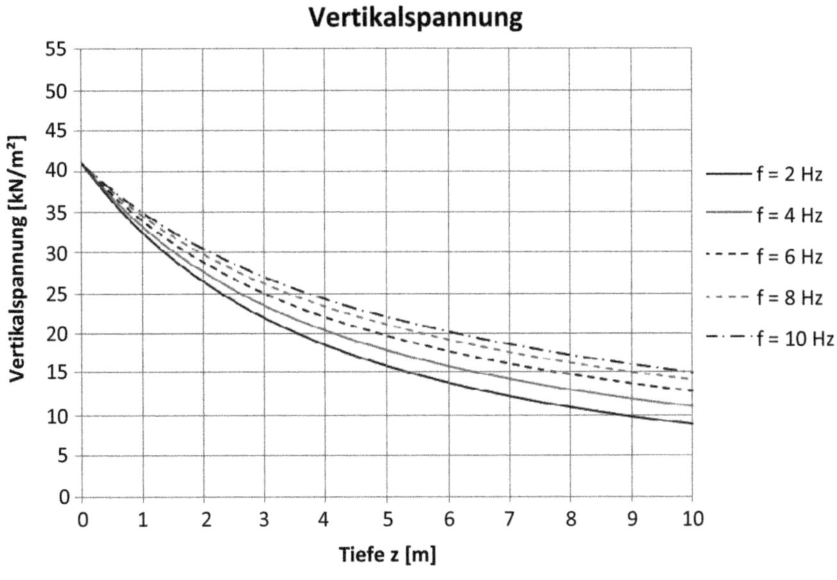

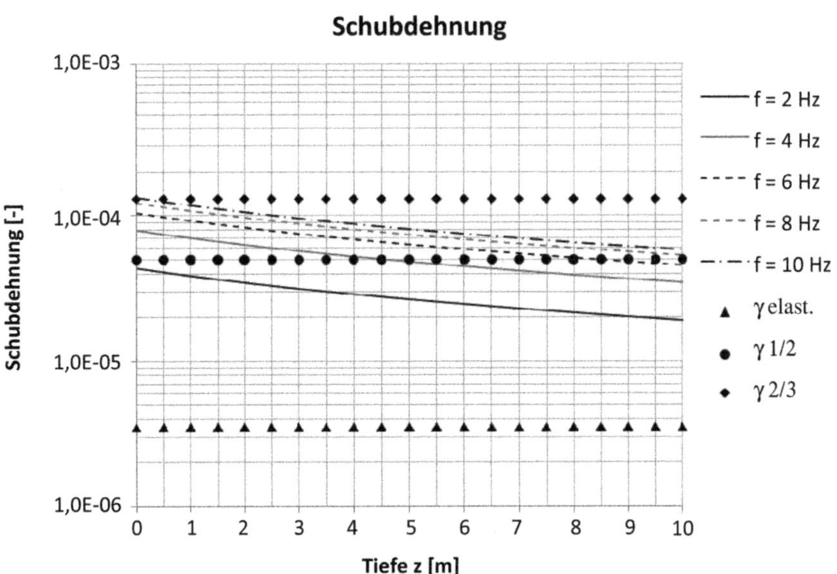

Eingangsdaten:

Frequenz:	f = 2 bis 10 Hz	Grundfläche:	Rechteck mit: $B \cdot L$: 3,0 · 10,0 m
Lastamplitude:	$2\ \sigma_{dyn} = 41{,}0$ kN/m^2	Steifemodul:	$E_{s,k} = 75{,}0$ MN/m^2

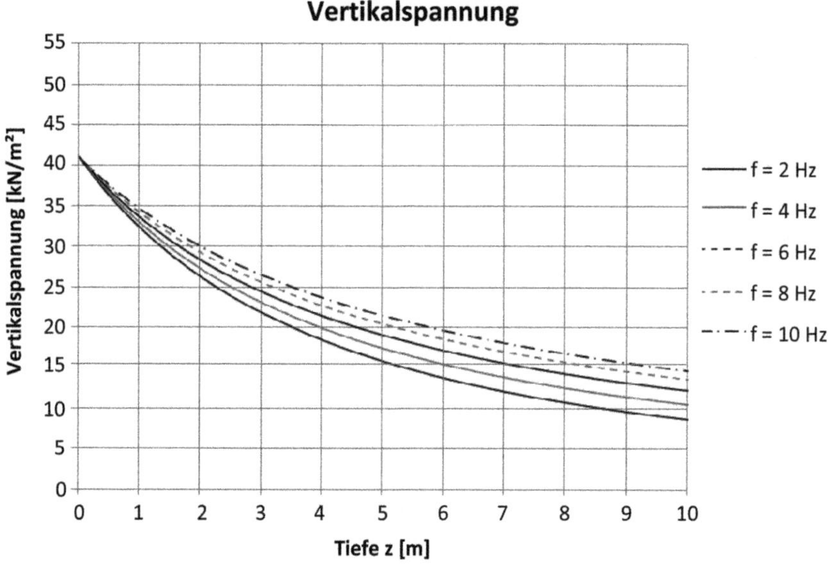

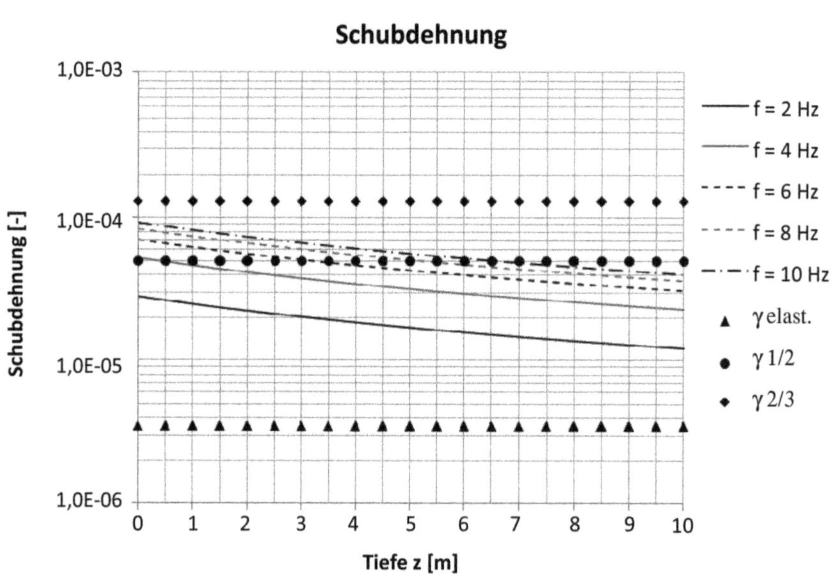

Eingangsdaten:

Frequenz:	f = 2 bis 10 Hz	Grundfläche:	Rechteck mit:
			B · L: 3,0 · 10,0 m
Lastamplitude:	$2\ \sigma_{dyn} = 41{,}0\ kN/m^2$	Steifemodul:	$E_{s,k} = 150{,}0\ MN/m^2$

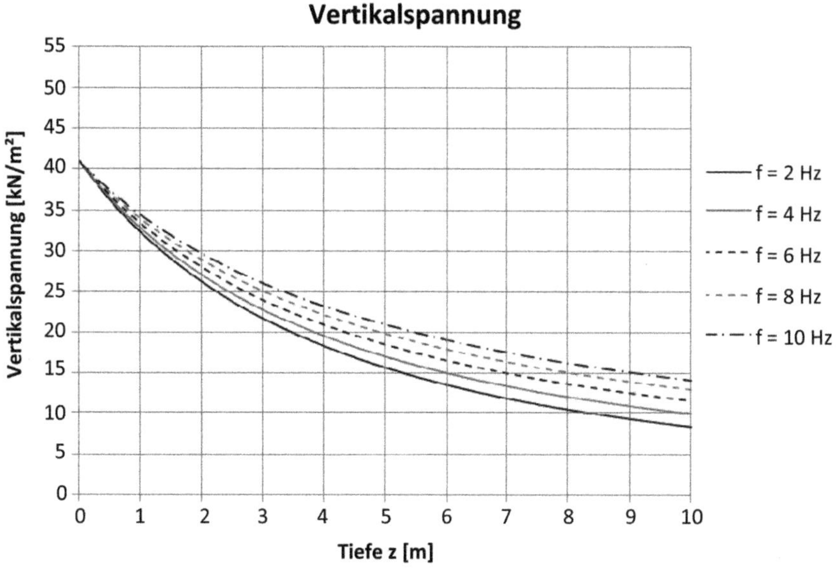

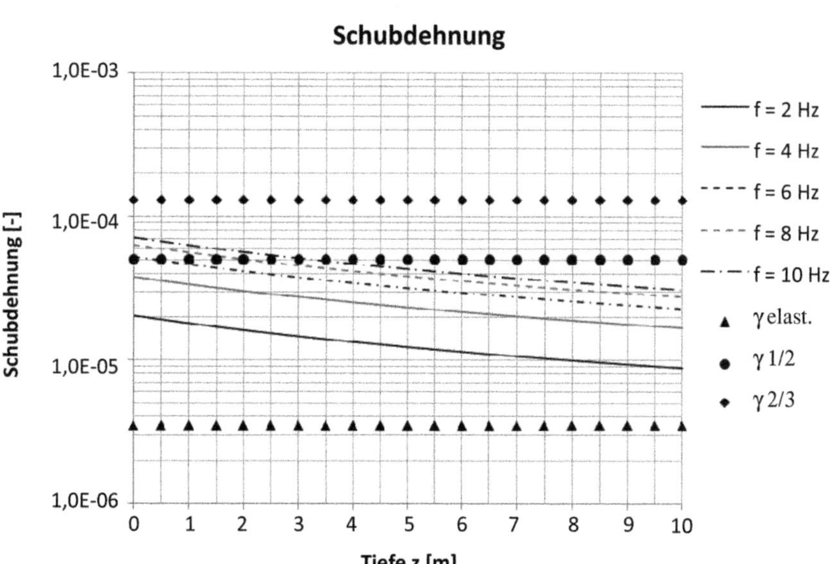

Eingangsdaten:

Frequenz:	f = 2 bis 10 Hz	Grundfläche:	Rechteck mit: B · L: 3,0 · 10,0 m
Lastamplitude:	$2\ \sigma_{dyn} = 23{,}8\ kN/m^2$	Steifemodul:	$E_{s,k} = 50{,}0\ MN/m^2$

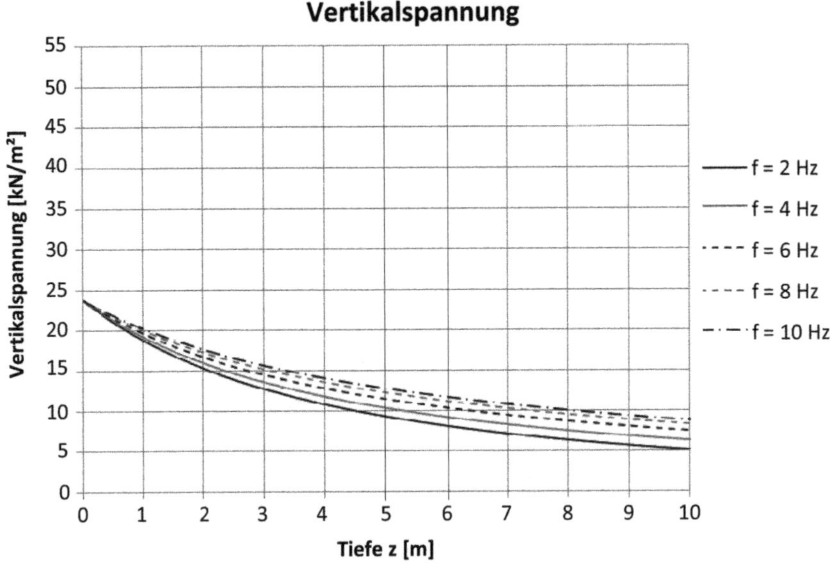

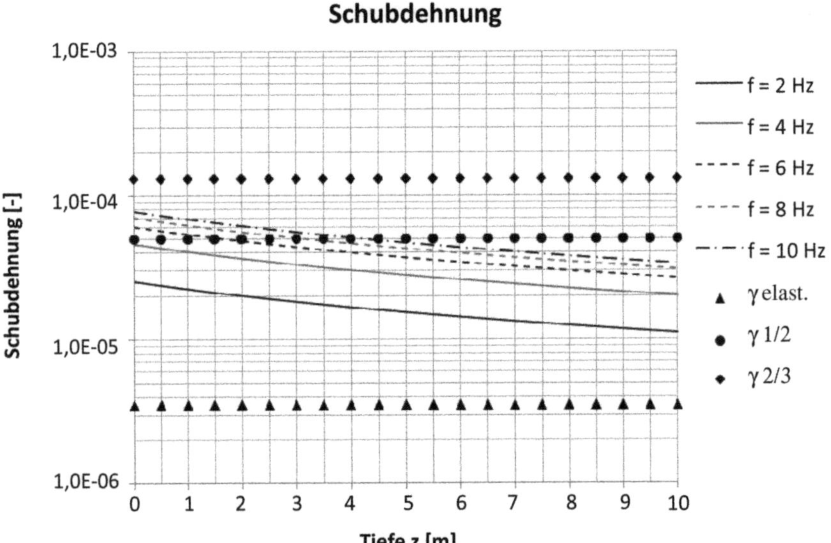

Eingangsdaten:

Frequenz:	f = 2 bis 10 Hz	Grundfläche:	Rechteck mit: B · L: 3,0 · 10,0 m
Lastamplitude:	$2\ \sigma_{dyn} = 23{,}8\ kN/m^2$	Steifemodul:	$E_{s,k} = 75{,}0\ MN/m^2$

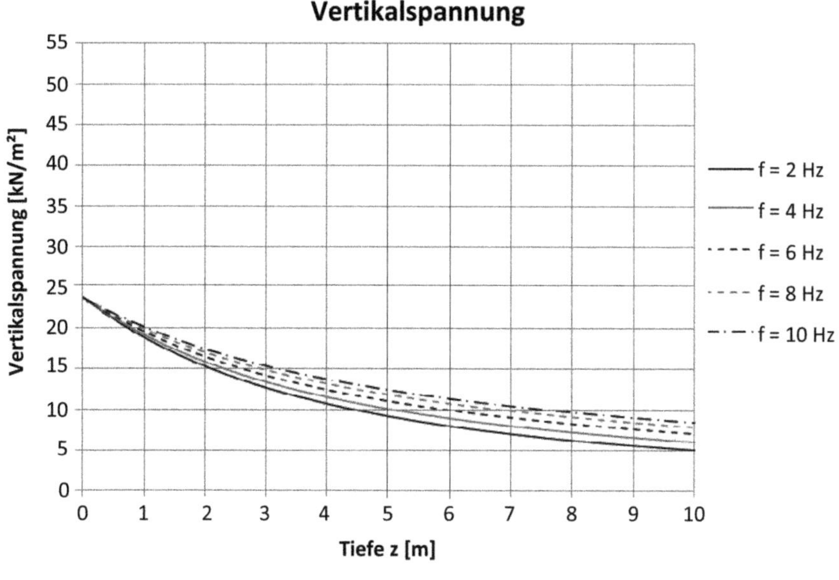

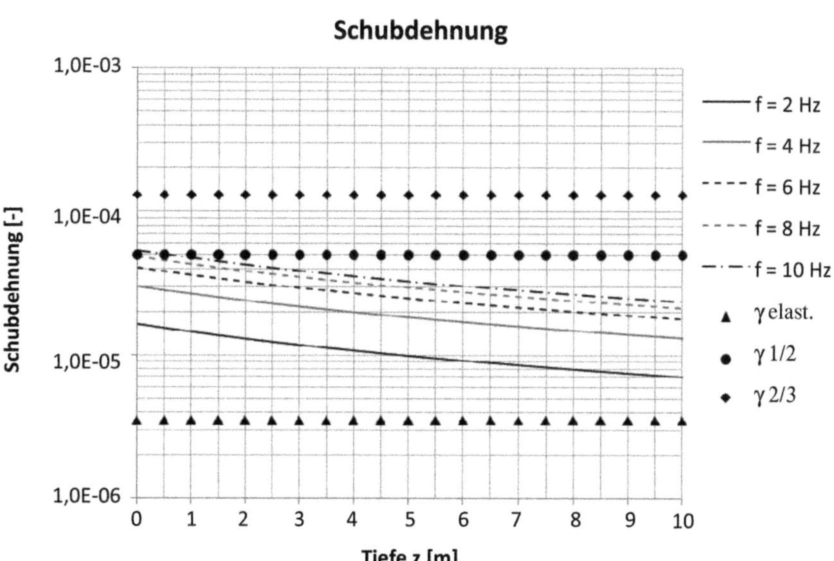

Eingangsdaten:

Frequenz:	f = 2 bis 10 Hz	Grundfläche:	Rechteck mit: B · L: 3,0 · 10,0 m
Lastamplitude:	$2\,\sigma_{dyn} = 23{,}8$ kN/m²	Steifemodul:	$E_{s,k} = 150{,}0$ MN/m²

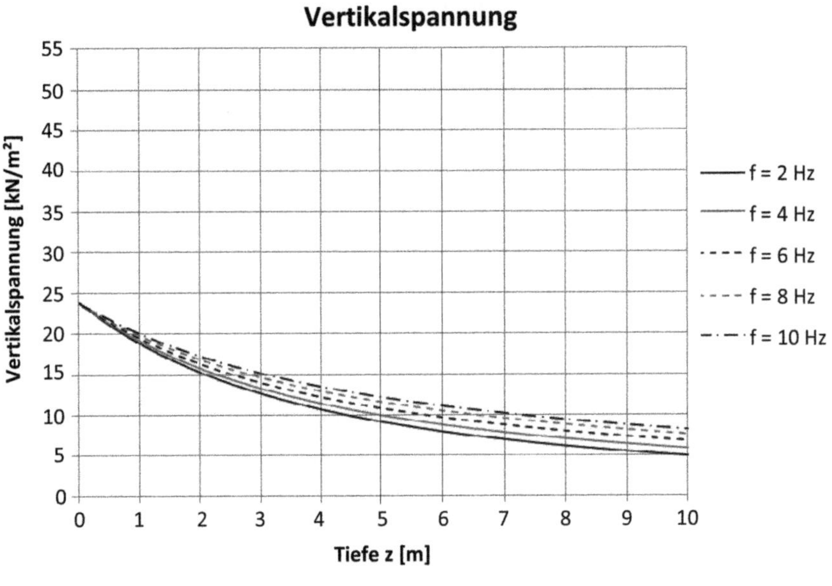

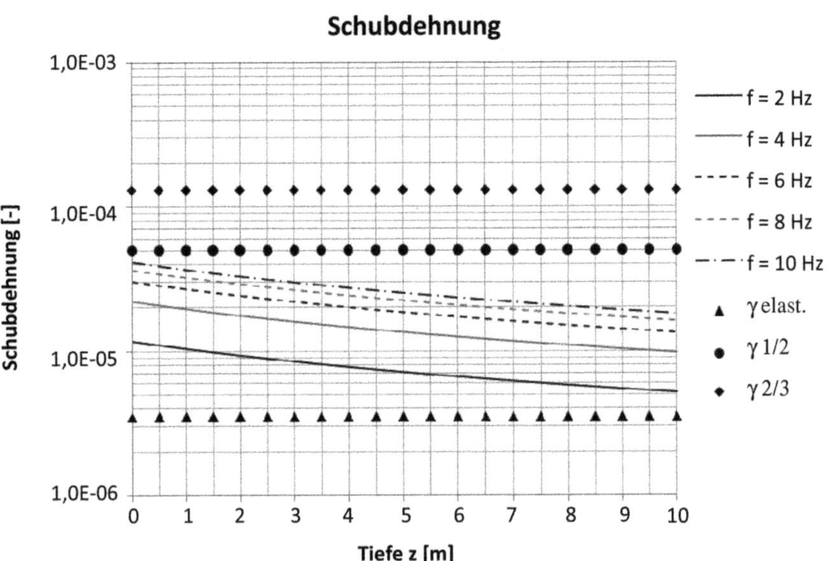

13 Bildverzeichnis

Empfehlungen für den Entwurf und die Berechnung von Erdkörpern mit Bewehrungen aus Geokunststoffen (EBGEO). 2. Auflage. Deutsche Gesellschaft für Geotechnik e. V.

ISBN: 978-3-433-02950-3

14 Tabellenverzeichnis

Empfehlungen für den Entwurf und die Berechnung von Erdkörpern mit Bewehrungen aus Geokunststoffen (EBGEO). 2. Auflage. Deutsche Gesellschaft für Geotechnik e. V.

ISBN: 978-3-433-02950-3

Inserentenverzeichnis